中等职业教育课程改革国家规划新教材
全国中等职业教育教材审定委员会审定

电工电子技术与技能

于建华 主编

人 民 邮 电 出 版 社
北 京

图书在版编目（CIP）数据

电工电子技术与技能 ：非电类少学时 / 于建华主编
-- 北京 ：人民邮电出版社，2010.8（2023.8重印）
中等职业教育课程改革国家规划新教材
ISBN 978-7-115-22530-6

Ⅰ. ①电… Ⅱ. ①于… Ⅲ. ①电工技术－专业学校－教材②电子技术－专业学校－教材 Ⅳ. ①TM②TN

中国版本图书馆CIP数据核字(2010)第073004号

内 容 提 要

本书依据教育部最新颁布的《中等职业学校电工电子技术与技能教学大纲》编写而成。本书在编写过程中充分考虑中职学校的教学特点，将基础知识与操作技能进行了巧妙融合，体现了项目教学、任务驱动的特点。

本书共分 4 个部分 13 个单元，主要内容包括直流电路、正弦交流电路、低压电器及电动机控制电路、二极管及直流稳压电路、三极管放大电路、集成运算放大电路、数字电子技术基础、组合逻辑电路、时序逻辑电路以及安全科学用电技术等。

本书可作为中等职业学校非电类相关专业“电工电子技术与技能”课程的教材，也可作为相关行业岗位培训用书。

◆ 主　　编　于建华
责任编辑　王　平
◆ 人民邮电出版社出版发行　　北京市崇文区夕照寺街 14 号
邮编　100061　　电子邮件　315@ptpress.com.cn
网址　http://www.ptpress.com.cn
固安县铭成印刷有限公司印刷
◆ 开本：787×1092　1/16
印张：16.5　　2010 年 8 月第 1 版
字数：405 千字　　2023 年 8 月河北第 13 次印刷

ISBN 978-7-115-22530-6

定价：31.00 元

读者服务热线：(010)81055256　印装质量热线：(010)81055316
反盗版热线：(010)81055315

中等职业教育课程改革国家规划新教材
出版说明

为贯彻《国务院关于大力发展职业教育的决定》（国发〔2005〕35号）精神，落实《教育部关于进一步深化中等职业教育教学改革的若干意见》（教职成〔2008〕8号）关于“加强中等职业教育教材建设，保证教学资源基本质量”的要求，确保新一轮中等职业教育教学改革顺利进行，全面提高教育教学质量，保证高质量教材进课堂，教育部对中等职业学校德育课、文化基础课等必修课程和部分大类专业基础课教材进行了统一规划并组织编写，从2009年秋季学期起，国家规划新教材将陆续提供给全国中等职业学校选用。

国家规划新教材是根据教育部最新发布的德育课程、文化基础课程和部分大类专业基础课程的教学大纲编写，并经全国中等职业教育教材审定委员会审定通过的。新教材紧紧围绕中等职业教育的培养目标，遵循职业教育教学规律，从满足经济社会发展对高素质劳动者和技能型人才的需要出发，在课程结构、教学内容、教学方法等方面进行了新的探索与改革创新，对于提高新时期中等职业学校学生的思想道德水平、科学文化素养和职业能力，促进中等职业教育深化教学改革，提高教育教学质量将起到积极的推动作用。

希望各地、各中等职业学校积极推广和选用国家规划新教材，并在使用过程中，注意总结经验，及时提出修改意见和建议，使之不断完善和提高。

教育部职业教育与成人教育司

2010年6月

前　言

本书根据教育部最新颁布的《中等职业学校电工电子技术与技能教学大纲》编写而成，在充分考虑中职学校教学特点的基础上，将基础知识与操作技能进行了巧妙融合，采用任务驱动的编写形式，体现了新大纲中的教改思想。

本书在编写过程中着重体现如下特点。

（1）紧跟当代电工电子技术的最新发展动向，吸收最新的知识、材料、技术和工艺。

（2）体现当前国内外职业教育的新理念和新方法，贯彻项目教学和工作过程导向教学思想，采用任务驱动，体现学生的主体性；在内容编排上增加了适量的拓展延伸和阅读材料有利于提高和拓宽，注意体现分层教学的思想，以适应不同类型学生的不同需要。

（3）针对当前中职学校学生的特点和非电类专业对电学知识与技能的实际需求，删减了烦琐的原理推导和定量计算，侧重于对元器件和单元电路外部特性的介绍，以实践作为主线，通过实践体会来了解有关的元器件和电路性能，掌握有关的操作方法，体现从感性到理性的认知规律。

（4）注重图文并茂，文字力求通俗易懂，举例力求贴近时代和生活，以提高学生的阅读兴趣。

在教学中，我们建议：贯彻理论实践一体化的教学思想，以“情景”为导入点，通过“任务”引出相关的知识，通过“任务”培养学生的实践能力，同时通过“任务”培养学生的合作意识和观察、思维等方面的能力。有条件的学校要尽量将课堂置于实验室或实习室，努力实现理论实践一体化，尽可能提高学生参与课堂“任务”的程度。同时，本书每一单元、每一任务后均设有“评一评”，供教师组织学生开展学习过程性评价。

本课程教学总课时为72课时，各单元学时分配建议方案如下。

项　目	教学单元	建议学时
第1部分　电路基础	第1单元　认识电及安全用电	2
	第2单元　认识直流电路	12
	第3单元　认识正弦交流电路	10
第2部分　电工技术	第4单元　学习用电技术	2
	第5单元　认识常用电器	8
	第6单元　了解三相异步电动机的基本控制	5
第3部分　模拟电子技术	第7单元　学习基本电子技能	4
	第8单元　认识常用半导体器件	4
	第9单元　认识直流电源电路	6
	第10单元　认识放大电路与集成运算放大器	8
第4部分　数字电子技术	第11单元　了解数字电路	1
	第12单元　认识组合逻辑电路	4
	第13单元　认识时序逻辑电路	6
基础模块60课时，选学模块12课时，合计72课时		72

教材中标有＊号内容和“阅读材料”及“拓展与延伸”内容为选修内容，教师可根据具体教学情况选择讲解。

本书由于建华主编，并负责全书的策划构思、大纲的编写及统稿，同时编写了第 2 单元至第 3 单元、第 8 单元至第 10 单元，施春雨编写了第 5 单元和第 6 单元，徐新国编写了第 1 单元、第 4 单元和第 7 单元，邓继平编写了第 11 单元至第 13 单元，南通大学副教授南通贝斯特有限公司黄颖辉参与了本书实训项目的编写。本书编写过程中，北京信息职业技术学院王慧玲老师、上海市工业技术学校潘敏灏老师提出很多宝贵意见，江苏电大通州学院、江苏通州职教中心的领导和老师给予了大力的支持和帮助，在此表示诚挚感谢。

本教材经全国中等职业教育教材审定委员会审定通过，由吉林航空工程学校章喜才老师、梁铱琚职业技术学校王泽春老师审稿，在此表示诚挚感谢。

由于编者水平有限，书中难免存在错误和不妥之处，恳切希望广大读者批评指正。

编　者

2010 年 6 月

目　　录

第1部分　电路基础

第 2 部分　电工技术

第1部分

电路基础

主要内容

- 第1单元　认识电及安全用电
- 第2单元　认识直流电路
- 第3单元　认识正弦交流电路

第1单元

认识电及安全用电

知识目标

- 理解电荷、电场、电力线等有关电学物理量
- 了解电及电工电子产品在实际生产和生活中的广泛应用
- 认识常用电工电子仪表及电工工具的类型及作用
- 了解安全用电常识及电气事故产生的原因
- 了解实训室操作规程及安全用电的规定

技能目标

- 掌握防止触电的保护措施，学会触电现场的紧急处理措施
- 了解电气火灾的防范及扑救常识，能正确选择处理方法
- 正确掌握电工实训操作规程

情景导入

有一天，米其用电水壶烧开水时，潮湿的手不小心碰到电水壶的金属壳上，手突然感觉到被电击了一下，他惊叫一声“水壶有电”。冷静下来之后，米其找来工具查找到触电的原因，同时领悟到生活中时刻都有电的存在，如不注意用电的安全，很容易造成安全事故。

任务1　观察生活中的电

一、观察静电

人们对静电并不陌生，当你看电视接触屏幕时会有电击麻木的感觉，当你脱下化纤外衣或毛衣时，可以听到“劈啪”的放电声，在黑暗中甚至会看见火花。你在日常生活中所感觉到、听到甚至看到的这些现象，其实就是静电在放电的现象。

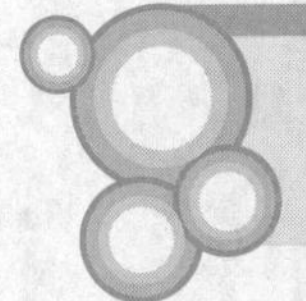

用一把塑料尺与一张毛皮摩擦数下，然后将塑料尺靠近一些小纸屑(见图1.1)，观察会发生什么现象。

议一议 摩擦后的塑料尺为什么能吸起小纸屑呢？

读一读

1. 电荷

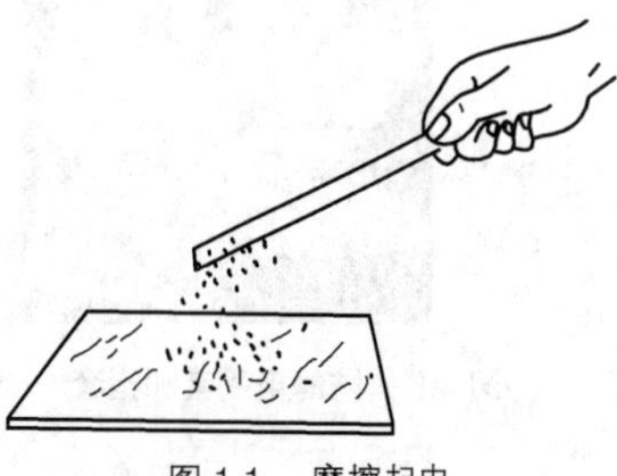

图 1.1 摩擦起电

人们发现很多物质都会由于摩擦而带电，并且带电物体之间存在着相互排斥或相互吸引的作用。摩擦后的物体所带的电荷有两种：用丝绸摩擦过的玻璃棒所带的电荷是一种，用毛皮摩擦过的硬橡胶棒所带的电荷是另一种。

自然界只有这两种电荷，把前者命名为正电荷，把后者命名为负电荷，(见图 1.2)。同种电荷相斥，异种电荷相吸。

2. 静电

图 1.2 电荷的性质

物质是由分子组成的，分子由原子组成，原子由带负电的电子和带正电的原子核组成。在正常状况下，原子核所带的正电荷与电子所带的负电荷数量相同，正负平衡，所以对外表现出不带电的现象。但是电子环绕于原子核周围，一经外力即脱离轨道，离开原来的原子 A 而进入其他的原子 B，A 原子因电子数减少而呈带正电现象，B 原子因电子数增加而呈带负电现象，物体表面所带过剩或不足的相对静止的不动电荷，称之为静电。

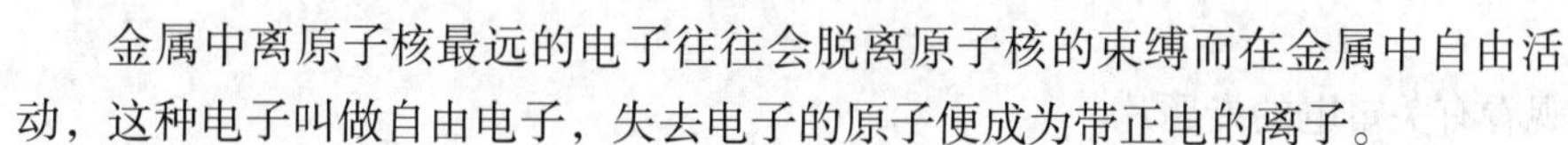

金属中离原子核最远的电子往往会脱离原子核的束缚而在金属中自由活动，这种电子叫做自由电子，失去电子的原子便成为带正电的离子。

3. 电量

电荷的多少叫做电荷量，简称电量，在国际单位制中，它的单位是库仑，简称库，用 C 表示，正电荷的电荷量为正值，负电荷的电荷量为负值。

拓展与延伸

静电有一定的应用，如静电集尘、静电喷涂等，但多数情况下静电是有害的，所以必须采取措施预防静电。

常用的静电防护器材有：防静电工作台（见图 1.3)、防静电服 (见图 1.4)、防静电鞋、防静电腕带 (见图 1.5)、防静电地垫、防静电手套和指套 (见图 1.6)、防静电上下料架周转箱、防静电包装袋、防静电海绵（见图 1.7)、离子风机 (见图 1.8)、接地工具等。

为防止静电，常设置静电警告标识，如静电放电 (ESD) 敏感符号 (见图 1.9)、静电放电防护符号 (见图 1.10)。

图 1.3 防静电工作台

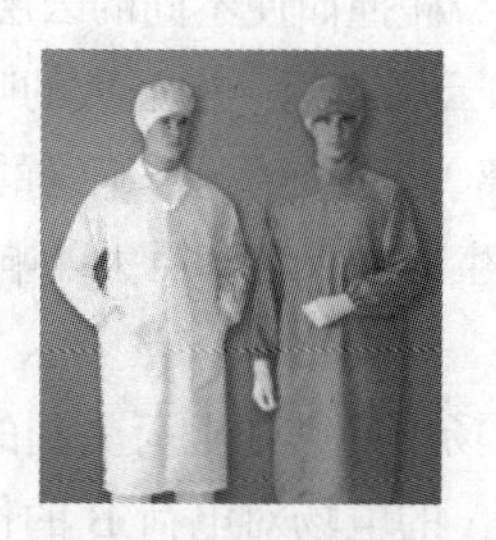

图 1.4 防静电服

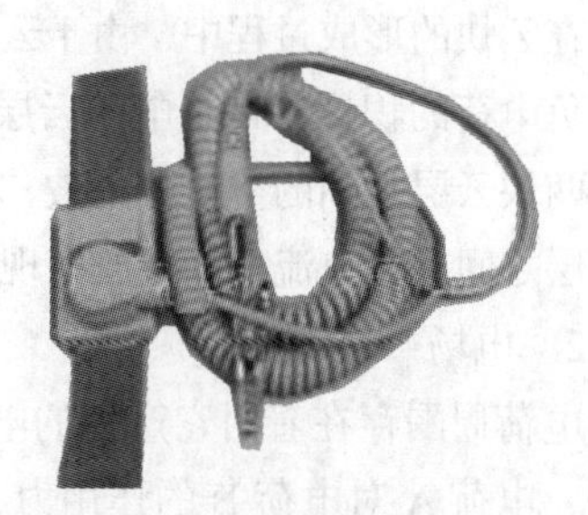

图 1.5 防静电腕带

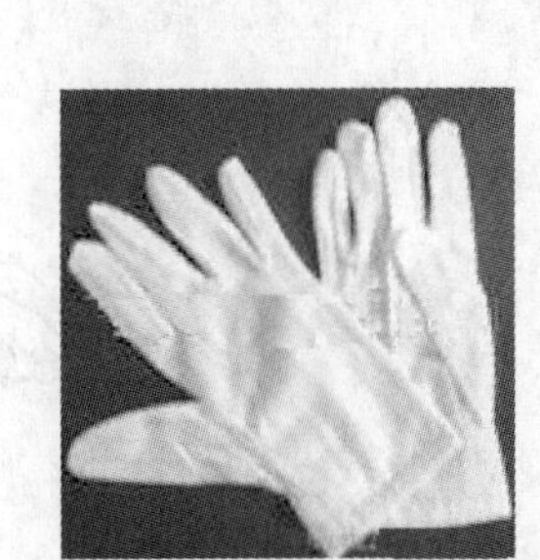

图 1.6　防静电手套和指套

图 1.7　防静电海绵

图 1.8　离子风机

图 1.9　静电放电敏感符号

图 1.10　静电放电防护符号

二、观察雷电

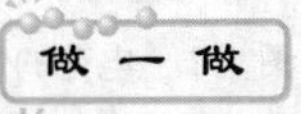

观看有关雷电的专题片。

议一议　在炎热的夏季，经常会听到打雷声，还会看到天空中的闪电（见图 1.11），这些是如何形成的呢？

图 1.11　雷电

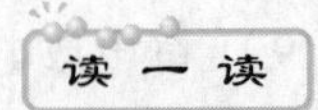

1. 雷电的形成

在云块的形成过程中，由于云层相互摩擦、碰撞而使不同的云层带有不同的电荷，随着云层间正、负电荷的积累，带正电的云层与带负电的云层之间产生强大的吸引力，当达到一定程度以后，处于两块云层之间的空气分子被“撕裂”（电离），通常情况下绝缘的空气此时导电，使得临近的两片云层之间形成电流，产生放电现象，伴随产生的电火花和巨大的响声，就是闪电和雷鸣。

2. 电场

电荷周围存在着由它产生的电场，处在电场中的其他电荷受到的作用力就是这个电场给予的。例如，电荷 A 对电荷 B 的作用力，就是电荷 A 的电场对电荷 B 的作用（见图 1.12）。

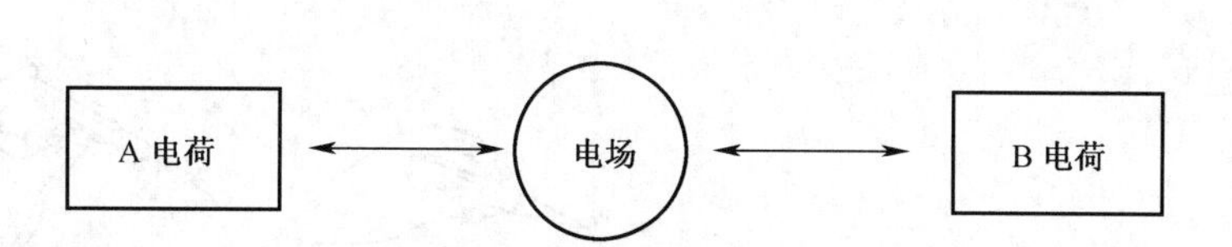

图 1.12　电荷间的作用

电场有强有弱，物理学上形象地用电场线来反映电场的强弱及方向，电场线越密的地方电场越强。描述电场强度的物理量是电场强度 E，电场中某点的电场强度等于电荷在该点所受的力与该电荷的电荷量比值。

拓展与延伸　防雷措施

（1）安装避雷针，避雷针的接地体与输电线路接地体在地下至少应相距 10m，以免避雷针上的高电压通过输电线路引入室内。

（2）将进户线最后一根支撑物上的绝缘子铁脚可靠接地。

（3）躲避雷雨时应选择有屏蔽作用的建筑物，如金属箱体、汽车、混凝土房等，不能站在孤立的大树、电杆、烟囱和高墙下。

（4）雷雨时应关好门窗以防止球形雷飘入，不要站在窗前或阳台上。

（5）雷雨时不要使用家用电器，应将电器的电源插头、有线电视信号线以及电话线拔下。

三、了解电在生产生活中的应用

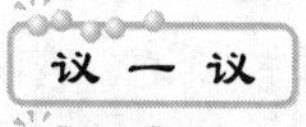

议一议　电在生产生活中有哪些应用呢？

读一读　电能的应用范围极其广泛，它的开发和应用，在生产技术上引起了划时代的革命。在现代工业、农业及国民经济的其他各个部门中，逐渐以电力作为主要的动力来源。工业上的各种生产机械主要是用电动机来拖动的；在机械制造工业中，电镀、电焊、高频淬火、电炉冶炼金属、电蚀加工、电子束加工等，都是电能的应用；对生产过程中所涉及的一些物理量，如长度、速度、压力、温度等，都可用电的方法进行测量和自动调节；现代农业技术的主要动力是电力，如电力排灌、粮食和饲料的加工等；在现代物质、文化生活中，电也是不可缺少的，如电灯、电话、电影、电视、无线电广播等都离不开电能的应用，可以说电的应用已渗透到人们生产、生活、工作和学习的各个方面、各个领域。

四、认识电工实训常用仪表及工具

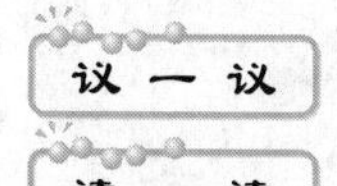

议一议　在电工实训中常会接触到一些仪器、仪表及工具，这些器具应如何正确使用呢？

读一读

1. 测电笔

测电笔是用来测试导线、开关、插座等电器及电气设备是否带电的工具。常用的测电笔有螺丝刀式和铅笔式两种。测电笔主要由氖管、电阻、弹簧和笔身组成。测电笔使用时要注意正确的握持方法，即右手握住测电笔身，食指触及笔身金属体（尾部），测电笔的小窗口朝向自己眼睛，如图 1.13 所示，如果氖管发光，则表明被测物体带电。

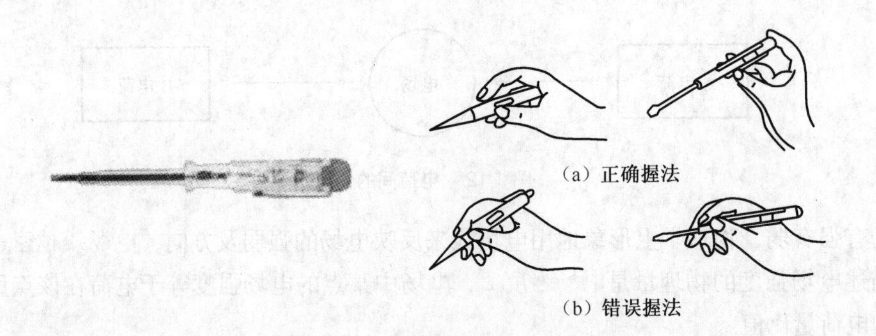

图 1.13　测电笔及其正确使用

2. 螺丝刀

螺丝刀又名起子。按其功能和头部形状可分为一字形和十字形等，按握柄材料的不同可分为木柄和塑料柄两类。使用螺丝刀时，应按螺钉的规格选用适合的刀口。它的正确使用方法如图 1.14 所示。

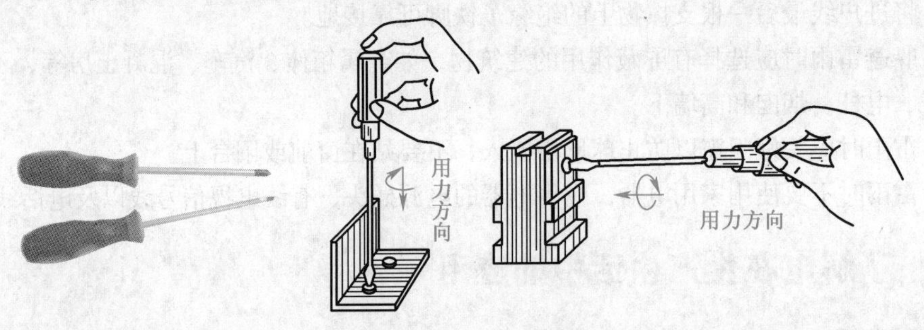

图 1.14　螺丝刀及其正确使用

3. 尖嘴钳与斜口钳

尖嘴钳（见图 1.15）通常工作在较狭小的地方，如灯座、开关内的线头固定等。尖嘴钳主要由钳头、钳柄、绝缘管等组成，在使用时不能将它当做敲打工具。电工中经常用到头部偏斜的斜口钳，又名断线钳（见图 1.16），专门用于剪断较粗的电线和其他金属丝，其柄部为绝缘柄。

4. 剥线钳

剥线钳（见图 1.17）是用来剥削小直径导线线头绝缘层的工具，它主要由钳头和钳柄组成。使用剥线钳时，注意要根据不同的线径选择不同的刀口，否则容易造成线芯被剪断。

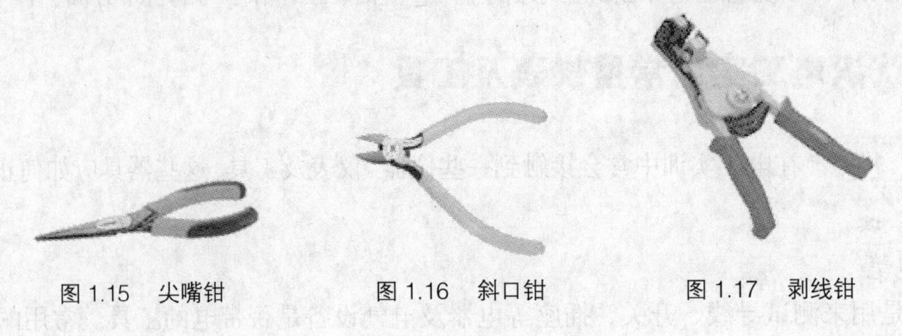

图 1.15　尖嘴钳　　图 1.16　斜口钳　　图 1.17　剥线钳

5. 电工刀

电工刀（见图 1.18）是用来剖削电工材料绝缘层的工具，如剖削电线、电缆等，它主要由刀身和刀柄组成。使用电工刀时，刀口应朝外操作，在削割电线时，刀口要放平，以免割伤线芯。使用后要及时把刀身折入刀柄内，以免刀刃受损或伤及人身。

6. 万用表

万用表可用来测量直流电压、直流电流、电阻及交流电流电压等，它主要由表头、表笔、转换开关等组成。万用表分为指针式万用表（见图 1.19）和数字式万用表（见图 1.20）。指针式万用表的使用方法详见本书第 2 单元。

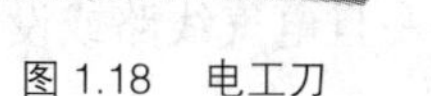
图 1.18　电工刀

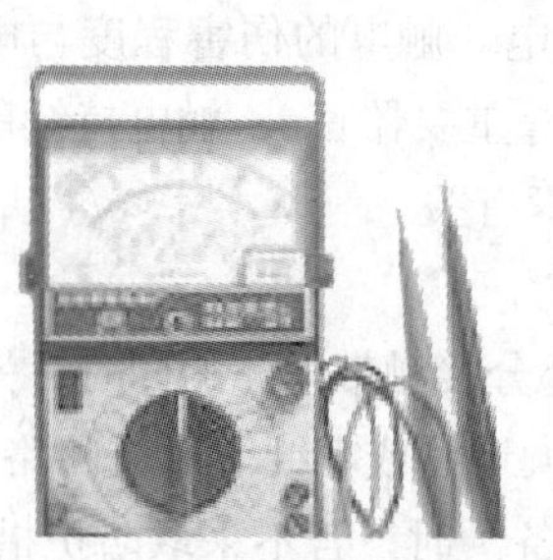
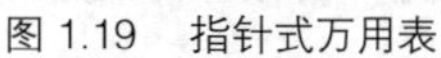
图 1.19　指针式万用表

图 1.20　数字式万用表

练 一 练

（1）用测电笔判别线路或设备（如电水壶）是否带电。

（2）练习使用螺丝刀、尖嘴钳、剥线钳等常用电工工具。

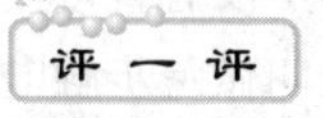

评 一 评　根据本任务完成情况进行评价，并将评价结果填入如表 1.1 所示评价表中。

表 1.1　教学过程评价表

项目 / 评价人	任务完成情况评价	等级	评定签名
自己评			
同学评			
老师评			
综合评定			

知识能力训练

（1）如图 1.21 所示，A 为带正电的小球，B 为带负电的小球，把B放在A附近，A、B之间存在吸引力还是排斥力？

（2）测电笔主要是由哪几部分组成的？

（3）练习使用电工工具。

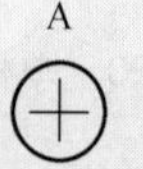

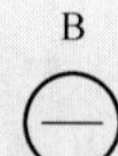

图 1.21　电荷

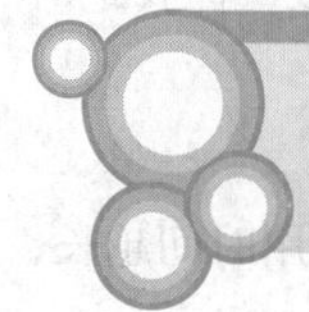

任务 2　认识用电安全

一、观看触电事故及处理专题片

做 一 做　观看触电事故及处理专题片。

议一议 为什么小鸟在高压电线上（见图 1.22）不会触电呢？

图 1.22 小鸟在高压线上

读一读

1. 电流对人体的作用

触电——人体因触及高电压的带电体而承受过大的电流，以致引起死亡或局部受伤的现象称为触电。触电的伤害程度与电流的大小、流经人体的路径（是否经过心脏等重要器官）、触电持续的时间、人体自身的情况（如人体电阻）等因素有关。

2. 常见的触电方式

（1）单相触电：人体的一部分接触带电体的同时，另一部分又与大地或零线（中性线）相接，电流从带电体流经人体，再到大地（或零线）形成回路，这种触电叫做单相触电，如图 1.23（b）所示。在接触电气线路（或设备）时，若不采取防护措施，一旦电气线路或设备绝缘损坏漏电，将引起间接的单相触电。

（2）两相触电：人体的不同部位同时接触两相电源带电体而引起的触电叫做两相触电，如图 1.23（a）所示。对于这种情况，无论电网中性点是否接地，人体所承受的电压将比单相触电时高，危险性更大。

（3）跨步触电：当电气设备外壳短路接地，或带电导线直接接地时，人体虽没有直接接触带电设备外壳或带电导线，但是跨步行走在电位分布曲线的范围内而造成的触电叫做跨步触电，如图 1.24 所示，跨步越大，跨步电压（两脚间电压）越高。

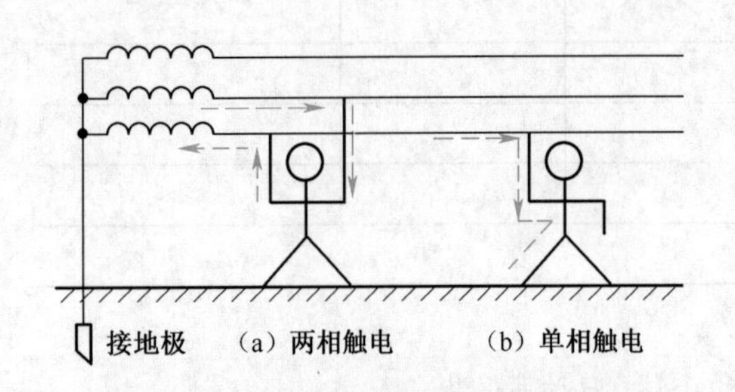

图 1.23 单相触电与两相触电

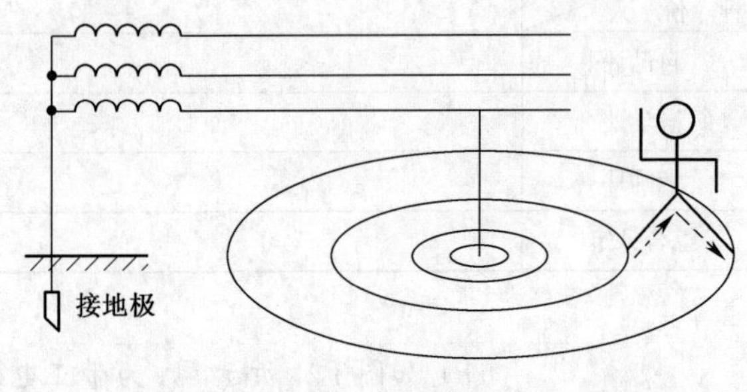

图 1.24 跨步触电

拓展与延伸 触电急救

在电气操作和日常用电中，如果采取了有效的预防措施将会大幅度减少触电事故，但要绝对避免是不可能的，因此，在电气操作和日常用电中必须做好触电急救的准备。

1. 脱离电源

触电急救的第 1 步是使触电者尽快脱离电源（见图 1.25），因为电流对人体的作用时间越长，对生命的威胁越大。

（1）救护人员若离电源开关较近，应立即断开电源开关；若离电源开关较远，可用带绝缘柄的利器切断电源线。

（2）若导线搭落在触电者身上或压在身下，可用干燥的木棒、竹竿等挑开导线。

（3）站在干燥的木板等绝缘体上将触电者拉离带电体。

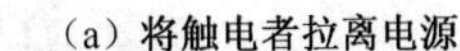

(a) 将触电者拉离电源

(b) 将触电者身上电线拨开

(c) 用绝缘柄工具切断电线

图 1.25　脱离电源

2. 现场诊断

当触电者脱离电源后，除了拨打“120”急救电话外，应进行必要的现场诊断和救护，直到医务人员到来为止。诊断方法如下。

一看：侧看触电者的胸部、腹部有无起伏动作，看触电者有无呼吸。

二听：聆听触电者心脏的跳动情况和口鼻处的呼吸声响。

三摸：触摸触电者喉咙旁凹陷处的颈动脉，确认有无脉动。

3. 现场救护

若触电者呼吸停止，但心脏还有跳动，应立即采用口对口（鼻）人工呼吸法救护；若触电者虽有呼吸但心脏停止跳动，应立即采用人工胸外挤压法救护；若触电者伤害严重，呼吸和心跳都停止，或瞳孔开始放大，则应同时采用人工呼吸和人工胸外挤压两种方法救护。

二、观看电气火灾及预防专题片

观看电气火灾及预防专题教育片。

发生电气火灾的主要原因有哪些？

1. 电气火灾产生的原因

（1）用电器总功率超负荷，导致线路中电流过大而使线路发热燃烧，如图 1.26 所示。

（2）电器使用时间过长，使电气设备过热，以致发生火灾。

（3）用电设备安装不合理、维护不及时、使用不当等，造成设备短路或导线时断时通，产生电弧而引起火灾，如图 1.27 所示。

（4）导线连接处接触不良（见图 1.28）、接触处电阻过大，产生大量热量烧坏电器而引起火灾。

（5）不按电气操作规程进行操作，在电源附近或易燃易爆物品附近从事带电弧火花的操作等。

2. 防范电气火灾

防范电气火灾的方法有减少明火、降低温度、减少易燃物等，但最根本的措施还在于规范用电。

3. 电气火灾的扑救

扑救电气火灾可以使用二氧化碳灭火器、干粉灭火器、四氯化碳灭火器、卤代烷灭火器、1211（二氟一氯一溴甲烷）灭火器等，同时要注意保持一定的安全距离。切忌使用可导电的水和泡沫灭火剂。

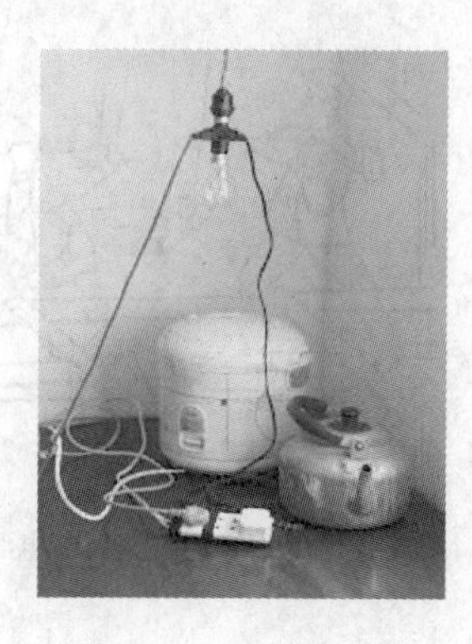

图 1.26　超负荷用电

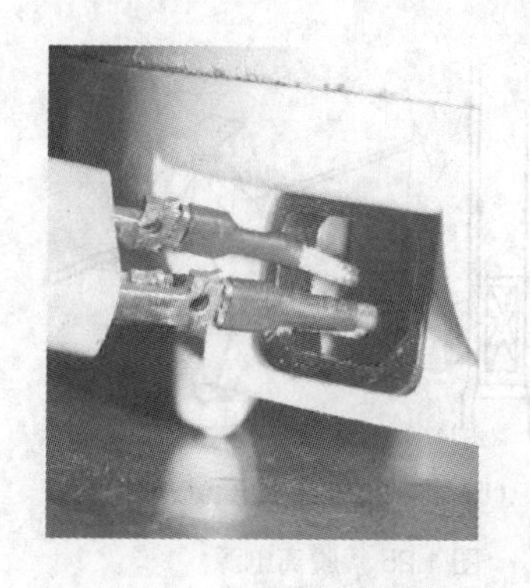

图 1.27　电弧引起电器烧毁

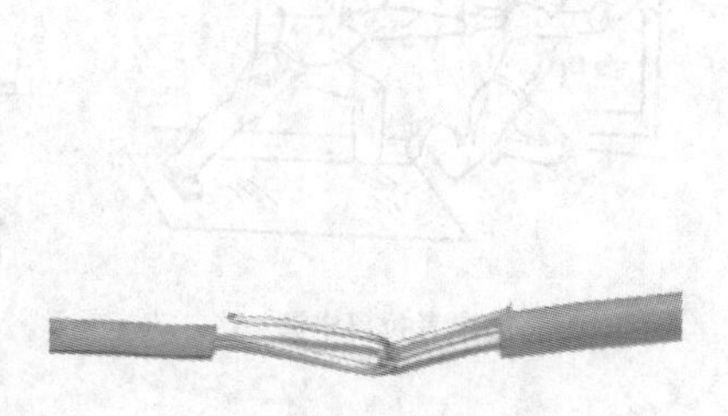

图 1.28　接触不良

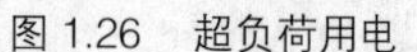

三、学习电工实训操作规范

议一议　在电工实训操作中应注意哪些操作规范？

读一读

（1）必须穿电工鞋才可以进入电工电子实训室进行操作。

（2）严格遵守安全操作规程，自觉服从管理，确保人身和设备安全。

（3）实训室内不得大声喧哗和追逐打闹，保持正常的教学秩序。

（4）强电操作实训时，由教师控制供电，学生不得擅自送电。

（5）严禁带电操作，严禁双手同时接触任意两个接线柱，各分路熔断器熔丝规格不得大于0.5A，严禁用其他金属丝应急代替。

（6）如遇触电事故，应首先切断电源（注意绝缘操作）；如遇其他意外事故发生，应保持冷静，听从教师指挥处理，并逐级上报。

（7）严禁把实训室的仪器仪表、配件、模块等带出实训室。

（8）实训结束后应及时做好各工位和室内的卫生工作，关好门窗，切断总电源，经指导老师检查合格后方可离开。

（9）管理员要如实记载实训过程中相关的内容，并对损坏的仪表设备做出赔偿处理决定。

（10）任课教师是实训操作时的第一安全责任人，管理员要协助教师做好安全教育工作和验收交接手续。

评一评　根据本任务完成情况进行评价，并将评价结果填入如表 1.2 所示评价表中。

表 1.2　教学过程评价表

项目 / 评价人	任务完成情况评价	等级	评定签名
自己评			
同学评			
老师评			
综合评定			

知识能力训练

（1）常见的触电方式有哪些？

（2）如果发现有人触电了，应采取怎样的急救措施？

（3）发生电气火灾的主要原因是什么？

通过本单元的学习，主要掌握下列内容。

（1）同性电荷相斥，异性电荷相吸。电荷周围存在电场，电场可用电场线形象地表示，电场线的疏密程度表示电场的相对强弱。

（2）雷电及静电均是电荷相互作用的结果。

（3）常用的电工实训仪器仪表及工具有测电笔、螺丝刀、尖嘴钳、斜口钳、剥线钳、电工刀、万用表等。

（4）触电是电流对人体的一种作用现象。常见的触电方式包括单相触电、两相触电、跨步触电等。

（5）电气火灾产生的原因主要有以下几点。

① 用电器总功率超负荷使线路发热燃烧。

② 电器使用时间过长使电气设备过热产生火灾。

③ 设备短路或导线断裂产生电弧引起火灾。

④ 导线连接处接触不良，电阻过大而产生大量热量烧坏电器。

⑤ 违反操作规程，在电源附近或易燃易爆物品附近从事带电弧火花的操作。

（6）电气火灾的防范要求及电气火灾扑救方法。

（7）电工实训操作规范。

一、填空题

1. 人体触电方式有________、________和________。电工实训中预防触电的最根本措施是严格遵守______________________。

2. 扑救电气火灾常用的灭火器有________、________、________、________、________。

3. 同种电荷________，异种电荷________。

二、判断题

1. 若是高压触电，可借助绝缘手套、干燥的衣服拉开触电者。（　　）

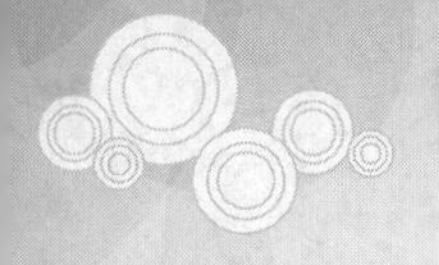

2. 若触电者呼吸停止，但心脏还有跳动，则应采取人工胸外挤压法救护。(　　)
3. 打雷时人躲避到大树下较为安全。(　　)
4. 雷雨时要避免使用金属柄的雨伞。(　　)
5. 发生电气火灾时不可以用水扑救。(　　)

三、简答题

1. 触电急救的要点是什么？
2. 电工实训操作应注意哪些规范？
3. 静电的防护措施有哪些？

第 2 单元

认识直流电路

知识目标

- 理解电流、电压、电阻、电源电动势、电功、电功率等电学量的概念
- 理解直流电路中电流、电压、电阻之间的关系：欧姆定律、节点电流定律（基尔霍夫第一定律）、回路电压定律（基尔霍夫第二定律）
- 掌握运用欧姆定律、基尔霍夫定律计算电流、电压、电功率的方法
- 理解电路的 3 种状态，了解电气设备的额定值

技能目标

- 学会正确使用电流表、电压表、万用表、功率表、电度表等仪表测量有关电学量
- 学会电流表和电压表的改装

情景导入

米其有一只手电筒，但是近来感觉电池老是不耐用，善于动脑子的米其就上网查阅了资料，发现近来市面出现一种新型的 LED 手电筒（见图 2.1），米其一看就喜欢上了这种手电筒，从小就爱动手的米其下决心自己组装一只 LED 手电筒，并且要装一支节电的手电筒。于是，米其开始研究手电筒的电路，并且思考手电筒的节电问题。

图 2.1　LED 手电筒

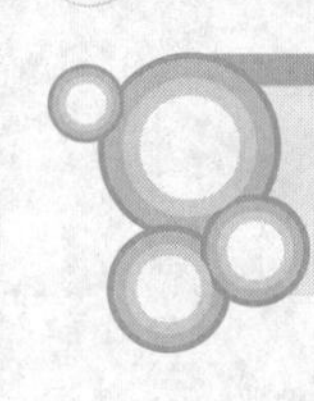

任务1 认识电路的组成

一、观察电路的组成

在人们的周围存在着各种简单或复杂的电路，它们的结构组成必定符合相同的规律和要求。下面通过观察来认识电路的组成规律。

做一做 如图2.2所示，将干电池、灯泡、开关、电线等连接成电路，当将开关接通时，灯泡发光。

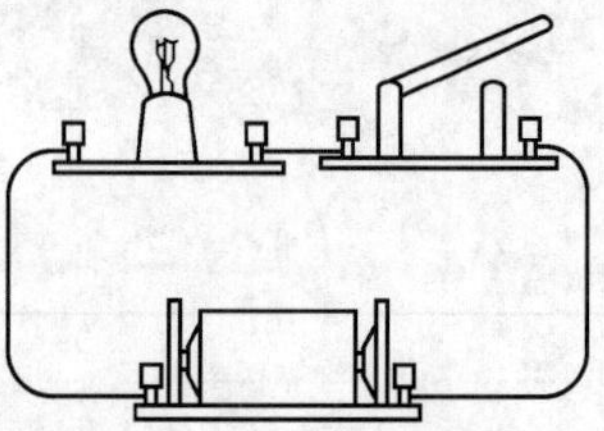

议一议 灯泡为什么能发光？

读一读 灯泡发光是由于电流通过灯丝时产生热效应所致，可见在上述电路中已形成了完整的电流通路。

图2.2 电路的组成

电路的组成包括如下。

（1）电源——供电的器件。

（2）用电器——利用电来工作的器件。

（3）开关——控制电路接通或断开的器件。

（4）导线——起连接和电流传输作用的材料。

二、观察电路的状态

灯泡能以是否发光显示所处电路的工作状态，电炉能以是否发热显示其电路状态，还有一些电路没有明显的标志显示其状态，但是可以通过对电路有关电学量的测量，分析判断电路的状态。在很多用电器上可以看到诸如“警告”、“WARNING”等标志，禁止电路处于某些状态，这又是什么原因呢？

做一做 在如图2.2所示的电路中，当开关接通时，灯泡发光，表明电路处于导通状态；当开关断开或电线断裂、接头松脱时，灯泡不发光，表明电路处于断开状态。

读一读 通常电路存在通路（闭路）、开路（断路）两种状态，但在发生故障或连接错误时，还存在短路状态。电路3种状态的比较如表2.1所示。

表2.1 电路的3种状态

状态	特　点
通路	电路接通，有电流通过
开路	电路一处或多处断开，无电流通过
短路	导线未经用电器（负载）而直接将电源正负极（两极）相接，电流很大，易引起电路烧毁甚至火灾等严重事故

议一议 电路短路会产生什么后果？实际生产和生活中是如何防止短路的？

三、认识电源

电池是生活中常用的电源，常把几节新电池串联起来使用。生活常识告诉人们不要把新旧电池混用，一般也不把电池并联使用，这是什么原因呢？

议一议 列举你所知道的电源。

读一读 广义地讲，能把非电能转换成电能而向用电器供电的装置均称为电源。常用的电源有：风力发电机组、火力发电机组、干电池（蓄电池）、水力发电机组、太阳能电池、核电机组等，如图 2.3 所示。

图 2.3 常用电源

电源均有两个电极（正、负极），电源的作用在于依靠电源内部的非静电力将正电荷不断地从电源的负极经电源内部搬运到电源的正极，从而维持电源的正极和负极之间存在一定的电压（称为电源的端电压）。

衡量电源内部这种搬运电荷能力的物理量称为电源电动势，通常用符号 E 表示，电动势的单位也是伏特。

电源本身也存在一定的电阻，称为电源内阻，用符号 r 表示。

当电源两端接上负载 R_L 形成闭合回路时，电路中形成电流 I，此时

$$E=I\times r+I\times R_L$$

其中，$I\times R_L=U$ 称为电源的端电压。

议一议 如果电路处于开路状态，那么电源的端电压等于多少呢？

读一读 电源向负载供电时既提供电压又提供电流，电源既可以看做是电压提供者又可以看做是电流提供者，因此为电路分析方便起见，通常可以将电源分成电流源和电压源两种形式。

为电路提供一定电压的电源称为电压源，其图形符号如图 2.4 所示。其中，E 代表电动势，r_o 为内阻。当 r_o=0 时，电压源将向电路提供恒定电压，称为理想电压源，又称恒压源。

注意 "+"代表电源正极。

为电路提供一定电流的电源称为电流源，其图形符号如图 2.5 所示。

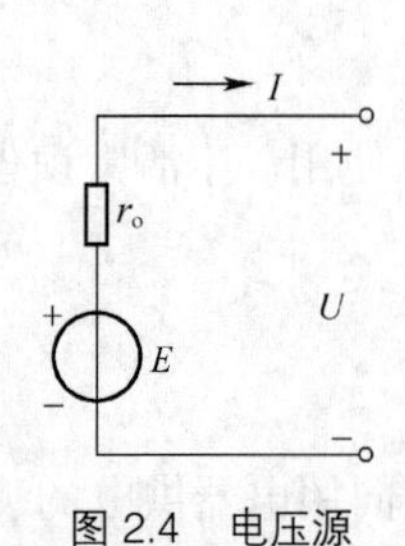

图 2.4　电压源

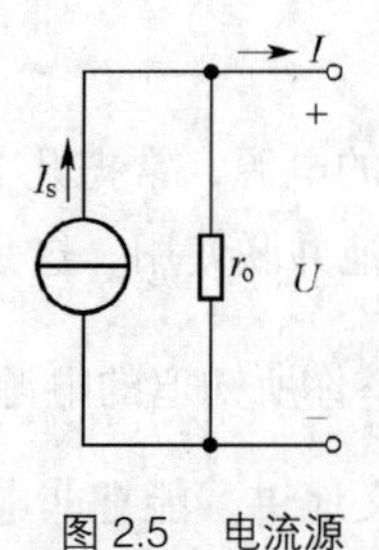

图 2.5　电流源

其中，I_S 为电流源输出的定值电流，r_o 为内阻。

注意　箭头方向代表电源电流输出方向。

当 $r_o=\infty$时，电流源将向电路提供恒定电流，称为理想电流源，又称恒流源。

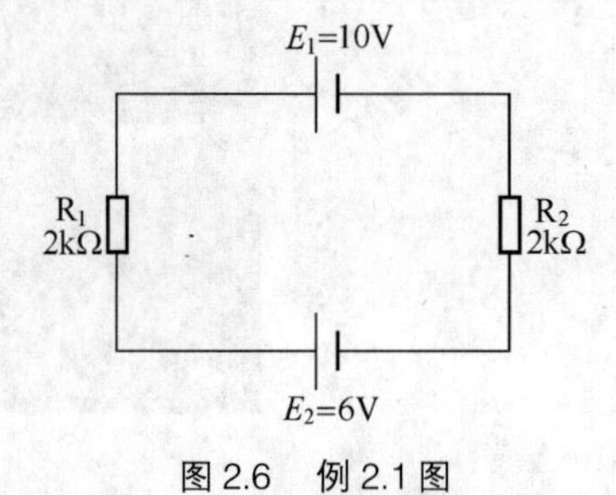

图 2.6　例 2.1 图

【例 2.1】标出如图 2.6 所示电路中电流的方向，并求出其大小。

【解】 $I=\dfrac{E_1-E_2}{R_1+R_2}=\dfrac{10-6}{2+2}=1$（mA），电流方向为逆时针方向。

练一练　电池组的连接。

按照下列要求将几节相同的电池连接成电池组，用电压表测量其两端电压，并推算其内阻。

每节电池的电动势为 1.5V，内阻设为 0.5Ω。

（1）两节电池同向串联后的总的电动势为_____V，总的内阻为_____Ω。

（2）两节电池同向并联后的总的电动势为_____V，总的内阻为_____Ω。

（3）两节电池反向串联后的总的电动势为_____V，总的内阻为_____Ω。

（4）画出上述 3 种电池连接的等效电路图。

读一读　电池的串联可以增加电动势，满足电路对大电动势的需求，同时串联以后电池组的内阻也相当于几个内阻的串联。如果相互串联的几个电池中有一个是老化或损坏的（内阻比正常电池大大增大），就会使整个电池组的电阻大大增大，也就使得整个电池组无法发挥作用，所以一般不把新旧电池混合使用。

电池组并联后，电池组内阻相当于这几个电池内阻的并联，虽然没有增加电动势，但会使总的内阻减小，从而使得整个电池输出的电流增加。由于电池之间存在一定差异，即使是同一型号、同一批次的电池，它们的内阻之间也会存在差异，这就使得各电池中通过的电流不平衡，内阻小的电池中会通过超过其正常值的电流，容易造成电池发热甚至烧毁，因此一般不将电池并联使用。

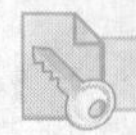

拓展与延伸　正确绘制电路图

1. 熟悉电路符号

国际电工委员会和我国国家标准委员会对各类电路元器件均规定了统一的符号，常用元器件图形符号如表 2.2 所示。

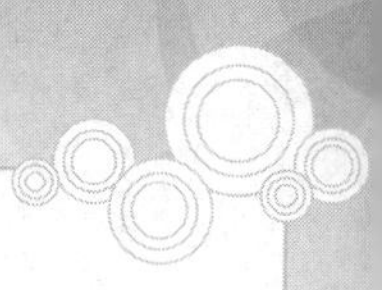

表 2.2　　常用电路元器件图形符号

符号	名称	符号	名称	符号	名称
	直流电		交流电		交直流电
	开关		电阻器		接机壳
	电池		电位器		接地
	线圈		电容器		连接导线
	铁心线圈	A	电流表		不连接导线
	抽头线圈	V	电压表		熔断器
G	直流发电机		二极管		电灯
G	交流发电机	M	直流电动机	M	交流电动机

2. 绘图注意事项

（1）采用统一规定的电路符号（国标）。

（2）接线要横平竖直。

（3）交叉线注意是否有连接关系。

（4）线路要简洁、匀称、整齐、美观。

3. 计算机软件绘图

除了手工绘图外，随着计算机软件技术的发展，还出现了 Protel、AutoCAD、Visio 等计算机绘图软件，运用这些软件可以较方便地绘制各种电路图。

评 一 评　根据本任务完成情况进行评价，并将评价结果填入如表 2.3 所示评价表中。

表 2.3　　教学过程评价表

项目 / 评价人	任务完成情况评价	等 级	评定签名
自己评			
同学评			
老师评			
综合评定			

知识能力训练

（1）观察家用漏电保护器，了解其主要性能和使用方法。

（2）电路如图 2.7 所示，①标出回路电流方向；②通过电阻器 R_1 的电流为________。

（3）6 节相同的干电池，每节的电动势均为 1.5V，内阻均为 0.1Ω，若将其顺序串联，则总的电动势为________V，总的内阻为________Ω。

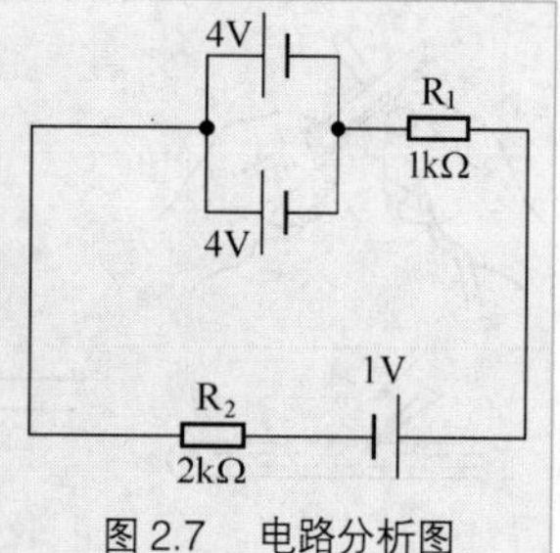

图 2.7　电路分析图

四、导线的选择与加工使用

读一读 常用电工材料的种类、规格及型号。

常用电工材料分4类：绝缘材料、导电材料、电热材料和磁性材料。维修电工常用的导电材料如表2.4所示。

表2.4 常用电气设备的电线电缆品种分类表

类　别	系列名称	型号字母及含义
通用电线电缆	橡皮、塑料绝缘导线 橡皮、塑料绝缘软线 通用橡皮电缆	B——绝缘布线 R——软线 Y——移动电缆
电机电器用电线电缆	电动机电器引接线 电焊机用电缆 潜水电动机用防水橡套电缆	J——电动机引接线 YH——电焊机用移动电缆 YHS——有防水橡套的移动电缆

移动使用的电线电缆主要用铜做导电芯线，固定敷设的除特殊场合外主要用铝做导电芯线。导电线芯的根数有单根、几根及几十根等。

电线电缆的绝缘层大多数采用橡皮和塑料，其耐热等级决定电线电缆的允许工作温度。

电线电缆的护层主要起机械保护作用，主要采用橡皮或塑料护套做护层，也有少数采用玻璃丝或棉纱编织护层。

常用的导电材料根据导电线芯、绝缘层、护套层的材料分为若干品种，主要分为B系列、R系列和Y系列。每一系列又分为很多品种（详细情况可查阅有关电工电料手册）。

读一读 去除导线绝缘层的技术要领。

导线线头的绝缘层必须剖削去除后方可进行连接，常用的工具有电工刀和剥线钳。

技术要领——不得损伤线芯，剖削的长度应根据连接的需要而定，对不同种类的导线用不同剖削方法。

1. 塑料绝缘导线线头的剖削

用电工刀以45°角倾斜切入塑料层并向线端推削，削去一部分塑料层，并将另一部分塑料层翻下，将翻下的塑料层切去即可，如图2.8所示。

2. 护套线头的剖削

根据需要长度用电工刀在指定的地方划一圈深痕（不得损伤芯线绝缘层），对准芯线的中间缝隙，用电工刀把保护套层划破，剥去线头保护层，露出芯线绝缘层，在距离保护层约10mm处，用电工刀以45°角倾斜切入芯线绝缘层，再用塑料绝缘导线线头的剖削方法，将护套芯线绝缘层剥去，如图2.9所示。

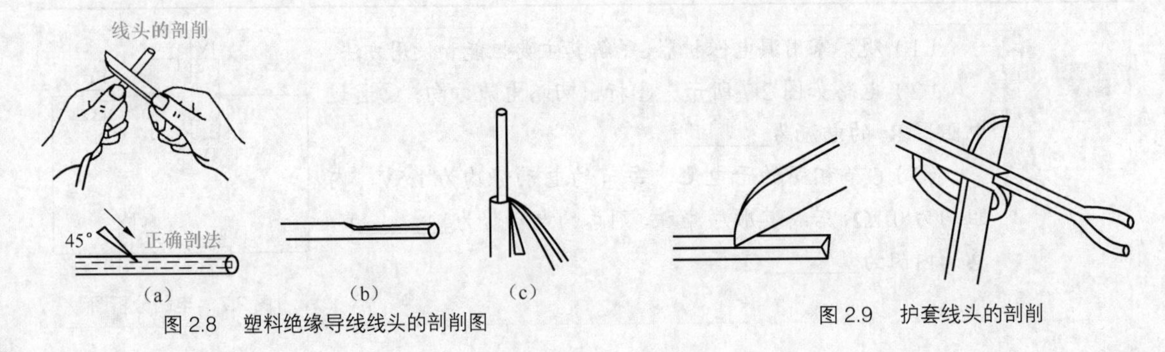

图2.8 塑料绝缘导线线头的剖削图

图2.9 护套线头的剖削

3. 刮去漆包线线头绝缘漆层

可用专用工具刮线刀刮去绝缘漆层，也可用电工刀刮削，把绝缘漆层刮干净，但不得将铜线刮细、刮断。直径在 0.07mm 以下的漆包线不便去绝缘层，只需将待接两接线头并拢后，拧成麻花形用打火机直接烧焊即可。

做一做 分别练习去除不同导线线头的绝缘层，并按如表 2.5 所示工艺要求及评分标准评分。

表 2.5 工艺要求及评分标准

项　目	质检内容	占　分	评分标准	自　评	互　评	得　分
1	剖削步骤	50	每错一步，扣 5 分			
2	剖削预定位置	15	位置不准，扣 3 ～ 5 分			
3	工具使用正确	15	使用不当，扣 10 分			
4	芯线无刀痕	10	视刀痕轻重，扣 3 ～ 20 分			
5	安全文明操作	10	态度认真，服从管理，否则扣 5 ～ 10 分			

读一读 导线的连接技术要领。

对于单股导线和多股导线有不同的连接方法，分为直线连接和 T 字分支连接。

1. 单股芯线的直线连接

单股芯线的直线连接方法如图 2.10 所示。先将两导线端去除绝缘层后做 × 形相交，互相绞合 2 ～ 3 匝后扳直，两线端分别紧密向芯线上并绕 6 圈，多余线端剪去，钳平切口。

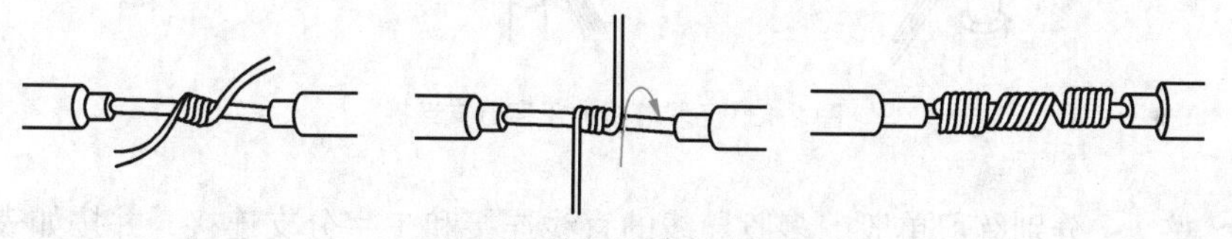

图 2.10　单股芯线的直线连接

2. 单股芯线的 T 字分支连接

单股芯线的 T 字分支连接方法如图 2.11 所示。支线端和干线按图示去除绝缘层后十字相交，使支线的芯线根部留出约 3mm 后向干线缠绕一圈，再环绕成结状，收紧线端向干线并绕 6 ～ 8 圈钳平切口，如果连接导线截面较大，两芯线十字相交后，直接在干线上紧密绕 8 圈即可。

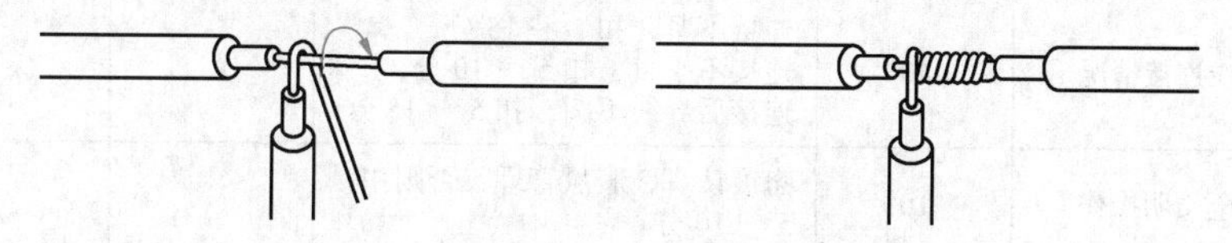

图 2.11　单股芯线的 T 字分支连接

3. 7 股芯线的直线连接

7 股芯线的直线连接方法如图 2.12 所示。线头去除绝缘层后在全长的 1/3 根部进一步绞紧，余下的线头芯子分散成伞状，两伞状对叉，捏平每股芯线，把一端 7 股芯线按 2、2、3 根分成 3 组，把第 1 组两根芯线扳起垂直于芯线，顺时针方向并绕两圈后扳成直角与干线贴紧，再拿出第 2 组两根芯线按前面方法操作，最后第 3 组 3 根芯线垂直于芯线扳直，紧紧压着其他 4 根芯线紧密绕至根部，剪去每组多余的芯线，钳平切口。用相同方法再缠绕另一端 7 股芯线。

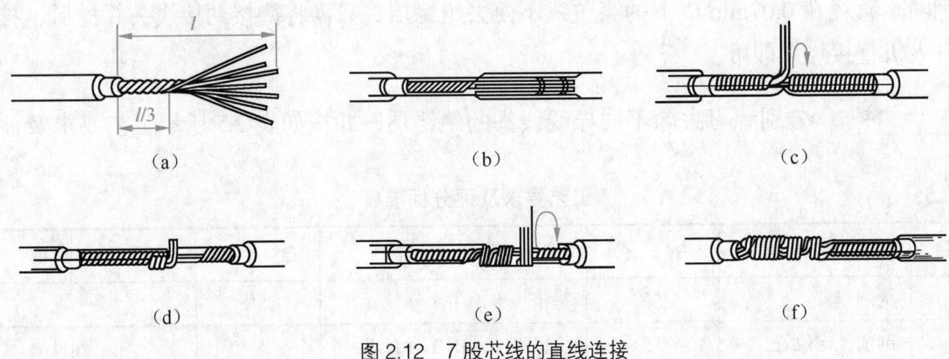

图 2.12 7 股芯线的直线连接

4. 7 股芯线的 T 字分支连接

7 股芯线的 T 字分支连接方法如图 2.13 所示。支线头与干线分别去除绝缘层后，将支线头根部 1/8 绞紧，余下部分散成两组（一组 3 根芯线，另一组 4 根芯线）并排齐，将干线分成 3 根、4 根两组，两组中间留出插缝，将支线插入干线缝隙，然后将支线 3 股的一组芯线在干线一边按顺时针紧密绕 3 ～ 4 圈，剪去余端，钳平切口。用相同方法将支线另一组按逆时针缠绕 3 ～ 4 圈，剪去余端，钳平切口。

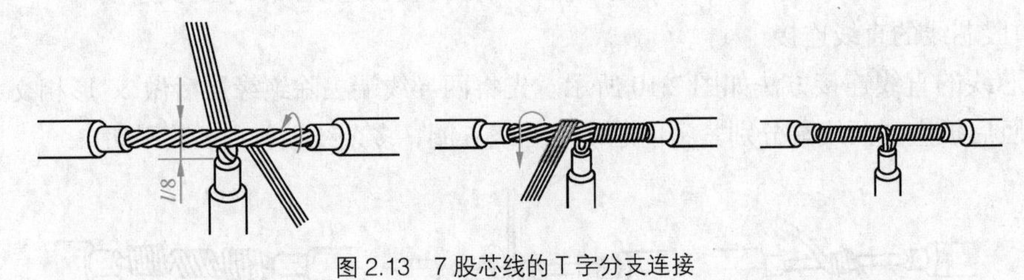

图 2.13 7 股芯线的 T 字分支连接

做一做 分别练习单股、多股导线的直线连接和 T 字分支连接，并按如表 2.6 所示工艺要求及评分标准评分。

表 2.6 工艺要求及评分标准

项 目	质检内容	占 分	评分标准	自 评	互 评	得 分
1	导线缠绕方法	25	导线缠绕方法错误扣 25 分			
2	导线缠绕整齐性	25	导线缠绕不整齐扣 10 ～ 25 分			
3	导线连接情况	40	连接不紧，扣 5 ～ 15 分， 连接不平直，扣 5 ～ 10 分， 连接后导线不圆，扣 5 ～ 15 分			
4	安全文明操作	10	态度认真，服从管理，否则扣 5 ～ 10 分			

读一读 绝缘层的恢复技术要领。

导线绝缘层破损后必须恢复绝缘，导线连接后也须恢复绝缘，通常用黄蜡带、涤纶薄膜带和黑胶布作为恢复绝缘层的绝缘带材料。其操作技术要领如下。

如图 2.14 所示，绝缘带的包扎要从线头完整的绝缘层上开始，包扎两个带宽后方可进入无绝缘层的芯线部分，包扎时绝缘带与导线保持约55° 的倾斜角，每圈压叠带宽的1/2，包扎至无绝缘层的另一端后，在芯线完整绝缘层上再包3～4圈。包扎一层黄蜡带或涤纶薄膜带后，将黑胶布接在黄蜡带的尾端，按另一斜叠方向包扎一层黑胶布，每一圈也是压叠带宽的1/2。绝缘带末端要做防散处理，可用纱线捆扎。

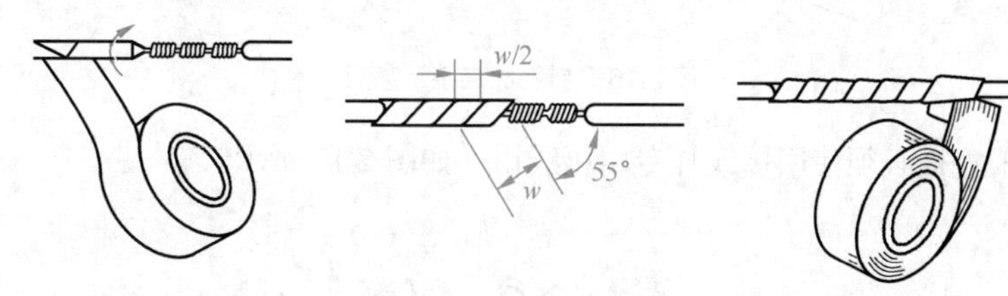

图2.14 绝缘层的恢复

练习导线的绝缘恢复，并按如表2.7所示的工艺要求及评分标准评分。

表2.7 工艺要求和评分标准

项 目	质检内容	占 分	评分标准	自 评	互 评	得 分
1	接线方法正确	35	缠绕圈数错，扣3～5分，方法和步骤错，扣10～20分			
2	连接牢固整齐	25	每一处层次不清，扣3分，松动，扣5～10分			
3	切口无毛刺	10	有毛刺，扣2～3分，未钳平切口，扣5～10分			
4	绝缘恢复质检	25	起、终位置叠压严密，不露芯线，每错一项扣5分			
5	安全文明操作	5	违反操作规定，扣2～5分			

读 一 读 导线与接线桩（端子）的连接技术要领。

导线与接线桩（端子）的连接有螺钉式连接、针孔式连接及接线耳式连接等。

（1）螺钉式连接。常用圆头螺钉进行压接，有加垫片和不加垫片两种，在灯头、灯开关及插座等电器上一般不加垫片，其操作步骤如图2.15所示。

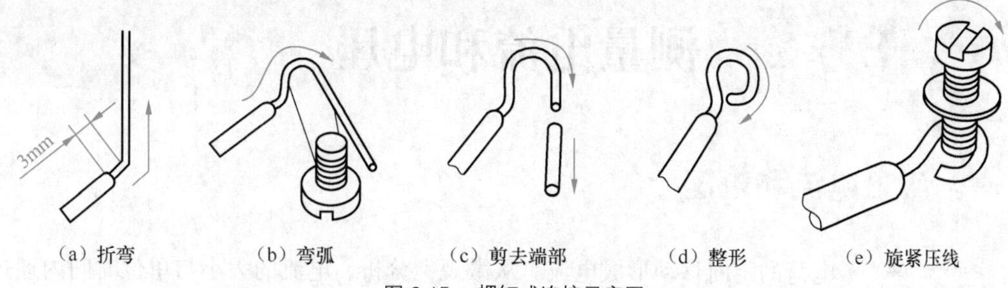

（a）折弯 （b）弯弧 （c）剪去端部 （d）整形 （e）旋紧压线

图2.15 螺钉式连接示意图

（2）针孔式连接。通常利用黄铜制成矩形接线桩，端面有导线承接孔，顶面装有压紧导线的螺钉，其操作步骤如图2.16所示。

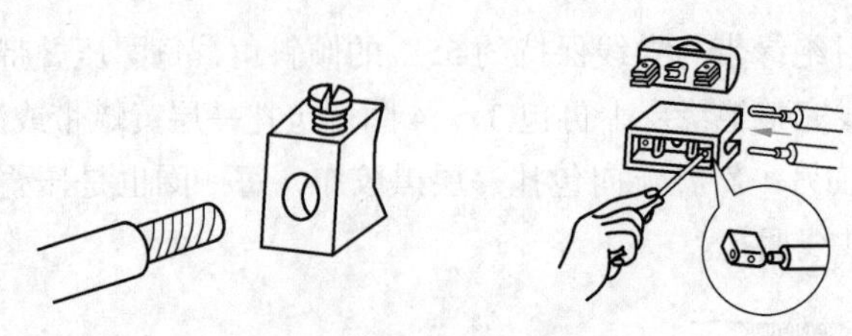

图 2.16　针孔式连接示意图

（3）接线耳式连接必须使用接线耳专用压线钳，如图 2.17 所示。

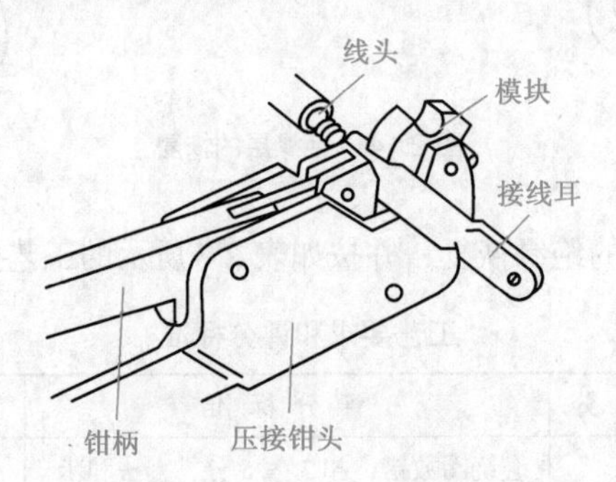

图 2.17　接线耳式连接示意图

练习导线与接线桩的连接，并按如表 2.8 所示的工艺要求及评分标准评分。

表 2.8　工艺要求和评分标准

项　目	质检内容	占　分	评分标准	自　评	互　评	得　分
1	连接方法正确	20	方法和步骤错，扣 10 ～ 20 分			
2	连接牢固整齐	30	出现松动，扣 10 ～ 30 分			
3	连接质量良好	40	导线接头不紧密，扣 10 ～ 20 分，线头外露，扣 10 ～ 20 分			
4	安全文明操作	10	违反操作规定，扣 10 分			

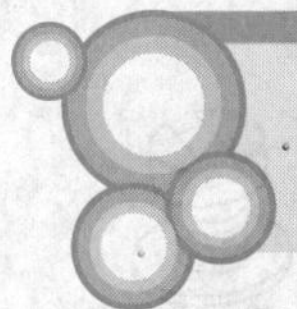

任务 2　测量电流和电压

一、认识电流和电压

读 一 读　电荷的定向移动形成电流。从微观上分析，电流的大小与单位时间内通过导体横截面的电荷量有关。在宏观上，通常用电流表和万用表测量电流。

电流的符号为 I，在国际单位制中，电流的单位是安培（A），此外常用的还有毫安（mA）、微安（μA）等。

习惯上规定正电荷定向移动的方向为电流的方向。通常根据电流方向是否随时间改变而将电流分成直流电流和交流电流，分别如图 2.18 和图 2.19 所示。

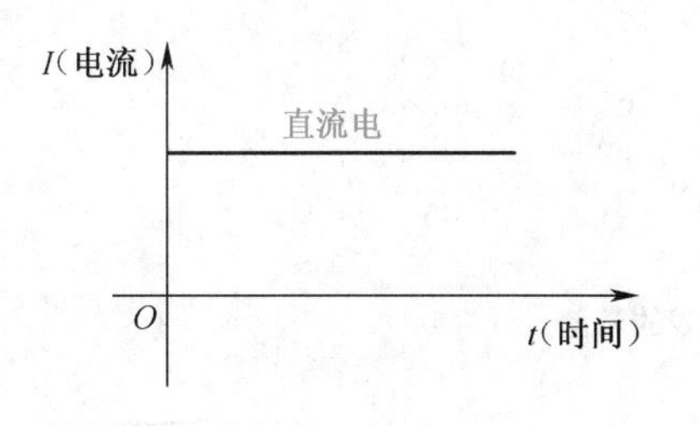

图 2.18　直流电流波形

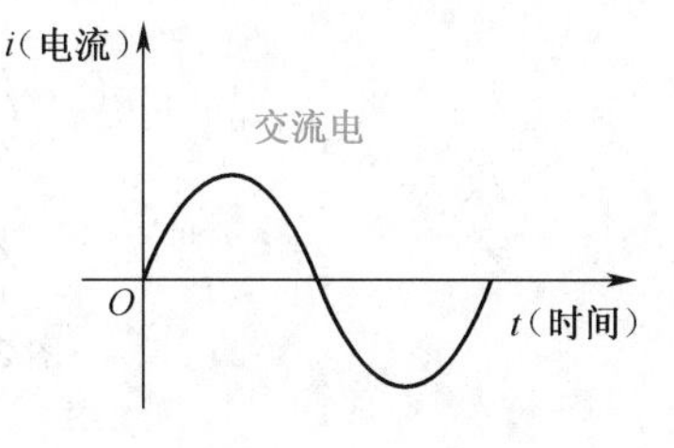

图 2.19　交流电流波形

读一读　电压是形成电流的必要条件之一，电路中提供电压的器件是电源。

电压的符号为 U，在国际单位制中，电压的单位是伏特（V），此外常用的还有千伏（kV）、兆伏（MV）、毫伏（mV）、微伏（μV）等。（$1kV=10^3V$，$1MV=10^6V$，$1mV=10^{-3}V$，$1\mu V=10^{-6}V$）

电压又称电位差，它是导体两端在电场中的电位之差。通常元件公共点用符号“⊥”表示，接地点用符号“⏚”表示。根据电路中电流是直流电流还是交流电流，电路两端电压分别称为直流电压和交流电压。

练一练　某电路横截面上 10s（秒）内通过的电荷为 20C（库仑），那么这段电路的电流等于_______A（安培）（1 安培 = 1 库仑 / 秒）。

二、学习正确使用电流表

测量电流常用的仪表是电流表和万用表。

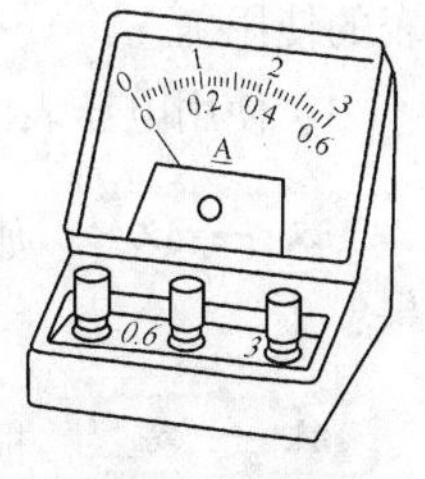

图 2.20　电流表

做一做　仔细观察电流表（见图 2.20）并思考。

（1）各接线柱（旋钮）的符号及含义。

（2）刻度盘上标有字母 A、mA、μA 表示的含义。

（3）对应各量程挡，刻度盘上的分度值分别是多少。

读一读　用电流表测量电流应注意以下问题。

（1）电流表必须串联于被测电路中，且使电流从电流表“+”端接线柱流入，从“−”端接线柱流出。

（2）测量前应检查电流表的指针是否对准“0”刻度线，如果有偏差，要调节表盘上的调零旋钮进行调节。

（3）要选择合适的量程挡，通过电流表的电流不能超过它的量程。如果不能估计被测电流的大小，可以先将一个旋钮接好，然后将另一接线头快速碰触最大量程的接线柱，如果指针偏转在较小的范围内，可以再选用较小的一个量程进行试碰，直到指针偏转到表盘中部位置。

（4）严禁将电流表并接在被测电路两端。

议一议　如果被测电流超出电流表量程或不慎把电流表并接到电路上，可能会出现什么后果？为什么？

练一练　根据如图 2.21 所示表盘指针显示的情况，读出被测电流值。

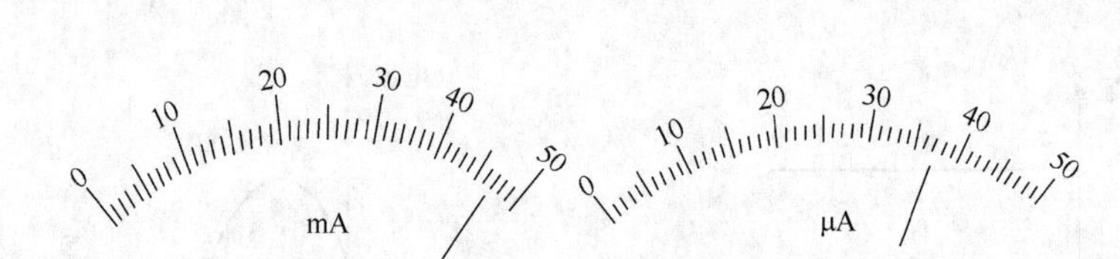

图 2.21　电流表的表盘

三、学习正确使用电压表

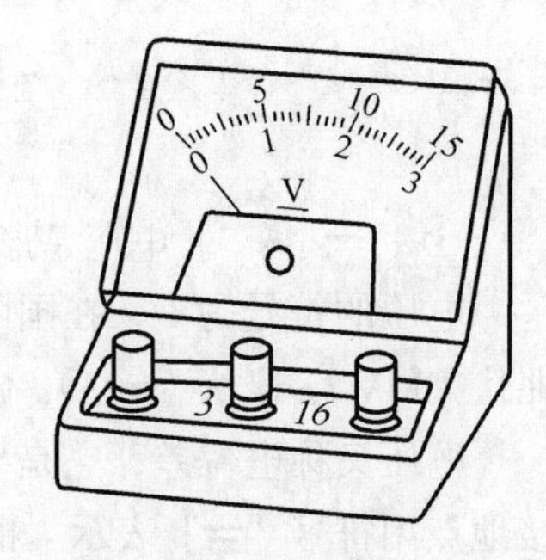

图 2.22　电压表

测量电压的仪表主要是电压表和万用表。

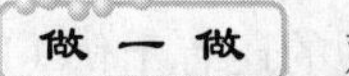

做 一 做　观察电压表（见图 2.22）并思考。

（1）各接线柱（旋钮）的符号及含义。

（2）刻度盘上标有字母 V、mV 表示的含义。

（3）对应各量程挡，刻度盘上的分度值分别是多少。

读 一 读　用电压表测量电压要注意以下问题。

（1）电压表应并接于被测电路的两端，且使电流从电压表“+”端接线柱流入，从“−”端接线柱流出。

（2）注意所测电压不能超过电压表量程，如不能估计被测电压，可以采用碰触法（方法同电流表的使用）。

（3）使用电压表前应先将指针调零。

议 一 议　如果被测电压超出电压表量程或不慎将电压表串联接入电路，会出现什么后果？

练 一 练　根据如图 2.23 所示表盘指针显示的情况，读出被测电压值。

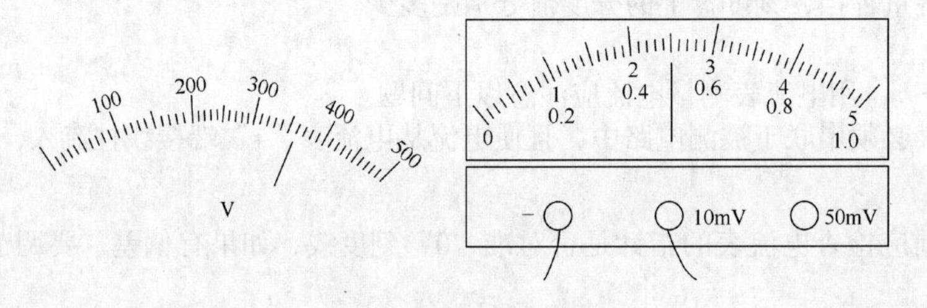

图 2.23　电压表的表盘

四、测量简单电路的电流和电压

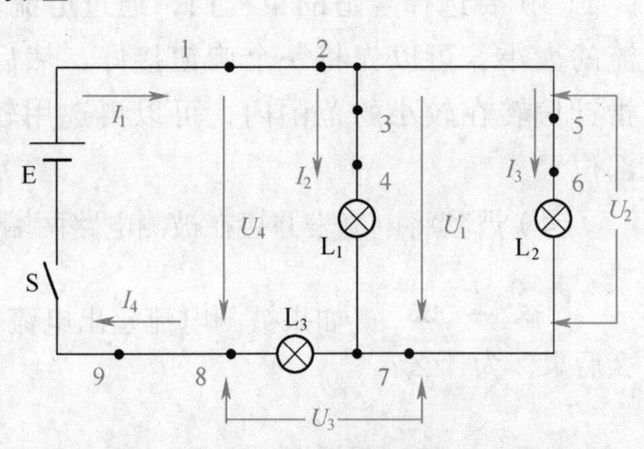

图 2.24　简单直流电路

做 一 做

（1）断开开关 S，按如图 2.24 所示连接电路。

（2）断开 1、2 连线，将电流表从 1、2 之间串联接入电路，将电压表从 3、7 两点并联接入电路。

（3）合上开关 S，读取两表读数，分别为：

I_1=________A，U_1=________V。

（4）断开S，将电压表从5、7两点并联接入电路，断开8、9连线，将电流表从8、9两点之间串联接入电路，再合上S，读取两表读数分别为：I_4=________A，U_2=________V。

（5）断开S，将电压表从7、8两点并联接入电路，断开3、4连线，将电流表从3、4两点之间串联接入电路，合上S，两表读数分别为：I_2=________A，U_3=________V。

（6）断开S，断开5、6连线，将电流表从5、6两点串联接入电路，将电压表从2、8两点并联接入电路，两表读数分别为：I_3=________A，U_4=________V。

练一练 观察上述测量数据，可以发现各电流和电压之间存在联系，它们揭示了什么规律？

（1）$I_1=I_4$，表明________________。

（2）$U_2=U_1$，表明________________。

（3）$I_1=I_2+I_3$，表明________________。

（4）$U_4=U_1+U_3$，表明________________。

议一议 如果换用同一表的不同量程挡或不同的电压表、电流表，上述测量结果会不会相同？

读一读 理想的电流表内阻为零，理想的电压表内阻为无穷大，但实际的电流表存在一定的内阻，实际的电压表内阻也不是无穷大，所以在接入电路后，都会不同程度地影响电路。不同的电流表和电压表或同一表的不同量程挡，内阻也不完全一样，对被测电路的影响也不一样，所以用不同的电流表和电压表或同一表的不同量程挡测量同一物理量，其结果也会有所不同。

拓展与延伸　电路中电位的计算

电路中的各点都有一个电位，电位的参考点，称为零电位点。电位相对于不同的零电位点，其数值也不相同，可见电位具有相对性。

电位的符号是 V，单位是伏特（V）。零电位点的选择具有任意性，通常为了实际测量方便起见，习惯上以大地电位作为零电位点，设备外壳通常接地或者设备中元件均与一个公共点相连，所以一般把设备外壳或电路中某一公共点作为零电位点。零电位点又称接地点，以符号⏚或⊥表示。

电位和电压是两个不同的概念。电压是任意两点之间的电位之差，而电位则可以看成是测量点与零电位点之间的电压。计算电路中某点的电位实际上就是计算该点到零电位点之间的电压，其方法是：沿着一条路径从被测量点到参考点，该点电位就等于此路径上各段电路电压的代数和。

注意 某段电路上电压的正负号确定，如果是从正极到负极（高电位到低电位），就取“+”号，反之就取“–”号。

【例 2.2】 在如图 2.25 所示的电路中，已知 E=20V，R_1=2kΩ，R_2=2kΩ，R_3=1kΩ，求 A、B、C 这 3 点的电位。

【解】 图中O点为接地点，选择其为零电位点，电路中电流方向及各电阻电压极性如图所示，电路中电流大小为

$$I=\frac{E}{R_1+R_2+R_3}$$

$$=\frac{20}{2+2+1}$$

$$=4\text{（mA）}$$

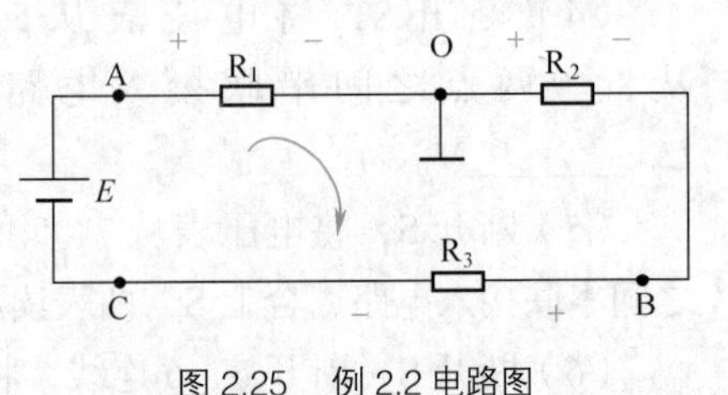

图2.25 例2.2电路图

则 $V_A=IR_1=4\times2=8$（V）

$V_B=-IR_2=-4\times2=-8$（V）

$V_C=-IR_3-IR_2=-12$（V）

或者 $V_C=-20+IR_1=-12$（V）

练一练 如果选择B点作为参考点，则 V_O、V_C、V_A 分别是多少？

评一评 根据本任务完成情况进行评价，并将评价结果填入如表2.9所示评价表中。

表2.9 教学过程评价表

评价人＼项目	任务完成情况评价	等级	评定签名
自己评			
同学评			
老师评			
综合评定			

知识能力训练

（1）如图2.26所示表盘刻度读数为________，电流读数为________。

（2）在如图2.27所示电路中，电流的大小等于________，电流的方向为（顺、逆）时针，A、B、C这3点电位分别为：V_A=________，V_B=________，V_C=________。

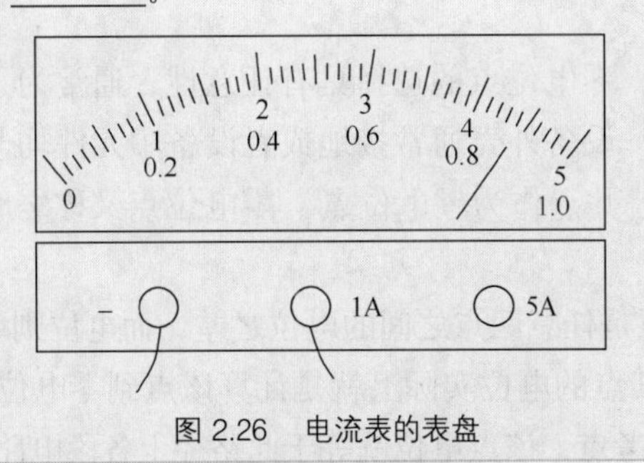

图2.26 电流表的表盘

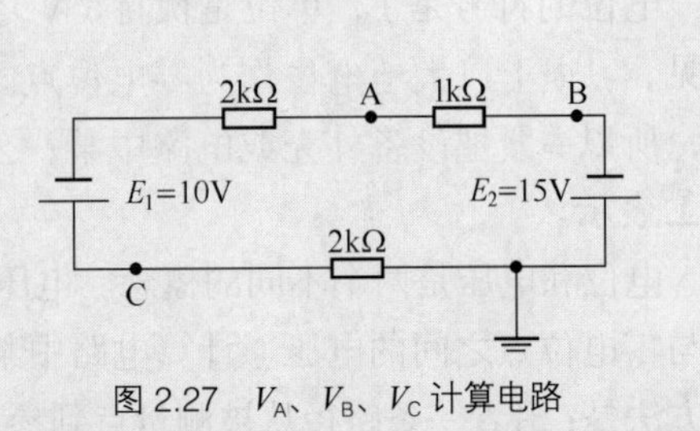

图2.27 V_A、V_B、V_C 计算电路

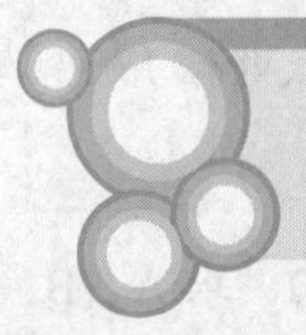

任务3 测量电阻

自然界的物质按其导电能力的不同，通常分为导体、绝缘体和半导体。导体是导电能力较强

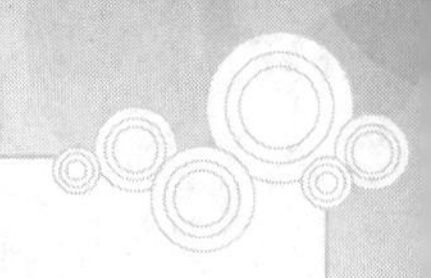

的一类物质，如金属、电解液等；绝缘体是导电能力较弱的一类物质，如橡胶、塑料、玻璃等；而半导体是导电能力介于导体和绝缘体之间且导电能力易于受到外界的物理化学因素影响的一类物质。除此之外，近几十年来人们还发现了导电能力极强的所谓超导体。

反映物质导电能力的物理量是电阻。测量电阻有很多种方法，除用万用表直接测量外，还可以采用伏安法、惠斯通电桥法等间接测量的方法。

一、认识电阻

议一议 不同物体的导电能力为何不同？

读一读 电流在电路中流动时会受到一定的阻力，物理学上把这种阻碍作用称为电阻。其产生机理从微观上讲是由于带电粒子在电路中运动时与导电物体内的原子或分子发生碰撞或摩擦引起的。电阻的符号是 R，其国际标准单位是欧姆（Ω），在国标中，电阻器的电路符号如图 2.28 所示。

做一做 观察常用的电阻器，如图 2.29 所示。

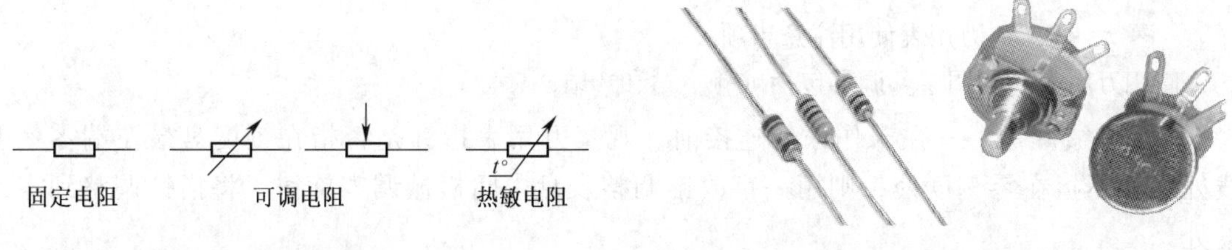

图 2.28　电阻器的图形符号

图 2.29　电阻器实物图

读一读 实验表明，电阻阻值的大小主要与导体的形状尺寸、材料、环境温度等因素有关。对于规则的圆柱形物体而言，$R=\rho\frac{L}{S}$，其中 ρ 为电阻率，表示该材料的导电能力，单位为欧姆•米（Ω•m），L 表示导体的长度，单位为米（m），S 表示导体的截面积，单位为平方米（m^2）；当温度改变时，各种材料的电阻阻值都随之变化：纯金属的电阻，随温度的升高阻值会增大，而半导体的电阻随温度的升高阻值反而减小，少数合金的电阻几乎不受温度的影响，常用来制造标准电阻器。

练一练 一根导线的电阻是 2kΩ，若将其对折，则其电阻变为________Ω，若将其拉长一倍，则其电阻变为________Ω。

二、学习使用万用表测量电阻

观察万用表的面板（见图 2.30）。万用表面板主要分成两个区域，即刻度区和换挡区。换挡区分成电流挡、直流电压挡、交流电压挡以及电阻挡（又称欧姆挡），各挡又分成若干量程挡。刻度区对应不同测量挡有不同的刻度线。

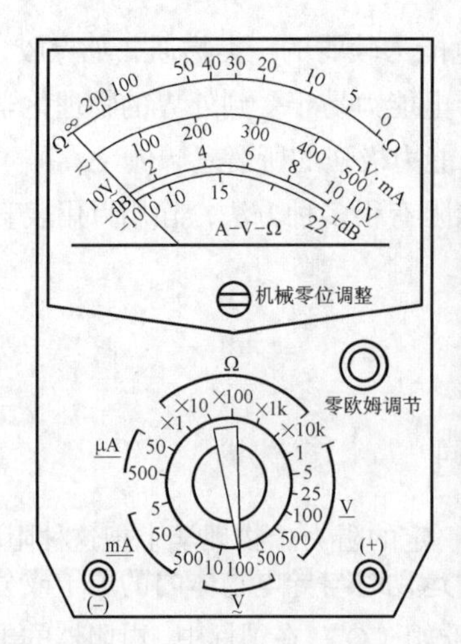

图 2.30　指针式万用表

注意

（1）电压挡、电流挡的刻度线是均匀的且零刻度线位于表盘的最左端。

（2）欧姆挡的刻度线是不均匀的且零刻度线位于表盘的最右端。

读一读　万用表使用注意事项。

使用万用表前要调零。调零包括机械调零和欧姆调零。

（1）机械调零——在未作任何连接前，观察万用表指针是否指在刻度盘最左端零刻度线处，如不指在零刻度处，则用一字改锥调整表盘中间机械调零旋钮，将指针调整到零刻度处。

（2）欧姆调零——如果是测量电阻，将红、黑表笔分别插入“+”、“*”或“-”孔中，将红、黑表笔短接，观察指针是否对准刻度盘最右端零欧姆刻度线处，如没有，则调节欧姆调零旋钮使之对准，此称为欧姆调零。

注意

每改变一次量程测量电阻前，均要重新进行一次欧姆调零。在万用表不用时，应将其转换开关转至交流电压最大挡。

议一议　万用表在使用一段时间后，欧姆调零可能难以调整到位，此时可能需要更换万用表的电池，为什么?

读一读　万用表使用步骤。

（1）首先正确选择测量挡，注意不能选错，如果错将电流挡当成电压挡接到电路中，将产生严重后果。

（2）要合理选择量程挡。测量电压电流时，量程挡的选择方法同电压表和电流表量程挡的选择一样；测量电阻时，由于欧姆表刻度不均匀，为提高读数的准确度，选择量程挡时以使指针偏转到满刻度的 1/2 ～ 2/3 为宜。

（3）测量电阻时注意接入方式必须正确，不要将人体电阻接入，以免产生误差（见图 2.31）。

（4）正确读数，电阻的测量值等于指针指示数值乘以所选量程挡倍率（如 R × 1k 挡，即乘以 1000）。

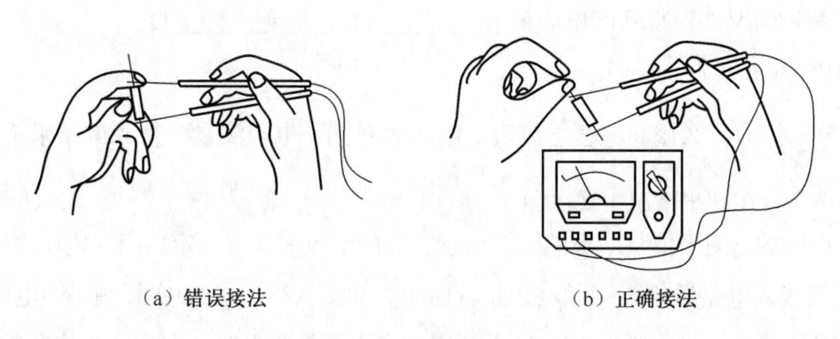

（a）错误接法　　（b）正确接法

图 2.31　万用表的正确使用

（1）任取一电阻器，测量其阻值。

（2）根据如图 2.32 所示表盘刻度和量程挡，读出其测量值。

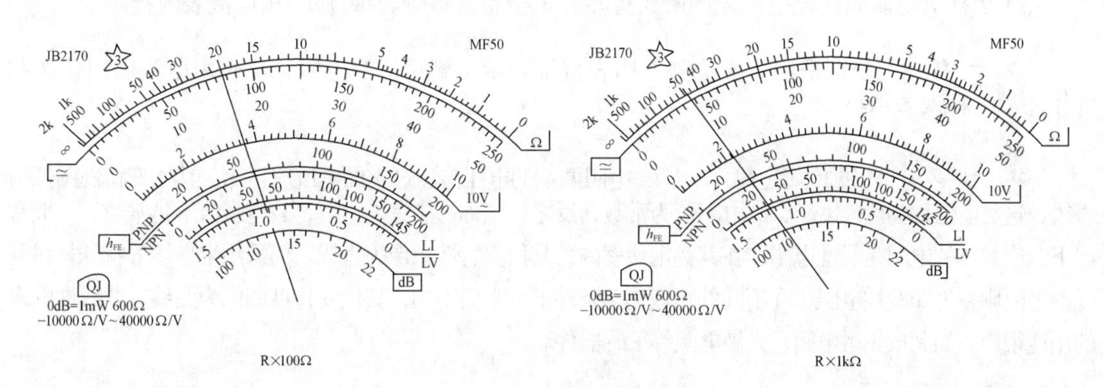

图 2.32　电阻的测量

三、学习用伏安法测量电阻

根据欧姆定律 $U=IR$，$R=U/I$，只要测出电阻器两端电压 U 和电阻器中流过的电流 I，即可通过计算得出电阻的阻值 R。

做一做　选用型号为 85C17、0～10mA 量程的毫安表，型号为 85C17、0～5V 的电压表，标称阻值为 3kΩ 的电阻器 R，依次按如图 2.33（a）和图 2.33（b）所示连接电路。

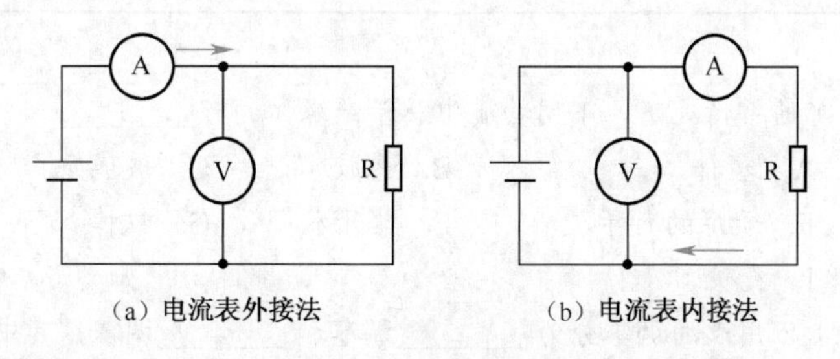

（a）电流表外接法　　（b）电流表内接法

图 2.33　电流表的两种接法

（1）分别记录两次读数 U_1=________V，I_1=________A；U_2=________V，I_2=________A。

（2）计算两种情况测量得到的电阻值 R_1=________Ω，R_2=________Ω。

（3）比较 R_1 和 R_2，发现二者________（相等、不相等）。

议一议 为什么用同一套电流表、电压表对同一电阻测量，得到的结果不完全相同？

读一读 在理想情况下（即电流表内阻为零，电压表内阻为无穷大），如图 2.33 所示两种接法下测量得到的电阻阻值是一致的。但由于实际的电流表含有一定内阻，电压表内阻也不是无穷大，因此两表接入电路后均改变了电路原有性质，如图 2.33（a）中实际测得的电阻值是电阻器 R 与电压表内阻的并联值，而如图 2.33（b）测得的电阻值是电阻器 R 与电流表内阻的串联值。

议一议 什么情况下适合采用电流表内接法？什么情况下适合采用电流表外接法？

读一读 测量方法的选择要以提高测量的精度、减小误差为标准。

（1）当被测电阻阻值比电压表内阻小得多时（被测电阻较小），应采用电流表外接法。

（2）当被测电阻阻值比电流表内阻大得多时（被测电阻较大），应采用电流表内接法。

练一练 分别采用伏安法和万用表直接测量法测量待测电阻，比较用电流表内接法和外接法哪一种误差更小？

读一读 根据欧姆定律，$R=U/I$，电阻两端的电压与通过它的电流成正比，其伏安特性图像为直线，这类电阻称为线性电阻，其电阻值为常数；反之，则称为非线性电阻，其电阻值不是常数。一般常温下金属导体的电阻是线性电阻，在其额定功率内，其伏安特性图像为直线。而采用半导体等特殊材料制成的电阻则多为非线性电阻，在不同的物理化学条件下电阻值不同，其伏安特性图像为曲线。非线性电阻的用途很广，如制成热敏电阻、光敏电阻等敏感器件。

评一评 根据本任务完成情况进行评价，并将评价结果填入如表 2.10 所示评价表中。

表 2.10 教学过程评价表

项目 评价人	任务完成情况评价	等级	评定签名
自己评			
同学评			
老师评			
综合评定			

知识能力训练

（1）通常情况下，下列物质中属于绝缘体的有________。

A. 塑料　　B. 橡胶　　C. 玻璃　　D. 毛皮

E. 干燥的竹竿　　F. 盐开水　　G. 铁棒　　H. 空气

I. 瓷碗

（2）万用表的调零分为________调零和________调零，其中每次进行电阻挡换挡测量时，都必须做的调零是________调零。

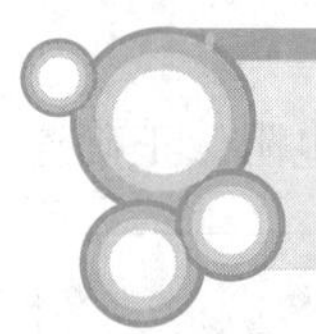

任务4 扩大电流表和电压表的量程

电流表和电压表的核心部件是一只表头，也就是一只微安电流表，它有一个小的内阻，当通过它的电流达到满偏电流 I_g 时，指针偏转到满刻度，此时它所对应的被测电流为 I_g（微安级），所代表的电压等于 $I_g \times R_g$，数值都非常小，不能适用于通常的电流、电压的测量，所以常常要通过对微安表加上其他电路，扩大其量程，使之成为电流表和电压表，称之为电流表和电压表的改装或扩大量程。

一、认识电阻串联、并联电路规律

读一读 电流表和电压表改装依据的原理是电阻的串联和并联电路规律，即串联电阻的分压原理和并联电阻的分流原理。

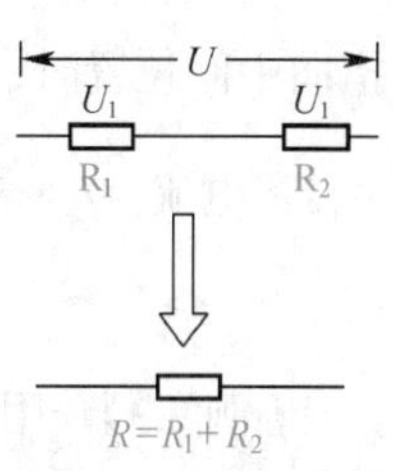

图 2.34 电阻的串联

1. 电阻串联电路的规律（见图 2.34）

（1）$R=R_1+R_2$——串联电路的总电阻等于各串联电阻之和。

（2）$I_1=I_2$——串联电路中电流处处相等。

（3）$U=U_1+U_2$——串联电路的总电压等于串联电路上各段电压之和。

（4）串联电阻具有分压作用，在总电压一定的情况下，串联电阻可以限制（减小）电路电流，在电流一定的情况下，串联电阻可以增加总电压。

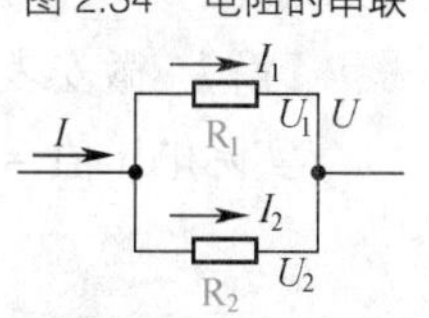

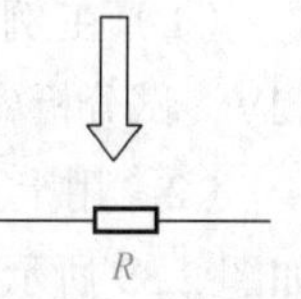

图 2.35 电阻的并联

2. 电阻并联电路的规律（见图 2.35）

（1）$\frac{1}{R}=\frac{1}{R_1}+\frac{1}{R_2}$——并联电路总电阻的倒数等于各个电阻的倒数之和。

（2）$U_1=U_2=U$——并联电路各支路两端电压相等。

（3）$I=I_1+I_2$——并联电路干路电流等于各支路电流之和。

（4）并联电阻具有分流作用，在总电压相同的情况下，并联电阻可以增加干路总电流。

二、扩大电压表量程

读一读 扩大电压表量程的原理——串联电阻分压原理（见图 2.36）。

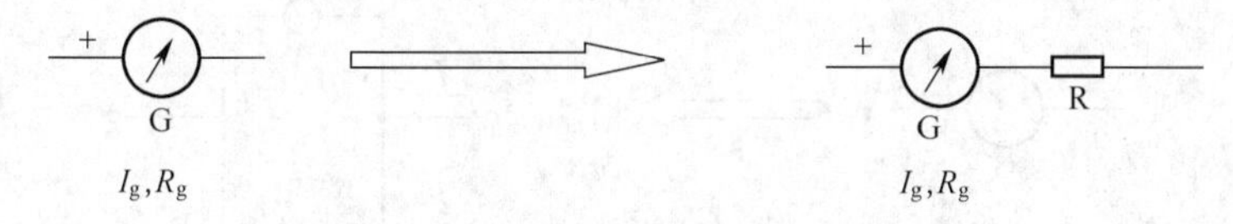

图 2.36 电压表改装原理图

改装前，量程 $U_g=I_g \times R_g$（毫伏级）不能适应较高电压的测量；改装后，量程 $U=I_g \times (R_g+R)$ 可以根据量程挡的需要串联不同阻值的分压电阻（R 一般大于 R_g）。

做一做

（1）根据提供的微安表（满偏电流 I_g=300μA，内阻 R_g=3 000Ω），选择合适的电阻，正确连接电路，将其改装成量程为 6V 的电压表。

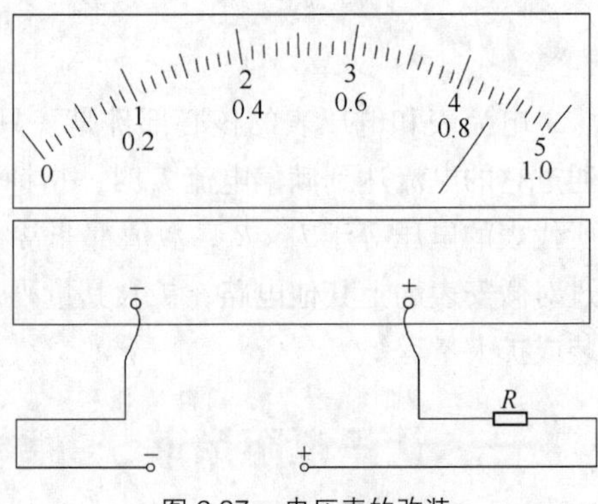

图 2.37　电压表的改装

（2）计算分压电阻

$I_g \times (R_g+R)=6$

$R=\dfrac{6}{I_g}-R_g=\dfrac{6}{300\times10^{-6}}-3\,000=17$（kΩ）

（3）用万用表选择阻值适合（R=17kΩ）的分压电阻。

（4）按如图 2.37 所示连接电路。

（5）计算刻度读数与实际测量值之间的关系。

当指针指向满刻度时，表头电流 I_g=300μA, 当指针指向中间位置时，

实际电流＝$I_g\times\dfrac{\text{实际刻度格数}}{\text{满刻度格数}}$，实际测量电压＝实际电流×$(R_g+R)=(I_g\times\dfrac{\text{实际刻度格数}}{\text{满刻度格数}})$μA×20 kΩ

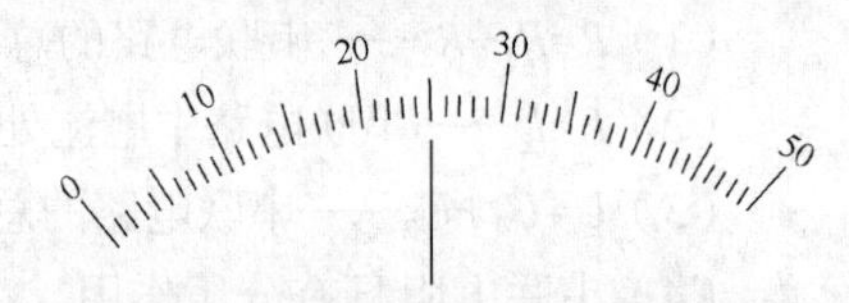

图 2.38　例 2.3 图

【例 2.3】 用上述改装好的电压表测量某电压，表盘显示如图 2.38 所示，试读出被测电压 U= ?

【解】 微安表读数 =300 × 25/50=150（μA）

实际电压值 =$150\times10^{-6}\times20\times10^{3}$=3（V）

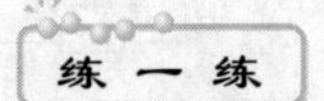

（1）在例 2.3 中，如要求改装后的电压表量程为 12V，试分析应串联多大的电阻？

（2）用上述改装后的电压表测得某电压，表盘显示如图 2.39 所示，试读出被测电压数值。

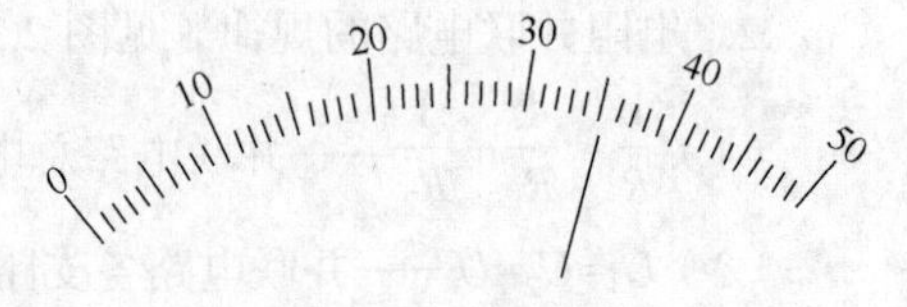

图 2.39　经过改装的电压表

议一议　如果要将微安表改装成有多个量程的电压表，应如何连接电路？

三、扩大电流表量程

读一读　扩大电流表量程的电路原理——并联电阻分流原理（见图 2.40）。

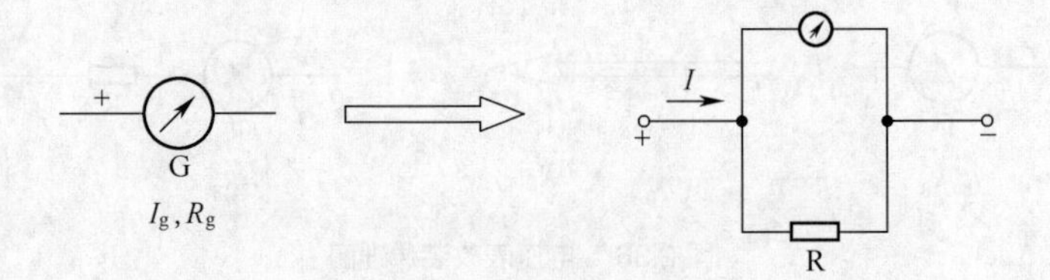

图 2.40　电流表改装原理图

改装前，量程 $I=I_g$，不能测量较大的电流。改装后，量程 $I=(1+\dfrac{R_g}{R})\times I_g$，可以根据量程挡的需要并联不同阻值的分流电阻 R（R 一般小于 R_g）。

做一做

（1）根据提供的微安表（满偏电流 I_g=300μA，内阻 R_g=3 000Ω），选择合适的电阻，正确连接电路，将其改装成量程为 0.5A 的电流表。

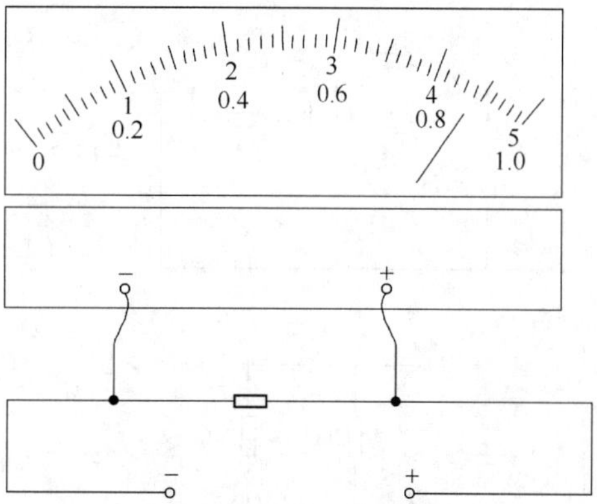

（2）计算分流电阻

$$I_g \times R_g=(I-I_g) \times R$$

$$R=I_g \times R_g/(I-I_g)=\frac{300\times10^{-6}}{0.5-300\times10^{-6}}\times3\ 000\approx1.8(\Omega)$$

（3）用万用表选择阻值合适的分流电阻。

（4）按图 2.41 所示连接电路。

图 2.41　电流表改装接线图

（5）计算刻度值与被测量值之间的关系

$$I_g \times R_g=(I-I_g) \times R$$

$$I=I_g \times R_g/R+I_g=(1+\frac{3\ 000}{1.8})I_g=1\ 668I_g$$

实际测量值 = 刻度显示值（μA）× 1 668。

【例 2.4】 用上述改装后的电流表测量某电路电流，表盘显示如图 2.42 所示，试读出被测电流值。

图 2.42　例 2.4 图

【解】 微安表读数 =10 × 300/50=60（μA）

实际测量值 =60 × 1 668 ≈ 0.1（A）

图 2.43　改装后的电流表

练一练

（1）在例 2.4 中，如要求改装后的电流表量程为 1A，试分析应并联多大的电阻？

（2）用上述改装后的电流表测得某电路电流，表盘显示如图 2.43 所示，试读出被测电流数值。

议一议 如果要将微安表改装成有多个量程的电流表，应如何连接电路？

拓展与延伸　电阻的混联

在一个电路中，既有电阻的串联，又有电阻的并联，这种连接方式称为电阻的混联。分析电阻混联电路的关键在于电阻混联电路的等效电阻的求解。

（1）依据电流流向及电流的分合以及电路中各等位点，画出等效电路，看清各电阻的串、并联关系，计算各串、并联电阻的等效电阻，然后计算混联电路等效电阻。

（2）求出其电流、电压。

【例 2.5】 求如图 2.44 所示电路的等效电阻 R（已知 $R_1=R_2=R_3=R_4=R_5=2\text{k}\Omega$）。

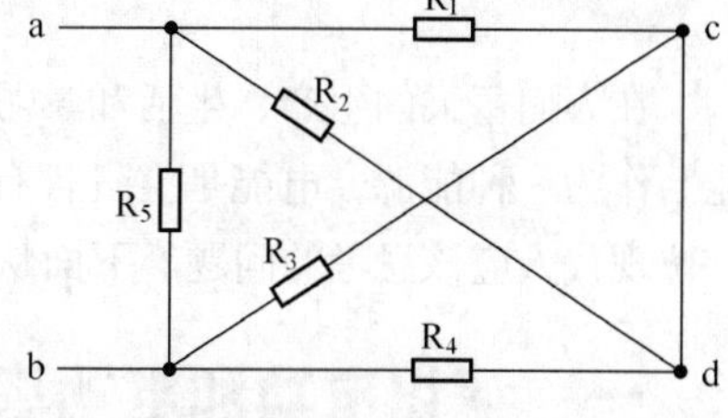

图 2.44　例 2.5 电路图

【解】 假设电流从 a 进入，在 a 点分为 3 条支路，分别流向 R_1、R_2 和 R_5，电流经 R_1，R_2 后在 c、d 点汇合，c、d 为等电位点，可视为同一点，R_1、R_2 是并联关系，电流从 c、d 点出来又分两路分别流向 R_3、R_4，然后在 b 点汇合，故 R_3、R_4 是并联关系（等效关系见图 2.45）。

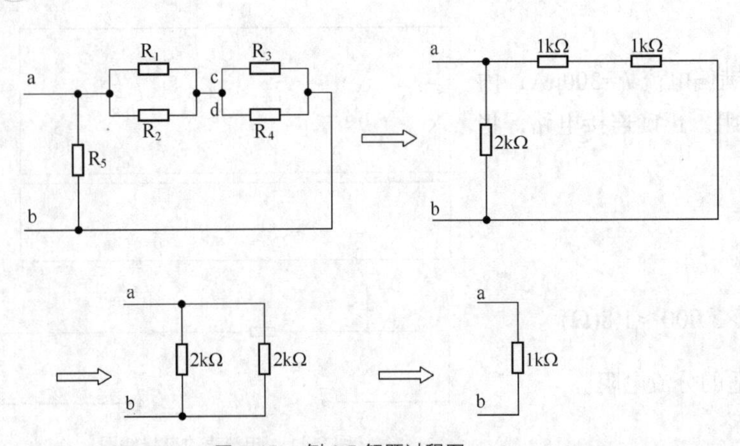

图 2.45　例 2.5 解题过程图

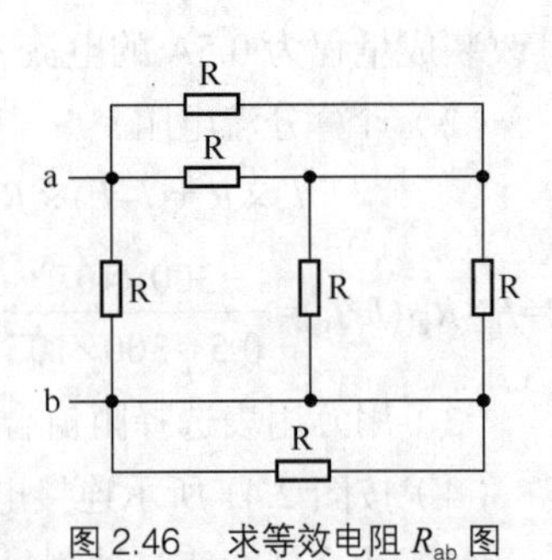

图 2.46　求等效电阻 R_{ab} 图

练一练　求图 2.46 所示电路的等效电阻 R_{ab}。

评一评　根据本任务完成情况进行评价，并将评价结果填入如表 2.11 所示评价表中。

表 2.11　　教学过程评价表

项目 / 评价人	任务完成情况评价	等级	评定签名
自己评			
同学评			
老师评			
综合评定			

知识能力训练

（1）要扩大电流表的量程，应当为其________联一个________电阻。要扩大电压表的量程，应当为其________联一个________电阻。

（2）有一只电流表，其最大量程 I_g=200μA，内阻 R_g=1kΩ。如果要改装成量程为 2mA 的电流表，问应并联多大的分流电阻？请画出电路图。

任务 5　测算电功和电功率

在人们每天的生产、生活和学习中，都大量地使用着各种各样的电器设备，消耗着大量的电能。作为一种能源，电能是宝贵且有限的，如何科学地使用用电器，节约电能，避免浪费，是每一位现代人应该思考的问题。下面从测算每天的用电情况来认识一下电功和电功率。

一、认识电功和电功率

读一读　用电器用电过程就是电能转化为其他形式能量的过程，能量转化的过程就是做功的过程，所以用了多少电就意味着电流做了多少功，因此反映用电器或电路消耗电能的物理

量称为电功，用符号 W 表示，单位为焦耳（J），而反映电流做功效率即用电器耗电快慢的物理量称为电功率，用符号 P 表示，其单位为瓦特（W）。

实验表明，一段电路上的电功与这段电路两端的电压、电路中的电流以及通电的时间均成正比，用公式表示为

$$W=U\times I\times t$$

对于电阻电路，$U=I\times R$，所以 $W=I^2\times R\times t$。

各种用电器正常工作时所消耗的功率称为额定功率，正常工作时的电压、电流分别称为额定电压和额定电流。额定电压、额定电流和额定功率统称额定值，这些均在用电器的外壳上标注，所以又称为铭牌数据。例如，荧光灯上标有“220V 40W”表明其额定电压为220V，额定功率为40W。

做一做 观察并计算教室里荧光灯的用电量。

教室有荧光灯__________盏；每盏荧光灯的功率为__________W；教室荧光灯的总功率为________W；以每天平均照明6h计算，教室每天消耗的电能为________J，折合________度。

注意 1度=1kW·h=3 600 000J

议一议 如何节约用电？

练一练 如果加热1L水使其温度升高1℃，需要约4 166J的能量，试计算一下一只容量为2L的电水壶烧开一壶水约需消耗几度电（设环境温度为20℃，电水壶功率为1 200W）？约需多少时间？

二、使用电度表测量电功

电能的测量仪表主要是电能表。

做一做 观察电能表

电能表（见图2.47）表盘上有3个区域，即________、________和________。单相电能表有4个接线端，其中两个为进线端，接电源；另两个为出线端，接负载。注意顺序不能接错。

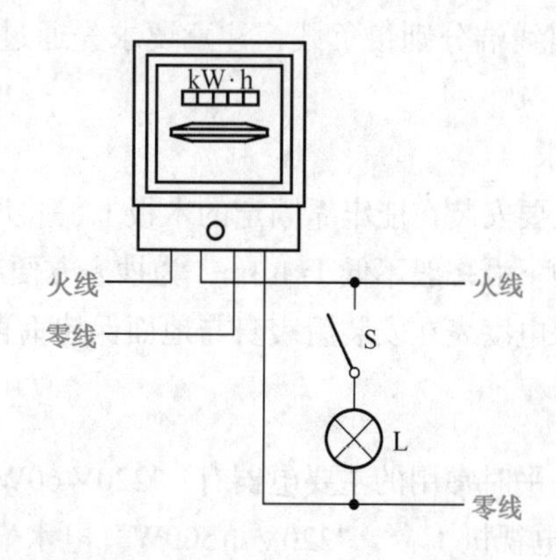

图2.47 电能表

读一读 电能表是专门用来记录电路消耗电能的仪表，电能常用的单位是千瓦时（kW·h），通常称为“度”，所以电能表俗称电度表。单相电度表表盘包括计数器窗口、转盘显示窗口和铭牌数据栏。

（1）记数器窗口以数字形式直接显示累积消耗的电能数，如计数器显示“01125”表示该电度表累积记录的电能为112.5度，两次记录数值之差就是这段时间所在电路消耗的电能数。

（2）转盘显示窗口显示内部转盘的转动情况，转盘转动表明电路中有电流通过（即耗电），有时也可能出现电路无负载，但是转盘依然有缓慢转动的情况，这种现象称为潜动。

（3）表盘上标有铭牌数据（见图2.48），“2 500R/kW·h”表示该电路每消耗1kW·h（千瓦时）的电能，电度表转盘转动2 500转，这一数据称为电度表常数；“220V 10A”表示电度表适用的电路电压和电流分别为220V和10A，同时也就表明这只电度表只能适用于220×10=2 200W的电路上。

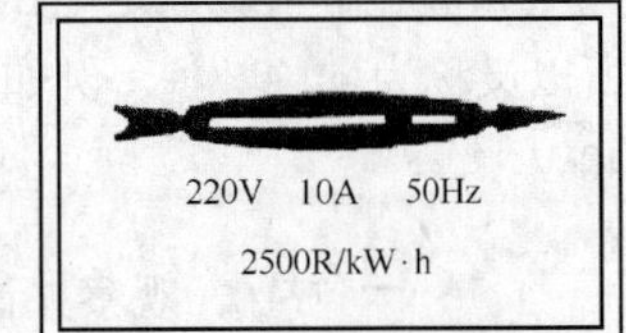

图2.48 电能表的铭牌

做一做 单相电度表的安装。

1. 接线要求

（1）两个进线端分别接电源的火线和零线（见图2.47）。

火线和零线的判别可以采用测电笔。如图2.49所示，用测电笔正确搭接电源一端，凡是使测电笔氖管发光的即为火线，不能使氖管发光的即为零线。

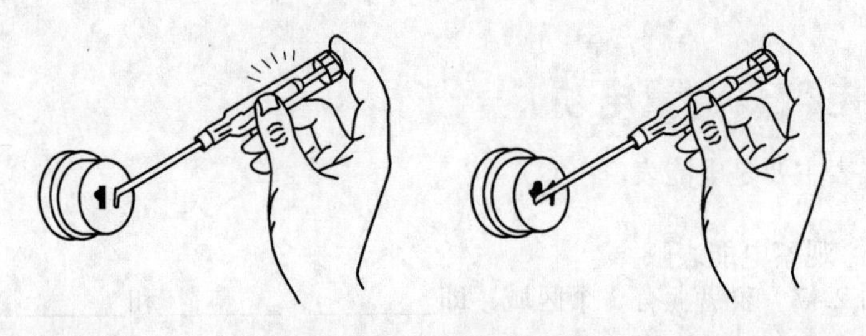
图2.49 判别火线与零线

（2）两个出线端分别接负载，注意要求先通过开关再接负载，且使开关位于火线一侧（见图2.47）。

2. 安装要求

（1）电度表要安装在能牢靠固定的木板上，并且置于配电装置的左方或下方。

（2）表板的下沿一般不低于1.3m，为抄表方便起见，表盘中心高度一般为1.5～1.8m。

（3）要确保电度表在安装后表身与地面保持垂直，否则会影响测量精度。

练一练

（1）某家庭平时常用的主要电器有：“220V 60W”荧光灯4只，“220V 1 200W”电饭锅1只，“220V 250W”电视机1台，“220V 1 500W”电水壶一只，“220V 2 000W”电热水器1只，试判别安装如图2.50所示哪只电度表比较合适。

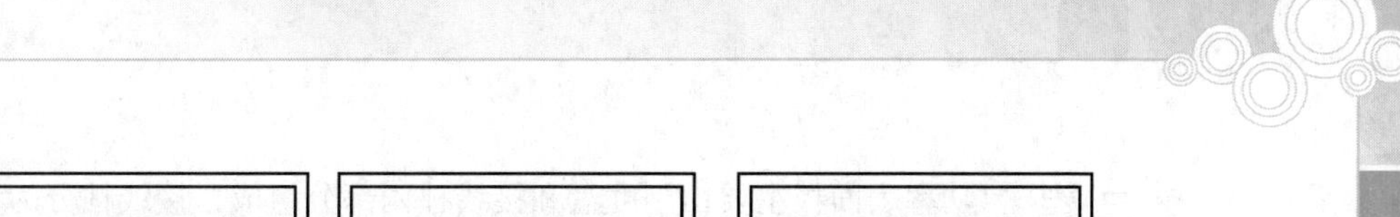

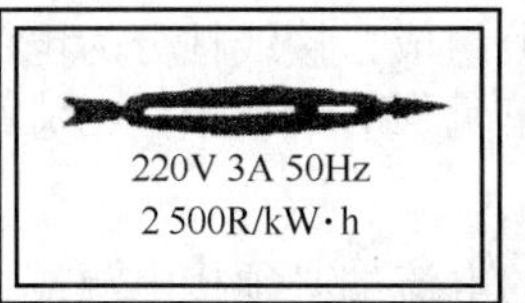

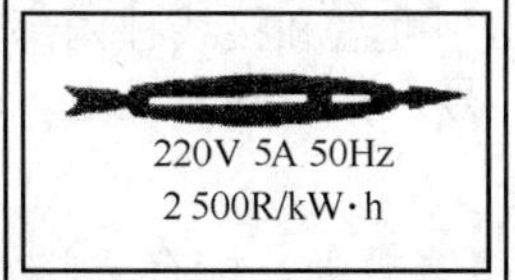

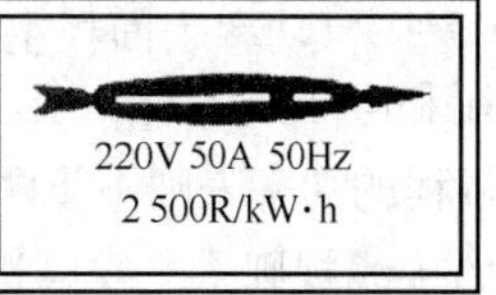

图 2.50 3 只电度表

（2）某家庭在 1h 前后分别读取电度表读数如图 2.51 所示，试分析这个家庭这段时间用电器的功率是多大？如果安装额定电流为 2A 的熔断器，熔断器会不会熔断？

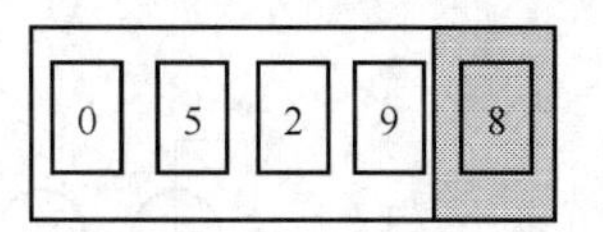

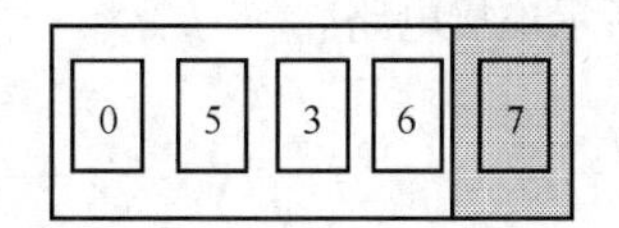

图 2.51 两个电度表读数

阅读材料

分时电能表与节约用电

分时电能表（见图 2.52）是一种能根据不同使用时段（用电高峰时段和用电低谷时段）采用不同计价标准的电能表，不同地区对于高峰用电（简称峰电）和低谷用电（简称谷电）时段有不同的划分，如东部沿海某城市峰电时间为上午 8 点到晚上 9 点，谷电时间为晚上 9 点到早上 8 点，峰电时间段一般实行平时电价，而谷电时间段电价一般只有峰电价格的一半左右。分时电能表的优点在于实施了峰谷电价，对于消费者而言能够享受到电价优惠政策得到实惠，对于供电部门来说，分时电能表能够起到一定的削峰填谷的作用，有助于缓解目前电力供应紧张的局面，同时实施峰谷电价鼓励谷段用电，增加了谷段的用电量，也增加了电力部门的营业收入。此外，分时电能表一般均带有红外通信接口，便于集中抄表。

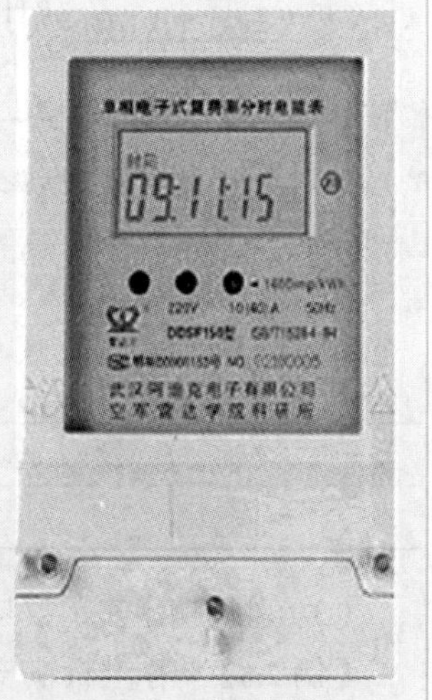

图 2.52 分时电能表

目前我国电力供应依然紧张，推广使用分时电能表，鼓励错峰用电，对于节约用电，促进经济和社会可持续发展具有深远而重要的意义。

三、使用功率表测量电功率

功率表又称瓦特表，是用来测量电功率的仪表。

（1）观察功率表面板与接线柱（见图 2.53）。

（2）识读功率表的图形符号。

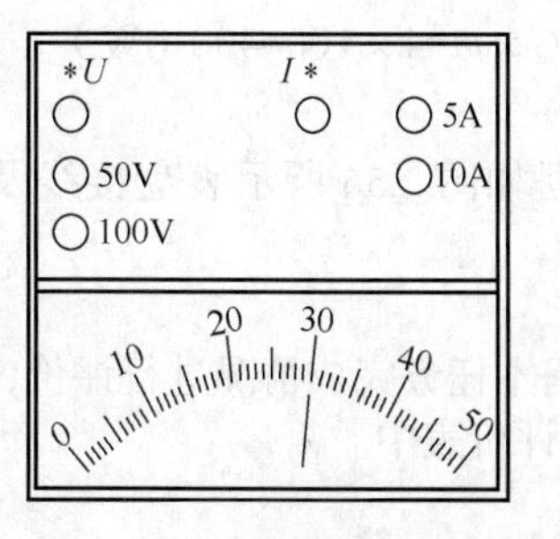

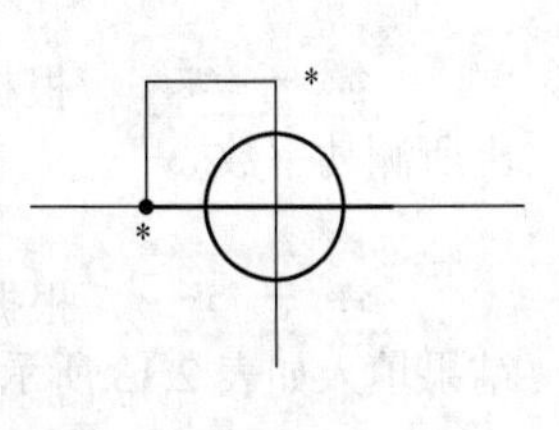

图 2.53 功率表面板与图形符号

读一读 功率表面板主要由刻度盘和接线柱两部分组成，接线柱分为电流端和电压端两组，电流端和电压端各有一个“*”号，称为发电机端。单量程的功率表，电流端和电压端各有两个，多量程的功率表则不止两个。

功率表的接线规则——发电机端接线规则。标有“*”的电流端必须接电源端，另一端接负载，电流线圈串入电路，标有“*”的电压端与电流端的任一端相接，另一电压端跨至负载另一端，电压线圈并接于负载两端（R 为分压电阻，R_L 为负载电阻），如图 2.54 所示。

做一做

（1）如图 2.55 所示连接电路。

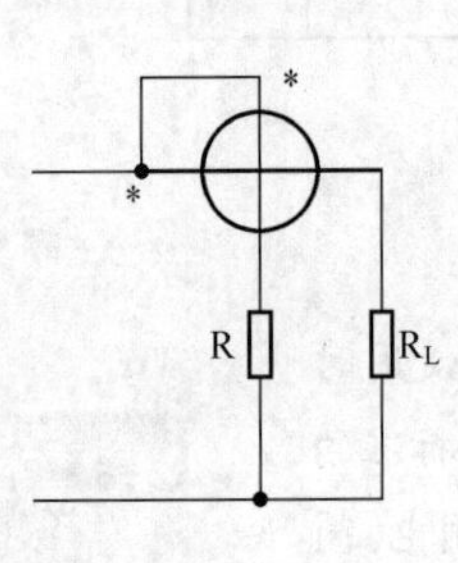

图 2.54　功率表的接线

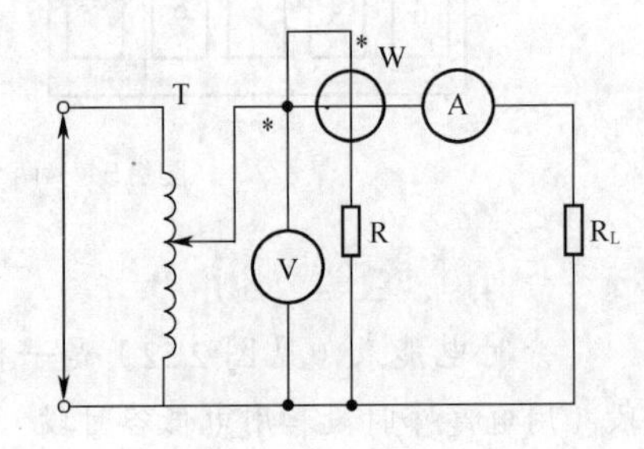

图 2.55　验算功率表实验电路

（2）分别读出 A、V、W 读数，并填入表 2.12 中。

表 2.12　数据记录表

U	*I*	*P*

（3）验算功率表示数与电压电流表示数乘积是否一致，即验算 $P=UI$ 是否成立。

【例 2.6】 用一只满刻度为 200 格的功率表去测量某一电阻所消耗的功率，所选用的量程挡额定电流为 10A，额定电压为 80V，其读数为 100 格，问负载所消耗的功率为多少？

【解】 功率表的分格常数为

$$C=\frac{U_m I_m}{N}=\frac{80\times10}{200}=4\text{（W/格）}$$

负载消耗的功率为

$$P=C\times m=4\times100=400\text{（W）}$$

练一练 根据如图 2.56 所示表盘接线及刻度，读出所测功率数。

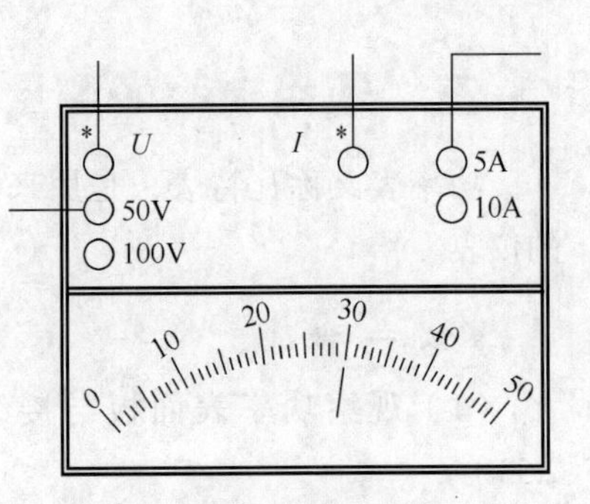

图 2.56　功率表的表盘

评一评 根据本任务完成情况进行评价，并将评价结果填入如表 2.13 所示评价表中。

表 2.13　　教学过程评价表

项目 评价人	任务完成情况评价	等级	评定签名
自己评			
同学评			
老师评			
综合评定			

知识能力训练

（1）有一电度表（见图 2.57），月初示数为 02152，月底示数为 03251，已知电价为 0.52 元 / 度，试求这个月的电费和电度表转盘转过的转数。

（2）满刻度为 100 格的功率表，当选择的量程挡额定电流为 5A，额定电压为 100V 时，功率表的分格常数为多少？如果用此表测量的指示值为 40 格，则所测功率为多少？

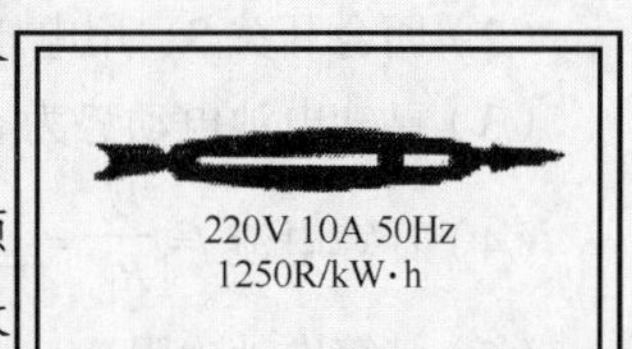

图 2.57　10A 电度表

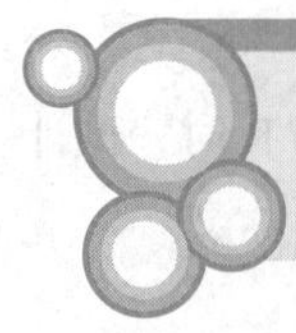

任务 6　测量电池的使用效率

做一做　用万用表测量电池的端电压。

电池的标称电压为______V，实际测量电压为______V。

议一议　标称为 1.5V 的电池在实际测量时往往达不到 1.5V，而且随着使用时间的延长，其实际输出电压也在下降，这是什么原因呢？这就涉及电池的使用效率问题。

一、测量电池内阻和电动势

读一读

电池是一个可将其他形式能量转化为电能的装置，实际的电池除具有一定的电动势外，同时也具有一定内阻，其等效电路如图 2.58 所示，其中 r 代表电池内阻，E 代表电动势。

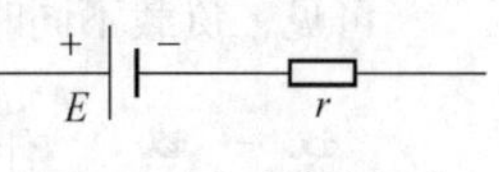

图 2.58　电池等效电路

实际测量电池两端的电压称为电源端电压，也即电源的输出电压。

（1）在电源处于开路状态时，端电压 = 电动势。

（2）在电源处于有载状态时（见图 2.59），端电压＜电动势。

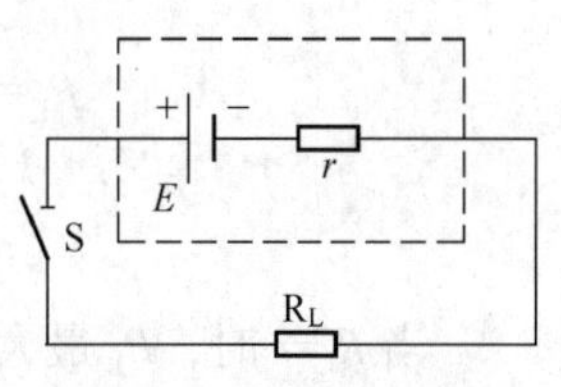

图 2.59　电池的有载状态

相对于一段电路而言，含有电源的闭合电路称为全电路，由欧姆定律可得出此电路电流为

$$I=E/(R_L+r)$$

这一公式称为全电路欧姆定律。

由此可见，电源端电压 $U=E-I\times r$，在 $I\neq 0$ 或 $r\neq 0$ 时，U 总是小于 E，这就是出现电池实

际输出电压小于电动势的原因。

在实际使用中，当外电路负载电阻远大于电源内阻时，$U \approx E$，电源端电压可以看做是一个基本恒定的电压，但是当外电路电阻较小或者随着使用时间延长，电源内阻增大后，内阻分担的电压，就不是一个可以忽略的数值，此时端电压就小于电动势，且随负载不同其数值也会变化很大。

做一做 测量电池内阻。

准备下列器材，按如图 2.60 所示连接线路（断开 S）：1.5V 干电池 1 块，85C17 电压表 1 块，万用表 1 块，1kΩ 电阻器 1 个，导线若干。

（1）用万用表测量电阻器 R_L 的阻值为 R_L=________。

（2）闭合开关 S，用电压表测 R_L 两端电压 U=________。

（3）已知电池电动势为 E=________。

（4）计算电流 $I=\dfrac{U}{R_L}$=________。

（5）计算电池内阻 r：

$$I=E/(R_L+r) \Rightarrow r=\frac{E-IR_L}{I}=\_\_\_\_\_\_\_\_。$$

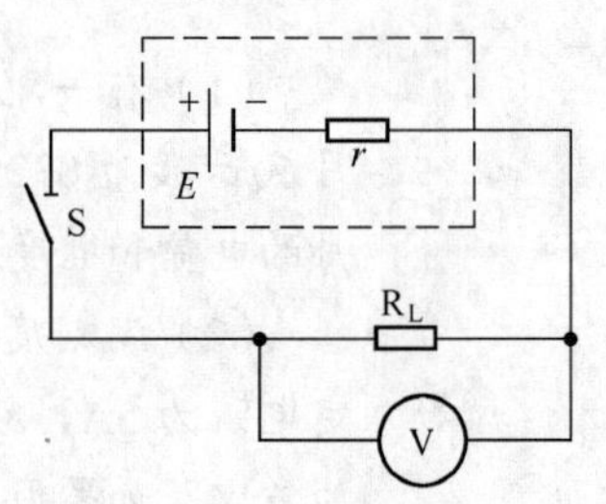

图 2.60 测量电池内阻

（6）比较 R_L 和 r。

练一练 已知某电源内阻 r 为 2Ω，电动势 E 为 6V，当外接 10Ω 的电阻器 R 时，试计算回路电流和电源端电压、负载功率和电源功率。

二、分析电池的效率

做一做 试根据上述练一练提供的数据，计算一下电池的使用效率。

（1）负载消耗功率 $P_L=I^2 \times R_L$=________。

（2）电源功率 $P_E=I \times E$=________。

（3）电源效率 $\eta=\dfrac{P_L}{P_E} \times 100\%$=________。

（4）如果负载电阻变为 4Ω，则

P_L=________，P_E=________，η=________。

可见，负载不同时，电源的输出功率和效率不一样。

议一议 什么情况下，电源的输出功率最大？

读一读

$$P_L=I^2 \times R_L=\left(\frac{E}{R_L+r}\right)^2 \times R_L=\frac{E^2 \times R_L}{(R_L-r)^2+4R_L r}=\frac{E^2}{\dfrac{(R_L-r)^2}{R_L}+4r}$$

当 $R_L=r$ 时，P_L 最大，此时 $\eta=\dfrac{P_L}{P_E}$=50%。

可见，在电源不变（电动势和内阻不变）的情况下，当负载电阻等于电源内阻时，电源有最大的输出功率。电工学上将负载电阻与电源内阻相等，电源输出功率最大的状态称为负载与电源匹配。

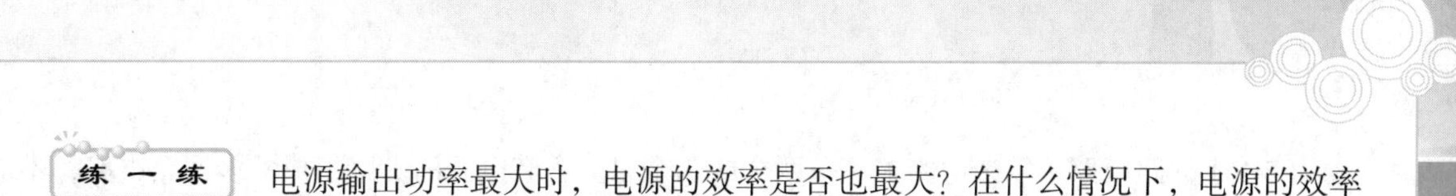

练一练　电源输出功率最大时，电源的效率是否也最大？在什么情况下，电源的效率最大？

评一评　根据本任务完成情况进行评价，并将评价结果填入如表2.14所示评价表中。

表2.14　教学过程评价表

项目 / 评价人	任务完成情况评价	等级	评定签名
自己评			
同学评			
老师评			
综合评定			

知识能力训练

（1）写出如图2.61所示电路中电流I的表达式。

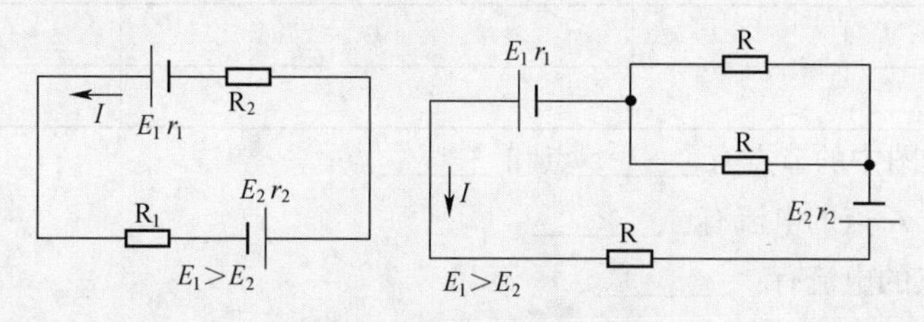

图2.61　求电流I的两个电路

（2）试判断下列说法正确与否。

① 电源内阻越大，电源的输出功率越小。（　　）

② 电源内阻越大，电源的效率越低。（　　）

③ 电源输出功率最大时，电源效率也最高。（　　）

④ 负载功率最大时，电源效率最高。（　　）

⑤ 电源内阻与负载电阻越接近，电源效率越高。（　　）

⑥ 电源内阻与负载电阻越接近，负载功率越大。（　　）

（3）已知内阻为20Ω，电动势为12V的电池与某电阻器串联，测得回路电流为0.4A，试求该电阻的阻值为多大？电阻消耗的功率为多大？此时电源的效率为多少？

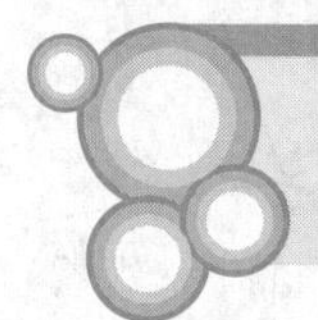

任务7　探究节点电流和回路电压规律

读一读　认识几个概念。

（1）支路——由一个或几个元器件首尾相接构成的无分支电路。

（2）回路——由电阻器、电源等元器件组成的闭合电路。

（3）节点——3条或3条以上的支路汇聚的点。

（4）单回路电路（简单电路）——可以通过电阻的串、并联计算以及电池组的串、并联，将电路简化为由一个电源、一个电阻器和开关组成的闭合回路的电路。

（5）多回路电路（复杂电路）——两个或两个以上含有电源的支路组成的多回路电路，不能通过电阻器和电池组的串、并联办法简化计算。

一、探究节点电流规律

做一做

（1）按如图 2.62 所示连接电路。

器材如下：E_1=12V，E_2=6V，R_1=R_2=150Ω，R_3=510Ω，85C17（0～200mA）毫安表两块，85C17（0～10mA）毫安表一块。

（2）标出图中各支路电流的正方向。

（3）测出各支路电流，并记入表 2.15 中。

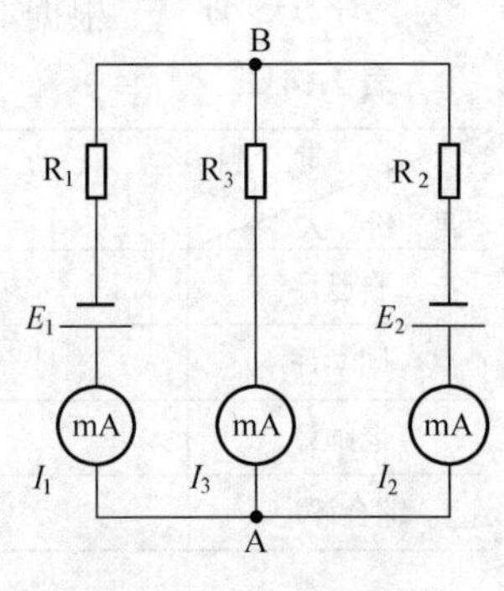

图 2.62　求节点电流电路

表 2.15　支路电流值记录表

I_1	I_2	I_3

（4）分析图中的节点有______点和______点。

（5）流入 A 点的电流有：______。

流出 A 点的电流有：______。

流入 B 点的电流有：______。

流出 B 点的电流有：______。

注意　如果按图中标定的电流参考方向接入电流表，发现电流表指针反转，说明实际电流方向与图中参考方向相反，此时应调整电流表表笔位置，并且所测量电流值记为负值。

议一议　流经同一节点的电流之间有何关系？

读一读　节点电流定律（基尔霍夫第一定律）。

对于任一节点，流入节点的电流之和等于流出该节点的电流之和，即$\sum I_{入}=\sum I_{出}$，或流经节点的电流代数和恒为零，即$\sum I=0$。

【例 2.7】 已知流经如图 2.63 所示电路中一节点的电流，试求未知电流 I_5。

【解】 根据节点电流定律，$\sum I_{入}=\sum I_{出}$可得

$$I_1+I_5=I_2+I_3+I_4$$

$$I_5=I_2+I_3+I_4-I_1=3+4+1-2=6\text{（A）}$$

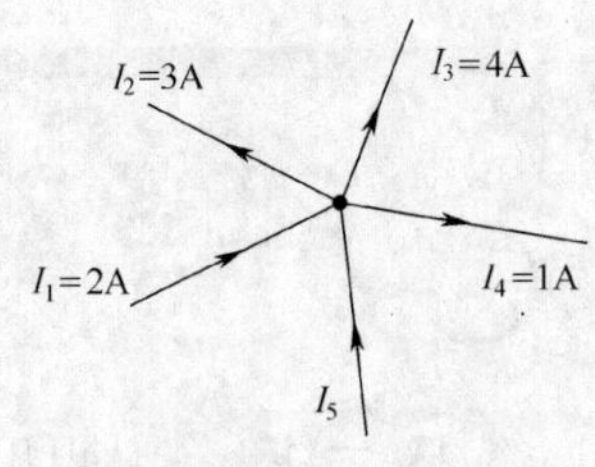

图 2.63　例 2.9 图

练一练

（1）求如图 2.64 中所示的电流 I_4，并分析电流的实际方向。

（2）求如图 2.65 中所示的电流 I_3，并分析电流的实际方向。

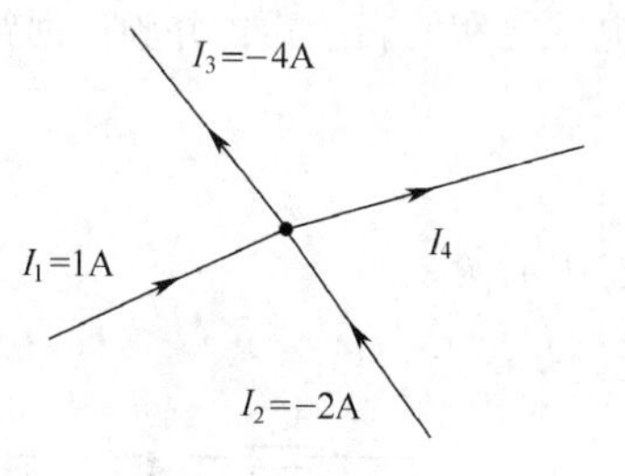

图 2.64　求 I_4 电路

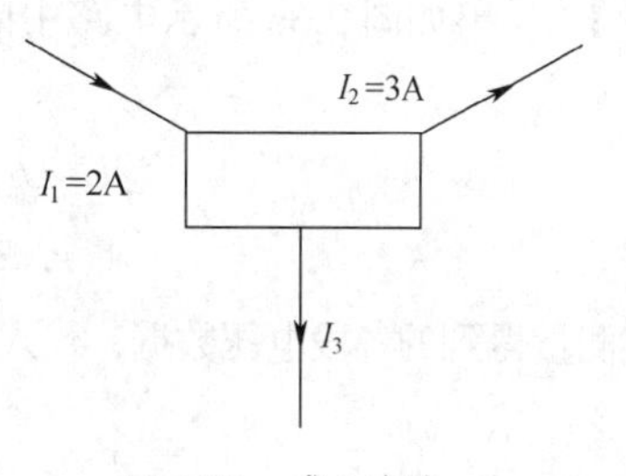

图 2.65　求 I_3 电路

注意

节点可以是一个点，也可以是一个闭合电路（有对外的输入端和输出端）。

二、探究回路电压规律

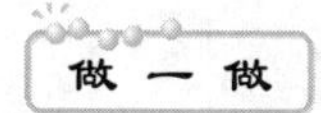
做一做

（1）按如图 2.66 所示连接电路。

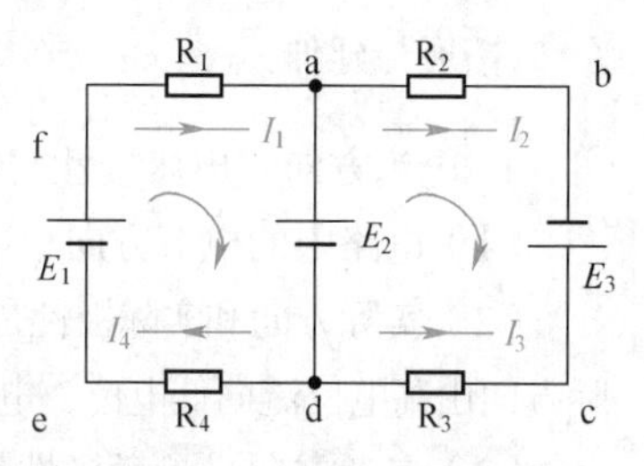

图 2.66　求回路电压电路

元器件参数如下：E_1=4.5V，E_2=9V，E_3=6V，R_1=3kΩ，R_2=R_3=1kΩ，R_4=2kΩ。

（2）测量各段电路电压，并填入表 2.16 中。

表 2.16　各段电路电压记录表

U_{ab}	U_{bc}	U_{cd}	U_{da}	U_{de}	U_{ef}	U_{fa}

注意

注意各电压极性。

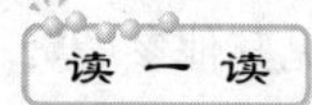
读一读　电路中电压正负号的确定方法。

（1）假定各支路电流方向和回路绕行方向如图 2.66 所示。

（2）电阻上电压的极性确定——顺电流方向绕行的电压取正，如 $U_{fa}=I_1R_1$；逆电流方向绕行的电压取负，如 $U_{cd}=-I_3R_3$。

（3）电源两端电压正负的确定——由负极到正极取负，如 $U_{ef}=-E_1$；由正极到负极取正，如在 adefa 回路中，$U_{ad}=E_2$，在 abcda 回路中，$U_{da}=-E_2$。

（4）分别计算两个回路 abcda 和 adefa 的回路电压之和，即

$\sum U_1=U_{ab}+U_{bc}+U_{cd}+U_{da}=$________

$\sum U_2=U_{ad}+U_{de}+U_{ef}+U_{fa}=$________

议一议　从上述回路电压的计算，可以看出什么规律？

读一读　回路电压定律（基尔霍夫第二定律）。

任一闭合回路中，各段电路电压的代数和等于零，即 $\sum U=0$。

【例 2.8】 写出如图 2.66 所示电路中回路 abcdefa 电压之和的表达式，并验证回路电压定律。

【解】

$$\sum U=U_{ab}+U_{bc}+U_{cd}+U_{de}+U_{ef}+U_{fa}$$
$$=I_2R_2-E_3-I_3R_3+I_4R_4-E_1+I_1R_1$$

将上述测量得到的各段电压数据，代入上式，可得 $\sum U=0$。

练 一 练

（1）列出如图 2.67 所示电路中回路 abcdga 和回路 agdefa 电压之和表达式。

（2）在图 2.67 中已知 $I_1=I_2=1\text{mA}$，$I_3=2\text{mA}$，$E_2=4\text{V}$，$R_1=R_2=R_5=2\text{k}\Omega$，$R_3=R_4=1\text{k}\Omega$，试求 $E_1=$？ $E_3=$？

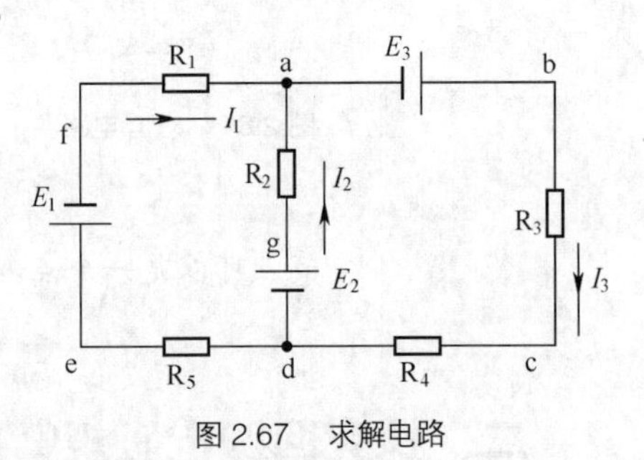

图 2.67　求解电路

拓展与延伸

1. 电流方向、电压极性与电流和电压符号的关系

（1）电路中的电流方向、电压极性分为实际方向、实际极性与参考方向、参考极性。

（2）实际方向和实际极性是由电路自身的电流电压决定的。电流实际方向由高电位流向低电位，电压极性由起点和终点之间电位差决定。

（3）参考方向、参考极性是任意假定的。

（4）在参考方向（极性）确定后，当实际方向（极性）与参考方向（极性）一致时，电流（电压）符号取正，反之取负。

（5）可以根据电流电压的符号来判别其实际方向（极性），如图 2.68 所示，通过计算得 $I_1=1\text{A}$，$I_2=-2\text{A}$，则表明 I_1 的实际方向与图示参考方向一致，I_2 的实际方向与图示参考方向相反。

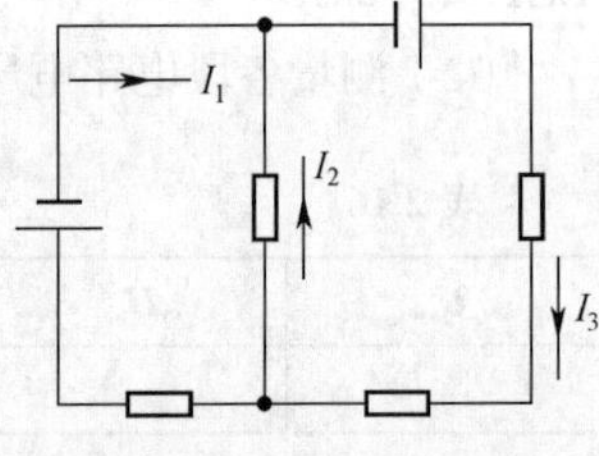

图 2.68　判定各电流实际方向

2. 复杂直流电路的分析方法

依据基尔霍夫第一定律和基尔霍夫第二定律，人们研究出复杂直流电路的几种分析方法，主要有支路电流法、戴维南定律分析法、叠加原理分析法、等效电路变换法等（详见其他参考资料）。

科学家小传——基尔霍夫

古斯塔夫•罗伯特•基尔霍夫（1822 年－1887 年），德国物理学家，生于东普鲁士首府哥尼斯堡的一个律师家庭，在电路、光谱学的基本原理方面有重要贡献。1847 年发表的两个电路定律即基尔霍夫第一定律和基尔霍夫第二定律发展了欧姆定律，对电路理论有重大作用；1859 年制成分光仪，并与化学家罗伯特•威廉•本生一同创立光谱化学分析法，从而发现了铯和铷两种元素；同年还提出热辐射中的基尔霍夫辐射定律，这是辐射理论的重要基础；1862 年创造了“黑体”一词。

评 一 评　根据本任务完成情况进行评价，并将评价结果填入如表 2.17 所示评价表中。

表 2.17　　教学过程评价表

项目 / 评价人	任务完成情况评价	等级	评定签名
自己评			
同学评			
老师评			
综合评定			

（1）在如图 2.69 所示电路中有________个节点，分别是________，共有几个回路，分别是________________。

（2）在如图 2.70 所示电路中，流经节点 B 的电流有________，它们之间的关系是________。流经节点 A 的各电流的代数和 $\sum I=$________。

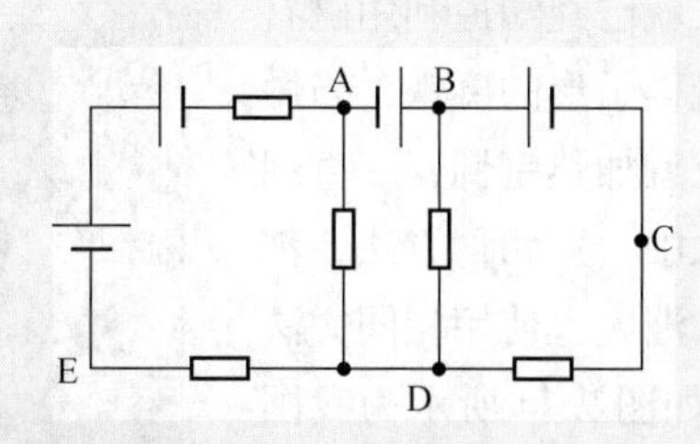

图 2.69　节点和回路分析（一）

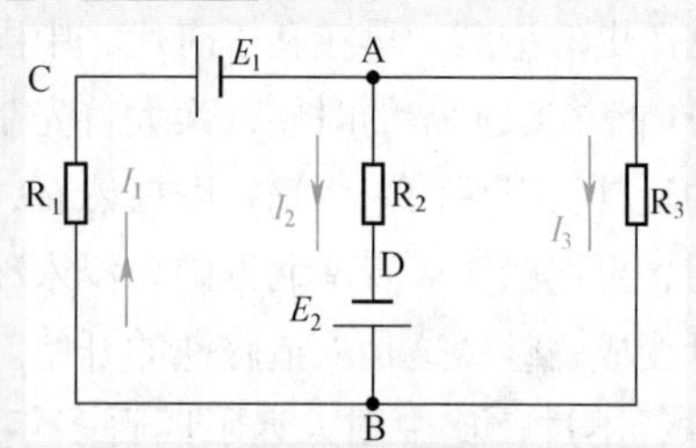

图 2.70　节点和回路分析（二）

图中各段电路电压表达式可写成：

$U_{AD}=$________，$U_{DB}=$________，$U_{BC}=$________，$U_{CA}=$________，$U_{AR_3B}=$________。

U_{AR_3B}、U_{BC}、U_{CA} 之间的关系是________。

（3）对于如图 2.70 所示电路，表达正确的关系式有________。

（1）$I_3=U_{AB}/R_3$　　（2）$I_1=U_{AB}/R_1$

（3）$I_2=U_{AB}/R_2$　　（4）$I_1=E_1/R_1$

（5）$I_2=E_2/R_2$　　（6）$I_1=I_2=(E_1+E_2)/(R_1+R_2)$

（4）求如图 2.71 所示电路中的电流 I_1、I_2、I_3、I_4。

（5）求如图 2.72 所示电路中的电流 I。

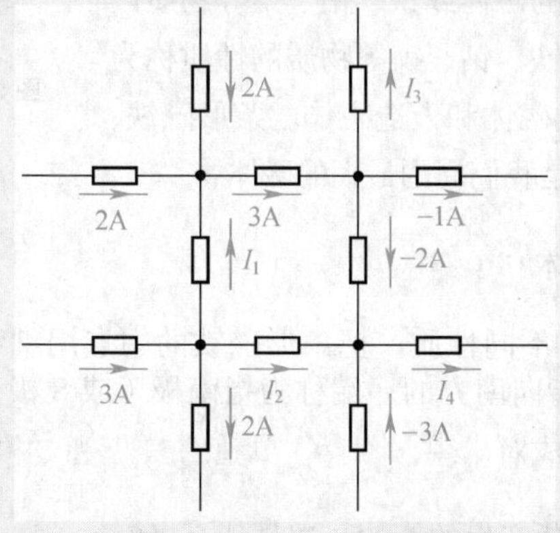

图 2.71　求 I_1 ~ I_4 的电路图

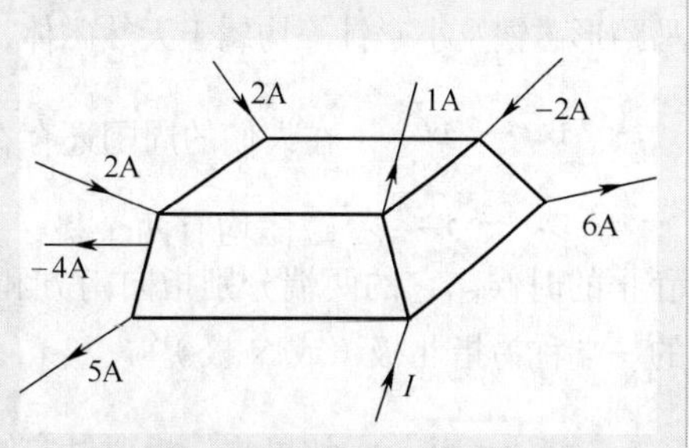

图 2.72　求电流 I 的电路图

（6）对于如图 2.73 所示电路，下列表达式正确的是（　　）。

① $E_1+E_2+I_2R_2+I_1R_1=0$

② $I_2R_2-E_2+I_3R_4+E_3-I_3R_3=0$

③ $E_1-I_3R_4+E_3-I_3R_3+I_1R_1=0$

④ $I_3R_3-E_3+I_3R_4+E_3-I_2R_2=0$

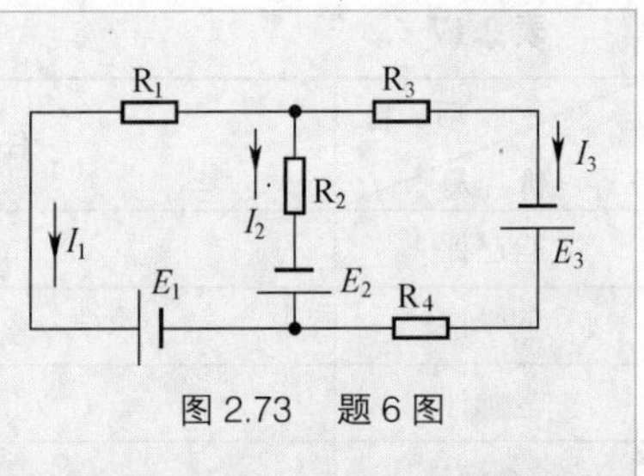

图 2.73　题 6 图

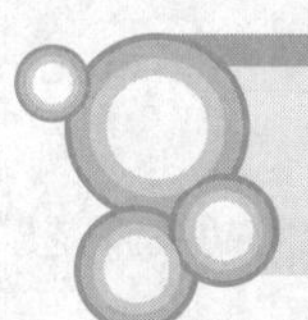

*任务 8　了解电流磁效应和电磁感应

根据历史的记载，早在孔子时代，中国人就已经知道利用磁石来辨别方向。在汉武帝的时候，栾大首先制造棋子形的磁铁，当做宫廷中的玩具。以后的人用钢针摩擦磁石，或者加热钢针，一直到通红以后，再把两头顺着南北方向，浸入冷水中。这两种方法，都能使钢针变成磁针。这是人造磁铁的开始。欧洲人也使用相同方法制造磁铁，不过，比中国人迟了四百多年。如图 2.74 所示为我国春秋战国时期发明的一种最早的指南器——司南。现代的磁铁，多数是用通电流的线圈感应制成的，磁性比天然磁石强上很多倍。从 20 世纪至今，磁存储技术迅速发展，巨磁阻现象和垂直写入技术仍是目前磁学领域的最尖端课题。

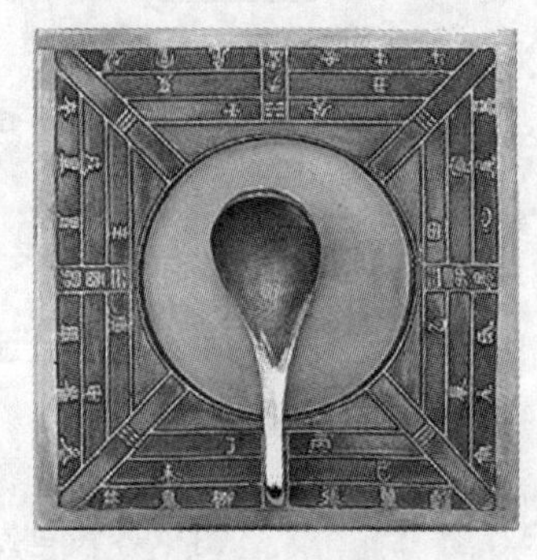

图2.74　司南

一、观察生活中的磁

做一做　如图 2.75 所示，取一只指南针，观察其指示方向；用手指拨动后再次观察其指向。

议一议　为什么指南针会始终指向同一个方向？

图 2.75　指南针

读一读　指南针之所以始终指向同一个方向是因为地球本身就是一个巨大的磁体。实践表明，磁体会对处于其周围的磁体或铁、钴、镍等物质产生力的作用，这种作用称为磁力。物体具有吸引铁、钴、镍等物质的性质称为磁性，具有磁性的物体称为磁体。磁体分为天然磁体和人造磁体。条形磁铁、马蹄形磁铁及小磁针等均属于天然磁体，地球更是我们周围最大的磁体。

议一议　在人们的周围还存在哪些磁体？

读一读　磁体均有两个极，分别具有不同性质。把条形磁铁的中点用细线悬挂起来，静止的时候，它的两端分别指向南方和北方，指向南方的一端称为指南极（或 S 极），指向北方的一端称为指北极（或 N 极）。N 极和 S 极总是成对出现，不存在单独的 N 极和 S 极。

议一议　如果将一根磁铁打断，则折断产生的新的一端是什么极？

读一读　与通常的力的作用所不同的是，磁体之间的相互作用不是直接接触发生的，而是相隔一定距离就发生力的作用。科学研究发现，磁体之间之所以能发生这种作用是因为磁体周围存在着一种看不见也摸不着的物质，称为磁场，正是通过磁场的媒介作用，磁体之间才发生了磁力的作用。

做一做　取两根磁铁，观察它们之间相互作用的情况。

读一读　同名磁极相互排斥，异名磁极相互吸引。磁体靠得越近，磁极间的作用力越大，说明磁极间磁场比较强。磁场具有一定的方向性，小磁针N极所指方向代表了该处磁场的方向。通常用磁力线形象地表示磁场，如图2.76所示为一根条形磁铁吸引纸上的小铁屑而形成的磁力线，磁力线上每一点的切线方向形象地代表了该处磁场的方向。

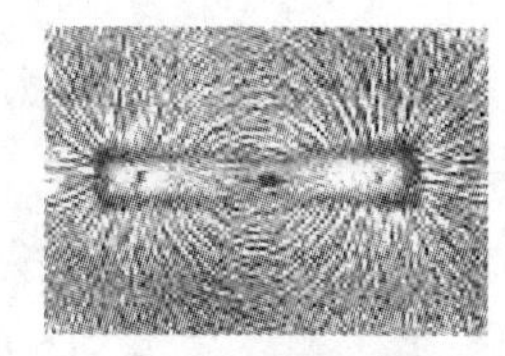

图2.76　条形磁铁的磁力线

议一议　磁在生活中有哪些应用?

读一读　描述磁场的主要物理量。

磁场不仅有大小而且有方向，是一个矢量。描述磁场的物理量主要如下。

（1）磁感应强度 B——定量描述磁场中每一点磁场大小和方向的物理量，单位：特斯拉（T）。

（2）磁通 Φ—— 指在均匀分布的磁场（匀强磁场）中有一个与磁场方向垂直的平面，其面积 S 与磁感应强度 B 的乘积称为穿过这个平面的磁通量（简称磁通）

$$\Phi = BS$$

磁通的单位为：韦伯（Wb），$1\text{Wb} = 1\text{T}\cdot\text{m}^2$。

（3）磁导率 μ——表示材料的导磁性能。真空的磁导率是一个常数，用 μ_0 表示，空气、木材、玻璃、铜、铝等材料的磁导率与真空接近。

（4）磁路——磁通所经过的闭合路径称为磁路。

阅读材料

磁悬浮技术与磁悬浮列车

磁悬浮，亦作磁浮，是一种利用磁的吸力和排斥力来使物件在空中浮动，而不依靠其他外力的方法。利用电磁力来对抗引力，可以使物件不受引力束缚，从而自由浮动。如图2.77所示为因反磁性产生磁浮的热解碳。

磁悬浮技术的研究源于德国，早在1922年德国工程师赫尔曼•肯佩尔就提出了电磁悬浮原理，并于1934年申请了磁悬浮列车的专利。磁悬浮列车是一种靠磁悬浮力（即磁的吸力和排斥力）来推动的列车。由于其轨道的磁力使之悬浮在空中，行走时不需要接触地面，因此其阻力只有空气的阻力。磁悬浮列车的最高速度可达500km/h以上，比高速轮轨列车的时速还要快。举世瞩目的上海磁悬浮列车示范运营线工程已于2002年建成通车（见图2.78），它是世界上第一条商业化运营的磁悬浮列车工程。

图 2.77　因反磁性产生磁浮的热解碳

图 2.78　上海磁悬浮列车

二、认识电流磁效应——电生磁

议一议　磁悬浮列车是靠什么产生磁场的?

做一做　如图 2.79 所示，在一通电导线下方放置一只小磁针，观察小磁针的运动情况；改变电流方向，再次观察小磁针的运动情况；断开导线中的电流，重新观察小磁针的运动情况。

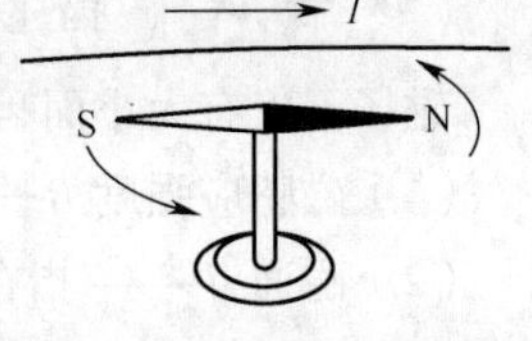

图 2.79　直线电流的磁场实验

读一读　实验表明，在通电导线周围存在磁场，说明电流可以产生磁场，这称为电流的磁效应。直线电流周围存在磁场，环形电流周围同样存在磁场，二者产生的磁场方向不同。

电磁铁是内部带有铁心、利用通有电流的线圈使其像磁铁一样具有磁性的装置，电磁铁是电流磁效应的一种应用。常用的电磁铁如图 2.80 所示。

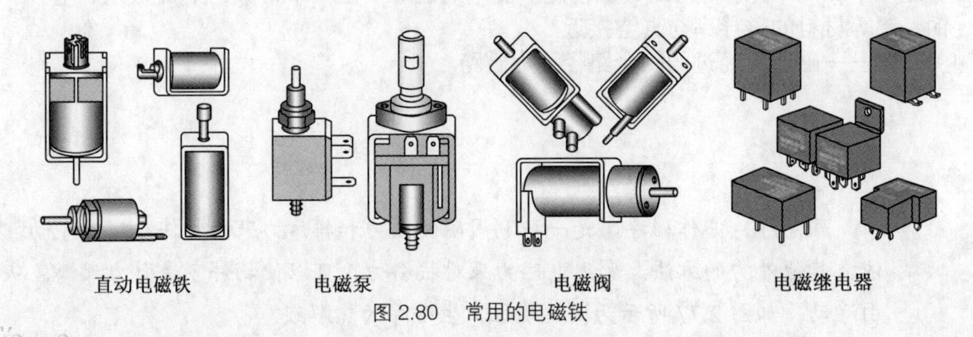

图 2.80　常用的电磁铁

做一做　制作电磁铁。

所需材料：（1）直径为 0.1mm 左右的漆包线 2.5m；

（2）4cm 长铁钉一枚；

（3）干电池 1 节；

（4）大头针或订书钉若干。

工具：小刀 1 把。

方法：将漆包线顺时针绕在铁钉上，漆包线两端各留出 5 ～ 10cm，用小刀把漆包线末端的漆刮干净，把漆包线的两端连接上干电池，就可以吸起大头针或订书钉了。断开电源，电磁铁失去磁性，大头针或订书钉就掉下来了。

（1）要用小刀刮除漆包线末端的漆，也可用火烧。

（2）要以相同的方向缠绕漆包线。

（3）要在漆包线的末端打结或绑紧。

读一读 通电导线周围磁场方向的判别方法——安培定则（又称右手螺旋法则）

（1）直线电流的磁场。直线电流的磁场是以导线上各点为圆心的同心圆，这些同心圆都在与导线垂直的平面上，如图 2.81 所示。

（2）环形电流（通电螺线管）的磁场。通电螺线管的磁场类似于条形磁铁，一端相当于 N 极，另一端相当于 S 极，其方向的判别方法是：用右手握住通电螺线管，让弯曲的 4 指指向电流方向，则大拇指所指的方向就是螺线管内磁场的方向，即 N 极的方向，如图 2.82 所示。

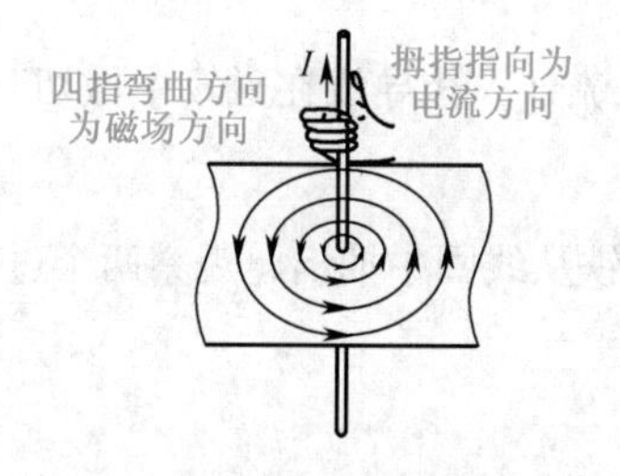

图 2.81 直线电流磁场

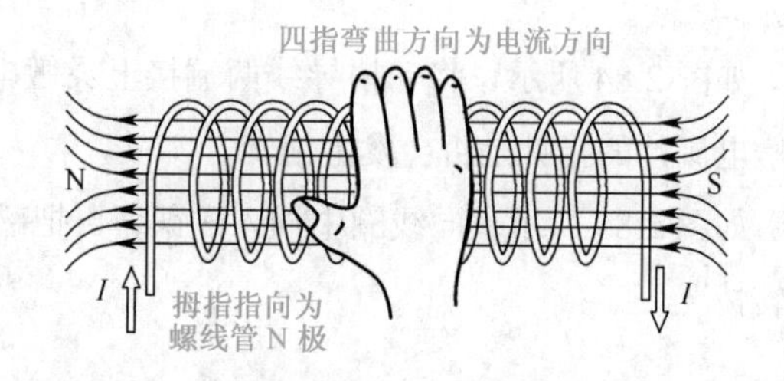

图 2.82 环形电流磁场

磁性材料与磁化现象

根据导磁能力，物质分为反磁性物质、顺磁性物质和铁磁性物质。

磁性材料主要是指铁、钴、镍及其合金等能够直接或间接产生磁性的铁磁性物质。

磁化是指使原来不具有磁性的物质获得磁性的过程。不是所有材料都可以被磁化，只有铁磁性物质才可以被磁化。

铁磁性物质又分为 3 类：软磁物质，如电动机、变压器、继电器等铁心常用的硅钢片等；硬磁物质，如各种永久磁铁、扬声器的磁钢等；矩磁物质，如各种电子设备存储器的记忆元件等。

消磁——磁化的相反过程：当磁化后的材料，受到了外来能量的影响，比如加热、冲击，磁性就会减弱或消失，此过程称为消磁。

三、认识电磁感应现象——磁生电

做一做 观察发电机的外形（见图 2.83），了解发电机的结构。

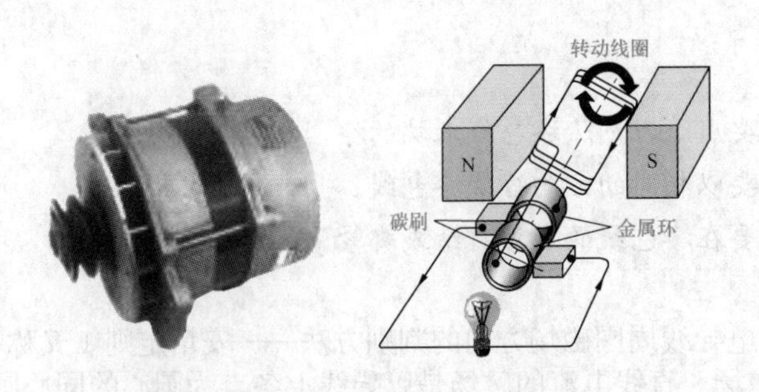

图 2.83　发电机的外形与结构示意图

读一读　发电机通常由定子、转子、端盖、机座及轴承等部件构成。定子由定子铁心、线包绕组，以及固定这些部分的其他结构件组成。转子由转子铁心、转子线包绕组、滑环（又称铜环、集电环）、风扇及转轴等部件组成。

议一议　发电机是如何产生电的呢？

做一做

（1）如图 2.84 所示，将一根导线两端接上灵敏电流计，让导线在磁场中做切割磁力线运动，观察灵敏电流计的指针是否会发生偏转。

（2）如图 2.85 所示，向线圈中插入磁铁，再把磁铁从线圈中抽出，观察两个过程中电流表指针的偏转情况。

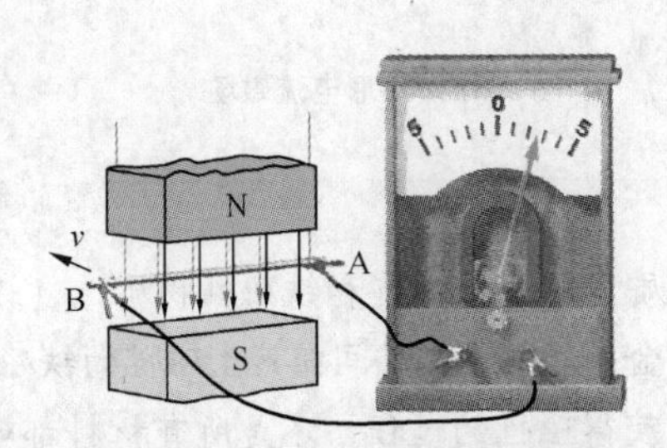

图 2.84　导线在磁场中运动

图 2.85　抽插磁铁电流表指针偏转

议一议　在上述情况下为什么能够产生电流？

读一读　只要穿过闭合电路的磁通量发生变化，闭合电路中就有感应电流。这种利用磁场产生电流的现象叫做电磁感应现象。

读一读　判断感应电流（感应电动势）方向的方法。

1. 右手定则

闭合电路中的一部分导线做切割磁力线运动时，感应电流的方向，可用右手定则来判定。

右手定则——伸开右手，使大拇指与其余四指垂直，并且都跟手掌在一个平面内，让磁力线垂直进入手心，大拇指指向导体运动方向，这时四指所指的方向就是感应电流的方向（见图 2.86）。

2. 楞次定律

感应电流的方向，总是要使感应电流的磁场阻碍引起感应电流的磁通的变化，这就是楞次定律。

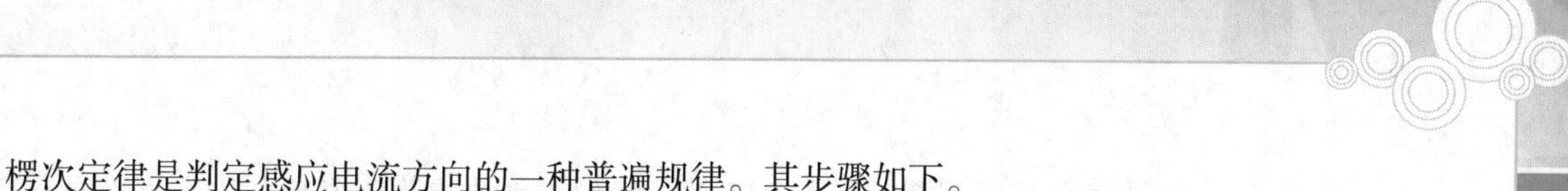

楞次定律是判定感应电流方向的一种普遍规律。其步骤如下。

（1）明确原来磁场的方向。

（2）判断穿过闭合电路的磁通是增加还是减少。

（3）根据楞次定律确定感应电流的磁场方向。

（4）利用安培定则来确定感应电流的方向。

如图 2.87 所示就是楞次定律的应用。

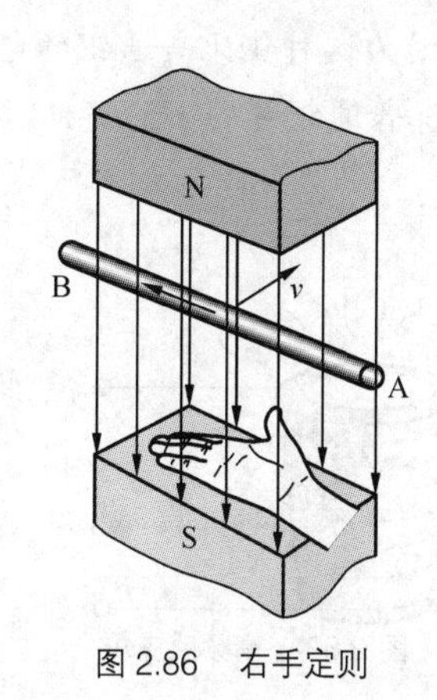

图 2.86　右手定则

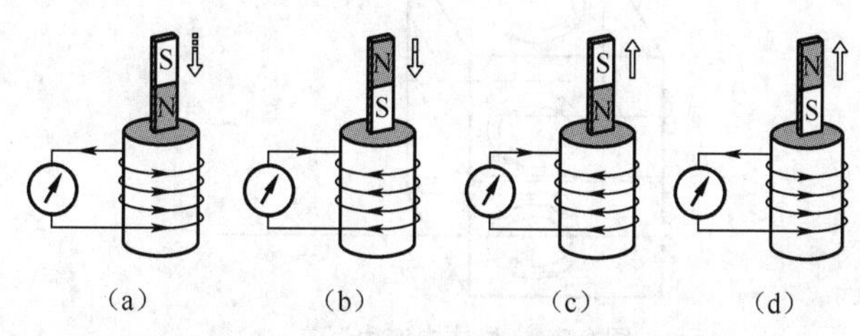

图 2.87　运用楞次定律判定感应电流方向

读一读　计算感应电动势的大小

（1）切割磁力线形式的表达式——计算感应电动势的即时值。

$$E=BLv\sin\alpha$$

式中，α 为速度方向和磁场方向的夹角，L 为切割磁力线的导线长度，B 为磁感应强度。

（2）磁通变化形式的表达式——计算感应电动势的平均值。

线圈中感应电动势的大小与穿过线圈的磁通的变化率成正比，叫做法拉第电磁感应定律，即

$$E=N\frac{\Delta\phi}{\Delta t}$$

式中，N 为线圈匝数，ϕ 为磁通。

读一读　电磁感应现象可以用来发电，但是当磁路密闭性不佳，部分磁力线偏离主磁路而产生漏磁通，就会对其周围器件产生影响，例如某些线圈产生的漏磁通可能破坏示波管或显像管中电子的聚焦。为此，必须将这些器件屏蔽起来，使其免受外界磁场的影响，这种措施叫磁屏蔽。

阅读材料

涡流

涡流是一种常见的电磁感应现象。所谓涡流是指处于交变磁场中的金属块中所产生的涡旋状的感生电流（见图 2.88）。涡流现象的存在有利有弊。

利：涡流的典型应用是进行感应加热，广泛应用于有色金属和特种合金的冶炼，

其最典型的实例就是高频感应炉。它的主要结构是一个与大功率的高频交流电源相接的线圈，被加热的金属就放在线圈中间的坩埚内，当线圈中通以强大的高频电流时，它产生的交变磁场能使坩埚内的金属中产生强大的涡流，发出大量的热，使金属熔化（见图 2.89）。

弊：电动机、电器的铁心由于涡流造成工作时大量的能量损耗（称为涡流损耗，简称涡损）。为了减小涡流损失，电动机和变压器的铁心通常用涂有绝缘漆的薄硅钢片叠压制成，这样涡流就被限制在狭窄的薄片之内，回路的电阻很大，涡流大为减弱，从而使涡流损失大大降低。铁心采用硅钢片，是因为这种钢比普通钢的电阻率大，可以进一步减少涡流损失。硅钢片的涡流损失只有普通钢片的 1/5 ~ 1/4。

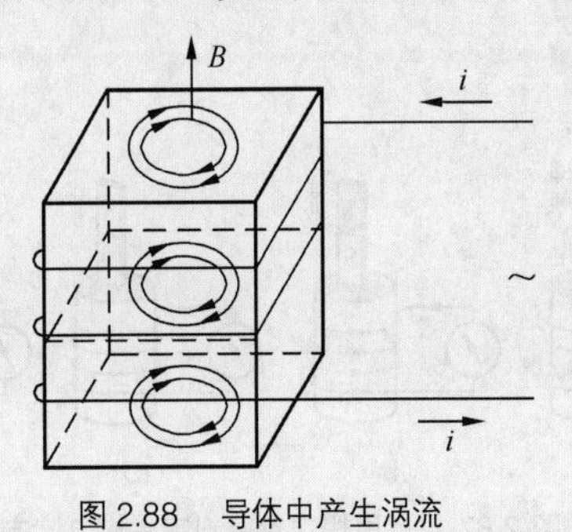

图 2.88　导体中产生涡流

图 2.89　高频感应炉

评一评　根据本任务完成情况进行评价，并将评价结果填入如表 2.18 所示评价表中。

表 2.18　教学过程评价表

项目 / 评价人	任务完成情况评价	等级	评定签名
自己评			
同学评			
老师评			
综合评定			

通过本单元的学习，主要掌握下列内容。

1. 了解主要电学概念

（1）电路——通路、短路、开路

（2）电源——电压源、电流源

（3）电动势 E

（4）电阻$R=\rho\dfrac{L}{S}$

（5）电流 $I=U/R$

（6）电位 V

（7）电压 $U_{AB}=V_A-V_B$

（8）电功率 $P=UI$

（9）电功 $W=UIt$

2. 掌握下列操作方法

（1）电流表扩大量程改装。

（2）电压表扩大量程改装。

（3）用电流表测量电流。

（4）用电压表测量电压。

（5）用万用表测量电阻。

（6）用伏安法测量电阻（电流表内接法和外接法）。

（7）用功率表测量电功率。

（8）安装单相电度表。

3. 了解下列电路规律和分析方法

（1）部分电路——部分电路欧姆定律——$I=U/R$

（2）单一回路——全电路欧姆定律——$I=\dfrac{\sum E}{\sum R+\sum r}$

（3）多回路——$\begin{cases}\text{节点电流定律——}\sum I=0\\ \text{回路电压定律——}\sum U=0\end{cases}$

思考与练习

一、选择题

1. 某导体电阻值原为 2Ω，现将其均匀地拉长至原长的 2 倍，则电阻值变为（　　）。

A. 2Ω　　B. 4Ω　　C. 8Ω　　D. 1Ω

2. 在如图 2.90 所示电路中，R 可获得的最大功率为（　　）。

A. 1W　　B. 2W　　C. 4W　　D. 8W

3. 在如图 2.91 所示电路中，U_{AB} 等于（　　）。

A. E_2+IR_2　　B. E_1+IR_1　　C. E_2-IR_2　　D. IR_1-E_1

4. 在如图 2.92 所示电路中，I_4 等于（　　）。

A. 2A　　B. 4A　　C. –4A　　D. –2A

5. 当电路处于阻抗匹配时，电源输出功率最大，此时电源效率（　　）。

A. 最大　　B. 最小　　C. 50%　　D. 不能确定

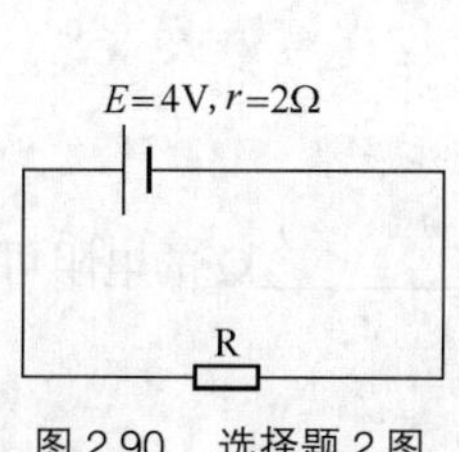

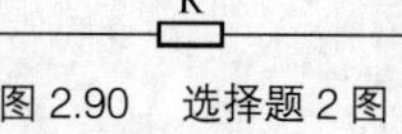

图 2.90　选择题 2 图

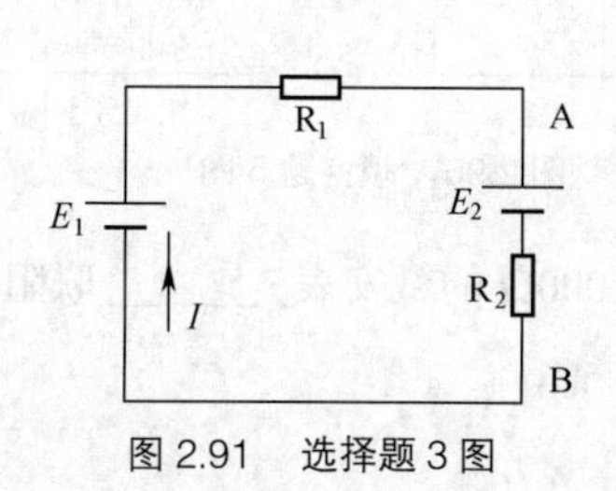

图 2.91　选择题 3 图

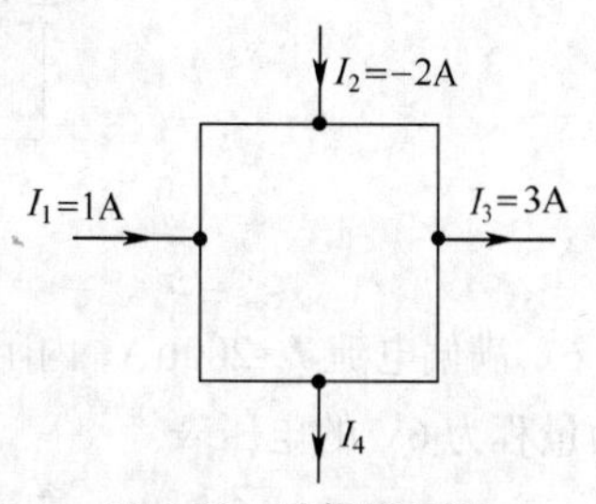

图 2.92　选择题 4 图

6. 灯 A（“220V 100W”）和灯 B（“220V 60W”）并联接于 220V 的电源上，较亮的是（　　）。

A. 灯 A　　B. 灯 B　　C. 一样亮　　D. 无法确定

7. 用伏安法测量电阻，适宜采用如图 2.93 所示接法的是（　　）。

A. R_X 远小于 R_A　　B. R_X 远小于 R_V

C. R_X 远大于 R_A　　D. R_X 远大于 R_V

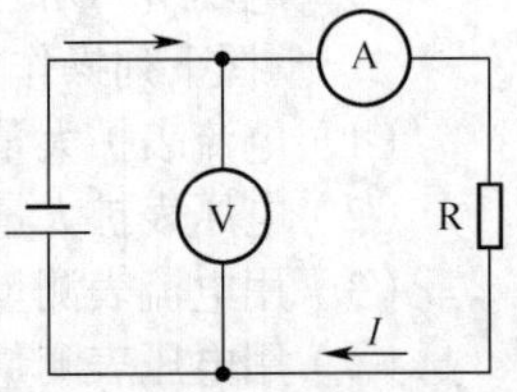

图 2.93　选择题 7 图

8. 1 度电可以供“110V 100W”的灯泡正常使用的时间是（　　）。

A. 1h　　B. 10h　　C. 20h　　D. 5h

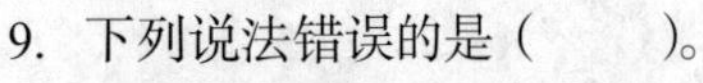

9. 下列说法错误的是（　　）。

A. 两点间电压大，但这两点的电位却不一定都高

B. 两点间电压的大小与参考点的选择无关

C. $R=U/I$ 表明电压越大，电流越小，则电阻越大

D. $R=\rho\frac{L}{S}$ 表明导体越长，其阻值越大

10. 两阻值之比为 1:3 的电阻器串联后的功率之比为（　　）。

A. 1:1　　B. 1:3　　C. 1:9　　D. 3:1

二、填空题

1. 电动势为 1.5V，内阻为 0.1Ω 的电池与某电阻器 R 串联后，测得电池两端电压为 1.4V，则电路中的电流为 ________A，R 的阻值为 ________Ω。

2. 如图 2.94 所示电路中电流 I_1=________A，I_2=________A。

3. 万用表欧姆挡的零刻度位于表盘的最________端（填左或右），其刻度线是不均匀的，由左至右刻度线由________变________（填疏或密）。为提高读数的精确度，应通过选择合适量程挡，使指针指示在满刻度的________左右。

4. 在如图 2.95 所示电路中，V_A=________，V_B=________，V_C=________，U_{AC}=________。

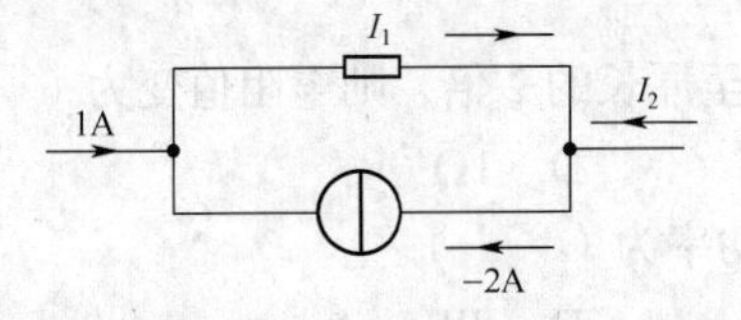

图 2.94　填空题 2 图

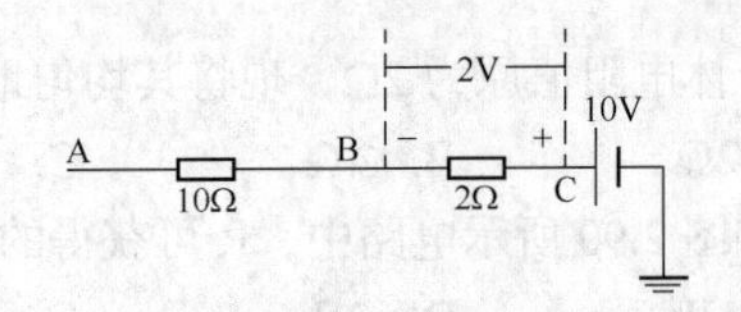

图 2.95　填空题 4 图

5. 用如图 2.96 所示两种方法测量未知电阻 R 都会带来一定误差，其中图（a）实测值________实际值，图（b）实测值________实际值（填＜、＝、＞）。

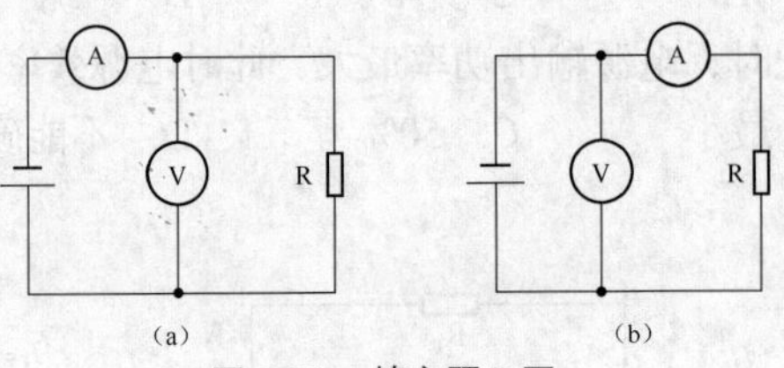

图 2.96　填空题 5 图

6. 满偏电流 I_g=200μA，内阻为 1 000Ω 的微安表________联阻值为 ________Ω 的电阻可以改装为量程为 6V 的电压表。

三、判断题

1. 短路状态是电路正常工作状态之一。(　　)
2. 电源在某些情况下也可以变成用电器。(　　)
3. 被测电流超过电流表量程有可能烧毁电流表。(　　)
4. 万用表在保存时应将转换开关置于最大电阻挡。(　　)
5. 电压表扩大量程依据了并联电阻分流的原理。(　　)
6. 电流表扩大量程依据了串联电阻分压的原理。(　　)
7. 用万用表测标称电动势为1.5V的电池时得到的端电压为1.3V的原因主要是电池内阻的存在。(　　)
8. 玻璃是电绝缘材料。(　　)
9. 欧姆表在每次换挡测量前都必须进行欧姆调零。(　　)
10. 电阻阻值大小除与其材料、尺寸有关外，还与所处的环境温度有关。(　　)

四、计算题

1. 某用电器接在220V的电路中，通过的电流为0.5A，通电2h，其消耗电能为多少度？
2. 试计算如图2.97所示电路中a、b两点间的电阻R_{ab}。
3. 试计算如图2.98所示电路中a、b、c这3点的电位。

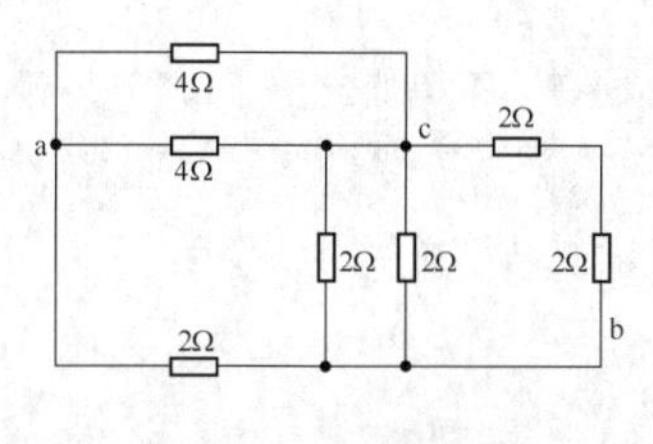

图2.97　计算题2图

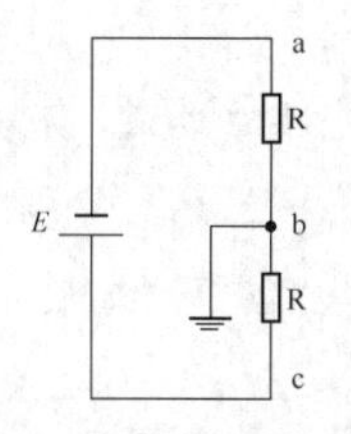

图2.98　计算题3图

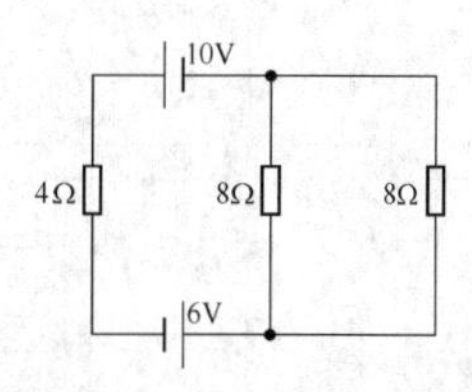

图2.99　计算题4图

4. 求如图2.99所示电路中各支路电流，并标出其方向。
5. 求如图2.100所示电路中R_L消耗的电功率。
6. 在如图2.101所示电路中，已知I_1=2A，I_2=3A，I_4=−1A，求I_3、I_5、I_6。
7. 求如图2.102所示电路各支路电流。

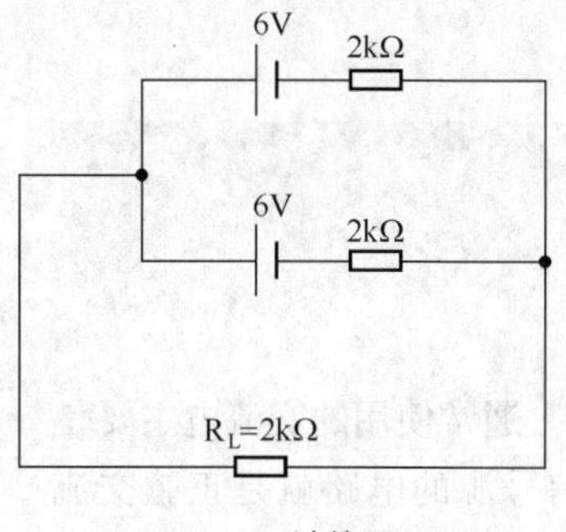

图2.100　计算题5图

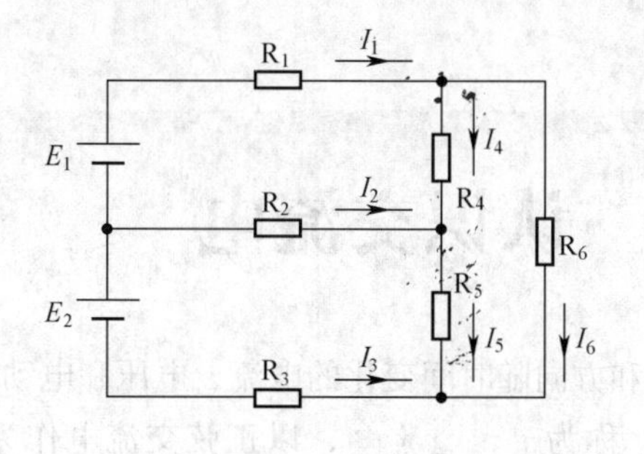

图2.101　计算题6图

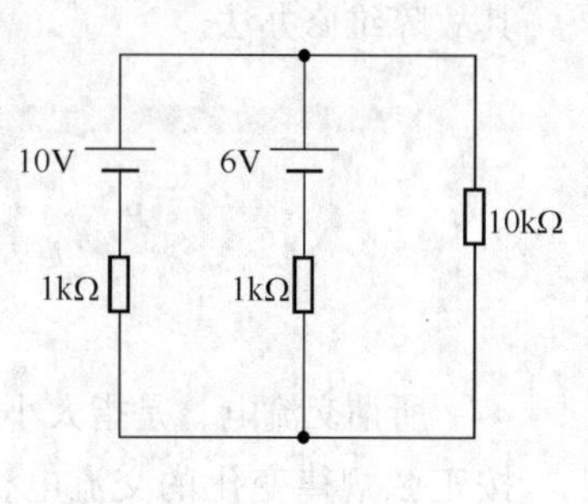

图2.102　计算题7图

第3单元

认识正弦交流电路

知识目标

- 理解正弦交流电的三要素表示法
- 掌握电容、电感元器件的特性
- 掌握纯电阻、纯电容、纯电感电路规律
- 掌握RL串联电路的规律
- 了解三相交流电路的规律
- 理解有效值、功率因数、有功功率、无功功率、视在功率等概念

技能目标

- 正确使用示波器、交流电流电压表、钳形电流表等测量交流电
- 正确安装荧光灯电路
- 学会提高交流电路功率因数的方法
- 掌握三相负载的星形接法和三角形接法

情景导入

星期天，米其去看望住在乡下的奶奶。奶奶告诉米其：家里的荧光灯不怎么好，时常出些问题。米其心想：我能不能帮助修理一下呢？于是好学的米其就开始研究荧光灯电路，并琢磨其故障维修办法。

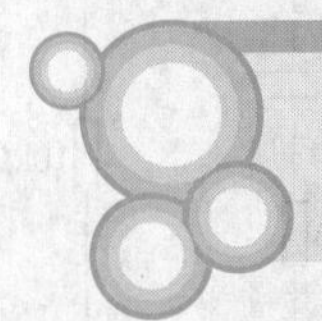

任务1　认识交流电

所谓交流电，是指大小和方向随时间变化的电流、电压和电动势。通常使用的交流电主要是按正弦规律变化的交流电，称为正弦交流电，以正弦交流电作为信号源的电路就是正弦交流电路。观测交流电通常使用的仪器是示波器，本任务先从示波器的使用开始来认识交流电。

一、正确使用示波器

示波器是用于直接观测信号波形的仪器，可以测量信号的幅度、频率，比较相位。

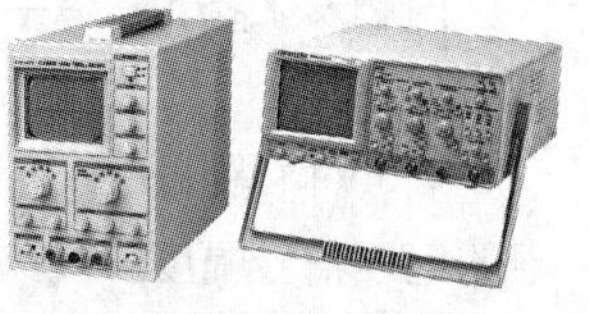

图 3.1 示波器外形图

（1）观察示波器面板（见图 3.1）。示波器面板通常由 3 个区域组成，即显示部分、X 轴系统和 Y 轴系统。

（2）依次熟悉各旋钮功能。

示波器面板常用按钮和旋钮功能介绍（见图 3.2）。

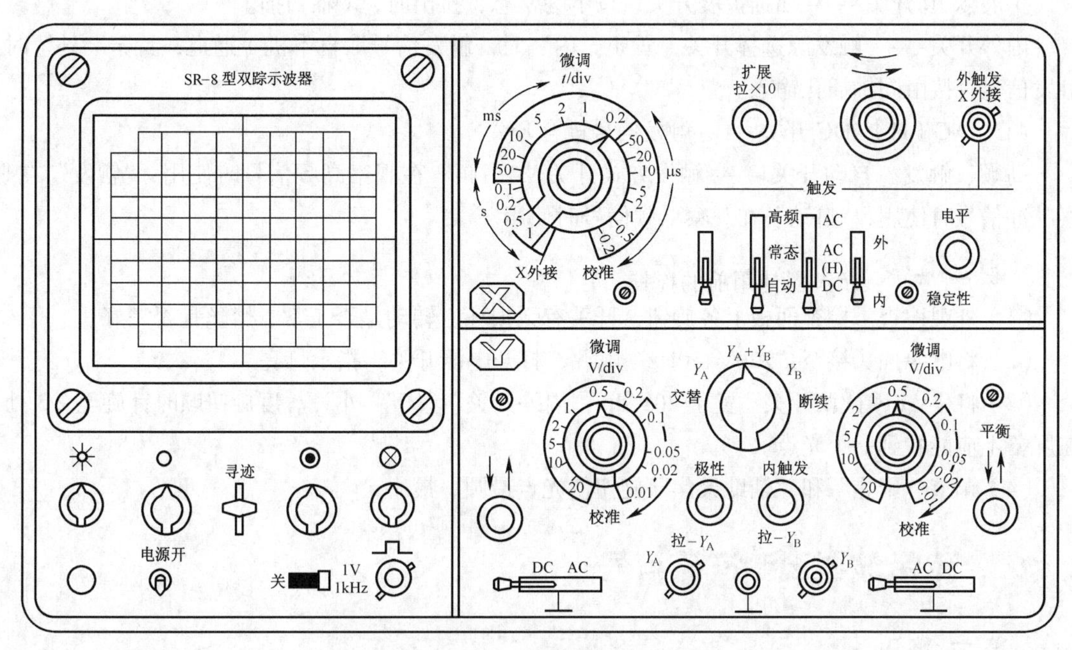

图 3.2 示波器面板

1. 显示部分

电源开关——仪器的总电源开关，接通后，指示灯亮表明仪器进入工作状态。

辉度旋钮——用以调节示波器屏幕上单位面积的平均亮度，顺时针转动辉度变亮，反之则辉度减弱直至消失。

聚焦旋钮和辅助聚焦旋钮——二者配合调节，可以使屏幕显示的光点变为清晰的小圆点，使显示的波形清晰。

标尺亮度旋钮——调整和改变示波器屏幕上坐标刻度的亮度和不同色别。

2. Y 轴系统

显示方式选择开关——对于双踪示波器，通常有 5 种方式。

（1）交替——实现双踪交替显示（一般在输入频率较高时使用）。

（2）Y_A——单独显示 Y_A 通道信号波形（相当于单踪示波器）。

（3）Y_B——单独显示 Y_B 通道信号波形（相当于单踪示波器）。

（4）Y_A+Y_B——显示 Y_A 通道和 Y_B 通道叠加的信号波形。

（5）断续——实现双踪交替显示（一般在输入频率较低时使用）。

极性 Y_A 开关——按下时显示 Y_A 通道的输入信号波形，拉出时显示倒相的 Y_A 通道信号波形。

内触发 Y_B 开关——内触发源选择开关，按下时用于单踪显示，拉出时可比较两信号的时间和相位关系。

V/div 微调开关——垂直输入灵敏度选择开关及微调开关，表示屏幕上 Y 轴方向每一小格代表的电压信号幅度。

3. X 轴系统

t/div 微调开关——扫描时间选择开关，代表 X 轴方向每小格代表的时间。

扩展 ×10 开关——扫描扩展开关，按下为常态，拉出时，X 轴扫描。

内外开关——触发源选择开关，置于“内”时，触发信号取自本机 Y 通道，置于“外”时，触发信号直接由同轴插孔输入。

AC、AC（H）、DC 开关——触发信号耦合开关。

高频、触发、自动开关——触发方式开关，“高频”在观察高频信号时使用，“触发”在观察脉冲信号时使用，“自动”在观察低频信号时使用。

做一做 示波器使用前的检查。

（1）外观检查。检查面板上各旋钮、开关有无损坏，转动是否正常，熔丝是否完好。

（2）将电源插头接至“220V 50Hz”电源，打开电源开关，指示灯亮。

（3）将“V/div 微调开关”置于 20V/div,“内外开关”置于“外”，辉度旋钮顺时针旋至 2/3 处，在屏幕上应能看到一个光点。

（4）调节“聚焦”和“辅助聚焦”旋钮使光点最圆、最小。

二、用示波器观测交流信号

做一做

（1）按如图 3.3 所示连接电路。

（2）让信号发生器输出一个正弦波信号，调节信号发生器的输出信号频率使示波器显示屏出现一个稳定的、完整的正弦波形（见图 3.4）。

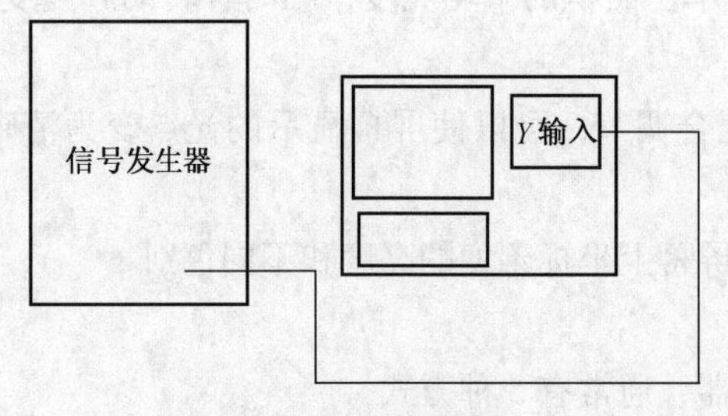

图 3.3 原理框图

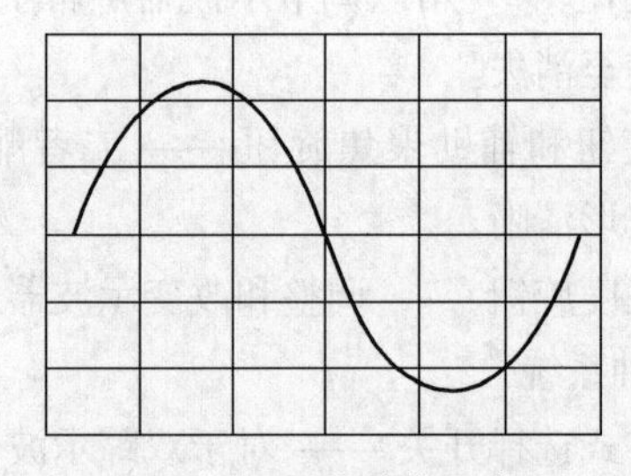
图 3.4 正弦交流信号波形

（3）观察正弦交流信号波形：X 轴方向代表时间轴；Y 轴方向代表电信号幅度值。可以看到随着时间的延伸，正弦交流电压从零开始增大，至最大值后又逐渐下降至零，然后又由零开始向负方向增大，至负的最大值又逐步减小至零，整个过程按正弦规律变化。

数学中正弦波可用正弦函数式来表示，同样，如图 3.4 所示正弦电压信号也可以用一个正弦式来表示，即

$$u=U_m\sin(\omega t+\varphi)$$

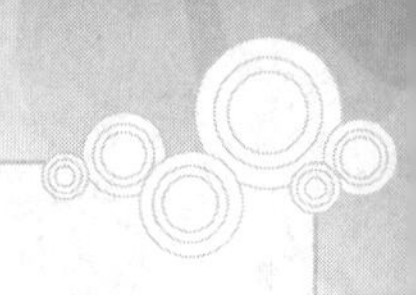

读一读 表示交流电的物理量——正弦交流电的三要素。

（1）反映交流电大小（幅度）的物理量。

最大值——交流信号瞬时能达到的最大幅度（见图3.5），对应于表达式中的 U_m。

瞬时值——任一时刻交流信号的大小，对应于表达式中的 u。

有效值——衡量交流电有效幅度的物理量。当把一个直流电流（或电压）与一个交流电流（或电压）分别通过同一电阻，若二者使得电阻在相同的通电时间内产生的热量相同，则表明该交流电与该直流电效果相当，该直流电流（或电压）值等于该交流电流（或电压）的有效值。

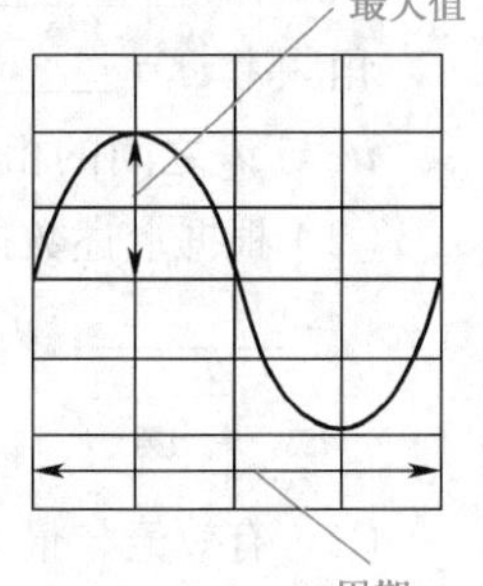

图3.5 正弦交流电三要素

（2）反映交流电变化快慢的物理量。

周期——一个完整的正弦波形所经过的时间（见图3.5），符号为 T，单位为秒（s）。

频率——1s时间内完成的正弦波的个数，符号为 f，单位为赫兹（Hz）。

角频率——$2\pi f$，符号为 ω，单位为弧度/秒（rad/s）。

周期、频率、角频率三者的关系为

$$T=1/f$$

$$\omega=2\pi f$$

（3）用以比较交流电变化步调的物理量。

相位（或位相）φ——表达式中代表角度部分 $\omega t+\varphi_0$，单位为rad或（°）（弧度或角度）。

初相位 φ_0——代表 t=0时刻的相位。

做一做

（1）读出上述交流电压的最大值 $U_m=n$V/div × Adiv =________V。

n——Y轴灵敏度（每小格代表的幅值）。

A——正弦信号幅值位置对应的分格数（见图3.6）。

（2）读出上述交流电压的周期 $T=t$ s/div × $m$div =________s。

t——X轴的灵敏度（每小格代表的扫描时间）。

m——一个正弦波对应的 X 轴分格数（见图3.6）。

计算：频率 $f=1/T$=________Hz。

（3）在 Y_A、Y_B 两个端子同时输入两个同频率的正弦交流信号，同时将“内触发 Y_B”开关拉出，保证两个输出信号波形的稳定（见图3.7），测量二者的相位差：$\Delta\varphi=\varphi_1-\varphi_2=\dfrac{360°}{m\text{div}}\times B\text{div}$ =________。

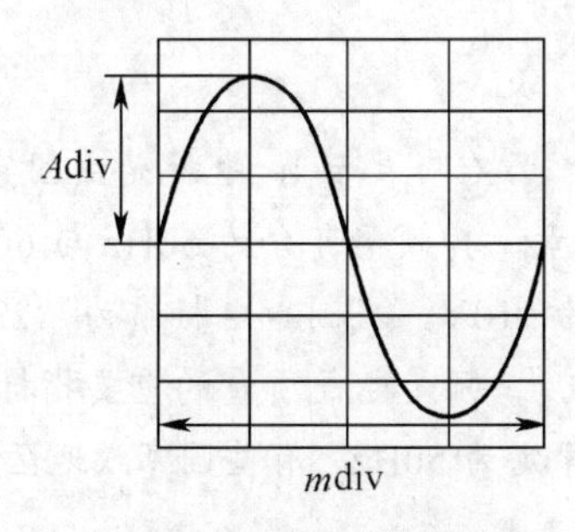

图3.6 正弦波形

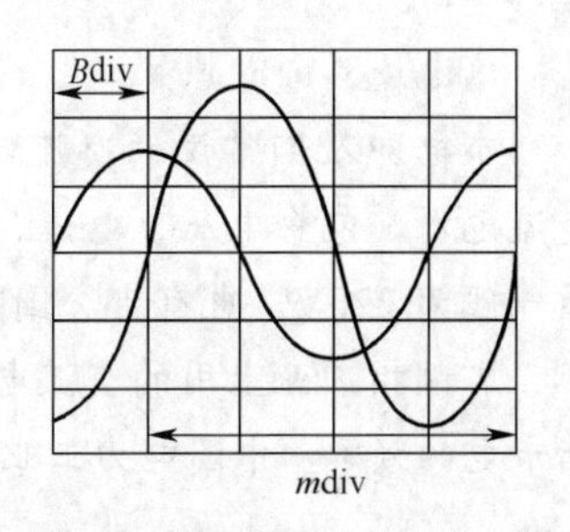

图3.7 同频率正弦信号（一）

m、B 的含义如图 3.7 所示。

（4）根据上述参数可以写出正弦电压的表达式 u=________。

练一练

（1）根据如图 3.8 所示正弦波形，正确读出其参数。

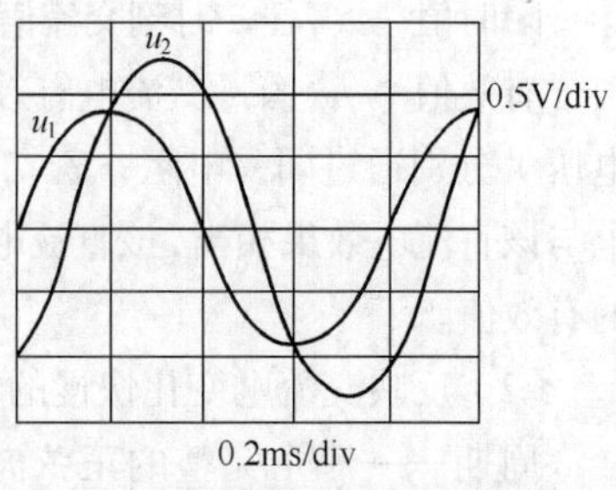

图 3.8　同频率正弦信号（二）

最大值 U_{m1}= ________V，U_{m2}=________V

周期 T_1= ________s，T_2= ________s

频率 f_1= ________Hz，f_2=________Hz

角频率 ω_1= ________，ω_2= ________

u_1 与 u_2 之间的相位差 $\Delta\varphi$= ________

（2）根据上述数据，写出两个正弦交流电压的表达式。

u_1= ________，u_2= ________

读一读

（1）有效值、最大值、瞬时值均可表示交流电的幅度，但代表的含义不同，三者用不同的符号表示。

有效值 —— 大写字母，如 U、I。

最大值 —— 大写字母加下标 m，如 U_m、I_m。

瞬时值 —— 小写字母，如 u，i。

（2）有效值与最大值的关系。

有效值 = 最大值 / $\sqrt{2}$

$U = U_m/\sqrt{2}$

$I = I_m/\sqrt{2}$

（3）同相与反相。

同相 —— 两个同频率的正弦交流信号的相位差为零，二者变化步调一致（见图 3.9）。

反相 —— 两个同频率的正弦交流信号的相位差为 180°，二者变化步调相反（见图 3.10）。

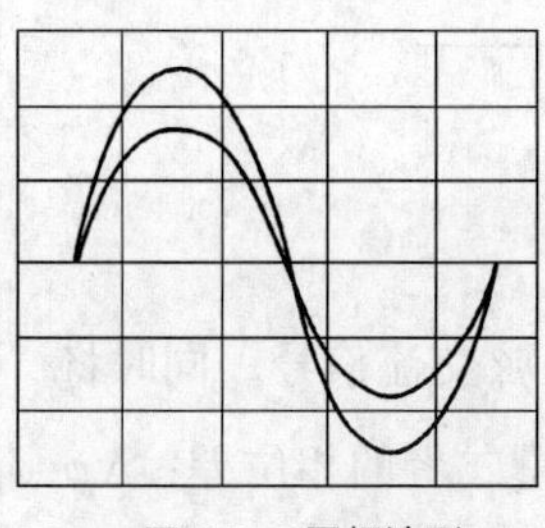
图 3.9　同相波形

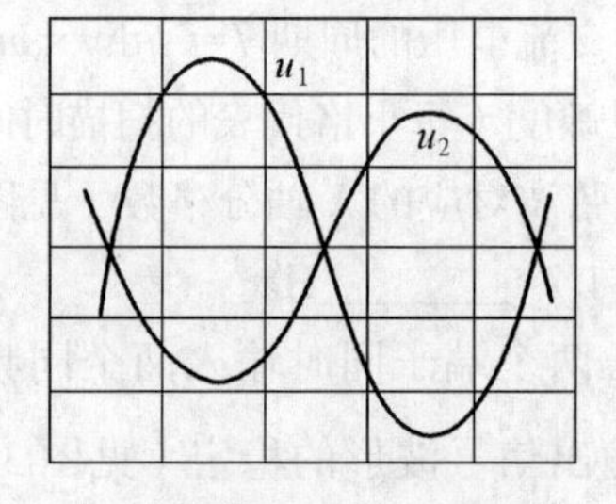

图 3.10　反相波形

阅读材料

市电及工频电源

市电即人们常说的交流电（用符号"AC"表示），也就是由国家电网提供的交流电源，包含电压、电流、频率等要素，其频率可分为 50Hz 与 60Hz 两种，电压一般为 220V，也有部分国家和地区为 110V，我国市电标准为"220V50Hz"。

工频指工业上用的交流电源的频率。工频是电气质量的重要指标之一，一般是指市电的频率，中国电力工业的标准频率定为 50Hz，有些国家或地区定为 60Hz。

三、用交流电流表、交流电压表测量交流信号

做一做 观察交流电流表和交流电压表，如图3.11所示。

读一读 交流电流表是用来测量交流电流的仪表，其使用方法与直流电流表基本相同，不同之处是不必考虑电流表串联接入电路时的电流表极性。对于高电压或大电流电路，不能直接将交流电流表串入电路，而必须通过电流互感器进行测量（关于电流互感器的使用方法可参阅有关资料）。

交流电压表是用来测量交流电压的仪表，其使用方法与直流电压表基本相同，不同之处在于电压表并接到电路两端时不必考虑电压表极性。对于高压电路不能直接将电压表并接到电路两端，而必须通过电压互感器间接进行测量（关于电压互感器的使用方法可查阅有关资料）。

议一议 用交流电流表和交流电压表测量交流信号得到的是交流信号的瞬时值、最大值还是有效值？

做一做 断开开关S，按如图3.12所示连接电路。先用试电笔判别交流电源的火线和零线。合上开关S，观察电流表和电压表指针是否随时间变化而摆动，读取电流表和电压表读数，并填入表3.1中。调节电阻器并调节电流表和电压表量程，重新读数并填入表3.1。

图3.11 交流电流表和交流电压表

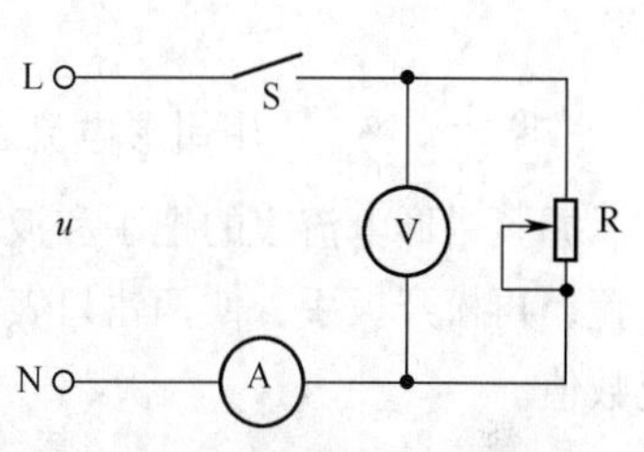

图3.12 交流信号测试原理图

表3.1 交流电流和交流电压测量结果

测量项目	测量仪表量程	测量数据			测量结果（平均值）
		第1次	第2次	第3次	
交流电流					
交流电压					

读一读 交流电流表和交流电压表测量得到的是交流电流和交流电压的有效值。

议一议 用交流电流表测量交流电流有何不方便之处？

练一练 练习使用交流电流表和交流电压表测量交流信号。

四、用钳形电流表测量交流电流

做一做 观察钳形电流表，如图3.13所示。

读一读 钳形电流表是一种在不断开电路的情况下就能测量交流电流的专用电流表。通常用普通电流表测量电流时，需要将电路切断后才能将电流表接入进行测量，这很麻烦，有时正常运行的用电器电路也不允许这样做，此时，使用钳形电流表就可以在不切断电路的情况下测量电流，如图 3.14 所示。

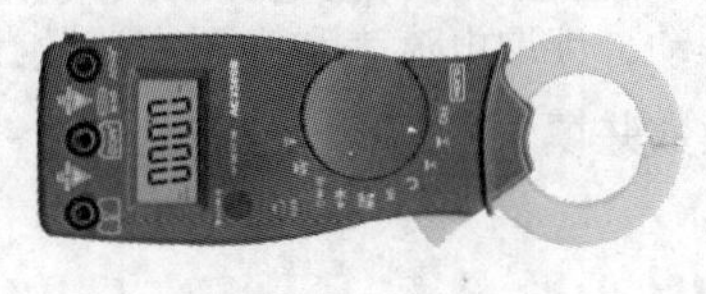

图 3.13　钳形电流表

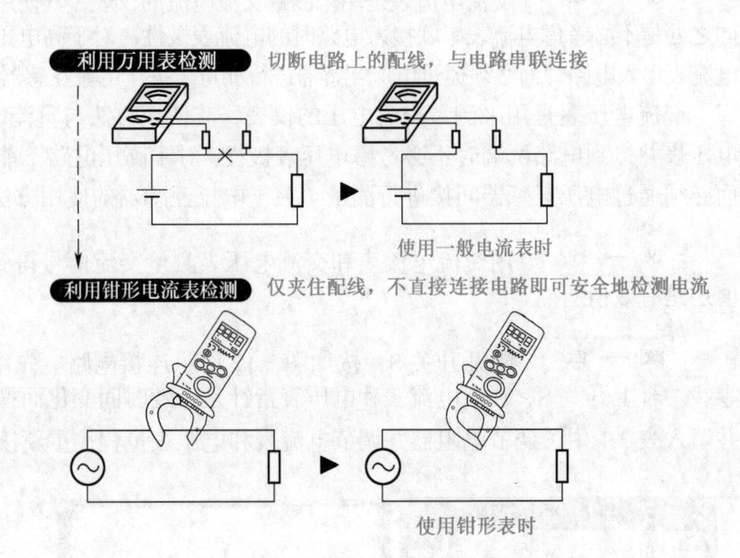

图 3.14　钳形电流表的使用

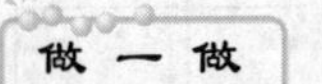

做一做 用钳形电流表测量交流电流。

握紧钳形电流表的把手和扳手，按动扳手打开钳口，将被测线路的一根电线置于钳口内中心位置，再松开扳手，使两钳口表面紧紧贴合，将表放平，然后读取钳形电流表读数，即为被测电流数值。

改变钳形电流表量程挡和被测电流，重新进行测量。

注意 钳形电流表在使用前需要进行机械调零、清洁钳口、选择合理的量程挡等工作，在不使用时，应将量程旋钮置于最大量程挡。

练一练 练习使用钳形电流表测量交流电流。

评一评 根据本任务完成情况进行评价，并将评价结果填入如表 3.2 所示评价表中。

表 3.2　教学过程评价表

项目 评价人	任务完成情况评价	等级	评定签名
自己评			
同学评			
老师评			
综合评定			

知识能力训练

（1）某交流电的周期为 0.1s，则其频率为________，角频率为________。

（2）某交流电$u=220\sqrt{2}\sin(100\pi t+60°)$ V，则其最大值 U_m=________，有效值 U=________，周期 T=________，频率 f=________，初相 φ =________。

（3）周期为 0.01s，有效值为 100V，初相为 30°的交流电的表达式可写成______________。

（4）用示波器观测某交流信号 u_1，观测到波形如图 3.15 所示，则该信号的最大值 U_m=________V，有效值 U=________V，周期 T=________s，角频率 ω =________，其表达式为________。已知另一交流信号 u_2 的频率是其 2 倍，初相位与其相同，幅值与 u_1 相同，则 u_2 的表达式为________。

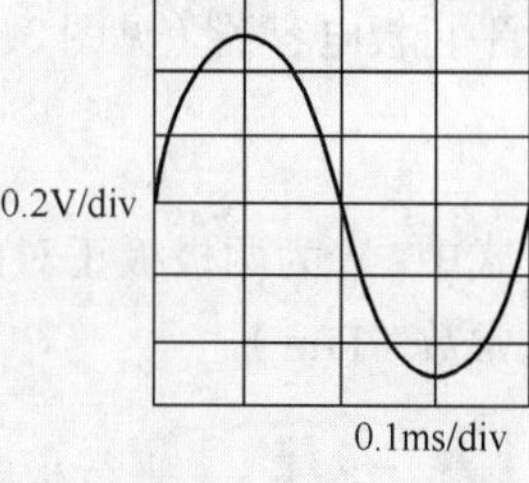

图 3.15　交流信号

（5）使用钳形电流表测量交流电流的最大优点在于______________。

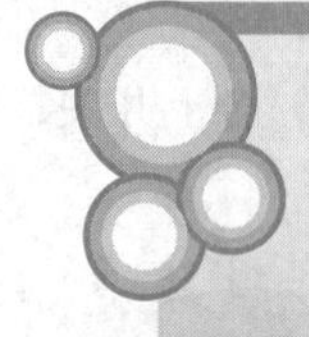

任务 2　认识单一参数正弦交流电路的规律

一、认识电容器

做一做　观察常见的电容器（见图 3.16）。

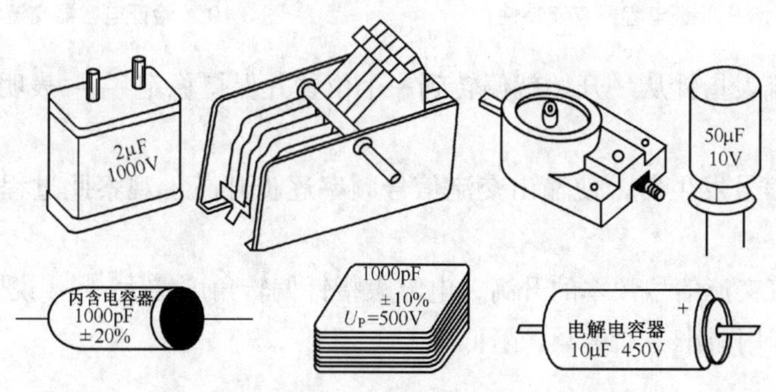

图 3.16　常见的电容器

读一读　电容器是能储存电荷的元件。电容器的结构 —— 两个相互靠近而又彼此绝缘的导体。最简单的电容器是由两块相互平行、彼此靠近但中间填充绝缘介质的金属板组成的，它的电路符号为 ─┤├─。电容器的参数包括容量和额定电压。

（1）容量：$C=Q/U$，单位为法拉（F）。

式中，Q 为电容器极板上的电荷量（C），U 为电容器两个极板之间的电压（V）。

（2）额定电压（电容器的耐压）：电容器能保持两极板之间处于绝缘状态而所能加的最大电压。

平行板电容器（见图 3.17）的容量为

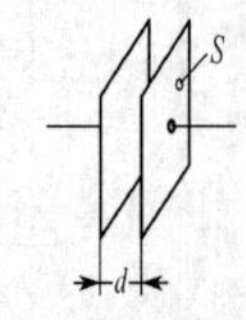

图 3.17　平行板电容器

$$C=\varepsilon\frac{S}{d}$$

式中，S 为两极板正对的面积（m^2）；d 为两极板间的距离（m）；ε 为两极板间绝缘介质的介电常数（F/m）。

练一练　平行板电容器极板间距缩小至原来的 1/3，极板正对面积扩大到原来的 2 倍，问容量变为原来的多少倍？

做一做　验证电容器的性质。

（1）取耐压 10V 以上、容量为 50μF 以上的电容器，接入如图 3.18 所示的电路中。

（2）合上开关，观察电流表指针偏转情况。

可以看到在开关合上的瞬间，电流表指针缓慢地转过一个角度，然后又慢慢回到零刻度处 —— 表明在电路接通瞬间，电路中有短暂电流（充电电流），而在稳定后，电路中则没有电流，说明电容器对直流电不导通（隔直流）。

（3）将直流电源换成低频信号发生器，直流电流表换成交流电流表（见图 3.19），合上开关，观察电流表指针偏转情况。

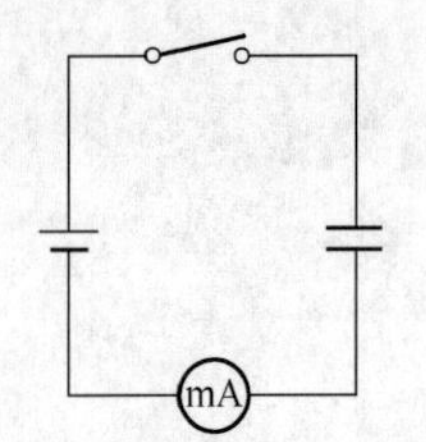

图 3.18　验证电容器直流特性

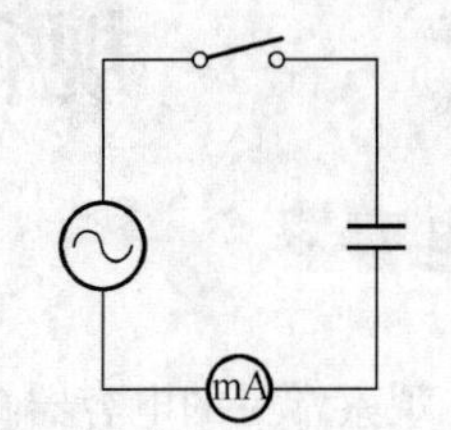

图 3.19　验证电容器交流特性

可以看到，电流表指针从一开始就偏转到一个位置并保持稳定 —— 表明对于交流电，电容器能导通（通交流）。

（4）调节正弦信号发生器，使输出交流信号频率逐步升高，观察此过程中电流表指针偏转情况。

可以看到，随着交流信号频率的升高，电流表指针偏转角度增大 —— 说明电路中电流增加，反映电容器的阻碍作用减小（通高频，阻低频）。

读一读

（1）电容器的性质 —— 通交流隔直流，通高频阻低频。

（2）电容器对于电流的阻碍作用——容抗 $X_{\mathrm{C}}=\dfrac{1}{\omega C}=\dfrac{1}{2\pi fC}$，单位为 Ω。

练一练　容量为 10μF 的电容器对于直流电、50Hz 交流电、100Hz 交流电的容抗分别为多大？

做一做 用万用表判别电容器的好坏（见图3.20）。

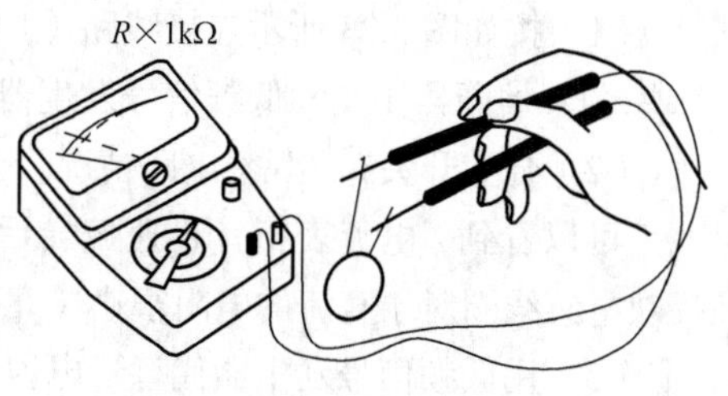

图3.20 判别电容器的好坏

将万用表的转换开关拨至欧姆挡，将两支表笔分别搭接电容器的两个管脚（对于电解电容器，要注意黑表笔搭接“+”极，红表笔搭接“-”极），观察指针偏转情况。

议一议 指针偏转到不同位置，分别说明什么问题？

读一读

（1）指针先有一定的偏转，然后又快速地回到表盘最左端——说明电容器性能正常。

（2）指针偏转一定角度后停于表盘中间某一位置——说明电容器漏电，绝缘性能差（所指示电阻为漏电电阻）。

（3）指针偏转到零欧姆处（表盘最右端）——电容器内部短路。

练一练 下列关于电容器的说法正确的有（　　）。

（1）电容器两端电压越高，容量越大。

（2）电容极板上存储的电荷越多，容量越大。

（3）容量与电容器存储的电荷多少无关。

（4）对于同一电容器，电容器两端的电压越高，其存储的电荷就越多。

（5）电容器的容量与电容器本身的几何尺寸、介质等因素有关。

（6）对于小容量电容器，难以用万用表判别其好坏，因为其充电电流很小，不足以驱动指针偏转。

二、认识电感器

做一做 观察常见的电感器（见图3.21）。

读一读 电感器是一种储存磁场能的元件，它的主要形式是线圈，分无心线圈（线圈中无铁心）和有心线圈（线圈中有铁心）两类，其图形符号如图3.22所示。

电感元件的符号为L，其主要参数是电感量，单位为亨利，简称亨（H）。

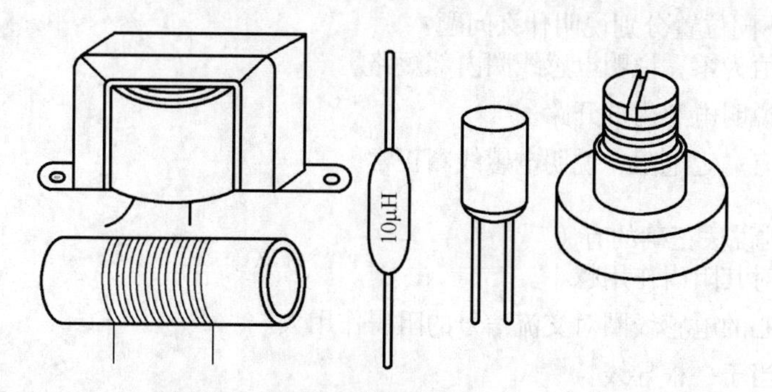

图3.21 常见的电感器外形图

有心线圈　　无心线圈

图3.22 线圈的图形符号

做一做 验证电感线圈的性质。

（1）按如图3.23所示连接线路（1.5V电池1节，24mH电感器1只，85L17 0～50mA毫安表1块，1A熔断器1支和低频信号发生器1台）。

（2）合上开关S，观察电路情况。

可以看到，电流表指针迅速偏转后又马上回0，熔断器马上熔断——说明电路中电流很大，反映电感线圈对于直流的电阻很小（几乎为零）（通直流）。

（3）用低频信号发生器代替干电池接入电路（见图3.24）。

（4）合上开关S，调节低频信号发生器使其输出一个正弦交流信号（4.5V，300Hz），观察电路情况。

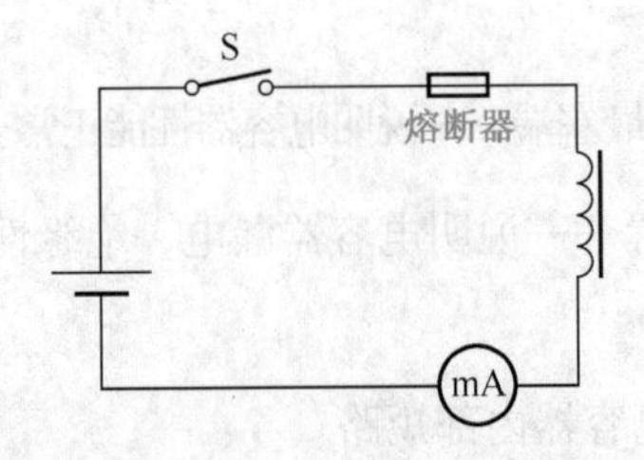

图3.23 验证电感线圈的直流特性

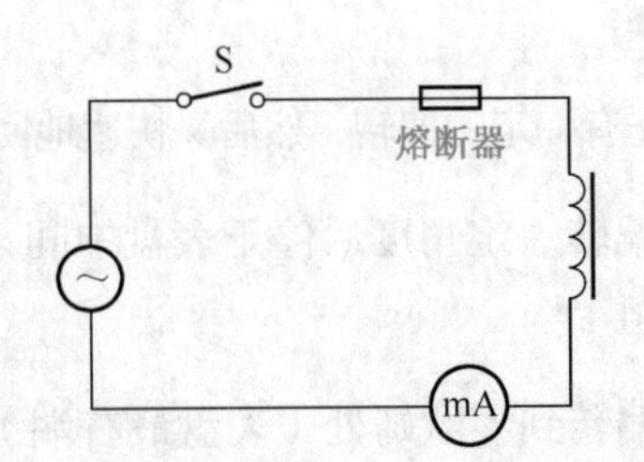

图3.24 验证电感线圈的交流特性

可以看到，电流表指针偏转到某一位置，熔断器未断——说明电感线圈对交流具有一定的阻碍作用（阻交流）。

（5）在保持低频信号发生器输出电压幅度不变的情况下，调节输出信号的频率，观察电流表指针变化情况。

可以看到，交流信号频率越高，电流越小——反映电感器对交流信号的阻碍作用越大，反之交流频率越低，电流越大，电感器的阻碍作用越小（通低频，阻高频）。

读一读 电感器的性质。

（1）通直流阻交流，通低频阻高频。

（2）电感器对电流的阻碍作用：感抗 $X_L=\omega L=2\pi fL$，单位为Ω。

做一做 用万用表检查电感线圈。

将万用表置于R×10挡，红、黑表笔分别搭接电感线圈的两端，观察万用表指针偏转情况。

议一议 万用表指针指向不同位置分别说明什么问题?

（1）指针偏转至表盘最右端，阻值为零，说明电感线圈内部短路。

（2）指针未动，阻值为无穷大，说明电感内部开路。

（3）指针偏转至中间某一位置，有一定电阻，说明电感线圈正常。

练一练 下列关于电感器的说法正确的有（　　）。

（1）交流信号频率越高，电感器对其阻碍作用越小。

（2）有铁心的电感线圈比没有铁心的电感线圈对交流信号的阻碍作用大。

（3）纯电感元件对于直流信号相当于一根导线。

（4）实际的电感元件相当于一个电感器与一个电阻器的串联。

（5）电感元件通过把电流能转变为磁场能起到储存电能的作用。

拓展与延伸 电阻、电抗与阻抗

交流电路中将电阻器、电感器、电容器对于电流的阻碍作用统称为阻抗，用符号 Z 表示，单位为Ω。感抗、容抗统称电抗，用 X 表示，对于RLC串联电路而言，电阻 R、电抗 X、阻抗 Z 三者的关系为

$$Z=\sqrt{R^2+X^2}$$

$$X=X_L-X_C$$

三、认识纯电阻、纯电容、纯电感电路的规律

做一做

（1）按如图3.25所示连接线路（器材：万用表1块，85L17（0～50mA）毫安表1块，低频信号发生器1台，1kΩ电阻器1只）。

（2）合上开关，调节正弦信号发生器，使输出信号幅度由小到大，再由大到小，观察电流表和电压表指针的变化情况。

可以看到，电流表和电压表指针同时由左向右偏转，再同时由右向左偏转。

（3）保持输出信号幅度不变，改变信号发生器的输出信号频率，观察电流表和电压表的变化情况。

可以看到，电流表和电压表指针没有变化。

读一读 纯电阻电路中电流和电压变化步调一致，二者同相，且不受信号频率影响（见图3.26）。

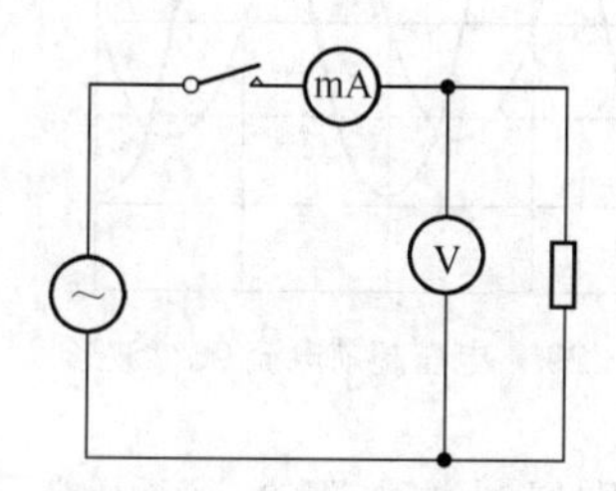

图3.25 纯电阻交流电路

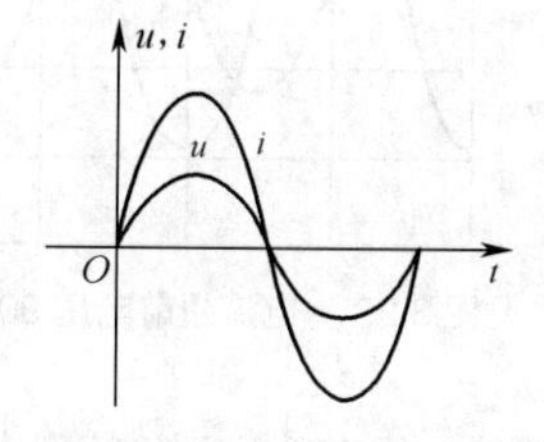

图3.26 纯电阻电路中电流、电压波形的关系

做一做

（1）按如图3.27所示连接电路。

（2）先将开关S调向“1”，调节“V/div”旋钮，使显示屏显示一定幅度的波形。

议一议 Y_A、Y_B 分别代表什么信号？

此时，Y_A 显示的是 $u_C+u_R\approx u_C$ 信号（电阻 R 很小），Y_B 显示的是 u_R 信号。由于 $i_R=i_C$（二者串联），u_R 与 i_R 波形一致（同相），因此 Y_B 显示的是 i_C 的波形，记下 u_C、i_C 的波形并作比较。

议一议 u_C、i_C 的相位关系如何？

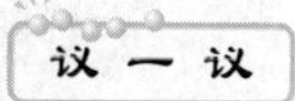

读一读 在纯电容电路中，电流超前电压90°（见图3.28）。

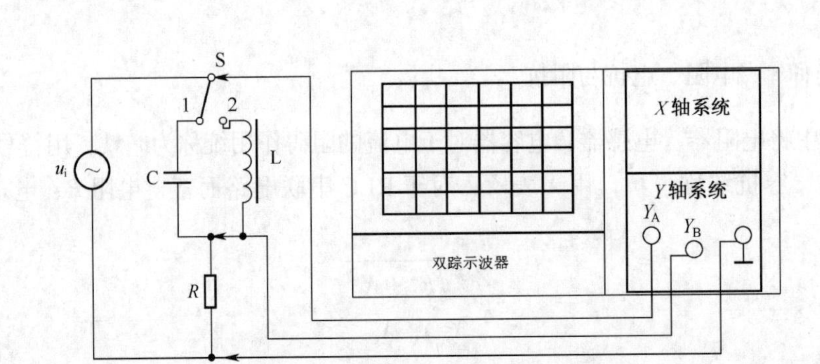

图 3.27 观察纯电感、纯电容电流、电压的相位关系原理图

做一做 将开关 S 打向“2”，调节“V/div”旋钮，使屏幕显示两个稳定的正弦波形。

议一议 此时 Y_A、Y_B 分别代表什么信号？

读一读 Y_A 代表 u_L 信号；Y_B 代表 i_L 信号。

做一做 记下 u_L、i_L 信号波形并作比较。

议一议 u_L、i_L 信号相位关系如何？

读一读 在纯电感电路中，电压超前电流 90°（见图 3.29）。

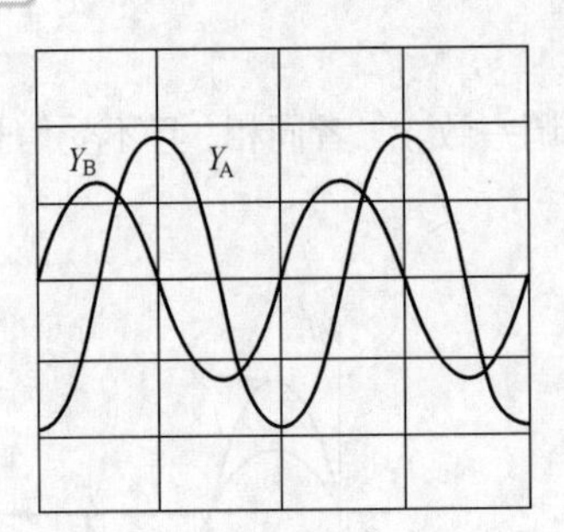

图 3.28 电流超前电压 90° 波形

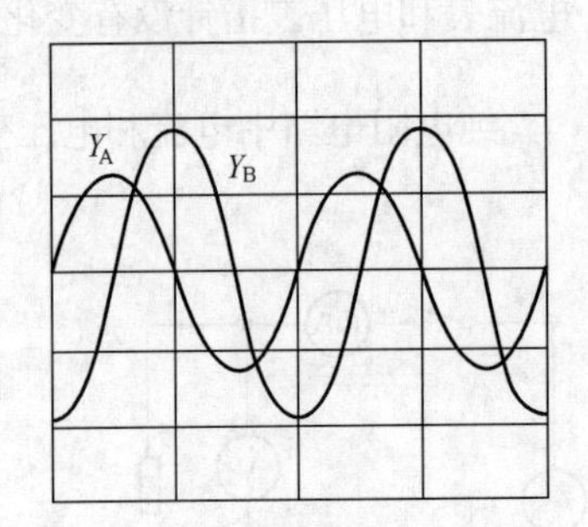

图 3.29 电压超前电流 90° 波形

练一练 已知某正弦交流电流 $i=I_m\sin\omega t$，分别通过纯电阻 R、纯电容 C、纯电感 L，试分别写出 3 个元器件两端电压的表达式。

拓展与延伸1 电容器的串并联

实际应用中常将电容器串并联使用，其目的主要有两个：一是增大或减小容量，二是提高电容器的耐压。

（1）电容器串联后的总电容。电容器串联相当于增大了电容极板间距，使总电容减小，同时使总的耐压增大，所以当单个电容器耐压小于外电压时，可以通过多个电容器的串联获得较大耐压（见图 3.30）。

$$\frac{1}{C_1}+\frac{1}{C_2}=\frac{1}{C}$$

（2）电容器并联后的总电容。电容器并联相当于增大了电容极板的面积，所以增大了总电容（见图 3.31）。

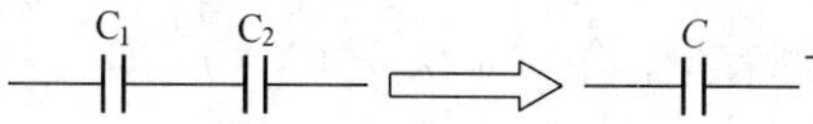

图 3.30　电容器的串联

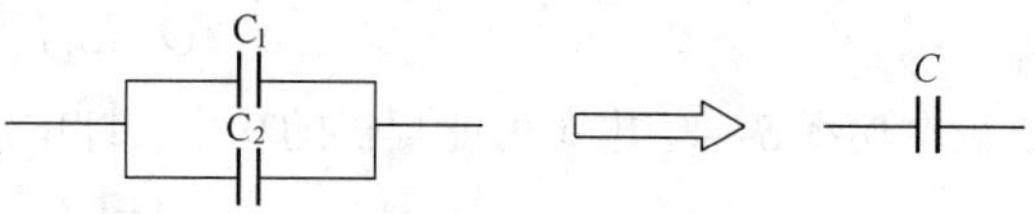

图 3.31　电容的并联

$$C_1+C_2=C$$

练一练　两只“50pF、耐压 50V”的电容器，分别作串联和并联，试分别计算两种情况下的总电容和总耐压。

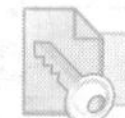

拓展与延伸2　交流电路的功率

1. 纯电容的功率

（1）瞬时功率。

$p_C=u_C\times i_C=U_m\sin\omega t\, I_m\sin(\omega t+90°)=U_mI_m\sin\omega t\cos\omega t=\sqrt{2}\,U_C\times\sqrt{2}\,I\sin\omega t\cos\omega t=U_CI\sin 2\omega t$

其中，p_C 是一个正弦波信号（见图 3.32）。

（2）平均功率 $p_C=0$。

（3）纯电容不消耗电能，只是将电流能与电场能进行相互转换。

2. 纯电感的功率

（1）瞬时功率。

$p_L=u_L\times i_L=U_m\sin(\omega t+90°)\, I_m\sin\omega t=U_mI_m\sin\omega t\cos\omega t=\sqrt{2}\,U_L\times\sqrt{2}\,I\sin\omega t\cos\omega t=U_LI\sin 2\omega t$

其中，p_L 是一个正弦波信号（见图 3.33）。

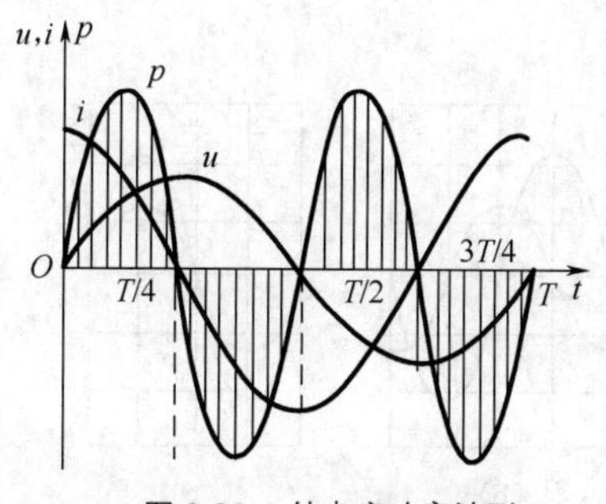

图 3.32　纯电容功率波形

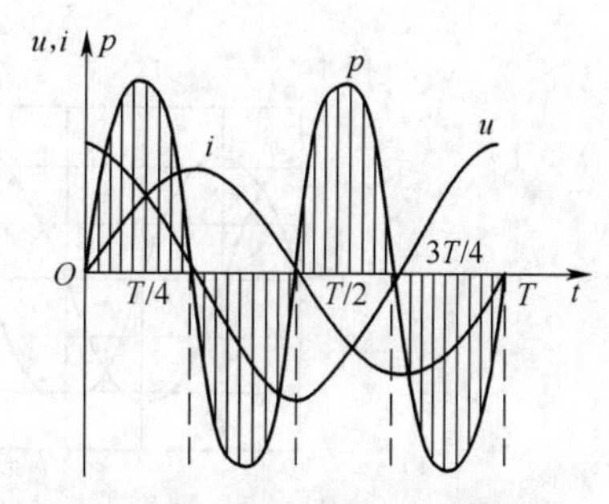

图 3.33　纯电感功率波形

（2）平均功率 $p_L=0$。

（3）纯电感不消耗电能，只是将电流能与磁场能进行相互转换。

3. 交流电路的 3 种功率

（1）有功功率 P—— 电路元件在一个交流周期内瞬时功率的平均值，单位是瓦特（W）。

电阻元件 ——$P>0$，说明电阻元件消耗电能，做功。

电容、电感元件 ——$P=0$，说明电容、电感元件未消耗电能，前半周期和后半周期分别做正功及负功，总的平均值即有功功率 $P=0$。

（2）无功功率 Q—— 电容、电感元件瞬时功率的最大值，反映电容（电感）元件与电源之间能量交换速率的最大值，单位是乏（var），即

$$Q_L=U_LI$$

$$Q_C=U_CI$$

（3）视在功率 S——电源可能提供的功率，即电源容量，单位是伏安（VA），即

$$S=UI$$

评一评 根据本任务完成情况进行评价，并将评价结果填入如表3.3所示评价表中。

表3.3 教学过程评价表

项目 / 评价人	任务完成情况评价	等级	评定签名
自己评			
同学评			
老师评			
综合评定			

知识能力训练

（1）平行板电容器的容量由哪些因素决定？

（2）比较电容器和电感器的电学特性。

（3）简述如何用万用表判别电容器的好坏。

（4）简述如何用万用表判别电感线圈的好坏。

（5）如图3.34所示为用示波器观察到的电阻器、电感器、电容器3种元件上电流、电压的波形对比情况，试判别3种情况分别属于哪种元件？

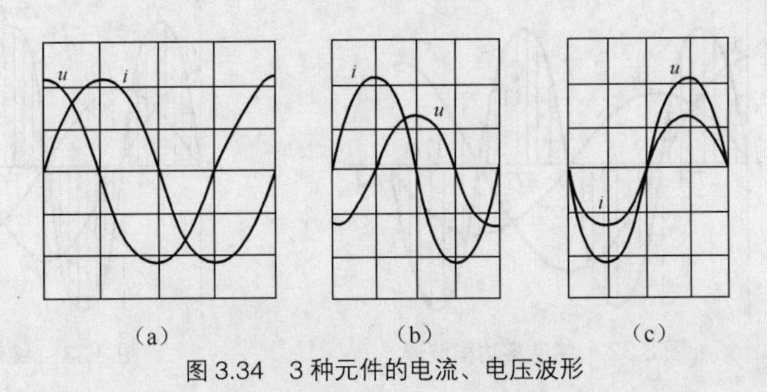

图3.34　3种元件的电流、电压波形

（6）比较电阻器、电容器、电感器3种元件电流和电压的相位关系。

（7）两只电容器 $C_1=0.5\mu F$, $C_2=0.2\mu F$，试计算二者串联及并联后总电容分别为多少？

（8）简述什么是有功功率、无功功率和视在功率。

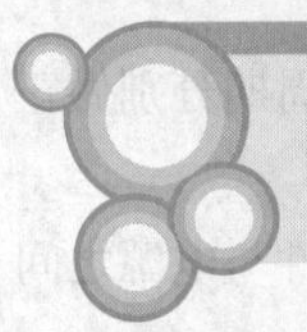

任务3　认识RL串联电路的规律

实际的电感元件、电容元件均含有一定的电阻值，所以在分析时，必须考虑电阻因素，而将它们等效为电阻器与电感器、电容器的串联或并联。

荧光灯电路所使用的镇流器就是一种实际的电感元件，本任务将从常用的荧光灯电路的安装、测量分析入手来认识RL串联电路的规律，并由此了解其他类似电路的分析方法。

一、安装荧光灯电路

做一做 断开电源，按如图3.35所示连接荧光灯电路。荧光灯电路主要包括灯管、启辉器、镇流器、灯架等。

注意 按电路图正确接线，经检查无误后，最后再接到交流电源上。

读一读 荧光灯的工作原理。

1. 各元件的作用

（1）荧光灯管由玻璃管、灯丝、灯丝引脚等组成，管内抽真空后充入少量惰性气体，管内壁涂有荧光粉。

（2）镇流器是含有铁心的电感线圈。

（3）启辉器主要由氖泡和与之并联的电容器构成。氖泡内包含一只双金属动触片和一个静触片，同时氖泡内充有氖气。在正常情况下，双金属动触片与静触片不接触，当两个触片之间有一定电压时，氖气会产生辉光放电，从而使双金属动触片受热膨胀变形而与静触片接触。

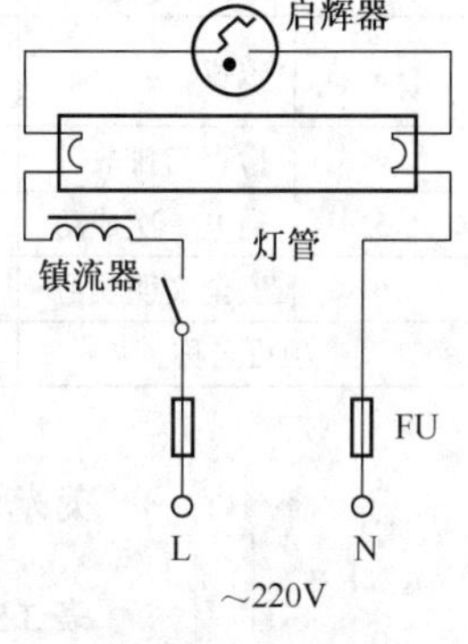

图3.35 荧光灯电路

2. 主要工作过程

当荧光灯接通电源时，电源电压全部加在启辉器两端，启辉器两个电极间产生辉光放电，使双金属动触片受热膨胀而与静触片接触。电源经镇流器、灯丝和启辉器等构成通路，使灯丝加热，约1～2s后，由于启辉器的两个电极接触使启辉器辉光放电停止，双金属动触片冷却恢复原状使两个触片分离。在启辉器两个电极断开的瞬间，电流被突然切断，由于电磁感应作用，在镇流器两端会产生一个自感电动势，其方向与电源电压方向相同，由于启辉器两个电极的突然分开，感应电动势数值很大，因此当它与电源电压叠加后就形成一个很高的瞬时电压，这个高电压加在了预热后的荧光灯两端的灯丝之间，灯丝发射的大量电子在高电压作用下使管内惰性气体电离而放电，产生大量的紫外线激发管壁上的荧光粉使之发出近似日光的光束，故又称日光灯。荧光灯点亮后灯管相当于一个纯电阻负载，镇流器相当于一个电感器，可以限制电路中的电流。其等效电路如图3.36所示。

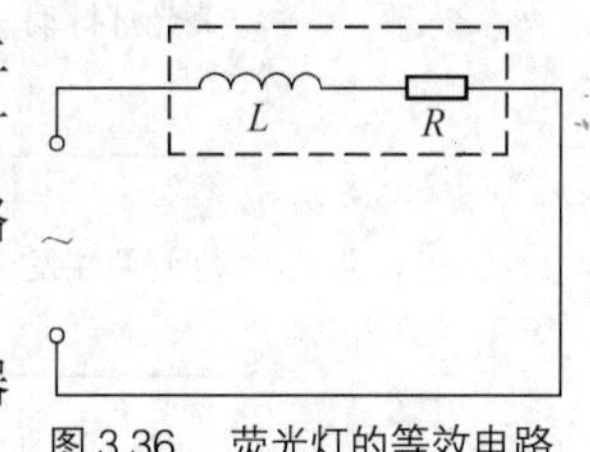

图3.36 荧光灯的等效电路

图3.36中，L为镇流器的电感，R为荧光灯灯管等效电阻+镇流器线圈电阻。

这是R与L串联的电路，习惯上称为RL串联电路。

做一做 合上开关，接通电源，仔细观察荧光灯的启动情况。

议一议 日常生活中常遇到荧光灯不能启动或不能发光的情况，请分析产生这种情况可能的原因。

练一练 按如图 3.37 所示安装双联控制的照明电路，并分析其工作原理，安装工艺及评分标准如表 3.4 所示。

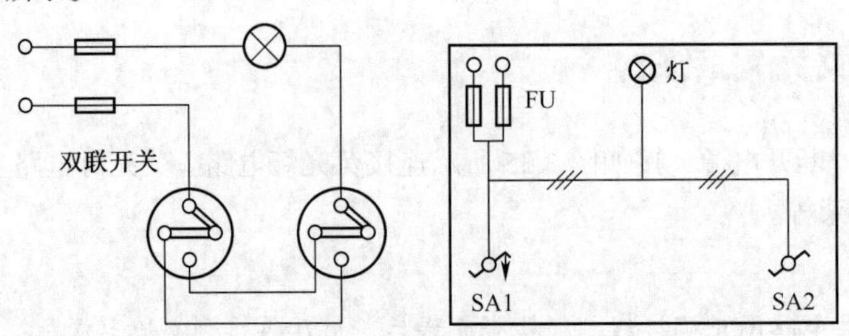

图 3.37 双联控制的照明电路原理图及模拟安装图

表 3.4 安装工艺及评分标准

项目	质检内容	占分	评分标准	自评	互评	得分
1	按图连接	15 分	不按图连接，扣 5 ～ 15 分			
2	元件的安装	20 分	元件安装不牢固、排布不合理，每处扣 2 ～ 5 分			
3	敷线	20 分	敷线不平直、不成直角，每处扣 2 分，接线桩线条露铜过长、绝缘不好，扣 2 分			
4	检查与排故	20 分	不按图排故或排故不成功，扣 20 分			
5	通电一次成功	20 分	每返工一次扣 5 分			
6	安全文明实习	5 分	操作安全文明，服从管理，否则扣 5 分			
项目名称				总分		

荧光灯电路常见故障分析如表 3.5 所示。

表 3.5 荧光灯电路常见故障分析

故障现象	产生原因
荧光灯管不能发光	1. 灯座或启辉器底座接触不良 2. 灯管漏气或灯丝断 3. 镇流器线圈断路 4. 电源电压过低 5. 荧光灯接线错误
荧光灯抖动	1. 接线错误或接触不良 2. 启辉器内氖泡中的动、静触片不能分离或电容器击穿 3. 镇流器接头松动 4. 电源电压过低 5. 管内气压过低
灯管两端发黑	1. 灯管陈旧 2. 启辉器损坏 3. 灯管内水银凝结 4. 电源电压太高或镇流器选用不当
灯光闪烁或光在管内滚动	1. 新灯管暂时现象 2. 灯管质量不好 3. 镇流器选用规格不当或接触不良 4. 启辉器损坏或接触不良
镇流器有杂音或电磁声	1. 镇流器质量差 2. 镇流器过载或内部短路 3. 工作时间过长，镇流器过热 4. 电源电压过高

二、测算荧光灯电路的功率

做一做

（1）按如图 3.38 所示将有关测量仪表接入荧光灯电路。

（2）电路检查无误后，合上开关 S，接通电源，用电压表分别测镇流器和灯管两端电压 U_L、U_R，记录电流表及功率表读数并填入表 3.6 中。

表 3.6　　电流表及功率表读数记录表

U/V	U_L/V	U_R/V	I/A	I_1/A	P/W

议一议　灯管 R 与镇流器 L 组成的是一个串联电路，试通过计算分析在交流电路中串联电路的规律 $U=U_L+U_R$、$P=U\times I$、$I=I_1$ 是否成立？为什么？

读一读

（1）在交流电路中，由于电阻元件和电感元件起着不同的作用，前者是耗能元件（将电能转换为热能，消耗能量，单向转换），后者是储能元件（可以将电能转换为磁场能，又可以将所储存的磁场能释放出来转换为电能，不消耗能量，双向转换），因此直流电路中适用的电流、电压、电功率等规律在交流电路中不一定适用。

（2）RL 串联电路的电压关系（见图 3.39）如下：

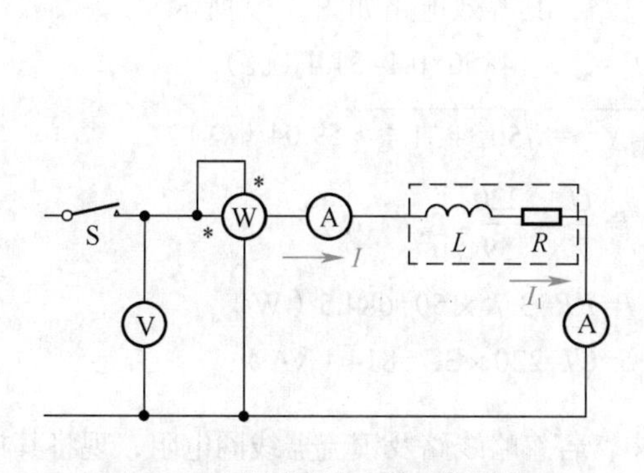

图 3.38　测量荧光灯电路功率原理图

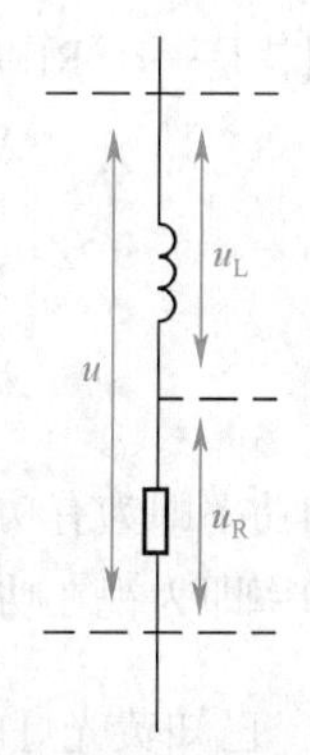

图 3.39　RL 串联电路

瞬时值 $u=u_R+u_L$

有效值 $U\neq U_R+U_L$，而是符合所谓的电压三角形关系如图 3.40（a）所示，即

$$U=\sqrt{U_R^2+U_L^2}$$

图中，φ 表示 RL 串联电路总电压比电流超前的角度。

（3）RL 串联电路中的阻抗关系——符合所谓的阻抗三角形关系如图 3.40（b）所示，即

$$Z=\sqrt{R^2+X_L^2}$$

式中，Z——RL 串联电路的总阻抗。

（4）RL 串联电路中功率关系——符合所谓的功率三角形关系如图 3.40（c）所示，即

$$S=\sqrt{P^2+Q^2}$$

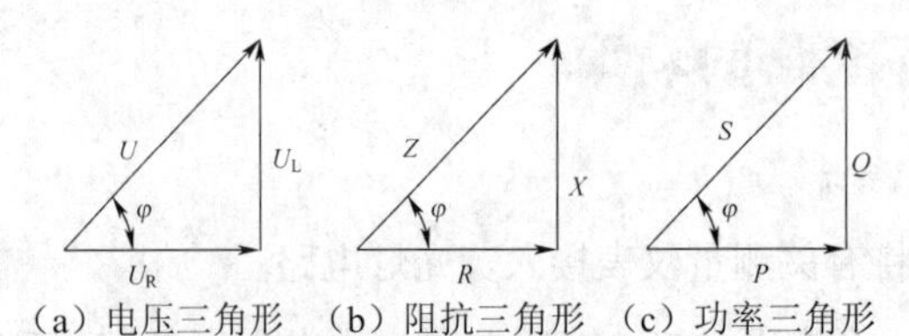

（a）电压三角形　（b）阻抗三角形　（c）功率三角形

图 3.40　RL 串联电路规律

式中，$P=U_RI$——表示电路的有功功率（消耗）；

$Q=U_LI$——表示电路的无功功率（储存，转换）；

$S=UI$——表示电路的视在功率（代表电源的容量）。

（5）RL 串联电路中电流关系——符合串联电路中电流处处相等（有效值）的规律。

注意 所有电流表、电压表、功率表所测量得到的电流、电压、电功率均是有效值（有功功率）。

做一做 验算上面的测量结果是否符合交流电路规律。

议一议 串联电路中电流处处相等的规律在 RL 串联电路中为何还成立（用基尔霍夫定律分析）？

【例 3.1】 某电感线圈，内阻为 50Ω，电感为 0.1H，接于 50Hz、220V 的交流电源上，求流过线圈的电流、线圈消耗的功率、电源输出的功率。

【解】 该线圈就是一个 RL 串联电路，其等效电路如图 3.39 所示。

$$X_L=2\pi fL=2\times3.14\times50\times0.1=31.4\ (\Omega)$$

$$Z=\sqrt{R^2+X_L^2}=\sqrt{50^2+31.4^2}\approx59.04\ (\Omega)$$

$$I=\frac{U}{Z}=\frac{220}{59}\approx3.7\ (A)$$

则线圈消耗的功率即为有功功率 $P=I^2R=3.7^2\times50=684.5$（W）

则电源输出功率即为视在功率　$S=UI=220\times3.7=814$（VA）

练一练 已知荧光灯电路中，若忽略线路及镇流器线圈电阻，现将其接入 220V，50Hz 的交流电路中，用电流表测得电流为 2A，有功功率为 80W，求镇流器电感 L 及灯管电阻 R。

议一议 上述交流电路电源输出电能的利用率如何计算？

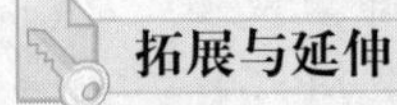

拓展与延伸　谐振现象与 RLC 选频器

实际的电感器均含有一定的电阻，当它与电容器组成串联电路时，其等效电路实际是一种 R-L-C 的串联电路，通常称为 RLC 串联电路。RLC 串联电路的最大特点在于当输入交流信号的频率变化到某一数值时，RLC 串联电路呈现纯电阻性质，此时电路阻抗最小，电路中电流最大，此现象称为谐振现象，利用 RLC 串联电路存在谐振的特性，RLC 串联电路常用来进行选频，称为 RLC 选频器。

三、测算功率因数，提高电源利用率

做一做 计算第 3 单元任务 3 例 3.1 中电源输出功率的利用率。

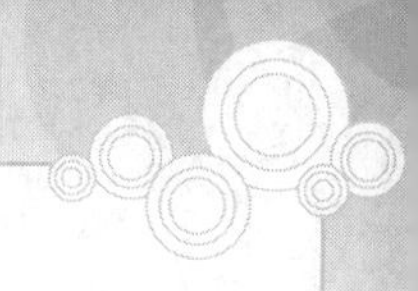

$$电源输出功率的利用率=\frac{电路消耗（使用）的功率（有功功率）}{电源提供的功率（视在功率）}$$

通过计算可以发现，交流电路中电源输出功率（供电设备容量）的利用率低于100%。

议一议 为什么电源输出的功率未被充分利用？原因何在？

读一读 功率因数

（1）衡量交流电源在电路中利用率的参数为功率因数 λ，即

$$\lambda=\cos\varphi=\frac{P}{S}$$

（2）交流电路中由于存在电感器、电容器等储能元件，因此电源提供的能量一部分被电阻器等耗能元件利用，另一部分则被电感器、电容器等储能元件在前半周期转换为磁场能或电场能储存起来，后半周期又将其转换为电流能，因此，一部分电能始终在电源与储能元件之间来回转换而未被利用。

（3）实际电路中由于传输线路导线均有一定电阻，因此当电能在电源与储能元件之间来回转换时，就增加了线路损耗，为此实际电路要求提高功率因数以减少这种情况的出现（供电部门规定用电单位的功率因数不得低于0.9）。

（4）提高功率因数的意义，主要在于提高供电设备的容量利用率，减小输电线路的损耗。

（5）如何提高功率因数？由于大部分用电器均为电感性负载，提高功率因数的办法是在电感性负载两端并联适当容量的电容器。

做一做 提高荧光灯电路的功率因数

（1）在如图3.38所示电路中并入一只3.75μF的电容器（见图3.41），重新测量有关数据并填入表3.7中。

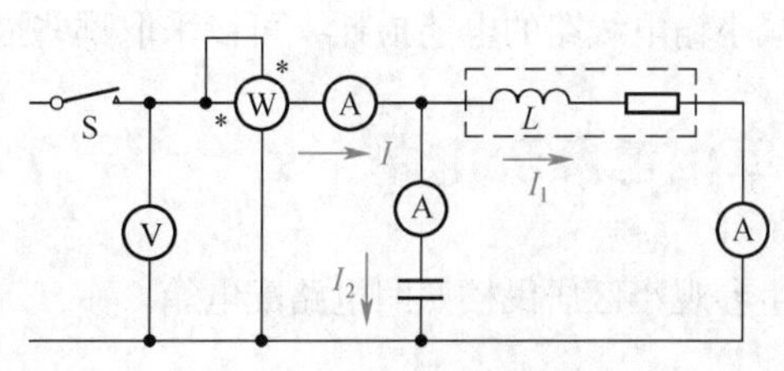

图3.41　改进后的荧光灯电路

（2）计算电路的视在功率 $S=UI=$________，功率因数 $\lambda=\cos\varphi=\frac{P}{S}=$________。

比较并联电容器前后功率因数的变化情况，验证上述提高功率因数的方法。

表3.7　测量数据

U/V	U_L/V	U_R/V	I/A	I_1/A	I_2/A	P/W

议一议 为什么在电感性负载两端并联电容器后可以提高功率因数？

读一读 由于电感性负载中电压比电流相位超前90°，使得RL电路总的电压和电流的相位差 $\Delta\varphi>0°$，造成功率因数 $\lambda=\cos\varphi<1$，因此提高功率因数的关键在于减小电路中总电压与电流

的相位差。因为电容性负载中，电流、电压的相位关系与电感性负载中电流、电压相位关系正好相反（电流超前电压90°），所以并联适当的电容器可以使荧光灯电路（电感性负载电路）的功率因数提高。

议一议 电感性负载电路中是否并联的电容容量越大，功率因数提高得越多？

【例3.2】 某小型水电站的额定电压为220V，发电机组的容量为1000kVA。

（1）该发电机组向220V、额定功率为3kW、功率因数为0.5的用户供电，问能供给多少个用户？

（2）若用户的功率因数提高到0.8，又能供给多少个用户？

【解】 发电机组的额定电流为

$$I_E=\frac{S}{U}=\frac{1000\times10^3}{220}\approx4.5\times10^3\text{（A）}$$

（1）当功率因数为0.5时，每个用户的电流为

$$I=\frac{P}{U\cos\varphi}=\frac{3\times10^3}{220\times0.5}\approx27.3\text{（A）}$$

$$\text{可供使用的用户数}=\frac{I_E}{I}=\frac{4.5\times10^3}{27.3}\approx165\text{（户）}$$

（2）当功率因数为0.8时，每个用户的电流为

$$I=\frac{P}{U\cos\varphi}=\frac{3\times10^3}{220\times0.8}\approx17\text{（A）}$$

$$\text{可供使用的用户数}=\frac{I_E}{I}=\frac{4.5\times10^3}{17}\approx265\text{（户）}$$

议一议 如果要减小输电线路的电能损耗，可以采取哪些措施？

四、安装荧光灯单相电度表电路

做一做 带领学生参观小区居民楼照明电路配电箱。

读一读 照明电路配电箱的组成主要有：熔断器、开关、漏电保护器、电度表等，电气配线安装工艺及评分标准如表3.8所示。

表3.8 电气配线安装工艺及评分标准

项目	质检内容	占分	评分标准	自评	互评	得分
1	按图连接	15分	不按图连接，扣5～15分			
2	元件的安装	20分	元件安装不牢固扣5～10分、排布不合理扣5～10分			
3	敷线	20分	敷线不平直或不成直角，导线、接线桩连接和绝缘不良，扣5～10分			
4	检查与排故	20分	不按图排故，扣5～10分，排故不成功扣10分			
5	通电一次成功	20分	通电试验一次不成功，扣10分，每重复1次加扣5分，扣完为止			
6	安全文明实习	5分	操作安全文明，服从管理，否则扣5分			
项目名称				总分		

做一做 根据如图3.42所示电气原理图安装荧光灯单相电度表照明电路，要求符合有关工艺标准。电度表的接线方法参考本书第1部分第2单元。

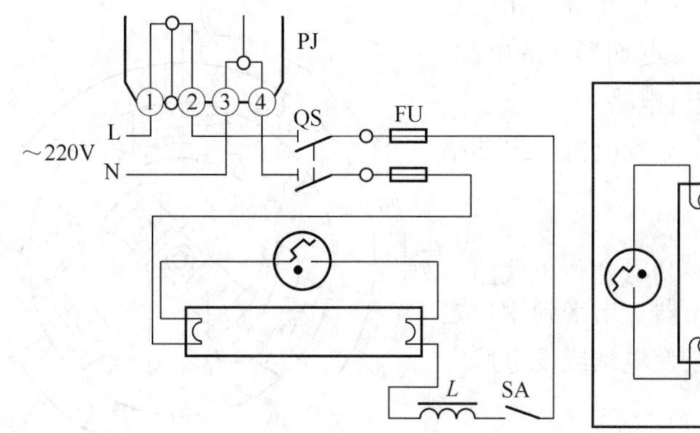

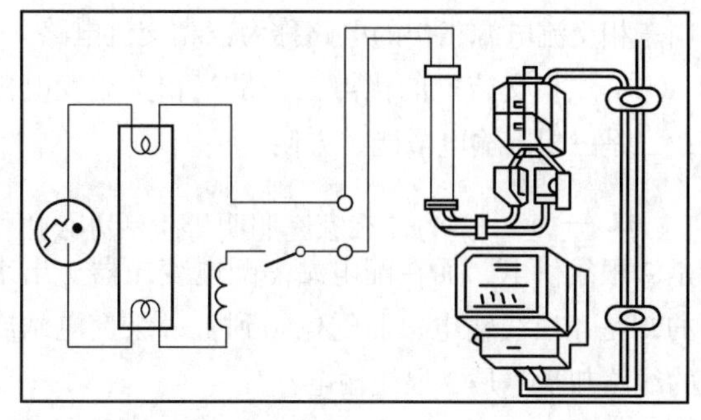

图3.42　荧光灯单相电度表电气原理图及模拟安装示意图

评一评 根据本任务完成情况进行评价，并将评价结果填入如表3.9所示评价表中。

表3.9　教学过程评价表

项目 / 评价人	任务完成情况评价	等级	评定签名
自己评			
同学评			
老师评			
综合评定			

知识能力训练

（1）在线圈电路（RL串联电路）中，R=100Ω，L=5mH，接在220V、50Hz电源上，试求线圈中流过的电流为多大？线圈的发热功率为多大？电源的视在功率为多大？

（2）在交流电路中，电源输出的功率可分成两部分：一部分____________；另一部分____________。

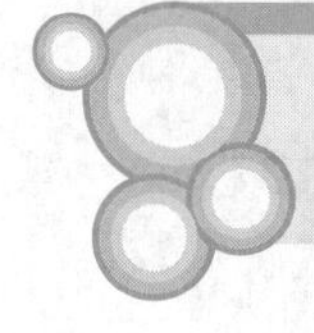

任务4　认识三相交流电路

一、认识三相交流电源

做一做 带领学生参观学校或周围的变电站或配电房，指导学生注意观察变电或配电的进线和出线。

读一读

（1）在实际生产实践中，无论是水力发电、火力发电还是其他形式的发电基本都是采用三相制交流电，一般的输电、配电也是采用三相制，日常照明及生活所用的交流电是单相交流电，也是取自三相交流电的一相。

（2）三相交流电是指 3 个频率相同、幅值相等、相位互差 120° 的正弦交流电按一定方式组合在一起而形成的电源。利用三相交流电源工作的电路称为三相交流电路。

（3）三相交流电的优点：一是三相交流发电机输出功率大；二是三相制输电节能、方便。

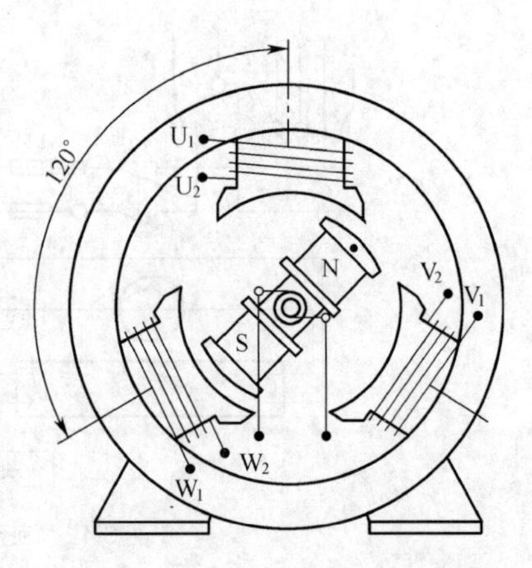

图 3.43 三相交流发电机结构示意图

议一议 为什么家庭照明等生活办公用供电线路一般是 2 根线供电，而在配电站（配电变压器）出来到用户之间的却是 4 根线输电，而配电站到上一级变电站或发电厂之间的线路却基本是 3 根线输电？

做一做 观察交流发电机模型或实物（见图 3.43），了解其内部结构，搞清三相四线制输电的原因。

读一读 交流电是依据电磁感应原理由线圈在磁场中作切割磁力线的运动而产生的，所以交流电源习惯以线圈（电工学上习惯称绕组）表示，三相交流电也不例外。三相电源由 3 个绕组构成，它们空间排列互成 120° ，通常按星形方式连接（见图 3.44），电源对外有 4 个输出端，连着 4 根传输线，其中 3 根绕组的公共端的引出线 N 线，称为中性线，又称零线或地线，其余 3 根线称为相线或端线，俗称火线，这种输电方式称为三相四线制，这也就是通常见到的 4 根线输电。

（1）三相交流电的表达式为

$$e_1 = E_m \sin\omega t$$

$$e_2 = E_m \sin(\omega t - 120°)$$

$$e_3 = E_m \sin(\omega t + 120°)$$

三者的波形如图 3.45 所示。

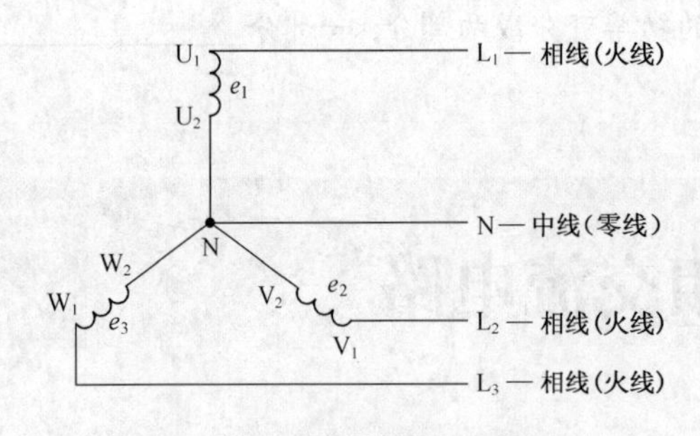

图 3.44 星形联结的三相绕组

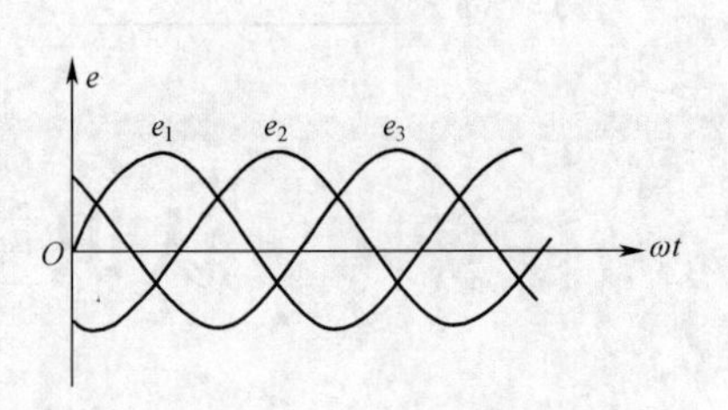

图 3.45 三相交流电波形

（2）相电压——相线与中线之间的电压，用 U_P 表示。

（3）线电压——任意两根相线之间的电压，用 U_L 表示。

（4）我国规定，供电系统供电电压（低压）的标准线电压 U_L=380V，相电压 U_P=220V，交流频率 f=50Hz，这一交流电称为市电。

（5）实际测量和理论计算均证明，当三相绕组对称时，$U_{PA}=U_{PB}=U_{PC}=U_P$，$U_{LA}=U_{LB}=U_{LC}=U_L$，

$U_L=\sqrt{3}\,U_P$（见图 3.46）。

测一测或算一算线电压及相电压。

某国市电照明电压为 110V，问该国动力用电压为多少伏？

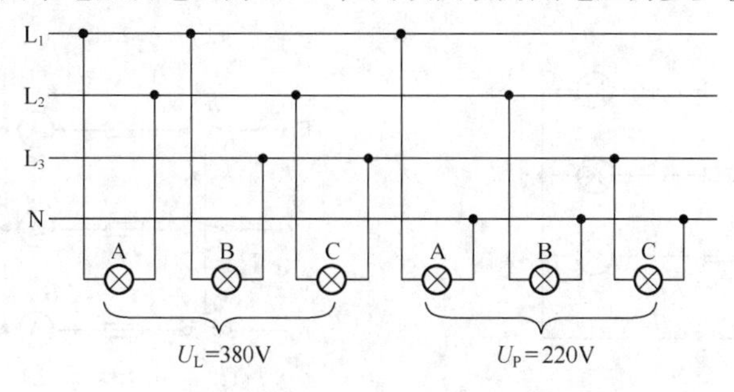

图 3.46 对称的三相绕组

注意

不同国家和地区所规定使用的市电标准电压不完全相同，通常有“220V、50Hz”及“110V、50Hz”两种，在使用电器设备尤其是进口设备时必须注意该电器的额定电压与本地市电标准电压是否一致（一般宾馆均提供两种不同标准的电压插座）。

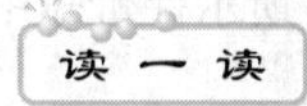

相序——三相交流电源中，各相电压依次到达正的或负的最大值，其先后次序称为三相交流电的相序。

正相序与负相序——以 U 相电压作参考，V 相电压比 U 相电压滞后 120°，W 相电压又滞后 V 相电压 120°，3 个电动势按顺时针方向的次序到达最大值，它们的相序为：U-V-W-U，称为正相序或顺序，反之，3 个电动势按逆时针方向的次序到达最大值，它们的相序为 U-W-V-U，称为负相序或逆序。

相序的意义——实际工作中相序具有重要意义。同一电力系统中的发电机、变压器、发电厂的汇流排、输送电能的高压线路和变电站（所）都必须统一相序；三相异步电动机的旋转方向是由三相电源的相序决定的，改变三相电源的相序可以改变三相异步电动机的旋转方向，据此可以实现三相异步电动机的正、反转控制。

注意

国家技术标准规定采用不同的颜色来区别 U（黄色）、V（绿色）、W（红色）三相，相序可以用相序器来测量。

二、连接三相交流负载

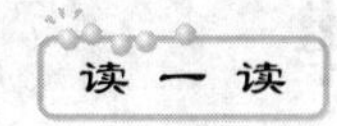

（1）三相电路中的负载由 3 部分组成，其中每一部分称为一相负载。三相负载可以组成一个整体，如三相电动机；可以是彼此独立的 3 个单相负载，如日常照明系统。

（2）各相阻抗相同的三相负载为对称三相负载；各相阻抗不同的三相负载为不对称三相负载。

（3）三相负载的连接方式有星形联结（Y 形）和三角形联结（△形）。

做一做 按如图3.47所示将负载接成星形。电路检查无误后，闭合开关S_1、S_2，观察灯泡的发光情况。

做一做 按如图3.48所示将负载接成三角形。电路检查无误后，闭合开关S_1，观察灯泡的发光情况。

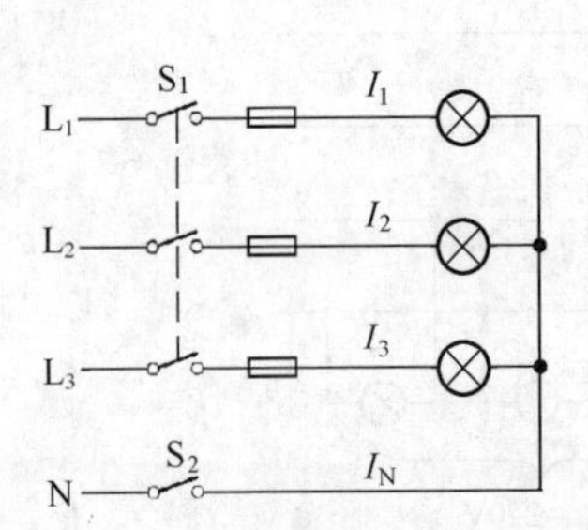

图3.47 星形负载接线图

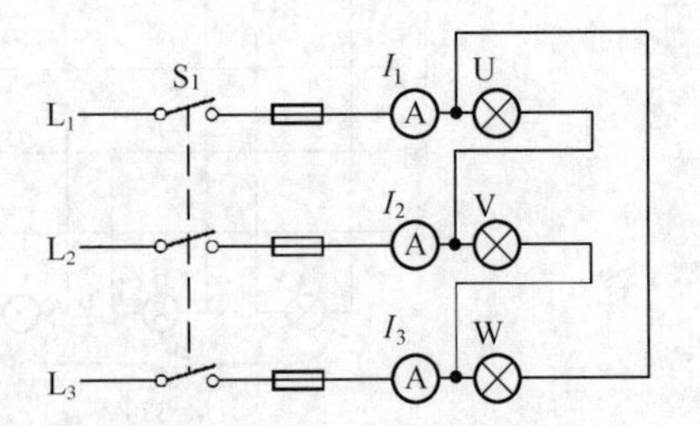

图3.48 三角形负载接线图

议一议 三相负载的星形联结和三角形联结各有什么特点？

读一读 日常生活中所用到的供电线路主要是负载按星形联结的形式，采用的是所谓的三相四线制形式，每一个用电器（A、B、C）是三相负载中的某一相上的用户而已（见图3.49）。

评一评 根据本任务完成情况进行评价，并将评价结果填入如表3.10所示评价表中。

表3.10 教学过程评价表

项目 / 评价人	任务完成情况评价	等级	评定签名
自己评			
同学评			
老师评			
综合评定			

知识能力训练

（1）什么是线电压？什么是相电压？

（2）什么是三相四线制输电方式？

（3）什么是对称三相负载？什么是不对称三相负载？

（4）列举常见的三相负载。

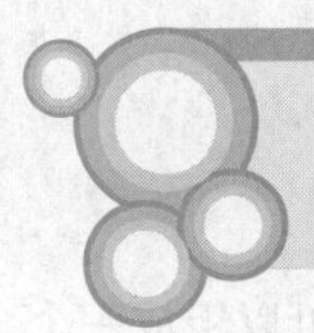

*任务5 探究三相交流电路规律

一、探究负载按星形联结的三相交流电路规律

做一做 按如图3.50所示将负载接成星形。电路检查无误后，闭合开关S_1、S_2，每相

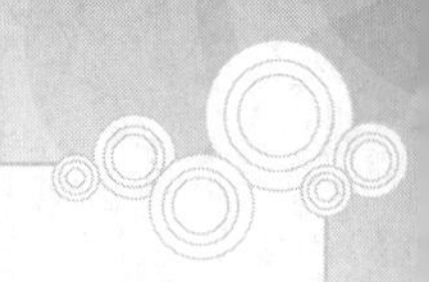

灯开 2 盏，测量线电流、中线电流、线电压、相电压，并填入表 3.11 中。

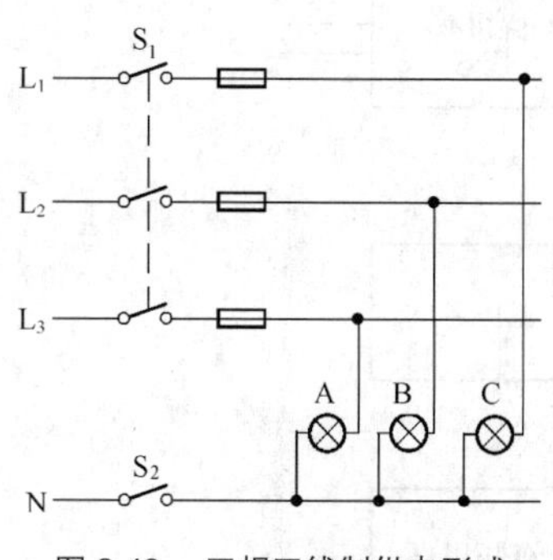

图 3.49　三相四线制供电形式

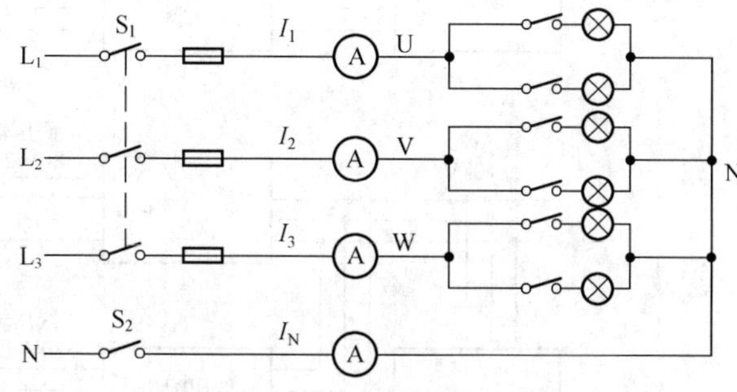

图 3.50　负载的星形联结

表 3.11　　对称三相负载数据记录

	线电压			相电压			线电流			中线电流
	U_{UV}	U_{VW}	U_{WU}	U_{UN}	U_{VN}	U_{WN}	I_1	I_2	I_3	I_N
有中线										
无中线										

读一读　线电流 I_L——3 根相线上的电流；相电流 I_P——各相负载上的电流。

议一议　星形联结中，I_L、I_P 有何关系？为什么？

做一做　断开中线开关 S_2，每相开 2 盏灯，观察各盏灯的亮度变化情况，测量各线电压、相电压、线电流、中线电流并填入表 3.11 中。

议一议　根据测量数据，分析验证在三相负载对称的情况下，星形联结的三相负载的线电压、相电压之间有何关系？

读一读　三相对称负载作星形联结时，各电流、电压之间的关系。

（1）各线电流相等，且各线电流等于各相电流（串联电路），即

$$I_{YL}=I_{YP}$$

（2）中线电流 $I_N=0$。

议一议　三相对称负载作星形联结时，中线断开，会不会影响电路工作？

读一读　高压输电采用三相三线制的原因。

（1）由上述实验分析可知，对于对称三相负载，作星形联结时，中线上电流为零，省去中线不影响电路工作，因此对于对称的三相电路可以采用 3 根线传输，称为三相三线制。

（2）由前面的学习可知，在电网供电容量相同的情况下电路电压越高，电路电流就越小，线路损耗也就越小。对于供电系统而言，为减小线路损耗，从发电厂到用户之间通常要经过变电站升压—高压输电—变压器降压—低压配电的过程（见图 3.51）。对于升压变压器而言，其负载是降压变电站的三相变压器，三相变压器的三相负载是对称的，所以为节省线材，降低成本，高压输电一般均采用三相三线制。这就是高压输电采用 3 根线的原因。

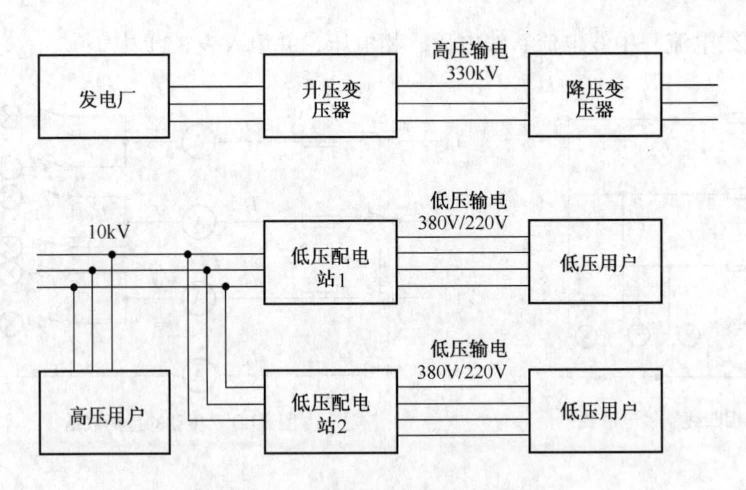

图 3.51 供电系统输变电过程示意图

读一读 在三相四线制中，中线存在的意义——为什么熔断器必须装在火线上而不许装在零线上?

（1）当星形联结的三相负载不对称时，各线（相）电流大小不相等，相位也不一定是 120°，中线电流不为零。

（2）当中线存在时，各相负载相电压均相等，均等于电源相电压，各相负载均能正常工作。

（3）当中线不存在时，各相负载相电压不相等，阻抗小的负载相电压减小（可能低于额定电压），阻抗大的负载的相电压变大（可能高于其额定电压），使负载不能正常工作，甚至发生事故。

（4）由于低压配电站连接的用户是若干小区或若干企业用户，很难保证三相负载的平衡，因此低压输电一般采用三相四线制。

（5）在三相四线制电路中，中线不能断开，所以规定中线上不准装熔断器和开关，同时中线要用机械强度较大的导线以防止意外断开。此外，在三相负载分配方面应尽量使其平衡，以减小中线电流，降低损耗，同时确保安全。

【例 3.3】 三相对称负载接于 220V/380V 三相交流电源上（见图 3.52），已知每相负载阻抗均为 20Ω，功率因数为 0.5，求：

（1）每相负载上通过的电流和两端的电压；

（2）火线和零线上的电流；

（3）若第一相短路，其余两相负载的相电压和相电流；

（4）若第一相断开，其余两相负载的相电压和相电流；

（5）正常情况下的三相功率。

【解】

（1）每相负载上的电压（相电压）U_P= 电源相电压 =220（V）

每相负载上的电流（相电流） $I_{YP}=\dfrac{U_P}{Z}=\dfrac{220}{20}=11$（A）

（2）火线电流 $I_{火}$= 负载相电流 $I_{YP}=11$（A）

零线电流 I_N= 三相负载电流的叠加 =0

（3）第一相短路，若无熔断器保护，将导致第一相与电源第一绕组出现短路，产生很大的短路电流烧毁第一绕组、L_1 及中线，此时，Z_2、Z_3 串联于剩下的两个绕组及 L_2、L_3 之间（见图 3.53）。

线电流 I_L= 相电流 $I_P=\dfrac{\text{电源线电压}U_L}{Z_2+Z_3}=\dfrac{380}{20+20}$=9.5（A）

每相电压 $U_P=\dfrac{1}{2}\times U_L=\dfrac{380}{2}$=190（V）

若有熔断器保护，则 L_1 将断开，其余二相正常工作不受影响，U_P=220V，I_P=11A。

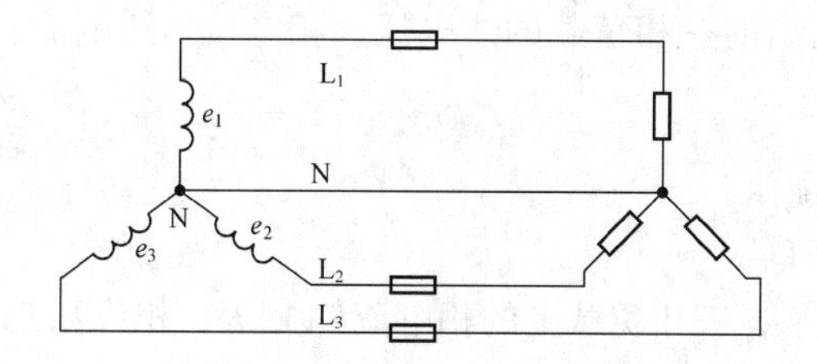

图 3.52 例 3.3 图

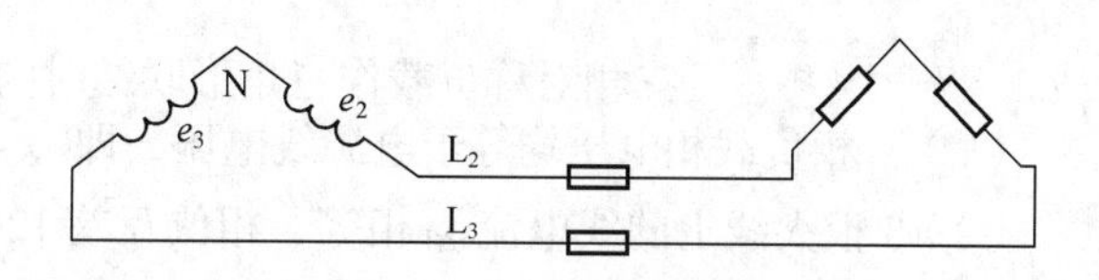

图 3.53 第一相短路的情况

（4）L_1 断开，其余二相正常工作（见图 3.54），U_P=220V，I_P=11A。

（5）三相总功率等于三相功率之和，因负载对称，所以

$$P=3P_P=3U_PI_P\cos\varphi$$

因为 $U_P=\dfrac{U_L}{\sqrt{3}}$，$I_P=I_L$，所以

$$P=3\times\frac{U_L}{\sqrt{3}}\times I_L\times\cos\varphi=\sqrt{3}\times 380\times 11\times 0.5=3\,620\text{（W）}$$

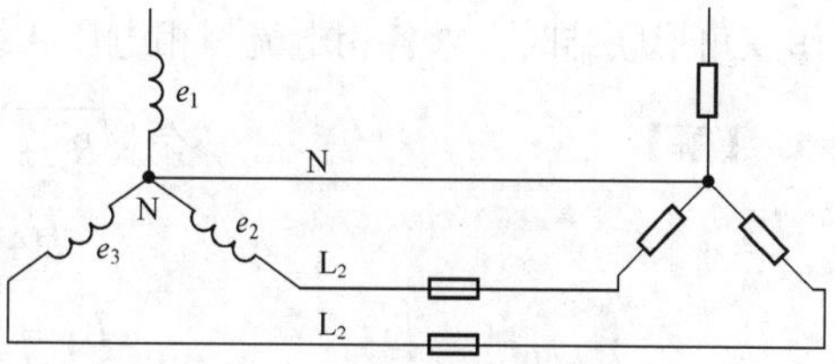

图3.54 第一相断路的情况

读一读 从能量守恒定律可知，三相负载的总功率 P= 三相功率之和 $=P_1+P_2+P_3$，当负载对称时，$P=3P_P=3U_PI_P\cos\varphi$，其中 $\cos\varphi$ 为每相负载的功率因数。

对于星形联结的对称负载，$U_P=\dfrac{U_L}{\sqrt{3}}$，$I_P=I_L$，所以

$$P=\sqrt{3}\,U_L\times I_L\times\cos\varphi$$

练一练

（1）三相对称负载接于线电压为 380V 的三相电源上，每相负载的阻抗为 10Ω，求当负载作星形联结时的相电流、线电流、中线电流、每相负载两端的电压及三相总功率 P。

（2）画出（1）题的接线图（含开关及熔断器），并说明所选熔断器的额定值。

二、探究负载按三角形联结的三相交流电路规律

做一做 按如图 3.55 所示将负载作三角形联结。电路检查无误后，闭合开关 S_1 ～ S_4，每相负载开 2 盏灯，测量线电压、相电压、线电流、相电流，并填入表 3.12 中，观察各灯的发光情况。

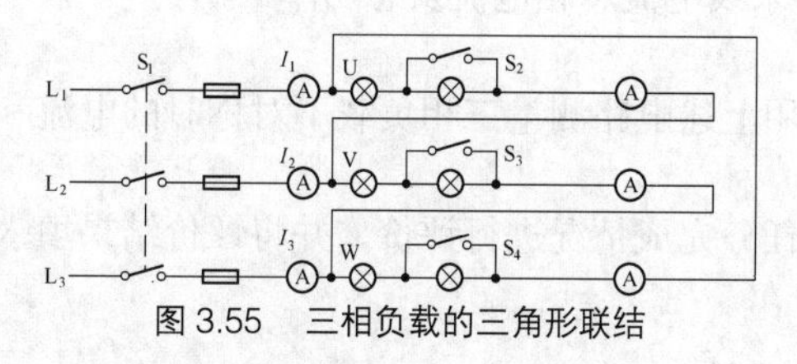

图 3.55 三相负载的三角形联结

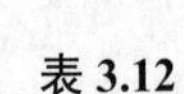

表 3.12　　相关数据记录表

	线电压			相电压			线电流			相电流		
	U_{UV}	U_{VW}	U_{WU}	U_1	U_2	U_3	I_1	I_2	I_3	I_{UV}	I_{VW}	I_{WU}
负载对称												

议一议　分析负载对称情况下，三角形联结的三相负载的线电压、相电压、线电流、相电流有何关系？

读一读　三相对称负载作三角形联结时的规律。

（1）三相负载相电压均等于电源线电压，即$U_{\Delta P}=U_L$。

（2）3 根火线上的线电流$I_{\Delta P}$相等，相位互差 120°，三相负载上的相电流$I_{\Delta P}$相等，相位互差也是 120°，且$I_{\Delta L}=\sqrt{3}I_{\Delta P}$。

议一议　比较星形、三角形两种接法下，对称三相负载的公式有何关系？为何计算三相功率时尽量用线电流和线电压，而不采用相电流和相电压？

【例 3.4】　三相对称负载接在 220V/380V 电源上，每相负载电阻 R=6Ω，电抗 X=8Ω，当负载作三角形联结时，求各相电流、相电压、线电流以及三相功率，并画出电路连接图。

【解】

$$Z=\sqrt{R^2+X^2}=\sqrt{6^2+8^2}=10\ (\Omega)$$

$$U_{\Delta P}=U_L=380\ (\text{V})$$

$$I_{\Delta P}=\frac{U_P}{Z}=\frac{380}{10}=38\ (\text{A})$$

$$I_L=\sqrt{3}I_{\Delta P}=38\sqrt{3}\ (\text{A})$$

$$\cos\varphi=\frac{R}{\sqrt{R^2+X^2}}=\frac{6}{10}=0.6$$

$$P=\sqrt{3}\times 380\times 38\sqrt{3}\times 0.6=25\,992\ (\text{W})$$

电路连接如图 3.56 所示。

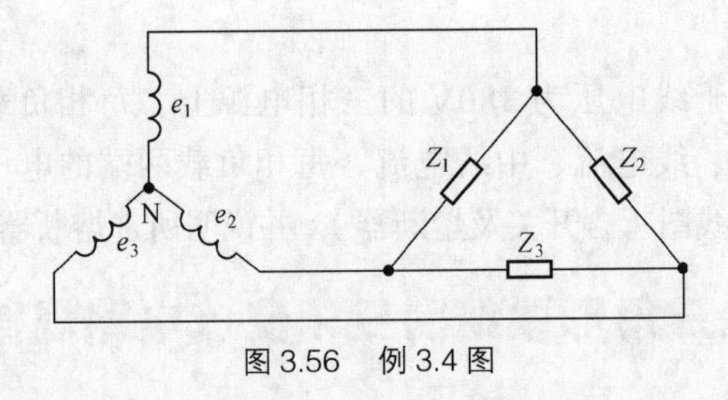

图 3.56　例 3.4 图

练一练　一台三相电动机作三角形联结后接于 220V/380V 的电源上，电动机每相绕组的阻抗为 30Ω，$\cos\varphi$=0.8，求线电流、相电流及总功率 P。

议一议　如何利用上述电路测量三相负载不对称时的电流和电压？

评一评　根据本任务完成情况进行评价，并将评价结果填入如表 3.13 所示评价表中。

表 3.13 教学过程评价表

项目 评价人	任务完成情况评价	等级	评定签名
自己评			
同学评			
老师评			
综合评定			

知识能力训练

（1）分别画出星形联结的三相电源以及星形和三角形联结的三相负载的电路图。

（2）为什么高压输电要采用三相三线制，而低压输电要采用三相四线制？

（3）为什么零线上不许装熔断器或开关？

（4）三相对称负载，每相负载阻抗为10Ω，功率因数为0.6，将负载接成星形后接于380V/220V的三相电源上，试求相电压、相电流、线电流和三相负载消耗的有功功率。

（5）上题中负载如接成三角形，试求相电流、线电流、相电压和三相负载消耗的有功功率。

（6）作星形联结的三相对称负载，每相电阻为3Ω，感抗为4Ω，接于380V/220V交流电源上，求：

①每相负载上通过的电流；

②每根相线上通过的电流；

③中线上通过的电流；

④三相负载的有功功率、无功功率、视在功率及功率因数。

通过本单元的学习，主要掌握下列内容。

1. 交流电的三要素为振幅、频率和初相位；交流电的表示方法有表达式、波形图两种。

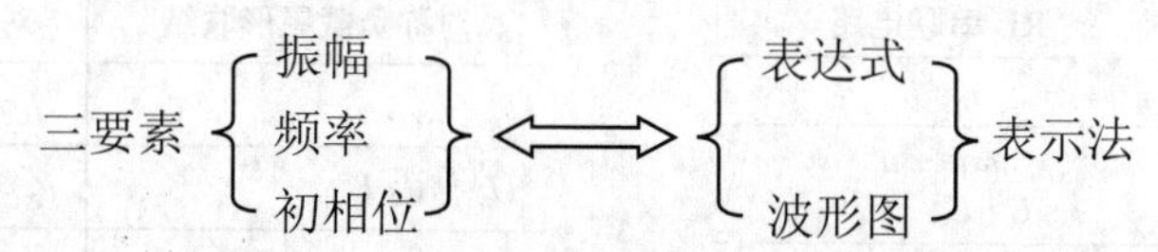

2. 电容器、电感器的交流特性、表示方法和能量转换关系如下：

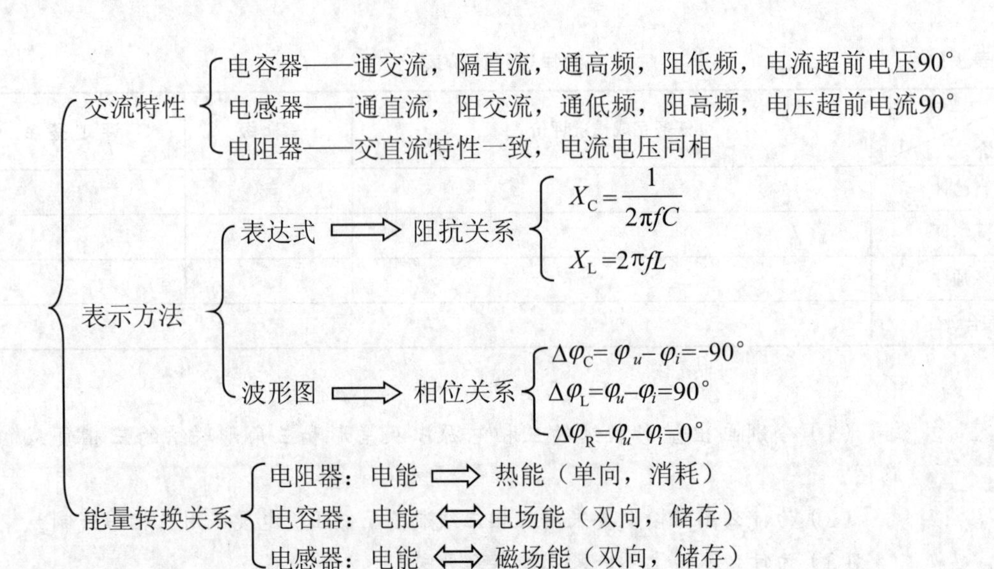

3. 直流电路的有关规律在 RL 串联交流电路中不一定适用。

（1）“串联电路总电压等于各段电压之和”只适用于瞬时值，不适用于有效值，有效值符合电压三角形关系：$U^2=U_R^2+U_L^2$。

（2）“串联电路总阻抗不一定等于各段阻抗之和”而是符合阻抗三角形关系：$Z^2=R^2+X_L^2$。

（3）“电路总功率等于各段电路（元件）功率之和”只适用于电阻元件和有功功率，不适用于电抗元件和无功功率及视在功率，符合功率三角形关系：$S^2=P^2+Q^2$。

（4）“串联电路电流处处相等”的规律在交流电路中仍然成立，如表 3.14 所示。

4. 功率因数反映了电源的利用率（单向传输转换）。

（1）纯电阻电路——$\lambda=1$，电源利用率 =100%。

（2）含有电抗的电路——$\lambda<1$，电源利用率 < 100%。

提高荧光灯电路功率因数的办法：利用容性负载和感性负载相反的交流特性，荧光灯电路提高功率因数的办法是在其两端并联一只适当容量的电容器。

5. 三相交流电的产生及传输。

（1）三相四线制——适用于低压、不对称三相负载电路以确保各相负载均能正常工作。

（2）三相三线制——适用于高压、对称三相负载电路以节约线材，降低线路损耗。

6. 三相对称负载星形、三角形联结的电路计算方法如表 3.15 所示。

7. 示波器不仅可以用来观察交直流波形，而且可以测量信号幅值和频率，还可以比较两个正弦交流电的初相。

表 3.14 RR 串联电路与 RL 串联电路对照关系表

RR 串联电路	RL 串联电路
$i_1=i_2$	$i_R=i_L$
$U=U_1+U_2$	$u=u_R+u_L$ $U^2=U_R^2+U_L^2$
$R_{总}=R_1+R_2$	$Z^2=R^2+X_L^2$
$P_{总}=P_1+P_2$	$S^2=P^2+Q^2$

表 3.15 三相对称负载星形、三角形联结的电路计算方法

对称负载星形联结	对称负载三角形联结
$I_{YL}=I_{YP}$	$U_L=U_{\Delta P}$
$U_{YL}=\sqrt{3}\,U_{YP}$	$I_{\Delta L}=\sqrt{3}\,I_{\Delta P}$
$P=\sqrt{3}\,U_L I_L\cos\phi$	$P=\sqrt{3}\,U_L I_L\cos\phi$
$I_N=0$	

思考与练习

一、选择题

1．与如图 3.57 所示波形对应的正弦交流电解析式为（　　）。

A．$u = 220\sqrt{2}\sin(250\pi t - \frac{\pi}{4})\text{V}$

B．$u = 311\sin(250\pi t + \frac{\pi}{4})\text{V}$

C．$u = 311\sin(500\pi t + \frac{3}{4}\pi)\text{V}$

D．$u = 220\sqrt{2}\sin(500\pi t - \frac{3}{4}\pi)\text{V}$

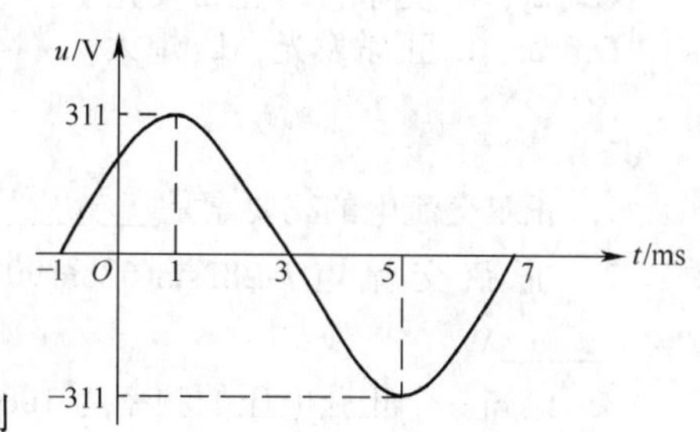

图 3.57　选择题 1 图

2．已知某交流电压 t=0 时刻，u=110V，φ=45°，则该交流电压的有效值为（　　）。

A．$220\sqrt{2}$ V　　B．110V　　C．$110\sqrt{2}$ V　　D．220V

3．表示正弦交流电变化步调和变化快慢的物理量分别是（　　）。

A．频率和周期　　B．频率和初相　　C．初相和周期　　D．频率和相位

4．已知某负载两端电压 $u = 220\sqrt{2}\sin(628t - 45°)\text{V}$，通过它的电流 $i = 22\sqrt{2}\sin(628t - 60°)\text{A}$，则该负载应为（　　）。

A．感性负载，$|Z|$=10Ω　　B．容性负载，$|Z|$=10Ω

C．纯电感性负载，$|Z|$=20Ω　　D．纯电容性负载，$|Z|$=20Ω

5．已知两交流电的瞬时值表达式为 $i_1 = 4\sin(314t + \frac{\pi}{4})\text{A}$，$i_2 = 5\sin(314t + \frac{\pi}{6})\text{A}$，让它们分别通过 2Ω 的电阻器，则消耗的功率为（　　）。

A．16W，20W　　B．8W，25W　　C．16W，25W　　D．8W，20W

6．下列说法正确的是（　　）。

A．电感线圈的阻抗与频率无关　　B．电容器的阻抗与频率无关

C．电阻的阻抗与频率无关　　D．以上均不正确

7．在如图 3.58 所示电路中，各交流电源电压有效值均等于直流电源电压，交流电源频率相同，$R=X_L=X_C$，各灯规格一样，则最亮的为（　）。

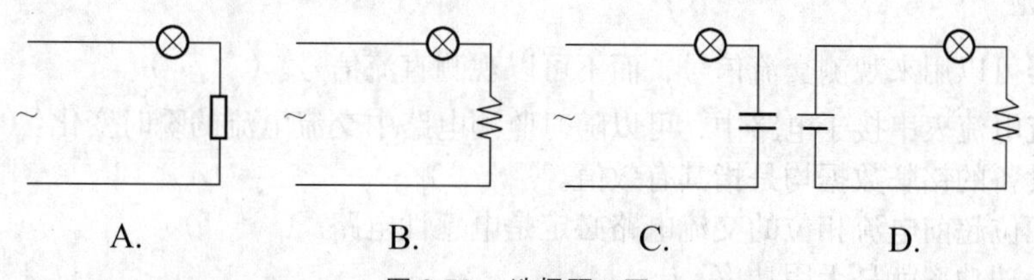

图 3.58　选择题 7 图

8．关于电容电路，下列说法错误的是（　　）。

A．$I=U/X_C$　　B．$X_C=\omega C$　　C．电压滞后电流$\frac{\pi}{2}$　　D．$I_m=U_m/X_C$

9. 关于三相四线制供电系统，下列说法正确的是（　　）。

A. 线电流为相电流的$\sqrt{3}$倍

B. 只有当三相负载对称时，线电压才等于相电压的$\sqrt{3}$倍

C. 无论三相负载对称与否，中线电流总为零

D. 以上说法均不正确

10. 三只相同的灯泡，按如图3.59所示接入三相电源电路，若a处断开，则（　　）。

A. 三灯均变暗

B. 三灯均正常发光

C. L_1、L_2变暗，L_3正常发光

D. L_1、L_2正常发光，L_3熄灭

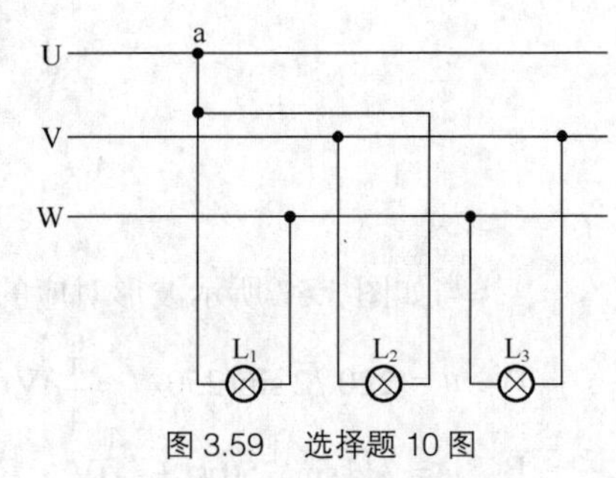

图3.59　选择题10图

二、填空题

1. 正弦交流电的三要素是________、________和________。

2. 正弦交流电i=282sin(628t+90°)mA，在阻值为1kΩ的电阻上产生的电热功率P=________W。

3. 已知一个正弦电压的频率为100Hz，有效值为10$\sqrt{2}$V。当t=0时，瞬时值为10V，则此电压的解析式可写成________________。

4. 我国规定工频交流电的频率为________，周期为________，额定电压值为________。

5. 用示波器观测到两个交流电压u_1、u_2波形如图3.60所示，示波器的选择开关分别置于0.2ms/div和5V/div，则由图可知：

（1）u_1的周期为T=__________，f=__________，ω=__________；

（2）以o点为计时起点，则u_2的初相位为__________，最大值为__________，有效值为________，u_1初相位为________；

（3）二者的解析式可以写成u_1=______________；u_2=______________。

6. 电容器的电学特性是通________、隔________（填“直流”、“交流”），通________、阻________（填“高频”、“低频”）。

7. 功率因数越大，则电源利用率越________。

8. 当cosφ=1时，电路的有功功率P________（填“>”、“=”、“<”）视在功率S；当cos$\varphi\neq$1时，P________（填“>”、“=”、“<”）视在功率S；当cosφ=0时，电路的有功功率P=________。

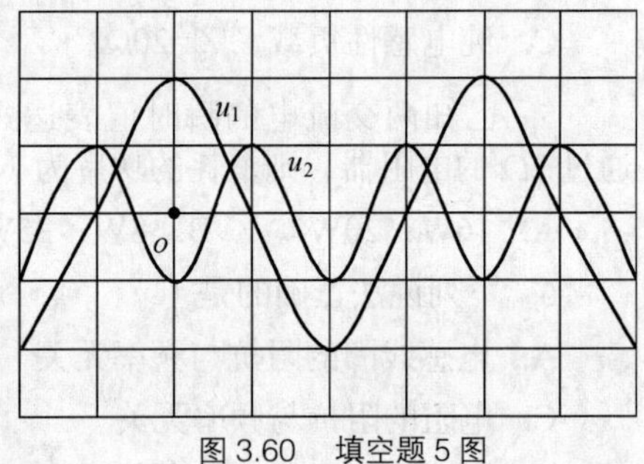

图3.60　填空题5图

9. 三相对称负载作三角形联结时，I_L=________I_P，U_L=________$U_{\triangle P}$。

三、判断题

1. 示波器可以用来观测交流信号，而不可以观测直流信号。（　　）

2. 将交流电流表串接于电路中，可以随时监测电路中交流电流的瞬时变化。（　　）

3. 电气设备的铭牌数据均是指其有效值。（　　）

4. 电压相位超前电流相位的交流电路必定是电感性电路。（　　）

5. 所谓无功功率就是无用功率。（　　）

6. 交流负载的功率因数与信号频率无关，而是由负载决定。（　　）

7. 两只“220V、100W”的灯泡串接于220V的交流电源上，其总功率为200W。（　　）

8. 用万用表的R×100挡或R×1k挡来判别电容器的好坏，若万用表的指针不偏转，说明

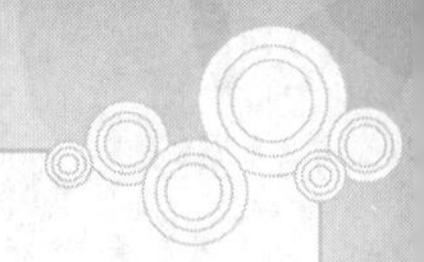

电容器一定出现断路。(　　)

四、计算题

1. 已知3个电流 i_1、i_2、i_3 的表达式如下：

$i_1 = 20\sqrt{2}\sin(\omega t + 90°)\text{A}$

$i_2 = 10\sqrt{2}\sin(\omega t - 30°)\text{A}$

$i_3 = 5\sqrt{2}\sin(\omega t + 60°)\text{A}$

在保持三者相位差不变的情况下，将 i_1 的初相位变为+45°，重新写出它们的瞬时值表达式。

2. 把一个 R=30Ω, L=160mH 的线圈接到有效值为220V、角频率 ω=628rad/s 的正弦交流电源上，问：

（1）电压的有功分量 U_R 和无功分量 U_L 分别为多少？

（2）阻抗角 φ 为多少？画出电压三角形。

（3）该线圈的有功功率 P、无功功率 Q 及视在功率 S 分别为多少？

（4）功率因数 $\cos\varphi$ 为多大？画出功率三角形。

3. 三相四线制电路电源线电压为380V，3个电阻性负载接成星形，每相负载电阻为11Ω，求：

（1）各负载中流过的电流；

（2）中线电流。

4. 某三相对称负载，每相阻抗为20Ω，功率因数为0.8，接到线电压为380V的三相交流电源上，试分别计算负载作三角形和星形联结时，三相负载消耗的总功率和每相负载中通过的电流。

第 2 部分

电工技术

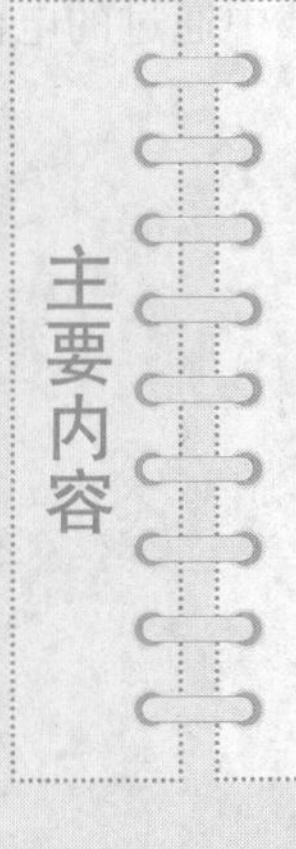

- 第 4 单元　学习用电技术
- 第 5 单元　认识常用电器
- 第 6 单元　了解三相异步电动机的基本控制

第4单元

学习用电技术

知识目标

- 了解发电、输电和配电过程，了解电力供电的主要方式和特点，了解供配电系统的基本组成
- 了解节约用电的方式方法，树立节约能源意识
- 掌握电气安全防护措施，掌握保护接地、保护接零的方法和漏电保护器的使用

技能目标

- 能处理触电现场
- 正确使用漏电保护和保护接地

情景导入

一天晚上，雷雨交加，闪电过后，米其发现家中没有电了，而邻居家灯火通明。于是他拿来手电筒，跑到家中配电箱前一看，原来是家中的漏电开关断开。等雷雨过后，他合上漏电开关，家中恢复通电。

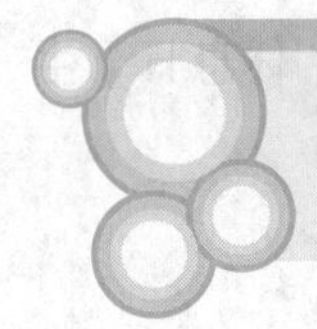

任务1 学习用电技术

一、参观或观看发电及供电企业

做一做 观看发电厂视频资料，参观供电企业。

议一议 日常生活中使用的电是如何产生的？我们如何安全、科学用电？

读一读

1. 发电种类

目前电力生产主要有以下4种方式。

（1）火力发电。火力发电是通过煤、石油、天然气等燃料燃烧来加热水，产生高温高压的蒸汽，再用蒸汽来推动汽轮机旋转并带动发电机发电。

（2）水力发电。水力发电是利用水的落差和流量去推动水轮机旋转并带动发电机发电。

（3）原子能发电。原子能发电是利用原子核裂变时释放出来的巨大能量来加热水，产生高温高压的蒸汽推动汽轮机从而带动发电机发电。

（4）风力发电。风力发电是以自然界的风力驱动发电机发电。

此外，还有太阳能发电、地热发电、潮汐发电等。电能与其他能量的相互转换关系如图 4.1 所示。

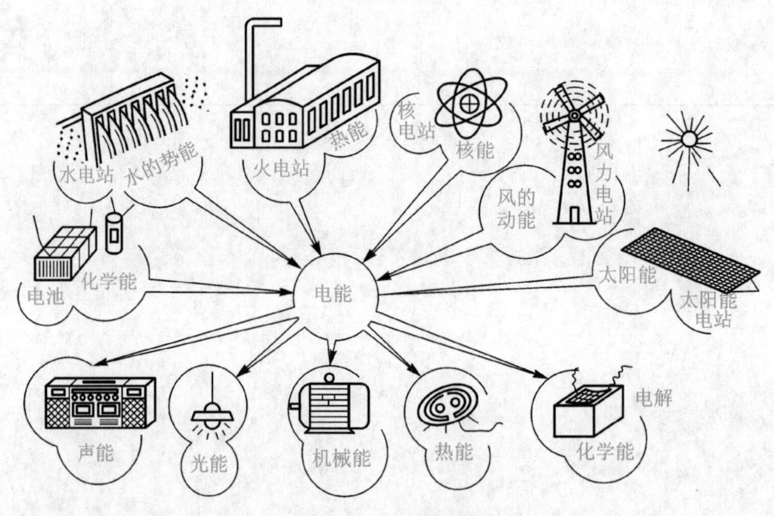

图 4.1　几种发电类型

2. 加强用电管理，强调计划供用电

（1）用电单位应按与地方电网达成的用电协议进行用电。

（2）对用电单位要建立用户档案，定期检查供用电设备的安装容量、用电性质、用电规律、用电负荷大小以及用电的时间。

（3）根据用电管理部门向用电单位下达的用电指标来核实其单位产品的电耗（kW·h/台）；总用电量（kW·h / 年或 kW·h / 月）；负荷最大需要量及高峰、低谷的用电负荷（kW）；休息日、生产班次、上下班时间；削峰填谷设备的用电时间等。

二、了解电力传输及配送的过程

议一议　电是怎样从发电厂输送到用户的呢?

读一读　供电与配电知识。

随着电力工业和现代科学技术的日益发展，电能已经成为人们日常生活和工作中不可缺少的能源。电力系统指的是将发电厂、变配电所和电力用户联系起来，形成发电、送电、变电、配电和用电的一个整体。电能一般是由发电厂生产的，经过升压变压器升压后，再由输电线路输送至区域变电所，经区域变电所降压后，再供给各用户使用，其供电与配电过程如图 4.2 所示。

发电过程是将其他形式的能转变成电能的过程，发电厂提供的电能，绝大多数是正弦交流电，

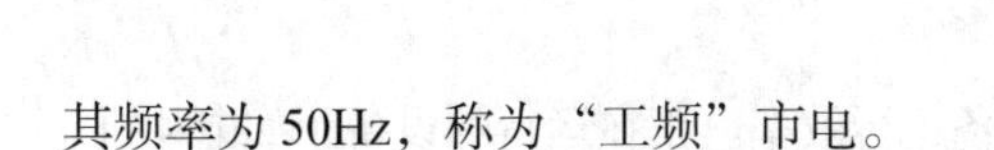

其频率为50Hz，称为“工频”市电。

图4.2　供电与配电过程

输电过程是指电能的输送过程。输电的距离越长，输电的容量越大，则输电的电压就要升得越高。一般情况下，输电距离在50km以下时，采用35kV电压；输电距离在100km左右时，采用110kV电压；输电距离在2 000km以上时，采用220kV或更高的电压。电能的输送要经过变电、输电、配电3个环节。变电指变换电压等级，它可分为升压和降压两种。变电通常是由变电站（所）来完成的，相应地可分为升压变电站（所）和降压变电站（所）。输电一般由输电电网来实现，输电电网通常由35kV及以上的输电线路及与其相连的变电站组成；配电指电力的分配，通常由配电电网来实现，配电电网一般由10kV以下的配电线路组成。现有的配电电压等级为10kV、6kV、3kV、380/220V等多种，农村常采用10kV/0.4kV变电站及380/220V配电线路。

三、学习节约用电

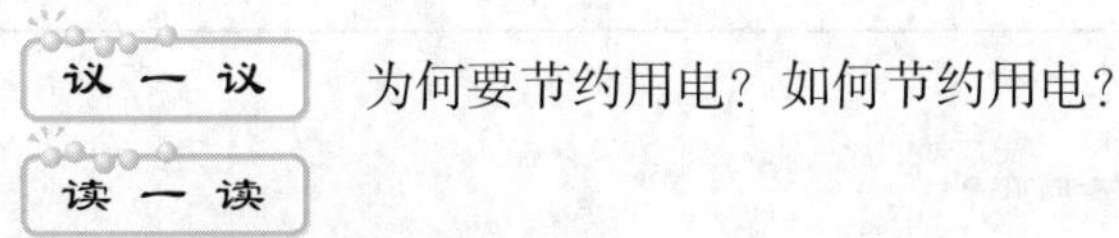

议一议　为何要节约用电？如何节约用电？

读一读

1. 节约用电的意义

节约用电对发展我国国民经济有着重要的意义。

（1）可节约发电所需的一次能源（电能是由一次能源转换而成的二次能源），从而使全国的能源得到节约，可以减轻能源和交通运输的紧张程度。

（2）耗电量的减少可以使发电、输电、变电、配电所需要的设备容量减少，这还意味着节约国家对能源方面的投资。

（3）依靠科学与技术的进步，在不断采用新技术、新材料、新工艺、新设备的情况下，节电的同时必定促进工农业生产水平的发展与提高。

（4）依靠用电的科学管理，可以改善企业的经营管理工作，提高企业的管理水平。

（5）能够减小不必要的电能损失，为企业减少电费支出，降低成本，提高经济效益，从而使有限的电力发挥更大的社会经济效益，提高电能利用率。

2. 节约用电的措施

节约用电的措施包括采用有效的节电技术和加强节电管理两方面，具体措施如下。

（1）改造或更新用电设备，推广节能新产品，提高设备运行效率。正在运行的设备（如电动机、变压器）和生产机械（如风机、水泵）是电能的直接消耗对象，它们的运行性能优劣，直接影响到电能消耗的多少。因此，对设备进行节电技术改造是开展节约用电工作的重要措施。

（2）采用高效率、低消耗的生产新工艺替代低效率、高消耗的老工艺，降低产品电耗，大力推广节电新技术。新技术和新工艺会促使劳动生产率的提高，改善产品的质量，降低电能的消耗。

（3）提高电气设备的经济运行水平。设备实行经济运行的目的是降低电能的消耗，使运行成本降低到最低限度。

（4）加强单位产品电耗定额的管理和考核，加强照明管理，节约非生产用电，积极开展企业电能平衡工作。

（5）加强电网的经济调度，努力减少线损。

（6）应用余热发电，提高余热发电机组的运行率。

总之，节约用电应不断地提高认识、更新观念，增强全民的节电意识，积极筹集节电基金，拓展节电资金渠道，加强并不断完善用电定额管理，组织节电教育和技术培训等。

评一评　根据本任务的完成情况进行评价，并将结果填入如表4.1所示评价表中。

表4.1　教学过程评价表

项目 评价人	任务完成情况评价	等　级	评定签名
自己评			
同学评			
老师评			
综合评定			

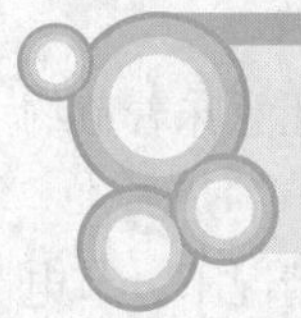

知识能力训练

（1）我国常见的发电种类有哪些？

（2）节约用电有哪些意义？

（3）实施节约用电的措施有哪些？

任务2　学习用电保护

一、参观或观看用电保护现场

图4.3　参观用电保护现场

做一做　组织参观企事业单位用电保护现场，了解用电保护的实际做法，如图4.3所示。

议一议　电在人们身边无处不在，怎样才能做到安全用电呢？

读一读　在日常生活和工作中，必须特别注意电气安全，不能有半点麻痹和疏忽，不然，就可能造成严重的人身触电事故，或者引起火灾或爆炸，给国家和人民生命财产带来极大的损失。

1. 安全用电原则

（1）不靠近高压带电体（室外高压线、变压器旁），不接触低压带电体。

（2）不用湿手扳开关或插入、拔出插头。

（3）不得在电线上晾晒衣物。

（4）不可将电气设备的接地线接到水管或煤气管上。

（5）安装、检修电器应穿绝缘鞋，站在绝缘体上，而且要切断电源。

（6）安装插座时应做到左零右火，接好接地线。

（7）禁止用铜丝代替熔丝，禁止用橡皮胶布代替电工绝缘胶布。

（8）在电路中安装漏电保护器，并定期检验其灵敏度。

（9）各种电气设备的金属外壳，必须加接良好的保护接地。

（10）电气设备起火时应立即切断电源，用砂子覆盖，或者用四氯化碳灭火器、二氧化碳灭火器灭火。

（11）雷雨时，不使用收音机、电视机，且拔出电源插头。

（12）严禁私拉乱接电线。

（13）如遇电线断落在地上时，应远离电线落地点 8 ～ 10m 以上。

2. 安全用电操作规程

（1）电气操作人员思想应高度集中，电气线路在未经测电笔测试前，一律视为“有电”，不可用手触摸。

（2）工作前应详细检查自己所用的工具是否安全、可靠，穿戴好必需的防护用品，以防工作时发生意外。

（3）维修线路时要采取必要的措施，要在开关把手上或线路上悬挂“有人工作、禁止合闸”的警告牌，以防他人中途送电。

（4）要处理好工作中所有已拆除的电线，包好带电线头，以防止他人触电。

（5）工作完毕后，必须拆除临时地线，并检查是否有工具等物品遗漏在现场。

（6）送电前必须认真检查，看是否合乎要求并和有关人员联系好，方能送电。

（7）维修工作结束后，工作人员必须全部撤离工作地段，拆除警告牌，并将原有防护装置安装好。

二、学习用电保护的方法

议一议　如何防止电气事故的发生呢？

读一读　电气安全防护措施。

（1）在电气系统正常运行情况下，要设置绝缘栏、绝缘防护罩、箱闸、避雷针等隔离措施，防止人与带电体接触（见图 4.4）。

（2）在电气系统可能发生事故的情况下，要做好自动断电的防护措施，如设置熔断器、断路器、漏电开关、保护接地、保护接零，采用安全低压电（我国规定为36V和12V）等。

熔断器——短路保护电器，串联于被保护的电路中（详见本书第5单元）。

漏电保护开关——用于防止因触电、漏电引起的人身伤亡事故、设备损坏及火灾的安全保护电器（见图4.5）。

图4.4 采取隔离措施

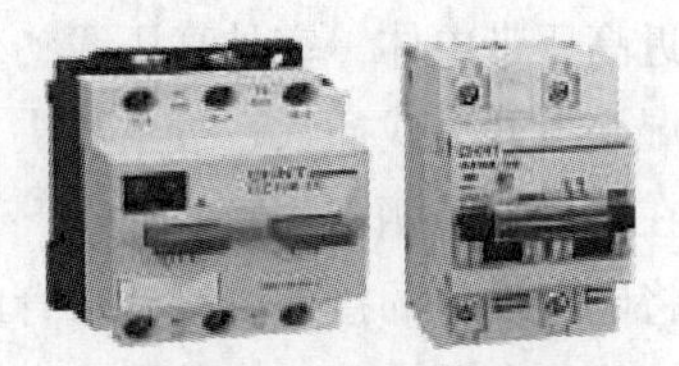

图4.5 漏电保护开关

漏电保护开关使用注意事项如下：

① 漏电保护开关安装完毕后，首先应认真检查接线是否有误，确认正确后方可通电。

② 发现漏电保护开关动作后，应查明原因并采取相应措施后方可恢复通电，不得强行通电，以确保用电安全。

③ 漏电保护开关要定期试验。

④ 使用时要根据动作电流进行调整或选择合适的漏电保护开关。

（3）保护接地和保护接零

① 保护接地。保护接地指为保证人身安全，防止人体接触设备外露部分而触电的一种接地形式，在中性点不接地系统中，设备外露部分必须与大地进行可靠电气连接，即保护接地（见图4.6）。

② 保护接零。保护接零是指在电源中性点接地系统中将设备需要接地的外露部分与电源中性线直接连接，相当于设备外露部分与大地进行连接（见图4.7）。

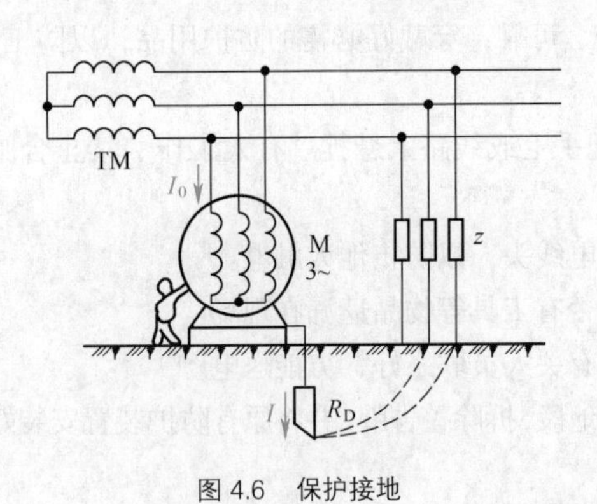

图4.6 保护接地

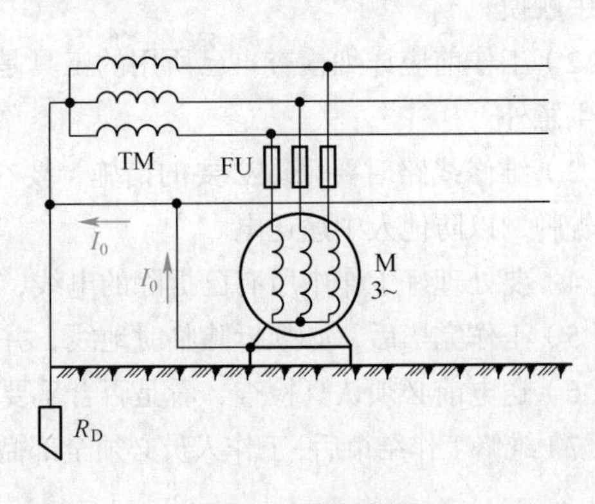

图4.7 保护接零

根据本任务完成情况进行评价，并将评价结果填入如表4.2所示评价表中。

表4.2 教学过程评价表

项目 / 评价人	任务完成情况评价	等　级	评定签名
自己评			

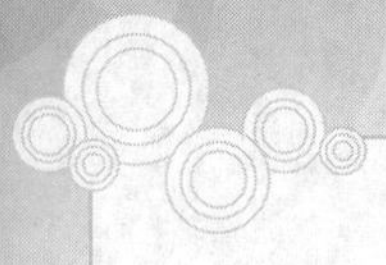

续表

评价人＼项目	任务完成情况评价	等　级	评定签名
同学评			
老师评			
综合评定			

知识能力训练

（1）安全用电的原则是什么？

（2）如何正确使用漏电保护开关？

（3）在何种情况下应采取保护接地、保护接零？

通过本单元的学习，主要掌握下列内容。

（1）发电种类：

① 火力发电——燃烧燃料产生蒸汽推动轮机旋转并带动发电机发电；

② 水力发电——利用水的落差和流量去推动轮机旋转并带动发电机发电；

③ 原子能发电——利用原子核裂变时释放出来的巨大能量来带动发电机发电；

④ 风力发电——以自然界的风力驱动发电机发电。

（2）加强用电管理，强调计划供用电。

（3）了解供电与配电知识，掌握电从发电厂输送到用户的过程。

（4）节约用电对发展我国国民经济有着重要的意义。

（5）节约用电的措施：

① 改造或更新用电设备；

② 采用高效率、低消耗的生产新工艺；

③ 提高电气设备的经济运行水平；

④ 加强单位产品电耗定额的管理和考核；

⑤ 应用余热发电，提高余热发电机组的运行率；

⑥ 加强电网的经济调度，努力减少线损。

（6）安全用电原则。

（7）安全用电操作规程。

（8）电气安全防护措施：

① 在电气系统正常运行情况下，要设置绝缘栏、绝缘防护罩、箱匣、避雷针等隔离措施，防止人与带电体接触；

② 在电气系统可能发生事故的情况下，要做好自动断电的防护措施，如熔断器、漏电保护开关、保护接地和保护接零。

思考与练习

一、填空题

1. 目前电力生产主要有________、________、________和________4种方式。

2. 电力系统指的是将________、________和________联系起来，形成发电、送电、变电、配电和用电的一个整体。

3. 发电过程是将________转变成________的过程。

4. 熔断器等保护电器应________于被保护的电路中。

二、判断题

1. 输电过程是电能的输送过程。输电的距离越长，输电的容量越大，则输电的电压就要升得越高。(　　)

2. 保护接地适用于三相电源的中性线已接地的情况。(　　)

3. 发现漏电保护开关动作后，应迅速合上开关恢复通电。(　　)

三、简答题

1. 简述电能的输送要经过哪几个环节。

2. 结合自身实际谈谈如何做到节约用电。

3. 简述安全用电应遵守的操作规程。

4. 保护接地和保护接零有何不同?

第5单元

认识常用电器

知识目标

- 了解常见照明灯具，会根据照明需要，合理选用灯具
- 了解变压器的基本结构、特性及正确使用方法
- 了解三相交流电动机的结构、特性及正确的使用方法
- 了解常用低压电器的结构、原理及正确的使用方法

技能目标

- 学会电动机的简单检测及维修，学会电动机的基本连接方式
- 正确识别各种不同用途的变压器，学会变压器基本连接方式
- 正确识别常用低压电器及其符号
- 正确选择和使用各种低压电器产品

情景导入

米其家新买了住房准备装修，全家人对装潢的设计图纸很满意，设计师在室内采光、照明上做了精心的设计，布置了很多灯具，灯光效果非常漂亮（见图5.1）。米其因此开始对灯具产生了浓厚的兴趣，遂决定深入市场，对灯具做一番调查和研究。

图5.1 装修设计效果图

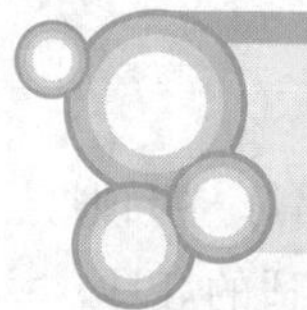

任务1 了解常用照明灯具

一、认识常用照明灯具

照明是生产生活不可或缺的一部分，市场上的照明灯具琳琅满目，有工程照明、商业照明、

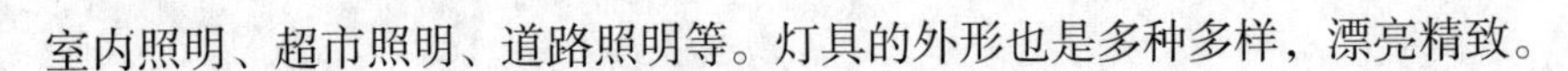

室内照明、超市照明、道路照明等。灯具的外形也是多种多样，漂亮精致。

做一做 列举几种不同灯具的实物（见图 5.2）。

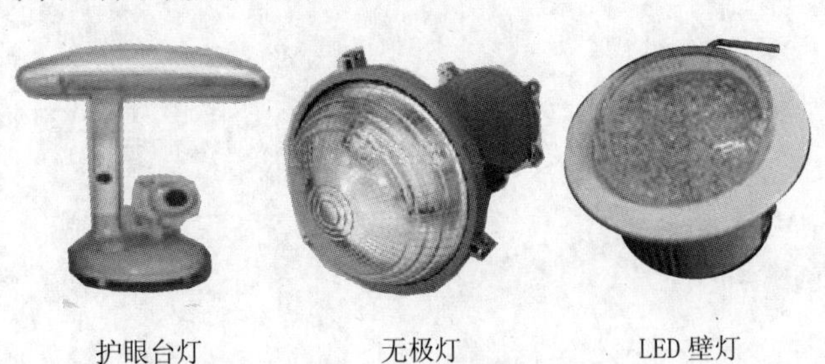

护眼台灯 无极灯 LED 壁灯

图 5.2 几种照明灯具

议一议 通过观察，结合生活实际，列举你所见到的照明灯具。

读一读

1. 照明灯具的组成

照明灯具由外壳、镇流器（部分灯具有）、启辉器（部分灯具有）、反射罩（部分灯具有）等组成，部分灯具如射灯还要配置专用变压器。

2. 照明灯具分类

照明灯具可按用途分类，按光通量分配比例分类，按防尘、防潮、防触电等级分类等。根据国际照明委员会（CIE）的建议，灯具按光通量在上下空间分布的比例分为 5 类：直接型、半直接型、全漫射型（包括水平方向光线很少的直接—间接型）、半间接型和间接型。

（1）直接型灯具：绝大部分光通量直接投照下方，光通量的利用率最高。

（2）半直接型灯具：光通量大部分射向下半球空间，少部分射向上方。

（3）漫射型或直接—间接型灯具：灯具向上向下的光通量几乎相同，光线均匀地投向四面八方，光通利用率较低。

（4）半间接灯具：灯具向下光通占 10% ～ 40%，上面敞口的半透明罩属于这一类，主要作为建筑装饰照明，光线柔和宜人。

（5）间接灯具：灯具的小部分光通（10% 以下）向下，光通利用率最低。

二、科学使用照明灯具

要根据不同的照明场所、照明强度要求、节能环保等多方面因素考虑选择合适的照明灯具。在现代家庭装饰中，灯具的作用已经不仅仅局限于照明，更多的时候它起到的是装饰作用。因此，灯具的选择就更加复杂，它不仅涉及安全省电，而且会涉及材质、种类、风格品位等诸多因素。

读一读

1. 照明灯具的选择

（1）从灯具的外形和功能上来选择。从外形和功能上来说，照明灯具主要分为吊灯、吸顶灯、射灯、筒灯、日光灯和台灯（见图 5.3）等。应根据不同的使用场所和功能来选择合适的灯具。

（2）从照明强度上选择。除去灯具的装饰作用，购买灯具的一个根本目的还是在于室内照明。很多人认为既然灯具是用来照明的，那肯定是越亮越好了。其实不然，室内空间面积和灯具的光亮程度之间存在着一定的关系，太亮和太暗对眼睛都会造成伤害。

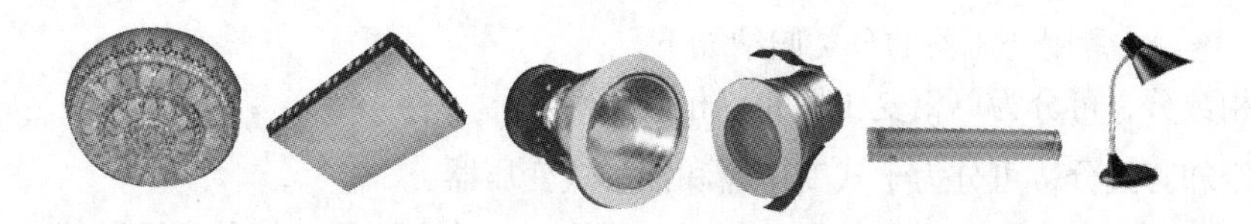

图 5.3 常用灯具

（3）从安全的角度选择。卫生间、浴室及厨房的灯，需装有防潮灯罩，勿使潮气侵入，否则日久灯具会出现锈蚀损坏或漏电短路。现在市场上有专门的防潮浴室灯，比较安全可靠。

2. 照明灯具使用注意事项

（1）接入电源勿超过规定范围（额定电压 AC 220V+10%，频率 50Hz），如长时间在高于额定电压范围情况下使用，可能会使灯具因过热而损坏。

（2）不可将灯具露天安装，以免出现漏电、短路等不良后果。

（3）请勿将灯具安装于高温物体上方。

（4）维护、安装和更换光源之前，必须切断电源，确认光源正确安装在灯体上方可打开电源。

（5）任何情况下，灯具都不能被隔热衬垫或类似材料盖住。

议一议 如何选择书房里的照明用具？

评一评 根据本任务完成情况进行评价，并将评价结果填入如表 5.1 所示评价表中。

表 5.1 教学过程评价表

项目 / 评价人	任务完成情况评价	等级	评定签名
自己评			
同学评			
老师评			
综合评定			

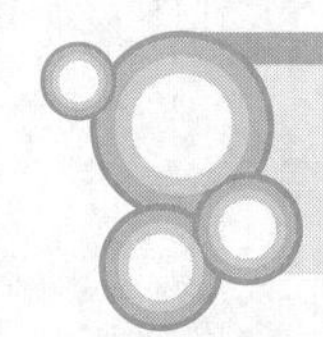

知识能力训练

（1）常用灯具主要由______、______、______、______、______等组成。

（2）如何选择一盏合适的照明灯具？

（3）要保证灯具的使用寿命，如何合理使用照明灯具？

任务 2 了解变压器

一、认识常用变压器

变压器的功能主要有电压变换、电流变换、阻抗变换、隔离、稳压（磁饱和变压器）等。

观察如图 5.4 所示的常用变压器，了解变压器的外形与结构。

读 一 读　常用变压器的分类归纳如下。

（1）按相数分，可分为单相变压器和三相变压器。

（2）按冷却方式分，可分为干式变压器和油浸式变压器。

（3）按用途分，可分为电力变压器、仪用变压器、试验变压器、特种变压器等。

（4）按绕组形式分，可分为双绕组变压器、三绕组变压器和自耦变压器。

（5）按铁心形式分，可分为铁心式变压器、非晶合金变压器、铁壳式变压器等。

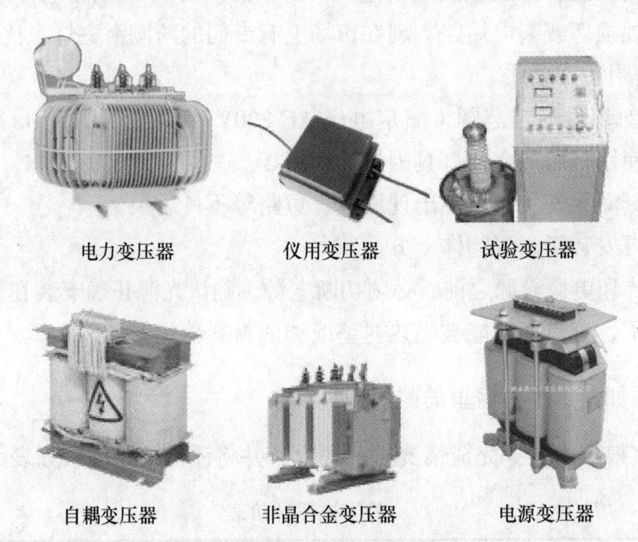

图 5.4　常用变压器的实物外形

议 一 议　列举你所见过的变压器。

读 一 读　变压器的结构。

1. 铁心

铁心是变压器中主要的磁路部分。通常由含硅量较高，厚度为 0.35mm 或 0.5mm，表面涂有绝缘漆的热轧或冷轧硅钢片叠装而成。铁心分为铁心柱和铁轭两部分，铁心柱套有绕组。铁心结构的基本形式有铁心式和铁壳式两种，如图 5.5 所示。

2. 绕组

绕组是变压器的电路部分，通常它是用纸包的绝缘扁线或圆线绕制而成。线圈有两个或多个绕组：与电源相连的绕组称为初级线圈（或原边线圈），与负载相连的绕组称为次级线圈（或副边线圈）。

变压器的外形结构和图形符号如图 5.6 所示。

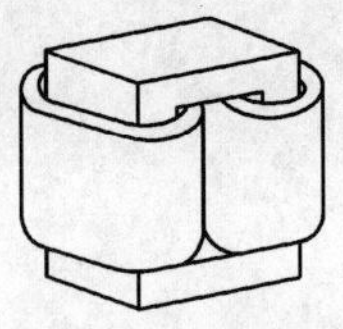
（a）铁心式　（b）铁壳式

图 5.5　铁心式和铁壳式变压器外形图

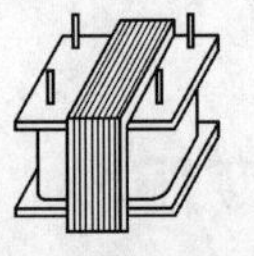
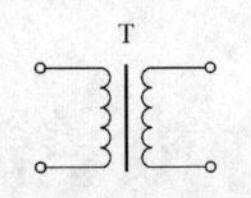

（a）外形结构　（b）图形符号

图 5.6　变压器的外形结构和图形符号

练 一 练

（1）变压器都是由________和________组成的。

（2）变压器按用途可以分为________、________、________和________。

二、了解变压器的工作特性

读 一 读 变压器是利用电磁感应的原理工作的。

如果在变压器的初级线圈加上交流电源，则在这个线圈中就有交流电流通过，并在铁心中产生交变磁通。这个交变磁通同时穿过初、次级线圈，在两个线圈中均产生出感应电动势。对负载而言，次级线圈中的感应电动势就相当于电源的电动势，该电动势加在负载回路上产生次级电流。变压器是依靠“磁耦合”，把能量从初级传输到次级，如图 5.7 所示。

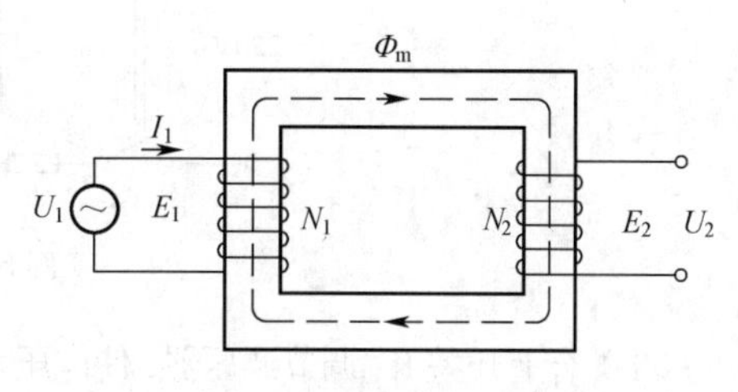

图 5.7 变压器的工作原理

议 一 议 变压器能变换直流电压和电流吗？

读 一 读 变换交流电压。

当变压器的初级线圈接上交流电压后，在初、次级线圈中将有交变的磁通产生。由于通过各组线圈的磁通相同，故这两个线圈中每匝所产生的感应电动势一样大。匝数越多，线圈上感应电动势越大，即

$$\frac{E_1}{E_2}=\frac{N_1}{N_2}$$

式中，E_1——初级线圈上感应电动势；

E_2——次级线圈上感应电动势；

N_1——初级线圈的匝数；

N_2——次级线圈的匝数。

初、次级线圈由铜导线绕制而成，电阻很小，可忽略，那么线圈两端的端电压就等于电源电动势，即

$$U_1 = E_1，U_2 = E_2$$

因此可得

$$\frac{U_1}{U_2}=\frac{E_1}{E_2}=\frac{N_1}{N_2}=k$$

式中，U_1——初级线圈两端电压；

U_2——次级线圈两端电压；

k——变压器的变压比。

变压器初、次级的端电压之比等于这两个线圈的匝数之比。

议 一 议 比较原副线圈的匝数，若 $N_1>N_2$，通过变压器的变换，电压升高还是降低了？

若 $N_1<N_2$，情况又是怎么样的？

做一做 测量变压器的变压比。

按如图 5.8 所示连接电路，用电压表 V_1、V_2 测量变压比和次级电压。

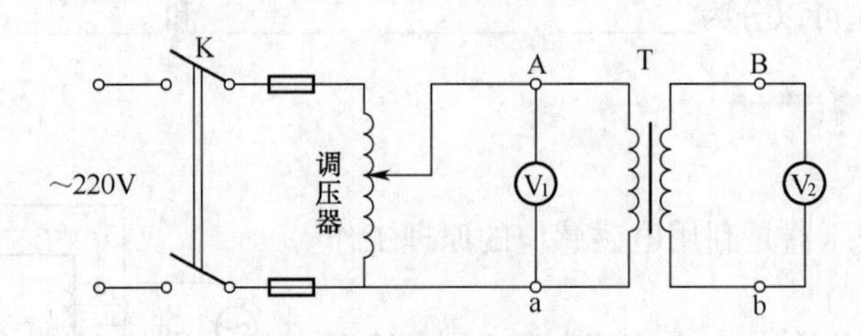

图 5.8 测定变压器的变压比

（1）合上开关 K，调节调压器，使电压表 V_1 指示值为 10V，读此时电压表 V_2 的值并填入表 5.2 中。

表 5.2 记录表

U_1/V	U_2/V	变压比 k	标称值
10			
220			

（2）调节调压器使变压器原绕组输入电压达到额定值 220V，读此时电压表 V_2 的值并填入表 5.2 中。

（3）计算变压器的变压比 k。

读一读 变换交流电流。

变压器是一个能量传输设备，忽略自身的损耗，则次级获得的功率等于初级从电网吸取的功率，即 $P_1=P_2$。考虑到 $P_1=U_1I_1\cos\varphi_1$，$P_2=U_2I_2\cos\varphi_2$，且 $\varphi_1=\varphi_2$，因而得

$$U_1I_1 \approx U_2I_2$$

故

$$\frac{I_1}{I_2}=\frac{U_2}{U_1}=\frac{N_2}{N_1}=\frac{1}{k}$$

变压器工作时，初、次级线圈中的电流与线圈的匝数成反比。

议一议 变压器在变换电流时，次级绕组是开路的吗？

读一读 变换交流阻抗。

在电子设备中，总希望负载获得最大功率，达到最大功率传输。其条件是阻抗匹配，即负载电阻 R_L 等于信号源的内阻 R_S。但在实际应用中，R_L 往往与 R_S 不相等，为达到阻抗匹配，只需在二者之间加一个合适的变压器即可。

如图 5.9 所示，负载接在变压器的次级，从初级看进去，相当于接在初级绕组，但此时阻值变为 $R_L'=k^2R_L$。通过变压器，负载电阻 R_L 扩大了 k^2 倍。

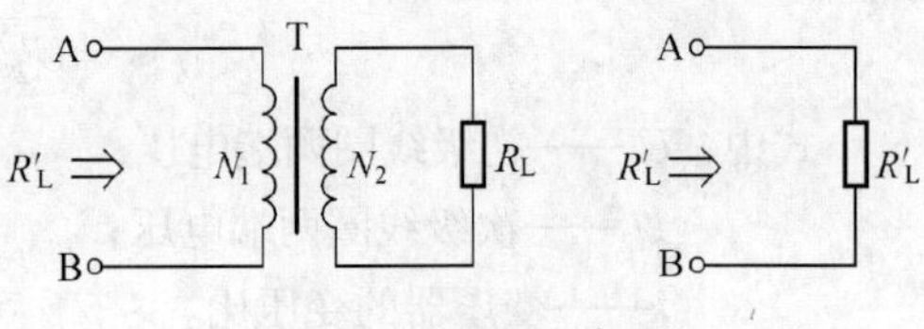

图 5.9 变压器变换阻抗

练一练

（1）单相变压器的变压比为 10，若初级绕组接入 36V 直流电压，则次级绕组上的电压为 ________V。

（2）一个变压器的变压比 k=6，如果原边绕组的电流为 0.6A，副边流过负载的电流是多少？

如果负载电阻 R_L=6Ω，那么原边的等效电阻是多少？

三、正确使用变压器

识读变压器的铭牌参数是正确选择和使用变压器的先决条件。使用变压器首先要弄清并严格遵守制造厂提供的铭牌数据，以避免因使用不当而不能充分利用，甚至损坏。

做一做 观察变压器铭牌如图 5.10 所示。

议一议 变压器铭牌上各参数代表的含义是什么？

电力变压器			
产品型号	SL7-1000/10	产品编号	
额定容量	1000kVA	使用条件	户外式
额定电压	1000±5%/400V	冷却方式	油浸自冷
额定频率	50Hz	短路电压	4%
相　　数	三相	油　　重	715kg
组　　别	Y, yn0	总　　重	3440kg
制造厂商		生产日期	

图 5.10　变压器铭牌

读一读 变压器的铭牌上标注着该变压器的型号、额定值等技术参数。

额定值是制造厂设计和试验变压器的依据。在额定条件下运行时，可保证变压器长期可靠地工作，并具有良好的性能。变压器的额定值一般包括如下内容。

（1）额定容量（S_N）：指次级的最大视在功率，以伏安（VA）或千伏安（kVA）表示。

（2）额定电压（U_{1N} 和 U_{2N}）：额定初级电压 U_{1N} 是指接到初级线圈上电压的额定值；额定次级电压 U_{2N} 是指变压器空载时，初级加上额定电压后，次级两端的电压值。额定电压的单位为 V 或 kV。

（3）额定电流（I_{1N} 和 I_{2N}）：指规定的初、次级满载电流值。

（4）额定频率（f_N）：我国规定工频为 50Hz。

（5）变压器的效率（η）：指变压器输出功率与输入功率的百分比。

变压器的效率较高，大容量变压器的效率可达 98%～99%，小型电源变压器的效率也能达到 70%～80%。另外，额定工作状态下变压器的温升也属额定值。

议一议 在使用变压器的过程中，应该注意哪些事项？

读一读 在使用变压器时，应注意以下几点。

（1）变压器的额定初级电压要与电源电压一致。

（2）变压器的工作电流不要超过额定电流，如果工作电流大大超过额定电流，会加速变压器的绝缘老化，大大缩短变压器的使用寿命。

（3）使用时，变压器的输出功率要小于变压器的容量。

（4）要注意电源频率的变化，变压器在设计时，是根据电源电压等级和频率来确定匝数及磁通最大值的，电源频率的变化，有可能会损坏变压器。

评一评 根据本任务完成情况进行评价，并将结果填入如表 5.3 所示评价表中。

表 5.3　　教学过程评价表

项目 / 评价人	任务完成情况评价	等　级	评定签名
自己评			
同学评			
老师评			

续表

评价人 \ 项目	任务完成情况评价	等 级	评定签名
综合评定			

知识能力训练

（1）一单相变压器原边电压 U_1=2 000V，变压比 k=10，则副边电压 U_2=____。

（2）下列参数中，变压器不能变换的是（　　）。

A. 交流电压　B 交流电流　C. 阻抗　D. 电源频率

（3）变压器的效率一般为（　　）。

A. 70% ～ 95%　B. 50% ～ 70%　C. 30% ～ 50%　D. 30% 以下

（4）单相变压器的变压比为 k，若初级接入直流电压 U_1，则次级绕组电压为（　　）。

A. U_1/k　B. 0　C. kU_1　D. ∞

（5）变压器在空载时，其初级绕组的电流为（　　）。

A. 额定电流　B. 短路电流　C. 约为 0　D. 空载电流

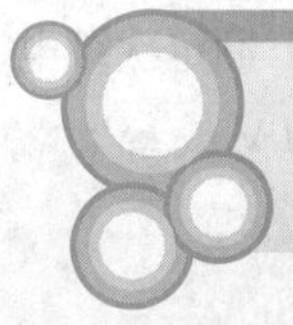

任务 3　了解三相交流电动机

电动机是一种能将电能转化为机械能的设备。按其工作时使用的电流不同分为交流电动机和直流电动机；按工作原理又可分为同步电动机和异步电动机两大类，其中异步电动机由于具有构造简单、价格低廉、工作可靠以及容易控制和维护等优点而得到普遍运用。本任务主要学习三相交流异步电动机的相关知识。如图 5.11 所示为三相异步电动机的实物外形。

图 5.11　三相异步电动机的实物外形

一、观察三相异步电动机的结构

三相异步电动机主要由固定不动的定子和旋转的转子两个基本部分组成。

做一做　拆开一台三相异步电动机，了解电动机的内部结构及各构件的名称和作用，如图 5.12 所示。

读一读　三相异步电动机各组成部分的作用如表 5.4 所示。

议一议　为什么电动机的定子铁心要用硅钢片叠成？

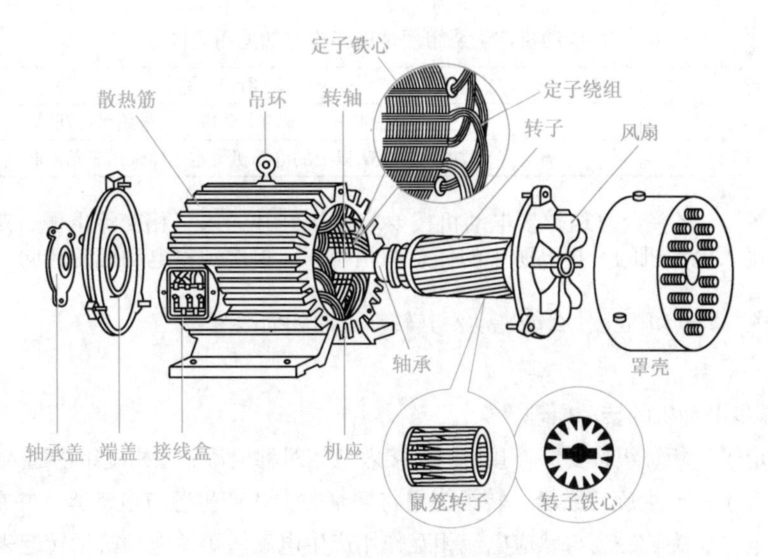

图 5.12　三相异步电动机的结构图

表 5.4　　三相异步电动机各组成部分的作用

名　称		作　用	备　注
定子（固定部分）	机座	电动机的外壳，起支撑作用	
	定子铁心	安装在机座内，由 0.5mm 厚的硅钢片叠成，用来固定定子绕组	
	定子绕组	嵌在定子铁心内部，在绕组内通以电流会产生工作用的磁场	是三相对称绕组
转子（转动部分）	转子铁心	用来绕制转子绕组	转子有绕线型和鼠笼型两种
	转子绕组	转子绕组切割磁力线时在绕组内产生的感应电流会在磁场力的作用下产生转动力矩	
其他部件	接线盒	完成定子绕组的不同接法和与工作电源的连接	
	风扇	用于电动机的散热	
	端盖、罩壳	起固定转轴和外部保护作用	

二、了解三相异步电动机的工作特性

做 一 做　电动机的定子绕组可以接成星形或三角形，改变接线盒中接线柱的连接方式就可实现这一变化，如图 5.13 所示。

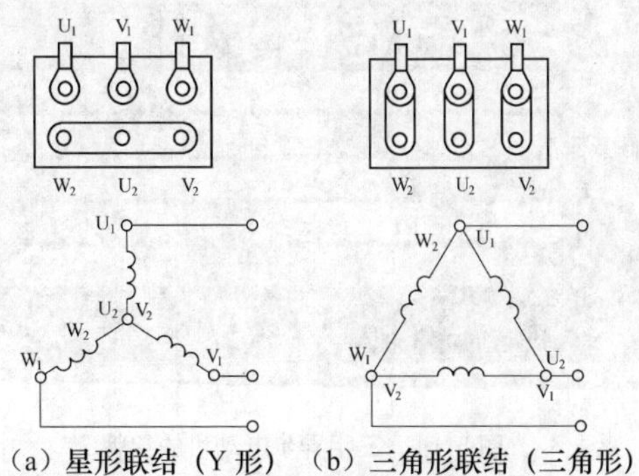

（a）星形联结（Y 形）（b）三角形联结（三角形）

图 5.13　电动机定子绕组的接线方式

读 一 读　电动机定子绕组两种连接方法的适用范围如表 5.5 所示。

表 5.5 电动机定子绕组两种连接方法的适用范围

名　称	适 用 范 围
星形联结	功率在 4kW 以下的电动机一般采用星形联结
三角形联结	功率在 4kW 以上的电动机规定一律采用三角形联结

做一做 将一台三相异步电动机按要求连接好并通入三相交流电源，观察电动机的转向；然后改变接入电动机的三相电源中的任意两相相序，再次观察电动机的转向。

议一议 电动机为什么能转动？其转动方向如何改变？

读一读

1. 三相异步电动机的转动原理

当电动机定子三相绕组按要求连接好后，接入三相对称电源，三相绕组内通入三相对称电流，这时在电动机定子中产生旋转磁场。转子绕组将切割磁力线产生感应电动势，并在闭合的转子绕组内出现感应电流，旋转磁场与感应电流相互作用产生电磁转矩使电动机运转起来。

2. 改变电动机转向的原理

改变电源相序以改变旋转磁场的旋转方向：当定子绕组中电流的相序是 U-V-W-U 时，旋转磁场按逆时针方向旋转。如果将电动机接至电源的 3 根导线中的任意两根对调，此时三相绕组中的旋转磁场将按顺时针方向旋转，即改变了电动机的转向。

练一练 重新改变三相电源相序，观察电动机的转动方向的变化情况，验证上述原理。

读一读 三相异步电动机的主要特性是它的机械特性，最重要的物理量之一是电磁转矩 T。机械特性表示电动机转速 n 与其轴上产生的电磁转矩 T 之间的关系，即 $n=f(T)$。电动机外加电压不变，如果负载变化时，转速变化很小的称做硬特性，转速变化大的称做软特性。

三、正确使用交流电动机

议一议 回顾日常生活中使用电动机的例子，分析电动机在什么情况下容易出现故障？

做一做 观察一台三相异步电动机的铭牌（见图 5.14），想一想铭牌上所标示的数据分别表示什么意思？

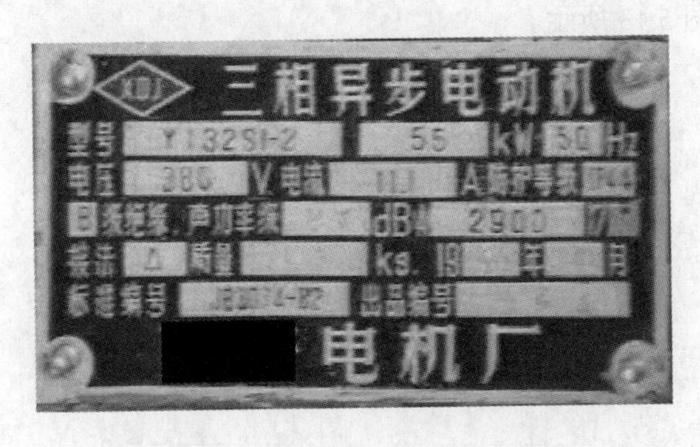

图 5.14 三相异步电动机的铭牌

读一读 了解电动机铭牌上的各种参数，是正确选择和使用电动机的前提。下面以 Y180M2-4 型电动机为例，说明其铭牌上各数据的含义，如表 5.6 所示。

表 5.6　　**Y180M2-4 型电动机的铭牌上数据的含义**

三相异步电动机					
型号	Y180M2-4	功率	18.5kW	电压	380V
电流	35.9A	频率	50Hz	转速	1 470r/min
接法	△	工作方式	连续	绝缘等级	E
产品编号	××××	重量	180kg	防护形式	IP44（封闭式）
××× 电机厂		× 年 × 月			

型号说明：

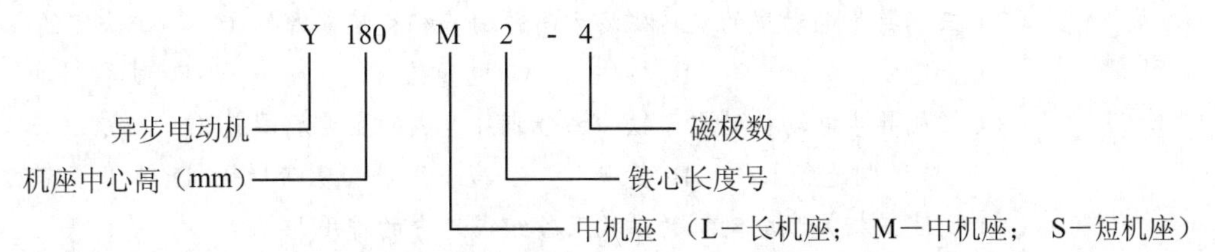

（1）额定频率 f_N——指电动机定子绕组所加交流电源的频率。我国工业用交流电标准频率为50Hz。

（2）额定电压 U_N——指电动机在额定运行时加到定子绕组上的线电压值；Y 系列三相异步电动机的额定电压统一为 380V。

（3）额定功率 P_N——指在额定电压、额定频率、额定电流运行时电动机轴上输出的机械功率，也称容量。

（4）额定电流 I_N——电动机在额定运行时，定子绕组线电流值称为额定电流。

（5）额定转速 n_N——指电动机在额定状态下运行的转速。

（6）接法——指电动机在额定电压下三相定子绕组的连接方式。

（7）绝缘等级——指电动机定子绕组所用的绝缘材料允许的最高温度的等级，有 A、E、B、F、H5 级。目前，一般电动机采用较多的是 E 级和 B 级绝缘。

在选择和使用电动机时，必须要参照电动机铭牌上的数据，否则会损坏电动机。

读一读　正确选用交流电动机。

（1）根据电源电压、使用条件及拖动对象选择电动机，要求电源电压与电动机额定电压相符。

（2）根据安装地点和工作环境选择不同形式的电动机。

（3）根据容量、效率、功率因数、转速选择和使用电动机。如果容量选择过小，就会发生长期过载现象，影响电动机寿命甚至烧毁；如果容量选择过大，电动机的输出机械功率不能充分利用，功率因数也不高，因为电动机的功率因数和效率是随着负载变化的。

（4）在使用电动机前要检查电动机的转子转动是否灵活；用兆欧表检查电动机定子绕组相与相之间、各相对地之间的绝缘电阻（兆欧表的使用方法详见其他有关资料）；检查电源电压与电动机铭牌标示要求是否一致；用转速表检查电动机的转速是否正常。

（5）在进行电动机检修及接线时，可以借助万用表判别电动机 3 个绕组的首、末端以便正确接线（具体方法可查阅相关资料）。

评一评　根据本任务完成情况进行评价，并将评价结果填入如表 5.7 所示评价表中。

表 5.7　　　　　　　　　　　　教学过程评价表

项目 / 评价人	任务完成情况评价	等　级	评定签名
自己评			
同学评			
老师评			
综合评定			

知识能力训练

（1）三相异步电动机主要由______和______两大部分组成。

（2）三相异步电动机的旋转磁场方向是由三相交流电源的（　　）决定的。

A. 相位　　B. 相序　　C. 电压值　　D. 频率

（3）三相异步电动机的定子铁心由硅钢片叠成的主要原因是（　　）。

A. 节约制造成本　　B. 美观　　C. 减少涡流和磁滞损耗　　D. 本身带有磁性

（4）简述三相异步电动机的结构及各组成部分的作用？

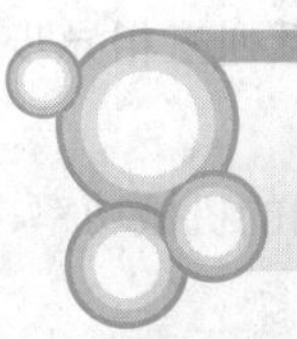

任务 4　了解低压电器

低压电器是电力拖动自动控制系统的基本组成元件，控制系统的可靠性、先进性、经济性都与其有直接的关系。通常所说的电器是指能根据外界特定信号自动或手动接通或断开电路，实现对电路或非电对象控制的电工设备。电器的种类有很多，其中工作在交流电压 1 200V 或直流电压 1 500V 及以下的电路中起通断、保护、控制或调节作用的电器产品叫做低压电器。常用低压电器的分类如表 5.8 所示。

表 5.8　　　　　　　　　　　　低压电器的分类

分类原则	类型及作用	典型举例
按用途分	控制电器：用于各种控制电路和控制系统的电器	接触器、控制器等
	主令电器：用于自动控制系统中发送控制指令的电器	按钮、主令开关、行程开关等
	保护电器：用于保护电路及用电设备的电器	熔断器、热继电器等
	配电电器：用于电能的传输和分配的电器	隔离开关、刀开关、断路器
按工作原理分	电磁式电器：利用电磁感应原理来工作的电器	交、直流接触器等
	非电量控制电器：依靠外力或某种非电量的变化来工作的电器	按钮、主令开关、行程开关、压力继电器等
按执行机构分	有触点电器：利用触点的分断来控制电路的电器	刀开关、接触器、继电器等
	无触点电器：利用电路发出的检测信号来达到控制电路目的的电器	电感式开关、电子接近开关等

一、认识熔断器

做一做　观察照明电路中的熔断器。

读一读 熔断器俗称保险丝，是一种简单而有效的保护电器，它串联在电路中主要起短路保护作用。熔断器的外形如图 5.15 所示。

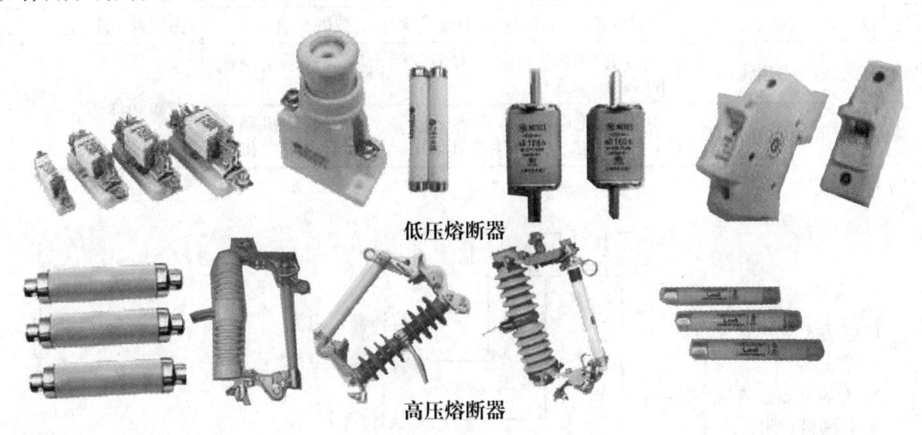

图 5.15　熔断器的外形图

（1）结构：熔断器的主要元件是熔体，一般用电阻率较高的易熔合金制成，熔体分为丝状（又称熔丝）或片状，大多被装在各种样式的外壳里面，组成所谓的熔断器。

（2）常见类型：常见熔断器有管式、插入式、螺旋式等几种，如图 5.16 所示为几种常见熔断器的结构。

（3）工作原理：线路正常工作时，流过熔体的电流小于或等于它的额定电流，熔断器的熔体不会熔断。一旦发生短路或严重过载时熔体因过热而熔断，自动切断电路。

（4）选用原则：选用熔断器主要是确定熔体的额定电流。其额定电流的选择如表 5.9 所示。

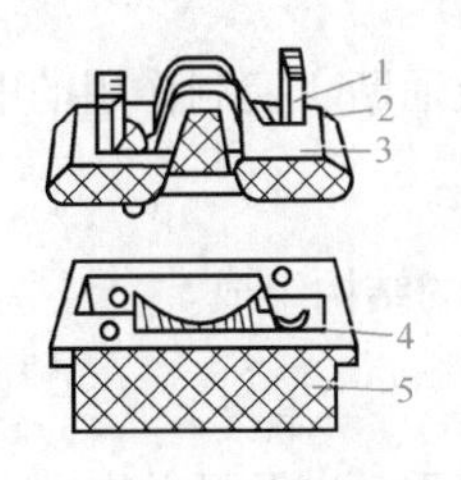

（a）插入式熔断器

1—动触点　2—熔体　3—瓷插件　4—静触点　5—瓷座

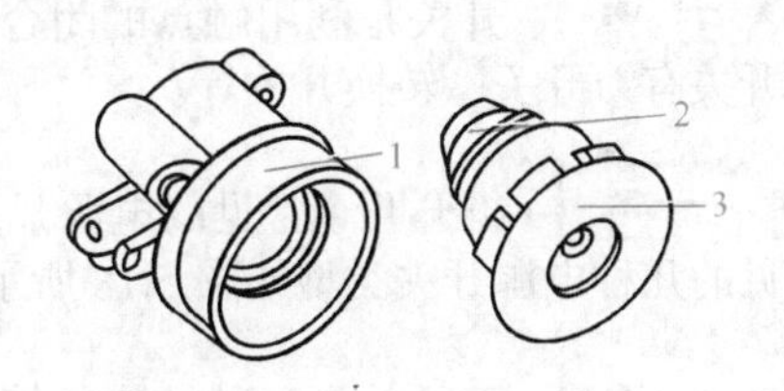

（b）螺旋式熔断器

1—底座　2—熔体　3—瓷帽

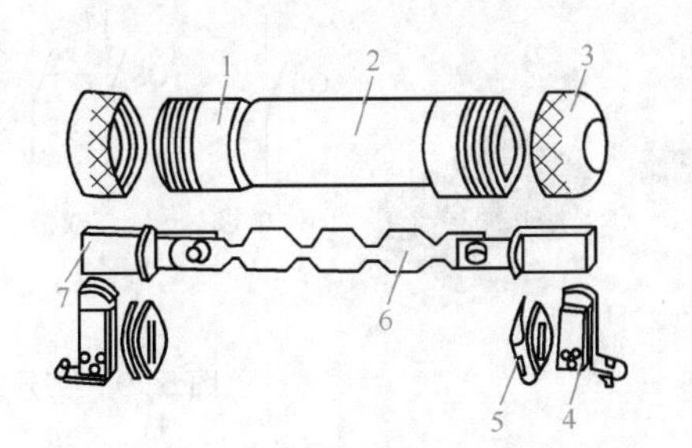

（c）无填料密闭管式熔断器

1—铜圈　2—熔断器　3—管帽　4—插座

5—特殊垫圈　6—熔体　7—熔片

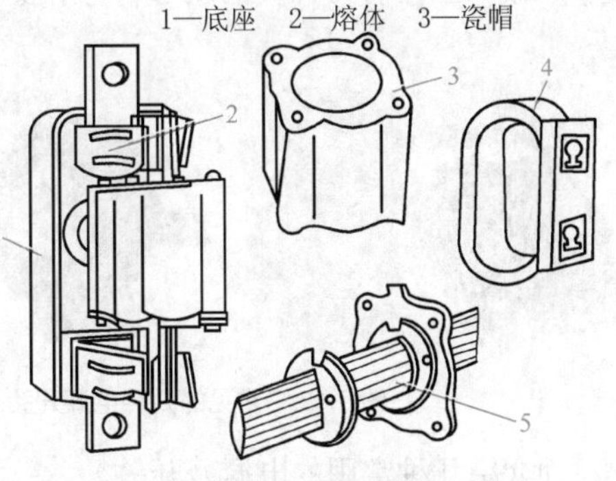

（d）有填料封闭管式熔断器

1—瓷底座　2—弹簧片　3—管体

4—绝缘手柄　5—熔体

图 5.16　几种常见熔断器的结构

表 5.9　　对不同负载做保护用的熔断器选用的一般原则

负　　载	选 用 原 则	熔断器的作用
对工作稳定的照明、电热电路	熔体的额定电流应等于或稍大于负载的工作电流	做短路和长期过载保护
在单台电动机直接起动的电路中	熔体的额定电流应取大于或等于电动机额定电流的 1.5 ～ 2.5 倍	做短路保护
在多台电动机直接起动的电路中	熔体的额定电流应取大于或等于最大电动机额定电流的 1.5 ～ 2.5 倍与其他电动机额定电流之和	

（5）型号意义：

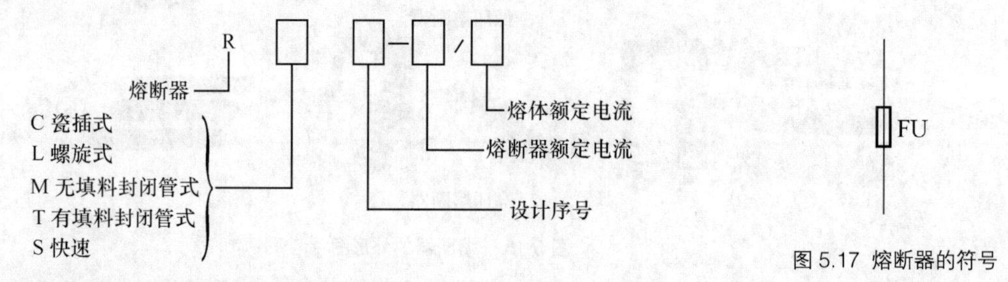

图 5.17 熔断器的符号

（6）图形符号和文字符号如图 5.17 所示。

练 一 练　熔断器在单台电动机直接起动的电路中作为电动机的短路保护时，若电动机的额定电流为 10A，且电动机轻载工作，则熔断器熔体的额定电流最合适的应选（　　）。

A. 10A　　B. 20A　　C. 30A　　D. 40A

二、认识电源开关

读 一 读　开关是利用触点的闭合和断开在电路中起通断、控制作用的电器。常用的低压电器开关有刀开关、转换开关等。

做 一 做　拆开几个常见的电源开关电器，观察它们的结构组成。

常见的几种电源开关类型如图 5.18 所示。

读 一 读　刀开关是一种结构最简单、运用最广泛的手动电源开关电器，按刀数可分为单极、双极和三极。刀开关的图形符号和文字符号如图 5.19 所示。

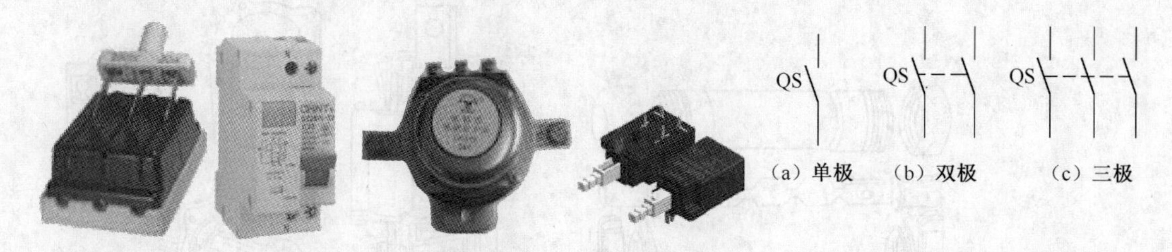

图 5.18　常见的几种电源开关　　　图 5.19　刀开关的符号

下面介绍几种常用的电源刀开关。

1. 闸刀开关

闸刀开关又叫做开启式负荷开关，其结构如图 5.20（a）所示。

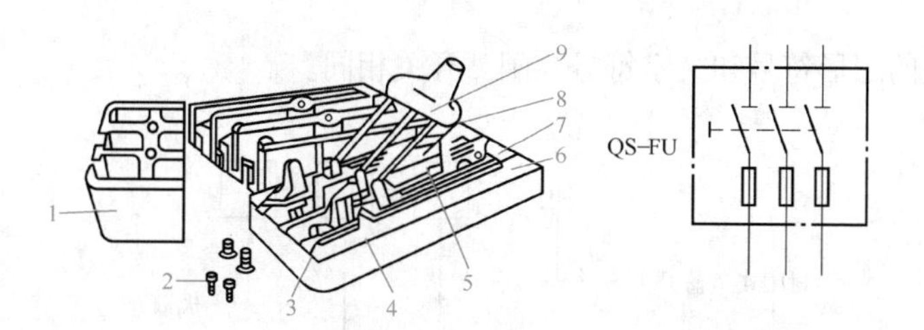

（a）结构图　　（b）带熔断器刀开关符号

1—胶盖 2—胶盖固定螺钉 3—进线座 4—静触点 5—熔丝
6—瓷底 7—出线座 8—动触点 9—手柄

图 5.20　HK 系列瓷底胶盖闸刀开关结构图

（1）结构：闸刀开关由刀片（动触点）、刀座（静触点）、瓷底、手柄、熔丝、胶盖等构成。

（2）分类：闸刀开关按刀片数目可分为单极、双极、三极等；按投掷方向又可分为单掷开关和双掷开关。

（3）应用范围：常作为电源引入开关，也可用于控制 5.5kW 以下的异步电动机的不频繁起动和停止。

（4）工作接线方式：电源进线应接在刀座上（上端），而负载则接在刀片下熔丝的另一端。

（5）安装方式：刀开关在合闸状态下手柄应该向上，不能倒装和平装，以防止闸刀松动时误合闸。

（6）型号意义：

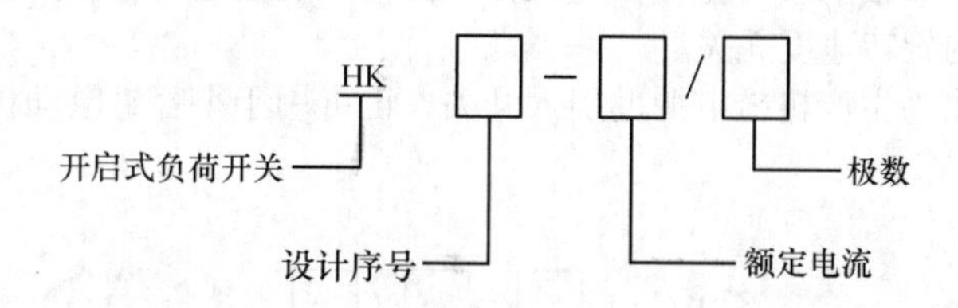

（7）图形符号和文字符号如图 5.20（b）所示。

2. 铁壳开关

铁壳开关又叫做封闭式负荷开关，常用的 HH 系列结构如图 5.21 所示。

（1）结构：由刀开关、熔断器、灭弧装置、操作机构和金属外壳构成。

（2）特点：

① 操作机构中装有机械联锁，使盖子打开时手柄不能合闸；手柄合闸时盖子不能打开，这样能保证操作安全。

② 操作机构中，在手柄转轴和底座之间装有速动弹簧，使刀开关的接通和断开的速度与手柄的操作速度无关，这样有利于迅速灭弧。

（3）应用范围：供手动不频繁地接通和分断负载电路，可控制交流异步电动机的不频繁直接起动及停止，具有断路保护功能。

（4）注意事项：使用时外壳应可靠接地，防止意外漏电造成触电事故。

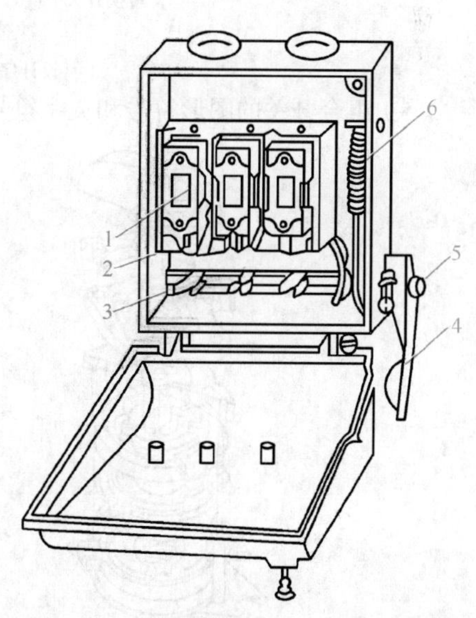

1—熔断器　2—夹座（静触点）　3—闸刀（动触点）
4—手柄　5—转轴　6—速动弹簧

图 5.21　HH 系列铁壳开关结构图

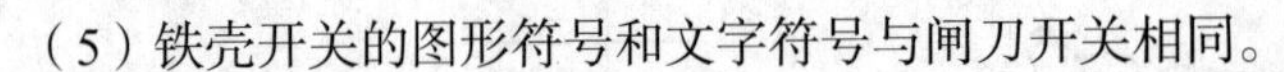

（5）铁壳开关的图形符号和文字符号与闸刀开关相同。

（6）型号意义

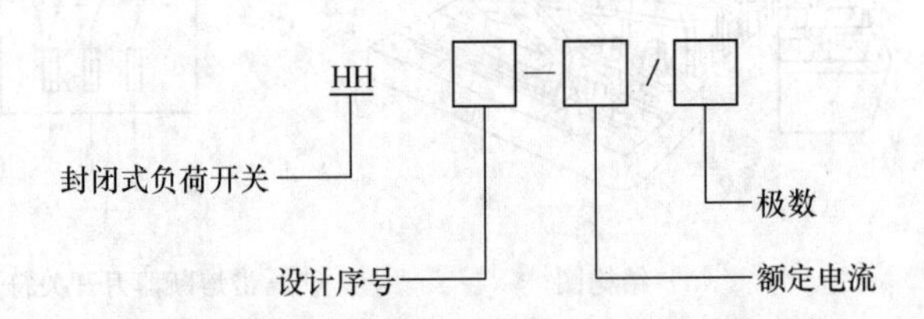

3. 组合开关

组合开关又叫做转换开关，其实物外形如图 5.22 所示。

图 5.22 几种组合开关的外形图

（1）结构：转换开关分为单极、双极和多极 3 类。三极转换开关的结构如图 5.23 所示，它有 3 对静触片，每对包含 2 个静触片，每个静触片的一端固定在绝缘垫板上，另一端伸出盒外，连在接线柱上。3 个动触片套在装有手柄的绝缘轴上，转动手柄就可以使 3 个动触片分别与 3 对静触片接通或断开。

（2）特点：在开关的转轴上装有扭簧储能机构，使开关能迅速闭合或分断，以便于灭弧。其触点的分合速度与手柄的旋转速度无关。

（3）应用范围：常作为生产机械电源的引入开关，也可用于小容量电动机的不频繁起动、控制局部照明电路等。

（4）型号意义：

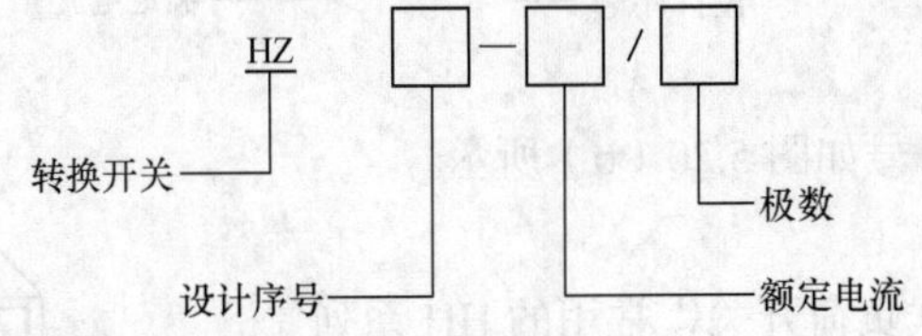

（5）组合开关的图形符号和文字符号如图 5.24 所示。

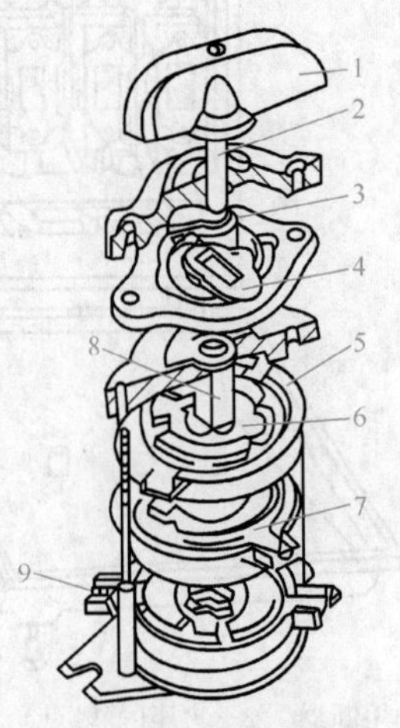

1—手柄　2—转轴　3—扭簧　4—凸轮　5—绝缘垫板
6—动触片　7—静触片　8—绝缘杆　9—接线柱

图 5.23 HZl0-10/3 型转换开关结构图

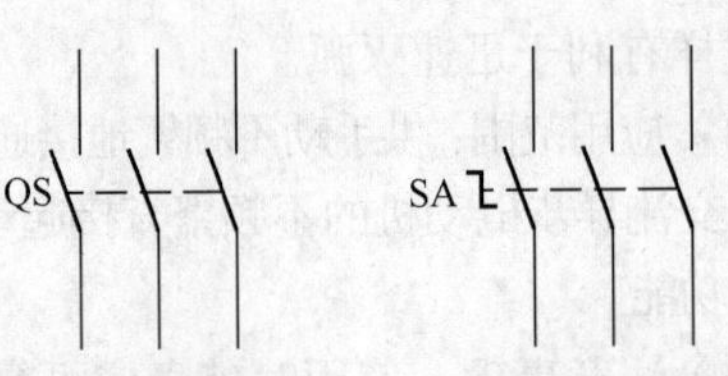

（a）用做电源开关　（b）用做控制开关

图 5.24 转换开关的符号

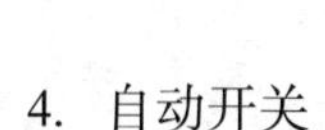

4. 自动开关

自动开关又叫做空气开关，是具有一种或多种保护功能的自动保护电器（可用做短路、过载或失压保护），同时又具有开关的功能。因此，凡在输配电系统的重要环节，多选用这种开关。如图 5.25 所示为常用的 DZ 系列塑壳式自动开关。

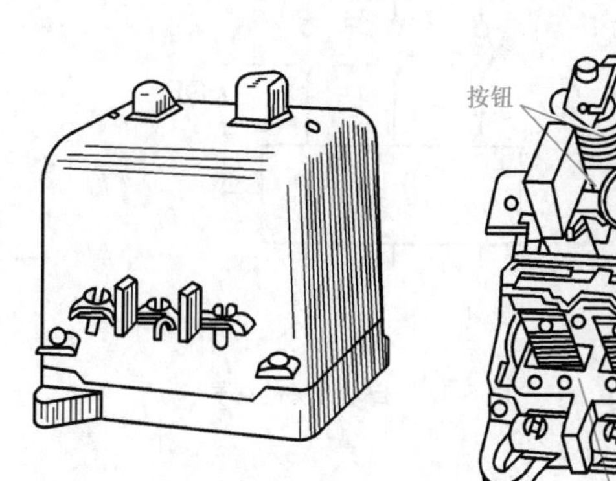

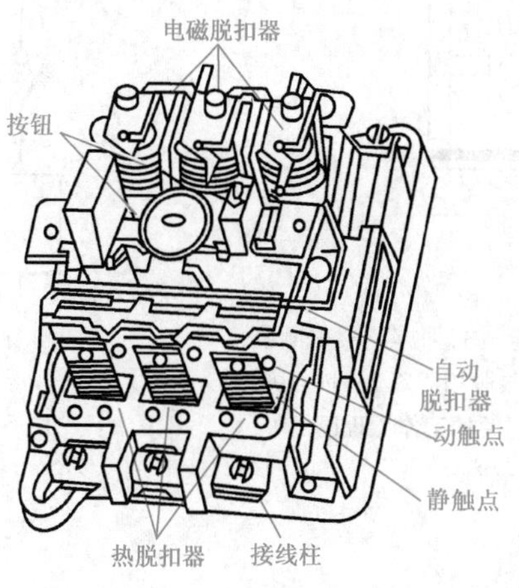

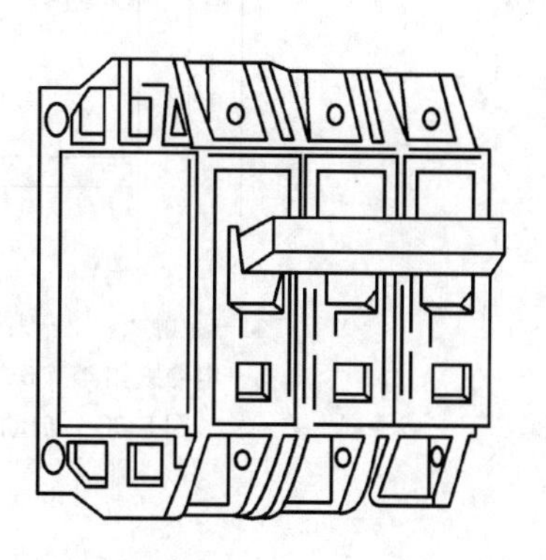

图 5.25 DZ 系列塑壳式自动开关

（1）结构：自动开关主要由触头系统、操作系统、各种脱扣器、灭弧装置等组成。

（2）工作原理：如图 5.26 所示的电路为正常工作时的状态，当主电路发生故障，如发生短路时，电磁脱扣器 5 中的线圈流过非常大的电流，产生的吸力增加，于是衔铁被吸合，它撞击滑竿 4，顶开搭钩 3，引起锁链 2 和搭钩 3 脱离，在弹簧 7 的作用下使主触头 1 分断，从而切断电源，起到保护作用。

（3）型号意义：

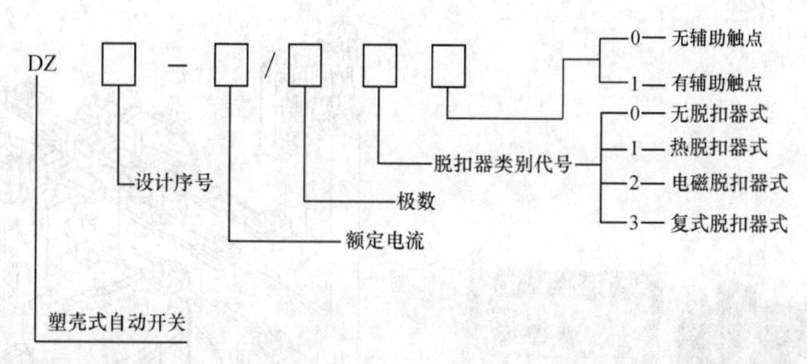

（4）特点：具有操作方便和工作可靠的优点。它能自动地同时切断三相主电路，可靠地避免电动机的缺相运行。

（5）自动开关的图形符号和文字符号如图 5.27 所示。

练 一 练

（1）写出下列开关的图形和文字符号。

闸刀开关 铁壳开关 组合开关 自动开关

（2）铁壳开关中的机械联锁和速动弹簧的作用是什么？

（3）下列型号中表示转换开关的是（ ）。

A. HH　　B. HK　　C. HR　　D. HZ

（4）说明下列型号所代表的意义。

HZ10-25/3　　HK1-60/3　　HH4-30/2　　DZ5-20/310

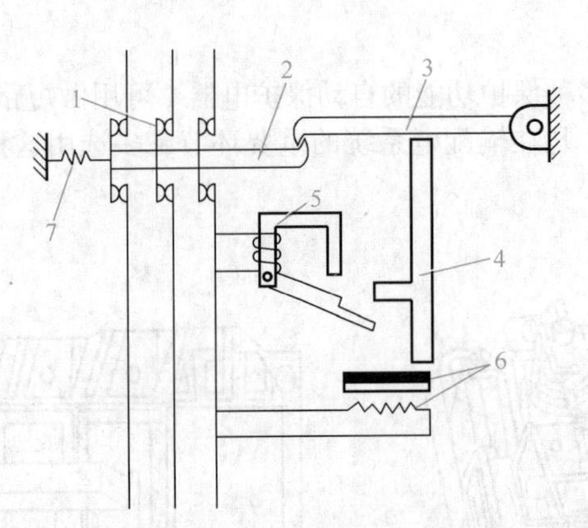

1—主触头　2—锁链　3—搭钩　4—滑竿
5—电磁脱扣器　6—热脱扣器　7—恢复弹簧

图 5.26　自动开关的工作原理图

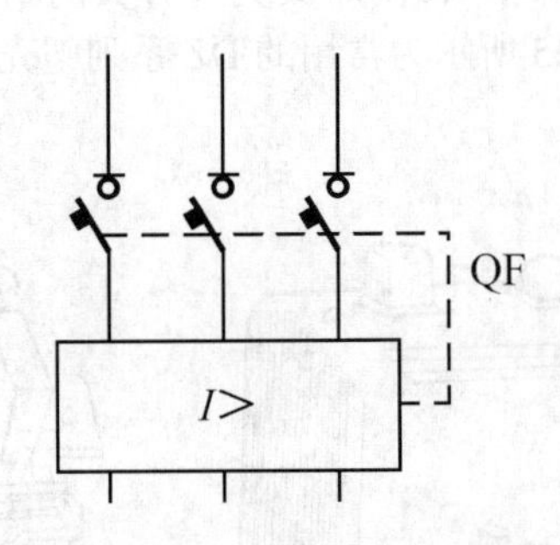

图 5.27　自动开关的符号

三、认识交流接触器

接触器能依靠电磁力的作用使触点闭合或分离来接通和分断交、直流主电路和大容量控制电路，并能实现远距离自动控制和频繁操作，具有欠（零）电压保护，是自动控制系统和电力拖动系统中应用广泛的一种低压电器。

接触器分为交流接触器和直流接触器两大类，下面主要介绍交流接触器。

做一做　观察一个交流接触器（见图 5.28），想一想各组成部分的分布位置，并观察其触点系统中哪些是常开触点？哪些是常闭触点？

（a）实物图

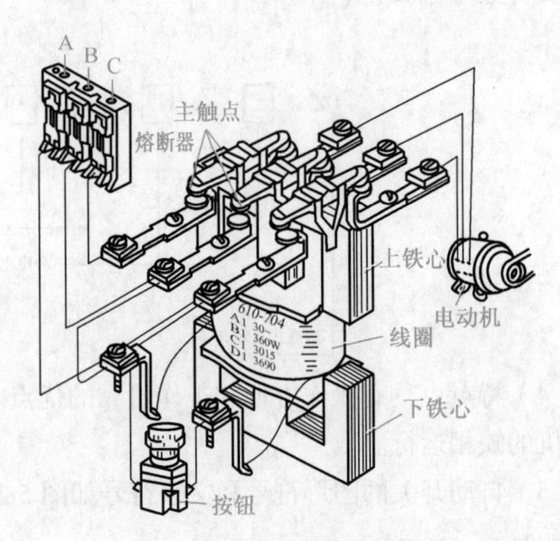

（b）主要结构图

图 5.28　交流接触器

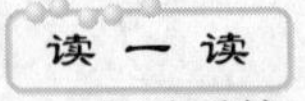

读一读　交流接触器的主要结构。

1. 电磁系统

电磁系统的作用是用来完成触点的闭合和分断。

电磁系统的结构包括交流线圈、动铁心和静铁心。线圈由绝缘铜导线绕制而成，一般制成粗而短的圆筒形，其额定电压等级有36V、110V、127V、220V、380V等。铁心由硅钢片叠压而成，以减少铁心中的涡流损耗，避免铁心过热。在铁心上装有短路环以减小震动和噪声，如图5.29所示。

2. 触点系统

接触器的触点按功能不同，分为主触点和辅助触点两种，用来直接接通和分断交流主电路和控制电路。

主触点的接触面积较大，允许通过的电流较大，通常有3对动合触点（即常开触点），用来通断电流较大的主电路。其规格有10A、16A、25A、40A、63A等，选用接触器时主触点的额定电流应不小于负载电路的额定电流。

辅助触点通过的电流较小，一般为5A，常接在电动机的控制电路中，通常有两对动合触点（即常开触点）和两对动断触点（即常闭触点）。

3. 灭弧装置

用来迅速熄灭主触点在分断时所产生的电弧，从而保护触点，同时可以减少接触器的分断时间。

容量在10A以上的接触器都有灭弧装置，对于小容量的接触器，常采用双断口桥形触点（见图5.30）以利于灭弧，其上有陶土灭弧罩。

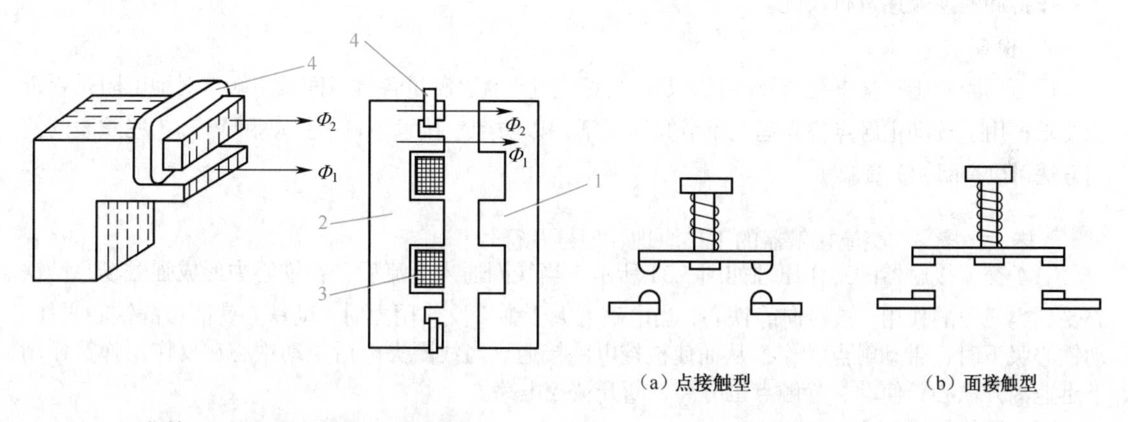

图5.29 交流接触器铁心的短路环

图5.30 双断口桥形触点的结构形式

4. 其他部件

交流接触器还包括反作用弹簧、传动机构、接线柱等。

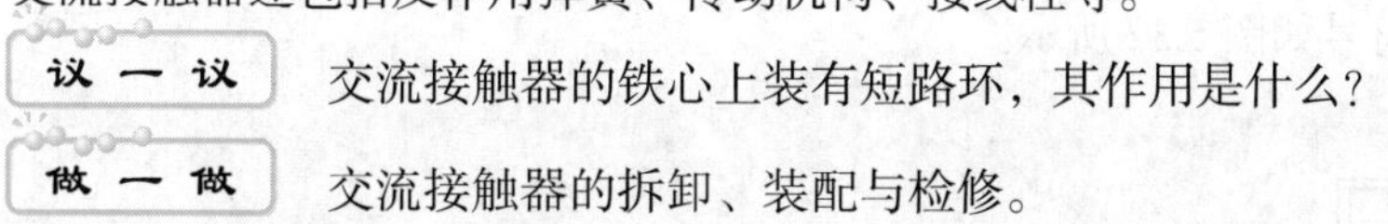

交流接触器的铁心上装有短路环，其作用是什么？

交流接触器的拆卸、装配与检修。

拆开一台交流接触器，观察其内部结构，然后再重新组装该接触器，并分析各组成部分的作用。

1. 拆卸

（1）卸下灭弧罩紧固螺钉，取下灭弧罩。

（2）拉紧主触点定位弹簧夹，取下主触点及主触点压力弹簧片。

（3）松开辅助常开静触点的线桩螺钉，取下常开静触点。

（4）松开接触器底部的盖板螺钉，取下盖板。

（5）取下静铁心缓冲绝缘纸片及静铁心。

（6）取下静铁心支架及缓冲弹簧。

（7）拔出线圈接线端的弹簧夹片，取下弹簧。

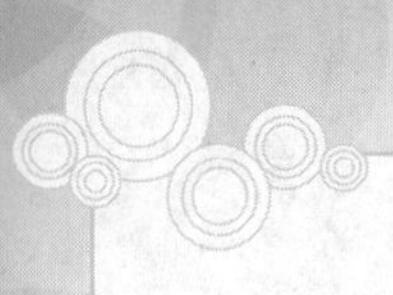

（8）取下反作用弹簧。

（9）取下衔铁和支架。

（10）从支架上取下动铁心定位销。

（11）取下动铁心及缓冲绝缘纸片。

2. 检修

（1）检查灭弧罩有无破裂和烧损，清除灭弧罩内的金属飞溅物和颗粒。

（2）检查触点的磨损程度，磨损严重时应更换触点。如不需要更换，则清除触点表面上烧毛的颗粒。

（3）清除铁心端面的油垢，检查铁心有无变形及端面接触是否平整。

（4）检查触点压力弹簧及反作用弹簧是否变形或弹力不足。如有需要则更换弹簧。

（5）检查电磁线圈是否有短路、断路及发热变色现象。

3. 装配

按拆卸的逆顺序进行装配。

4. 检查

用万用表欧姆挡检查线圈及各触点是否良好；用兆欧表测量各触点间及主触点对地电阻是否符合要求；用手按动主触点检查运动部分是否灵活，以防产生接触不良、振动和噪声。（兆欧表的使用方法可以查阅相关资料）

读一读 交流接触器的工作原理、型号及符号。

（1）交流接触器的工作原理如图 5.31 所示，当线圈通入电流后，在铁心中形成强磁场，动铁心受到电磁力的作用，被吸向静铁心，当电磁力大于弹簧反作用力时，动铁心就能被静铁心吸住。动铁心吸下时，带动触点动作，从而使被控电路接通。当线圈失电后，动铁心在反作用弹簧作用下迅速离开铁心，使动、静触点也分离，断开被控电路。

（2）型号意义：

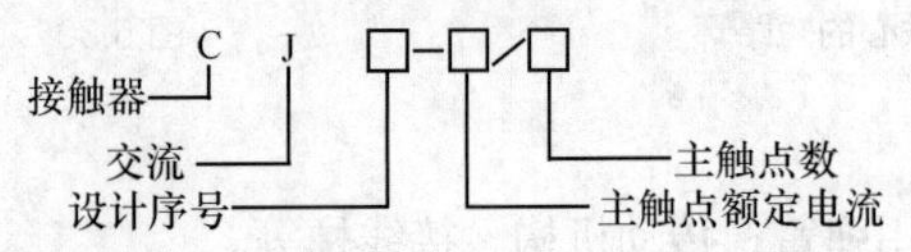

（3）图形符号和文字符号如图 5.32 所示。

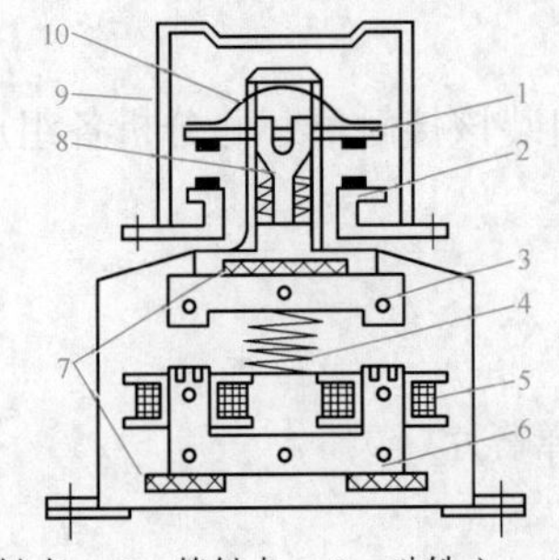

1—动触点 2—静触点 3—动铁心 4—缓冲弹簧
5—电磁线圈 6—静铁心 7—垫毡 8—接触弹簧
9—灭弧罩 10—触点压力簧片

图 5.31 CJ20-63 型交流接触器结构原理示意图

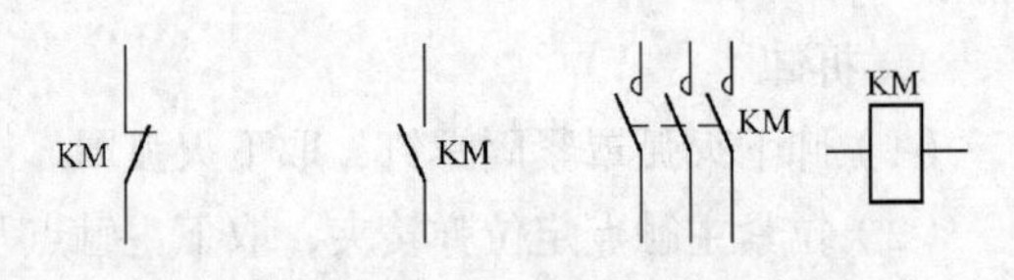

（a）辅助动断触点（b）辅助动合触点（c）主触点（d）线圈

图 5.32 交流接触器的符号

练一练

（1）试分析交流接触器铁心不能吸合的原因。

（2）在交流接触器中，如果铁心吸合时有震动和噪声，则可能的原因是什么？

四、认识主令电器

在控制系统中，主令电器是一种专门发布命令、直接或通过电磁式电器间接作用于控制电路的电器。常用来控制电力拖动系统中电动机的起动、停车、调速及制动等。常用的主令电器有控制按钮、行程开关、接近开关、万能转换开关、主令控制器等。

读一读 控制按钮是一种结构简单、运用广泛的主令电器，是短时间接通或断开电路的手动主令电器。

按照按钮的用途和触点的配置情况，可分为常开的起动按钮、常闭的停止按钮和复式按钮3种。按钮在停按后，一般都能自动复位。

做一做 观察如图5.33所示按钮，了解其结构、触点的类型，并检测按钮是否能自动复位。

图5.33 按钮外形图

读一读

（1）结构：按钮一般由按钮帽、复位弹簧、桥式动触点和静触点、外壳等组成。通常做成复式触点，即具有动合触点和动断触点。如图5.34所示为LA19-11型按钮的外形图和结构示意图。在实际运用中，为了避免误操作，常以红色表示停止按钮，绿色表示起动按钮。

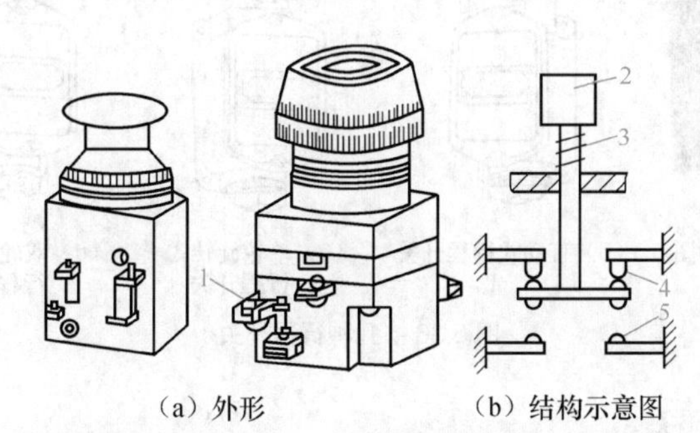

（a）外形 （b）结构示意图

1—接线柱 2—按钮帽 3—复位弹簧 4—动断触点 5—动合触点

图5.34 LA19-11型按钮的外形和结构示意图

（2）控制按钮的图形符号和文字符号如图5.35所示。

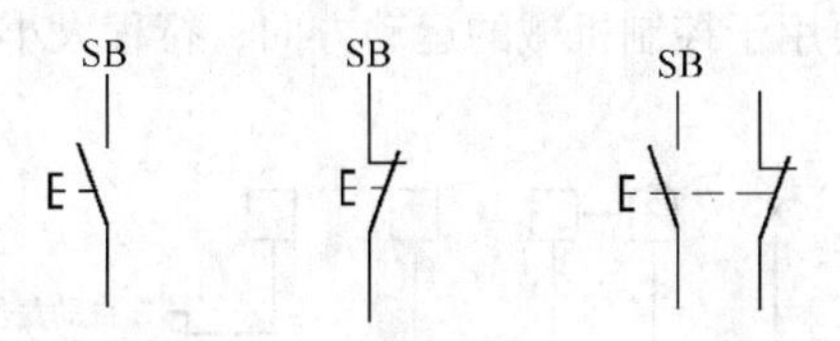

（a）动合触点 （b）动断触点 （c）复式触点

图5.35 控制按钮的符号

（3）型号意义：

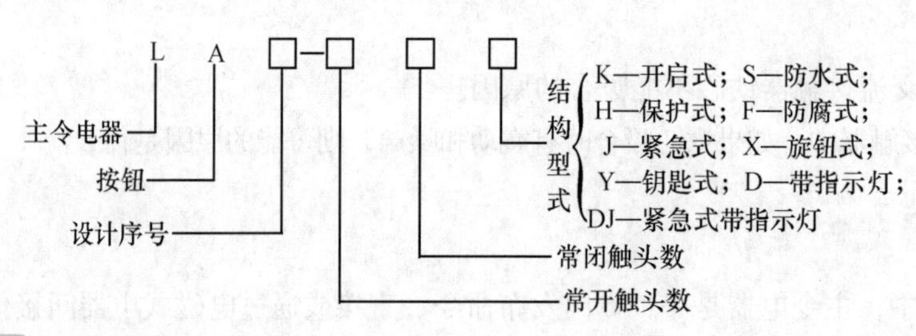

练一练

（1）说明下列型号所代表的意义。

LA19-11D　LA18-22Y

（2）根据按钮的结构形式，分析如果复式按钮的按钮帽没有按到底，则按钮中各触点的动作情况怎样？

（3）写出按钮的图形符号和文字符号。

读一读 行程开关也称为位置开关或限位开关。它是利用生产机械某些运动部件的碰撞使触点动作，从而发出控制指令的主令电器。

做一做 观察如图 5.36 所示的几种行程开关，了解其结构和动作过程，比较行程开关与按钮的区别。

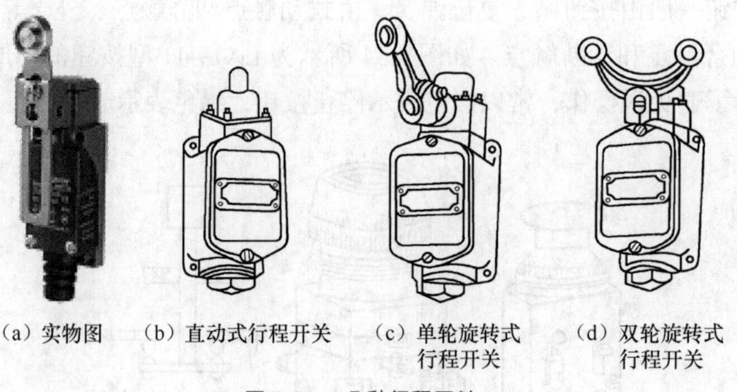

（a）实物图　（b）直动式行程开关　（c）单轮旋转式行程开关　（d）双轮旋转式行程开关

图 5.36　几种行程开关

读一读 行程开关。

（1）结构：行程开关主要由操作结构、触点系统和外壳构成。

（2）分类：行程开关按结构形式分为直动式、转动式和微动式；按复位方式分为自动和非自动复位式；按触点性质可分为触点式和无触点式。

（3）应用：行程开关主要用于控制机械的运动方向、行程大小及位置保护。

（4）型号意义：

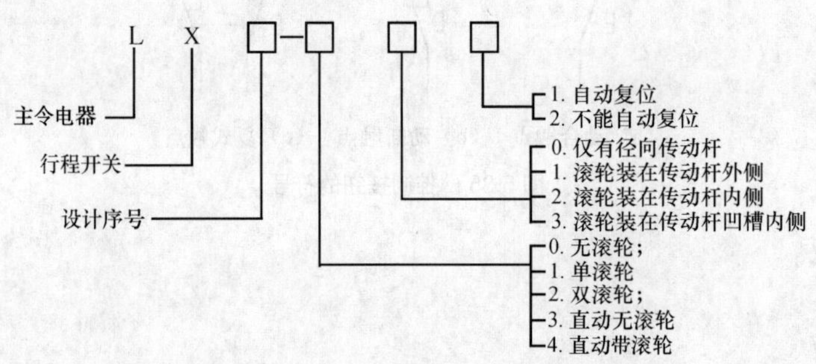

（5）行程开关的图形符号和文字符号，如图 5.37 所示。

练 一 练 说明下列型号所代表的意义。

LX19-222　LX19-111　LX19-121

SQ　SQ　SQ

（a）动合触点　（b）动断触点　（c）复式触点

图 5.37　行程开关的符号

读 一 读 万能转换开关。

万能转换开关是一种多挡式、控制多回路的主令电器。万能转换开关主要用于各种控制线路的转换，电压表、电流表的换相测量控制，配电装置线路的转换和遥控等。常用产品有 LW5 和 LW6 系列。如图 5.38 所示为万能转换开关外形和单层结构示意图。

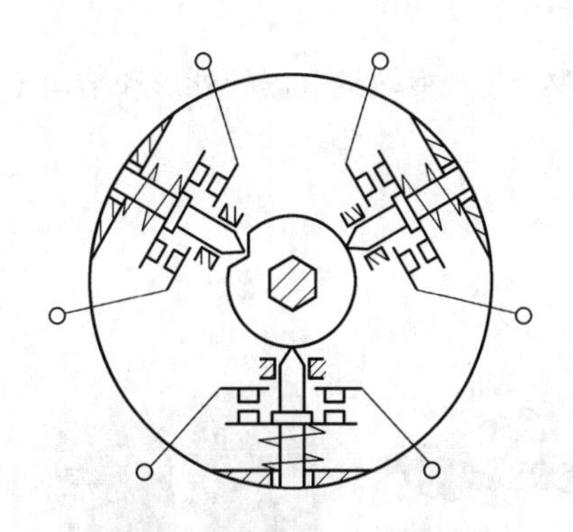

图 5.38　万能转换开关外形及单层结构示意图

LW5 系列可控制 5.5kW 及以下的小容量电动机；LW6 系列只能控制 2.2kW 及以下的小容量电动机。万能转换开关用于可逆运行控制时，只有在电动机停车后才允许反向起动。LW5 系列万能转换开关按手柄的操作方式可分为自复式和定位式两种。所谓自复式是指用手拨动手柄于某一挡位时，手松开后，手柄自动返回原位；定位式则是指手柄被置于某挡位时，不能自动返回原位而停在该挡位。

SA
左　0　右
1　2
3　4
5　6
7　8

（a）图形及文字符号

触点	位置		
	左	0	右
1-2		×	
3-4			×
5-6	×		×
7-8	×		

（b）触点接线表

图 5.39　万能转换开关的图形符号和触点接线表

不同型号的万能转换开关的手柄有不同的触点，其符号和触点接线表如图 5.39 所示。由于其触点的分合状态与操作手柄的位置有关，因此，除了在电路图中画出触点图形符号外，还应画出触点接线表，下面有“·”的表示所在一组触点接通，“×”表示触点闭合。图中，当万能转换开关打向左位置时，触点 5-6、7-8 闭合，其余触点断开；打向 0 位置时，只有触点 1-2 闭合；打向右位置时，触点 3-4、5-6 闭合，其余触点断开。

五、认识继电器

继电器是一种传递信号的电器。继电器的输入信号可以是电压、电流等电量，也可以是热、速度、压力等非电量。通过这些信号的变化接通和断开电路，以完成控制和保护任务。继电器的种类很多，如表5.10所示为继电器的分类情况。

表5.10 继电器的分类

分类原则	类 型
按用途分	控制继电器、保护继电器
按动作原理分	电磁式继电器、感应式继电器、热继电器、机械式继电器、电动式继电器、电子式继电器等
按反应的参数分	电流继电器、电压继电器、时间继电器、速度继电器、压力继电器等
按动作时间分	瞬时继电器、延时继电器

下面介绍几种常用的继电器。

1. 热继电器

做一做 观察热继电器的外形和结构（见图5.40）。

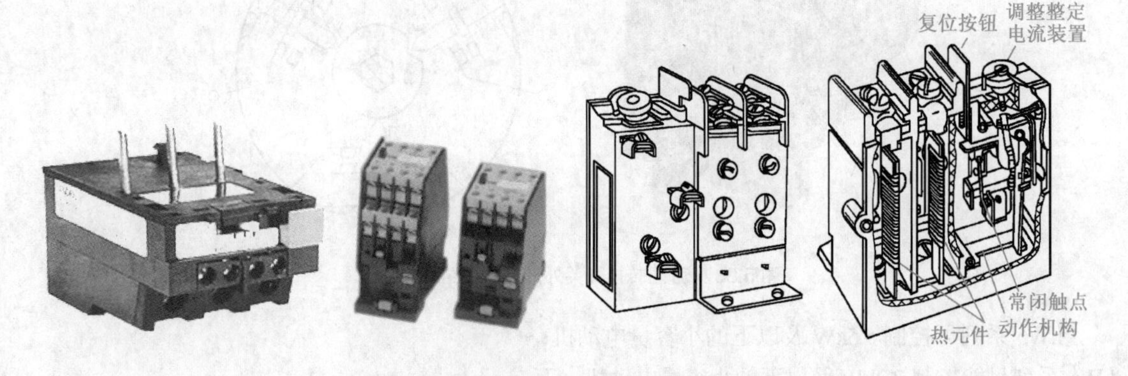

图5.40 热继电器的外形和结构

读一读

（1）结构：热继电器主要由热驱动元件（双金属片）、触点、传动机构、复位按钮及电流调整装置构成。

（2）接线方式：热继电器的热驱动元件的电阻丝应串联在主电路中，触点应串联在具有接触器线圈的控制电路中。

（3）工作原理：热继电器是利用电流的热效应而使触点动作的电器，当电动机过载时，热继电器触点动作（动断触点断开、动合触点闭合），切断了控制电路，使电动机失电停转，实现了过载保护。电动机断电一段时间后，在弹簧的作用或者手动作用下触点自动复位，即动断触点闭合、动合触点断开。

（4）注意事项：只有在热继电器的触点复位后，才能重新起动电动机。

（5）型号意义：

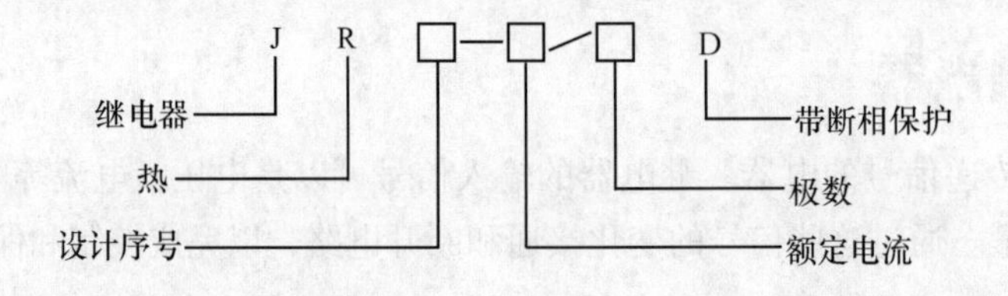

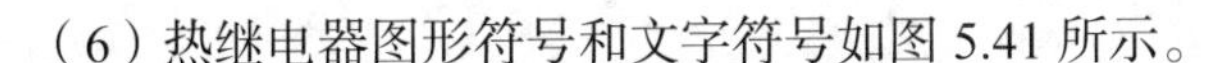

（6）热继电器图形符号和文字符号如图 5.41 所示。

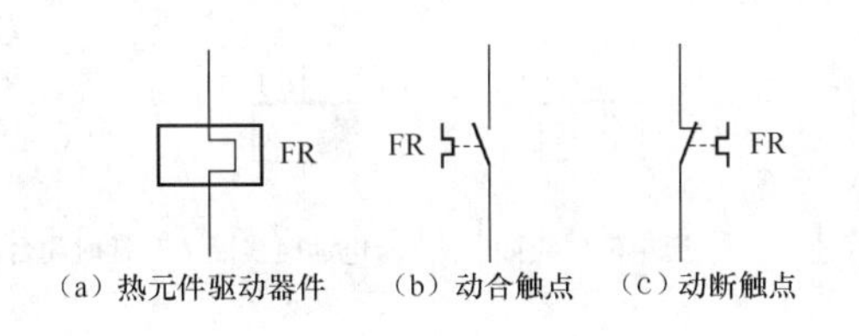

（a）热元件驱动器件　（b）动合触点　（c）动断触点

图 5.41　热继电器的符号

（7）主要用途：热继电器主要用于电动机电路中的过载保护。

练一练　用热继电器做电动机的过载保护时，如果热继电器整定的电流值过大，则电路工作时会出现什么情况？

2. 时间继电器

从得到输入信号（线圈通电或断电）开始，经过一定时间的延迟才会输出信号（触点闭合或断开）的继电器叫做时间继电器。

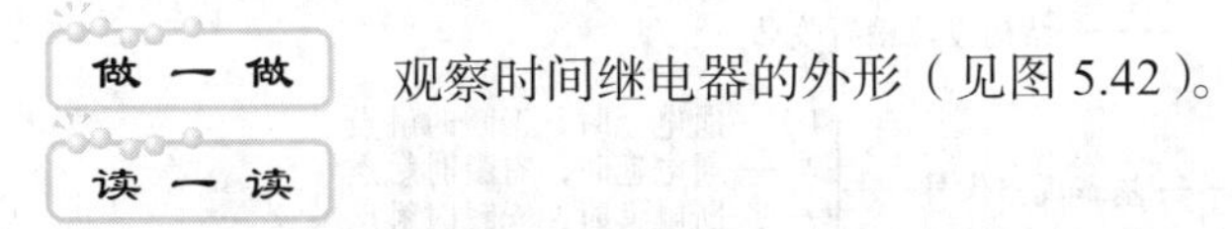

做一做　观察时间继电器的外形（见图 5.42）。

读一读

（1）分类：时间继电器按延时方式可分为通电延时型和断电延时型；按工作原理可分为直流电磁式、电动式、空气阻尼式、电子式等。

（2）特点及应用：电磁式时间继电器结构简单、价格低廉，但只能直流断电延时动作且延时较短，仅应用于直流电气控制电路中；空气阻尼式时间继电器利用空气阻尼作用而达到延时的目的，结构简单、价格低廉、延时范围大，但延时误差较大，是传统控制中应用最广的一种时间继电器；电动式时间继电器主要由同步电动机、电磁离合器、减速齿轮、触点及延时调整机构等组成，延时精度高，延时可调范围大，但价格较贵；电子式时间继电器从用 RC 充电电路以及晶体管电路进行延时触发时间控制的时间继电器，发展到如今广泛使用 CMOS 集成电路以及专用延时集成芯片组成的多延时功能、多设定方式、多时基选择、多工作模式、LED 显示的数字式时间继电器，具有延时精度高、延时范围广、在延时过程中延时显示直观等诸多优点，是传统时间继电器所不能比拟的，在现今自动控制领域里已基本取代传统的时间继电器，电子式时间继电器的主要型号有 JSJ、JS20、JSS、JSB、JS14、JS15、JSZ3、JSZ7 系列等。

（a）电磁式　（b）空气阻尼式　（c）电动式　（d）电子式

图 5.42　时间继电器的实物图

（3）文字和图形符号如图 5.43 所示。

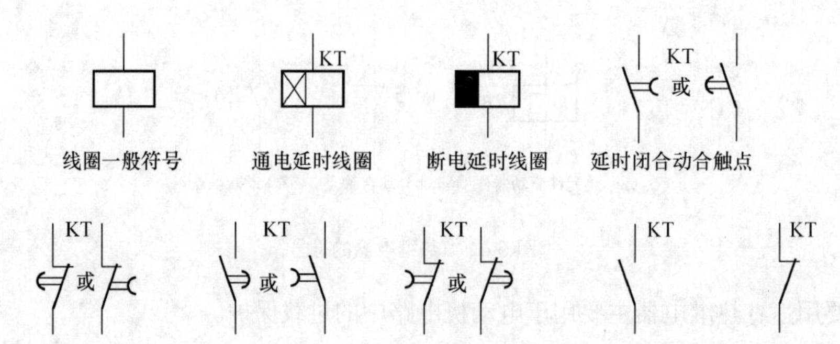

图 5.43 时间继电器符号

（4）型号意义：

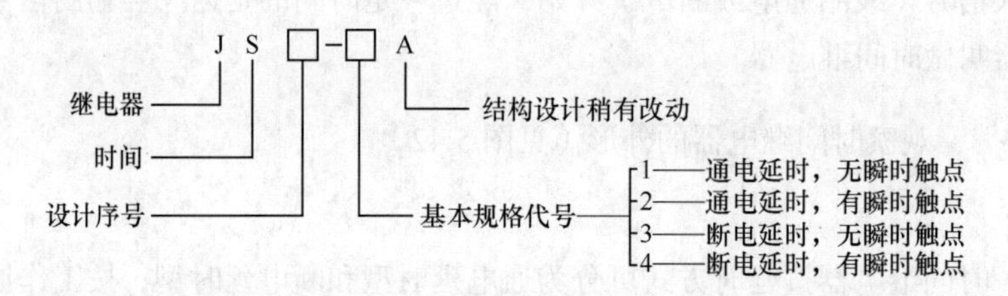

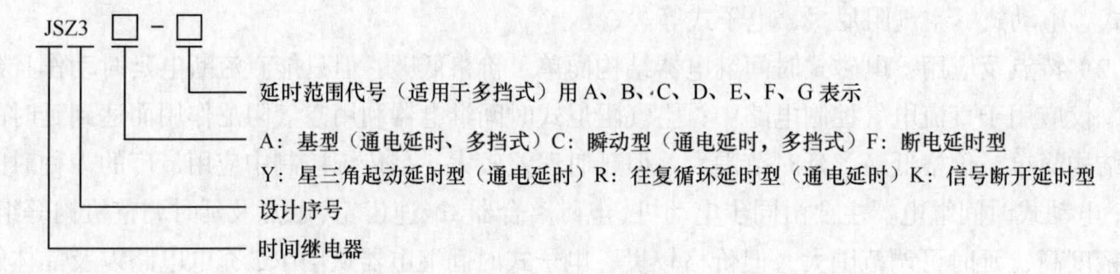

（5）接线图。JSZ3 系列时间继电器各端子的接线如图 5.44 所示。

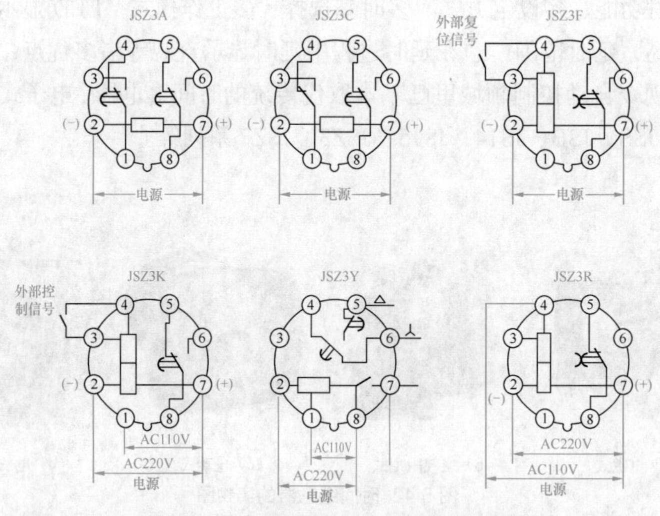

图 5.44 JSZ3 系列时间继电器的接线示意图

练一练 简述如图 5.45 所示图形符号所代表的意义及动作原理。

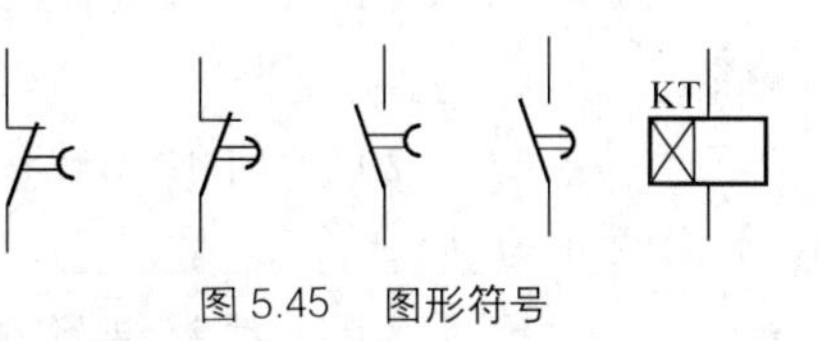

图 5.45 图形符号

3. 速度继电器

速度继电器是一种以速度的输入来控制触点动作的继电器，主要用于三相笼型异步电动机的反接制动控制。

做一做 观察速度继电器的外形与结构（见图 5.46）。

读一读 速度继电器的结构、工作原理和符号。

（1）结构：速度继电器由定子、转子和触点 3 部分组成。

（2）工作原理：当电动机转动时，速度继电器的转子随之转动，由于电磁感应作用，产生电磁转矩，带动定子柄向轴的转动方向偏摆，定子柄拨动触点，使动断触点断开，动合触点闭合；当电动机转速下降接近零时，定子柄在弹簧的作用下复位，触点也复位。

（3）图形符号和文字符号如图 5.47 所示。

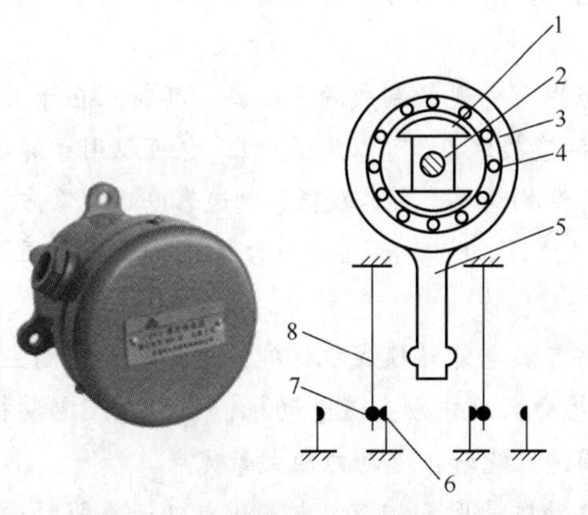

1—转子　2—电动机轴　3—定子　4—绕组

5—定子柄　6—静触点　7—动触点　8—簧片

图 5.46 速度继电器的外形和结构图

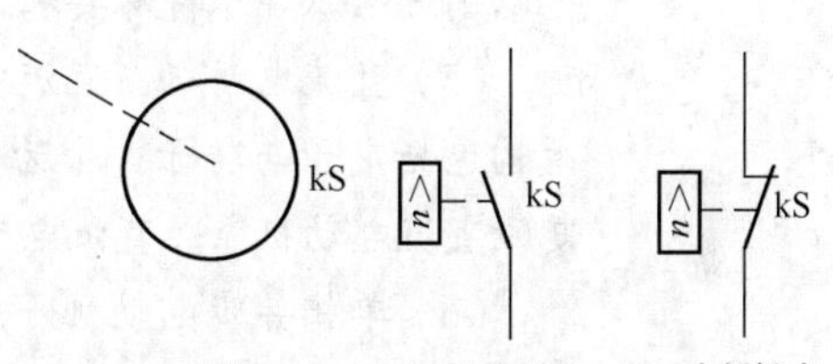

（a）转子　（b）动合触点　（c）动断触点

图 5.47 速度继电器的符号

评一评 根据本任务完成情况进行评价，并将评价结果填入如表 5.11 所示评价表中。

表 5.11 教学过程评价表

项目 / 评价人	任务完成情况评价	等　级	评定签名
自己评			
同学评			
老师评			
综合评定			

知识能力训练

（1）为了便于区分不同按钮的功能，常以红色表示________，绿色表示________。

（2）时间继电器按其延迟方式分为________和________；按其动作原理分为________、________、________等。

（3）速度继电器由________、________和________构成。当电动机正常运转时，速度继电器的转子随之而转动，速度继电器的动断触点________，动合触点________。

阅读材料

其他常用电器

（1）三相变压器。三相变压器由三台单相变压器组成，大部分三相变压器是将3个铁心柱和铁轭连接成一个三相磁路，形成三相一体心式变压器，广泛应用于电力系统中三相制输电和配电。三相变压器的铭牌上都标有接线组别，我国规定三相变压器有Y/Y0-12、Y/Y-12、Y0/Y-12、Y/△-11和Y0/△-11 5种标准连接组。

（2）互感器。互感器分为电压互感器和电流互感器，统称为仪用变压器。它能把高电压变成低电压，大电流变成低电流，解决电力系统中高电压和大电流不便于测量的难题。

（3）自耦变压器。自耦变压器是根据自感现象制成的变压器，其特点在于其原边副边绕组间不仅有磁的联系，也有电的直接联系。可以用于升压，也可以用于降压。

（4）电焊变压器。电焊变压器因其结构简单、成本较低、制造容易、维修方便、经久耐用等特点，在生产实际中应用很广泛，它实际上是一台特殊的降压变压器，可以满足电弧焊等特殊要求。

（5）直流电动机。直流电动机是将直流电能转换成机械能的电动机。它的主要结构包括定子与转子。分为他励直流电动机、并励直流电动机、串励直流电动机、复励直流电动机等。直流电动机具有调速性能好、起动力矩大等优点。

（6）单相异步电动机。单相异步电动机是用单相交流电源供电的一类驱动用电动机。其主要结构包括定子、转子和支撑部分。它具有结构简单、成本低廉、运行可靠、维修方便等优点，广泛应用于各种家用电器、电动工具等方面，作为驱动电动机。

（7）绕线式异步电动机。三相异步电动机按转子结构的不同分为鼠笼式转子和绕线式转子。鼠笼式转子用铜条安装在转子铁心槽内，两端用端环焊接，形状像鼠笼。中小型转子一般采用铸铝方式。绕线式转子的绕组和定子绕组相似，三相绕组连接成星形，三根端线连接到装在转轴上的3个铜滑环上，通过一组电刷与外电路相连接。鼠笼式电动机结构简单、价格低。绕线式电动机结构复杂、价格高，其优点是起动转矩大，起动电流可以通过转子串联电阻来减小，还可以在小范围内调速。

通过本单元的学习，主要掌握下列内容。

（1）常用照明灯具的种类、使用注意事项。

（2）单相变压器的结构、分类。

（3）单相变压器的工作特性，变换交流电压、交流电流及变换阻抗的基本原理。

（4）变压器初、次级的端电压之比等于这两个线圈的匝数之比，即

$$\frac{U_1}{U_2}=\frac{N_1}{N_2}=k$$

（5）变压器工作时，初、次级线圈中的电流与线圈的匝数成反比，即

$$I_1=\frac{N_2}{N_1}I_2=\frac{1}{k}I_2$$

（6）变压器铭牌参数所代表的意义。

（7）三相交流电动机的结构和工作原理。

（8）三相交流电动机的连接方式有星形联结和三角形联结。

（9）改变接入三相交流电动机的电源的相序就能改变电动机的转向。

（10）三相交流电动机铭牌参数的意义。

（11）低压电器的定义及分类。

（12）低压电器的基本知识和使用方法。

一、选择题

1. 用于输配电系统升、降电压的变压器是（　　）。

A. 电力变压器　　B. 仪用变压器　　C. 试验变压器　　D. 特种变压器

2. 铁壳开关的文字符号是（　　）。

A. HK　　B. HH　　C. HZ　　D. HR

3. 下列电器中属于手动电器的是（　　）。

A. 接触器　　B. 隔离开关　　C. 过电流继电器　　D. 热继电器

4. 如图 5.48 所示符号中，属于时间继电器的延时闭合动断触点的是（　　）。

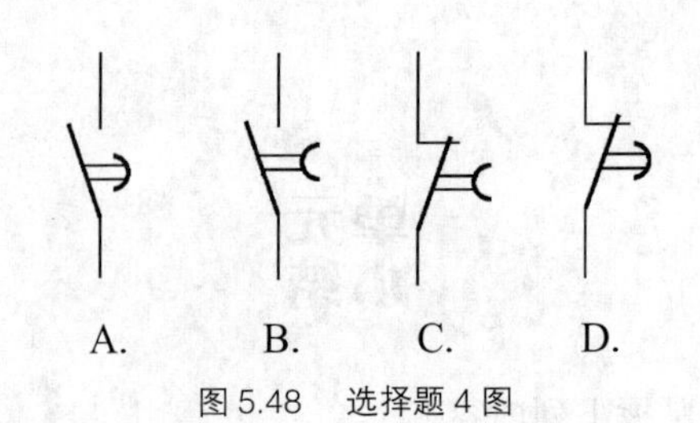

图 5.48　选择题 4 图

5. 下列选项中，不是主令电器的是（　　）。

A. 按钮　　B. 行程开关　　C. 组合开关　　D. 万能转换开关

6. 热继电器在电力拖动系统中一般用做（　　）保护。

A. 短路　　B. 过载　　C. 欠电压　　D. 过电流

7. 下列文字符号中，属于控制按钮的是（　　）。

A. Q　　B. SB　　C. SQ　　D. SA

二、填空题

1. 变压器的结构主要是由________和________组成。

2. 单相变压器的变压比为 10，若初级绕组接入 36V 直流电压，则次级绕组上的电压为________V。

3. 一负载 R_L 经变压器接到信号源上，已知信号源内阻 r_0=800Ω，变压器的变压比 k=10。若要达到阻抗匹配，则负载 R_L 应等于________。

4. 三相异步电动机定子绕组的连接方式有________和________两种。

5. 三相异步电动机的结构主要包括________、________、外壳等。

6. 要改变三相异步电动机的转向，只要改变接入电动机的电源的________就可以了。

7. 工作在交流电压________，或直流电压________及以下的电路中起________作用的电器产品叫做低压电器。

8. 闸刀开关在安装时应注意：合闸状态下手柄应该向________，不能________和________。电源进线应接在________一边的进线端，用电设备应接在________一边的出线端。

9. 为了避免误操作，按钮帽通常做成不同颜色，常以红色表示________，绿色表示________。按钮的文字符号是________。

10. 交流接触器中的铁心由硅钢片叠压而成，目的是为了减少________，且交流接触器中装有短路环，其目的是为了________。

11. 下列低压电器中，属于自动电器的是________；属于手动电器的是________。

① 接触器 ②热继电器 ③空气开关 ④时间继电器 ⑤ 铁壳开关 ⑥断路器 ⑦按钮 ⑧ 转换开关

12. 时间继电器按其触点延迟方式可分为________和________。

13. 根据复式按钮的结构特点，如果按钮按下但没有按到底，则按钮的动断触点会________，按钮的动合触点会________。

14. 速度继电器主要用做________，速度继电器动合触点的闭合动作发生在转子________时，

其断开动作发生在转子________时（填写高速转动或者转速接近零）。

三、判断题

1. 维护、安装和更换光源之前，可以不切断电源。(　　)

2. 照明灯具在选择的时候总是越亮越好。(　　)

3. 变压器输出功率越大，则变压器的效率越高。(　　)

4. 变压器能变换交流电压、交流电流及阻抗。(　　)

5. 电动机的定子铁心要使用硅钢片叠成的目的是为了减少涡流和磁滞损耗。(　　)

6. 电动机在额定电压下工作，流过额定电流时，电动机消耗的功率是额定功率。(　　)

7. 熔断器在家庭照明电路中，熔体的额定电流选择越大越好。(　　)

8. 闸刀开关可以用来频繁地接通和断开电源电路。(　　)

四、问答分析题

1. 已知变压器的容量为1.5kVA，初级额定电压为220V，次级额定电压为110V，求初、次级线圈的额定电流。

2. 请说出如图5.49中所示的电器名称和文字符号。

3. 在电气控制中，熔断器和热继电器的保护作用有什么不同？能不能用热继电器代替熔断器作短路保护？

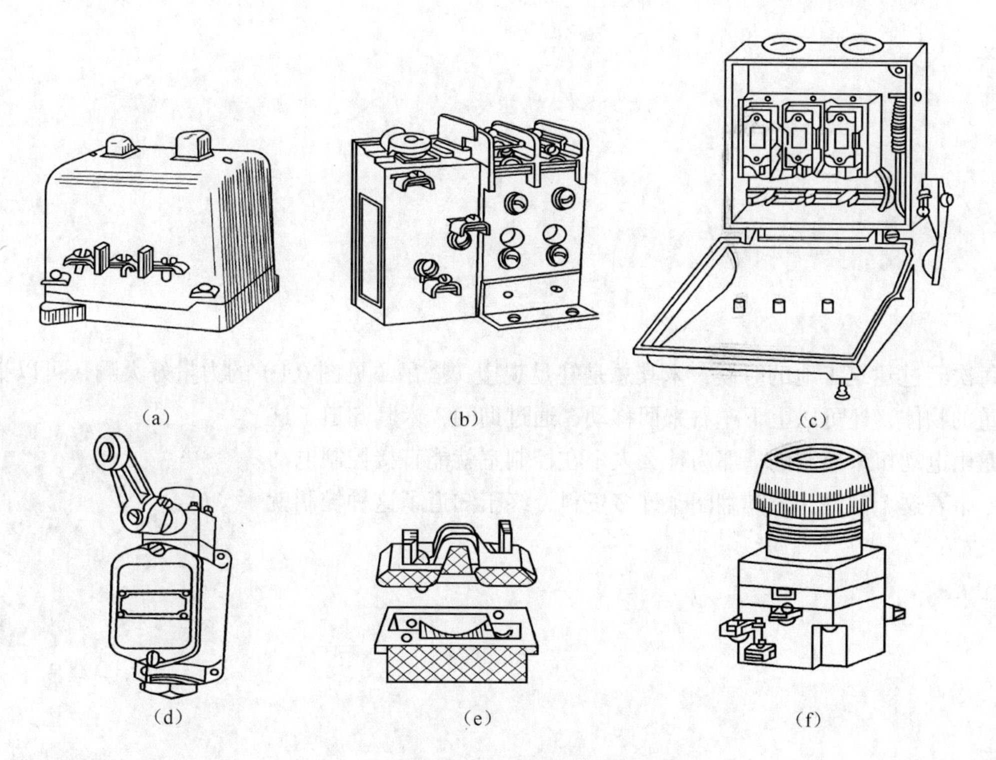

图5.49　问答分析题2图

第 6 单元

了解三相异步电动机的基本控制

知识目标

- 了解三相异步电动机的起动和停止控制方法。
- 了解三相异步电动机的正、反转控制原理。

技能目标

- 学会识读电动机基本控制电路，会分析电路的工作原理。
- 学会绘制简单的电动机控制电路图。
- 学会电气控制电路的安装方法。

情景导入

每次经过建筑工地的时候，米其总是驻足观望，塔吊（见图 6.1）的力量好大啊，可以举起这么重的物体，还可以上下左右来回移动，通过询问，米其知道了这些都是由电动机来控制的，那为什么人坐在控制室就能直接控制电动机呢？带着这个问题，米其翻阅了许多资料，终于知道了这种控制就是电气控制。

图 6.1　塔吊

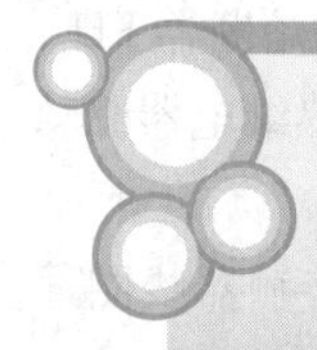

任务1 安装、调试三相异步电动机起动控制电路

现代工农业生产中所使用的生产机械大多是由电动机来带动的，因此，电力拖动装置是现代生产机械中的一个重要组成部分，它由电动机、传动机构和控制电动机的电气设备等环节组成。为了使电动机能按照生产机械所需的要求进行工作，通常可以采用继电器、接触器、按钮等控制电器来实现生产过程的自动控制。这种控制系统结构简单，维修方便，所以得到广泛运用。

一、认识三相异步电动机的起动控制

电动机接通电源开始由静止逐渐加速到稳定运行的过程叫做电动机的起动。

电动机起动有两种方式，即直接起动和减压起动。一般情况下，小容量电动机（功率在10kW及以下）可以直接起动，大容量电动机则采用减压起动的方式。

以下主要分析单向点动控制和连续运转控制两种直接起动控制电路。

读一读 单向点动控制电路。

如图6.2所示为三相异步电动机单向点动控制电路电气原理图。

（1）主电路中包括起电源隔离作用的刀开关QS，对主电路起短路保护作用的熔断器FU_1，控制电动机的起动、运行和停止的接触器主触点KM。

（2）控制电路中包括对控制电路起短路保护作用的熔断器FU_2，用于控制接触器线圈通、断的按钮SB，以及接触器的线圈KM。

做一做 根据如图6.2绘制三相异步电动机单向点动控制电气原理图，识读各元器件符号，了解其作用（电气原理图的绘制方法参见本节阅读材料）。

读一读 单向点动控制电路的工作过程。

合上电源隔离开关QS。

起动控制：按下按钮SB（保持按钮处于按下状态）→KM线圈得电→KM主触点闭合→电动机M得电开始运转。

停止控制：松开按钮SB→KM线圈失电→KM主触点复位断开→电动机失电停止运转。

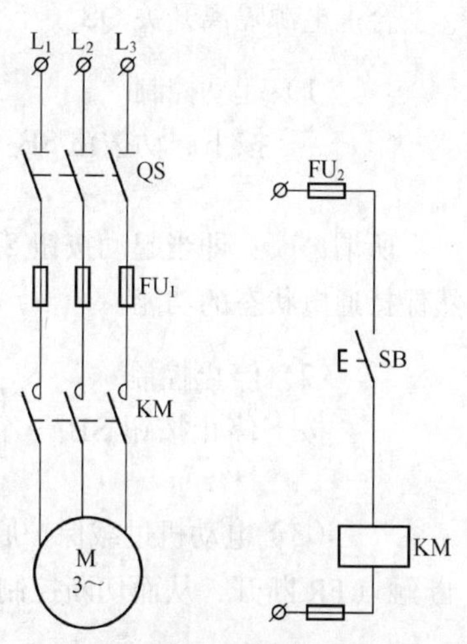

图6.2 单向点动控制电路

议一议 根据如图6.2所示的电气原理图及前面所学的相关电器知识，请分析出现下列情况分别是由哪些原因引起的。

（1）按下点动按钮SB后电动机不能正常起动。

（2）松开点动按钮SB后电动机不能停止。

读一读 连续运转起动控制电路。

如图 6.3 所示为三相异步电动机连续运转起动控制电路的电气原理图。

（1）主电路中包括：起电源隔离作用的刀开关 QS，对主电路起短路保护作用的熔断器 FU_1，控制电动机的起动、运行和停止的接触器主触点 KM，对电动机起过载保护作用的热继电器驱动元件 FR。

（2）控制电路中包括：对控制电路起短路保护作用的熔断器 FU_2，用于控制接触器线圈通断的起动按钮 SB_2 和停止按钮 SB_1，与起动按钮 SB_2 并联起电路自锁作用的接触器辅助动合触点 KM，接触器的线圈 KM，热继电器的动断触点 FR。

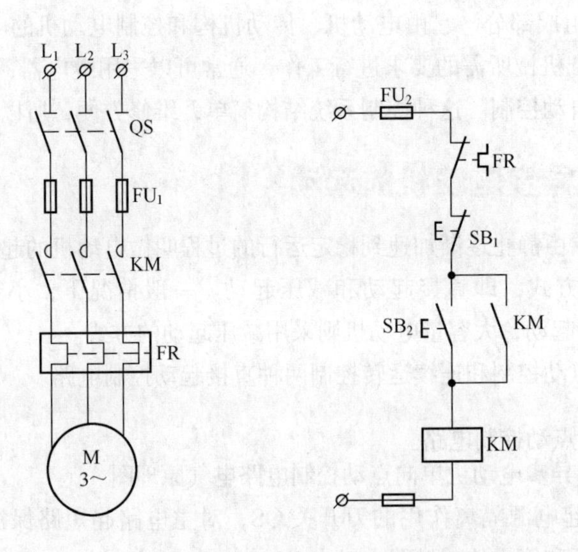

图 6.3　连续运转起动控制电路

做一做　根据如图 6.3 所示的电气原理图，识读各元器件符号，了解其作用。

读一读　连续运转起动控制电路的工作过程。

合上电源隔离开关 QS。

（1）起动控制：

按下起动按钮 SB_2→ KM 线圈得电 → { KM 主触点闭合→电动机 M 得电开始运转；KM 辅助动合触点闭合→自锁 }

所谓自锁：即当起动按钮 SB_2 松开时，由于接触器辅助动合触点 KM 闭合，使接触器线圈仍然保持通电状态的功能。

（2）停止控制：

按下停止按钮 SB_1→ KM 线圈失电 → { KM主触点复位断开→电动机失电停止运转；KM辅助动合触点复位断开，为下一次起动作准备 }

（3）电动机过载保护原理：当电动机发生过载时，热继电器的驱动元件过热动作，其动断触点 FR 断开，从而切断控制电路，使接触器线圈失电，电动机停止运转。

阅读材料

电气原理图也称为电路图，它表示电流从电源到负载的传送情况及电气元器件的动作原理。其绘制原则如下。

（1）电路图中的各电气元器件，一律采用国家标准规定的图形和文字符号。

（2）所有按钮、触点均按没有动作时的原始状态画出。

（3）原理图一般分为主电路和控制电路两个部分：主电路包括从电源经电源开关、熔断器、接触器主触点、热继电器的驱动元件等到电动机的电路，是大电流通过的部分，用粗实线垂直地画在原理图的左边；控制电路是小电流通过的电路，用细实线画在原理图的右边，一般由按钮、电气元器件的线圈、接触器的辅助触点、继电器的触点等组成。控制电路垂直地画在两条水平电源线之间，耗电元器件（如线圈、电磁铁、信号灯等）直接与下方水平线连接，控制触点连接在上方水平线与耗电元器件之间。

（4）电气元器件采用展开图的画法。同一电气元器件的各部分可以不画在一起，但文字符号要相同。若有多个同一种类的电气元器件，可以在文字符号后加上数字序号的下标，如 KM_1、KM_2 等。

（5）控制电路的分支电路，原则上按动作顺序和信号流自左至右、自上而下的顺序绘制。

（6）电路中各元器件触点的符号，当图形垂直放置时以“左开右闭”绘制，即垂线左侧的触点为动合触点，垂线右侧的触点为动断触点；当图形为水平放置时以“上闭下开”绘制，即在水平线上方的触点为动断触点，在下方的触点为动合触点。

（7）电路的连接点用“实心圆”表示；需要测试和拆装外部引出线的端子，应用“空心圆”表示。

二、安装三相异步电动机起动与连续运行控制电路

读 一 读 三相异步电动机基本电气控制电路的安装步骤。

（1）识读电路图。认识电路中各元器件，了解电路原理，对元器件进行编号。

（2）选配元器件并检查，确保元器件完好。

（3）安装电路。根据接线图将元器件安装于控制板上，根据电动机容量选配符合规格的导线，并在导线两端套上与电路图上编号一致的号码管。

（4）安装电动机。

（5）连接保护接地线、电源线以及控制板外部接线。

（6）自检和互检。

（7）通电试车。

做 一 做

（1）对元器件进行识读与编号，并填入表 6.1 中。

表 6.1 元器件及导线明细表

名 称	代 号	型 号	规 格	数 量
三相异步电动机				

续表

名　　称	代　　号	型　　号	规　　格	数　　量
组合开关				
按钮				
主电路熔断器				
控制电路熔断器				
交流接触器				
端子板				
主电路导线				
控制电路导线				
按钮导线				
接地导线				

（2）检查元器件的质量。

（3）根据如图 6.4 所示元器件布置参考图将元器件固定于控制板上。元器件安装要求牢固美观，不得损坏。

（4）按如图 6.3 所示完成主电路和控制电路接线。

（5）安装电动机，连接保护接地线。

（6）自检与互检。

（7）通电运行。

根据表 6.2 所示评分标准进行评分。

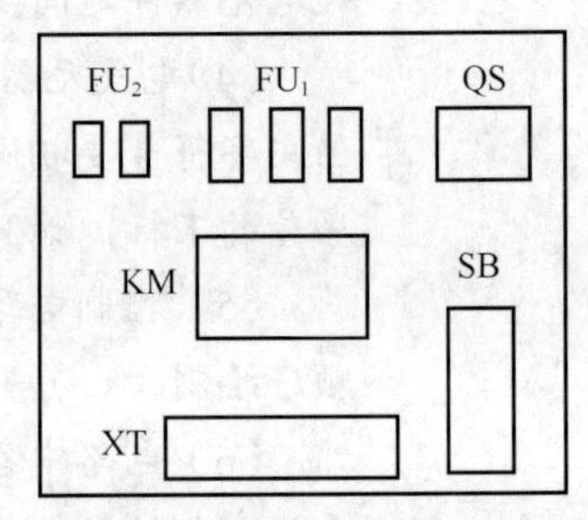

图 6.4　元器件布置参考图

表 6.2　　工艺标准及评分表

项目 \ 分值及评分标准	占　分	评 分 标 准	自　评	互　评	教 师 评
元件检查	20 分	（1）电动机漏检，扣 5 分 （2）低压电器漏检，每只扣 5 分			
安装工艺	20 分	（1）低压电器安装不整齐、不合理，每只扣 2 分 （2）低压电器安装不牢固，每只扣 2 分 （3）低压电器安装时损坏，每只扣 4 分			
接线工艺	30 分	（1）接点不符合要求，每个接点扣 1 分 （2）损坏导线绝缘或芯线，每处扣 2 分 （3）漏接接地线，扣 10 分			
通电试车	20 分	（1）第 1 次试车不成功，扣 5 分 （2）第 2 次试车不成功，扣 10 分 （3）第 3 次试车不成功，扣 20 分			
操作态度与安全文明	10 分	操作态度不认真或违反安全文明规程，视实际情况扣分			
安装速度	每超过 5 分钟扣 5 分				
开始时间	结束时间	实际时间	综合成绩		

议 一 议　根据如图 6.3 所示的电气原理图及前面所学的相关知识，分析下列情况可能是哪些原因引起的。

（1）按下起动按钮 SB_2 后，电动机起动运转但不能自锁。

（2）按下起动按钮 SB_2 后，电动机不能起动运转。

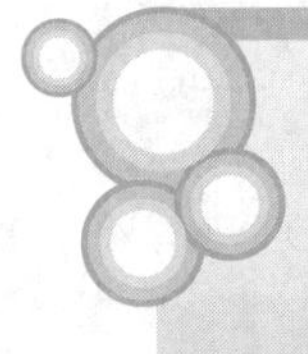

知识能力训练

（1）在连续运转控制电路中，如果接触器动作正常，而电动机嗡嗡响不能起动，是什么故障造成的？可能的原因有哪些？

（2）自锁触点在控制电路中起什么作用？如果错将接触器的动断触点接入自锁线路，会引起什么现象？

（3）在单向连续运行控制电路中为什么要比点动控制电路多一个按钮？

（4）为什么在连续运行控制电路中有过载保护的热继电器，而在点动控制电路中没有？

（5）安装电动机控制电路有哪些步骤？

任务2　安装、调试三相异步电动机正、反转控制电路

一、认识三相异步电动机的正、反转控制

在日常生活中，常常会遇到这样的控制情况：车床上的刀架台可以自动地前后移动；起重机的吊钩可以上升、下降等，这些都是依靠电动机的正、反转来实现的。下面就以三相异步电动机为例，介绍其正、反转控制电路。

读一读　由电动机原理可知，改变接入电动机的三相电源的相序，就可以改变电动机的转向。电动机的正、反转电路正是基于这个原理来实现的。电动机的正、反转电路如图6.5所示。

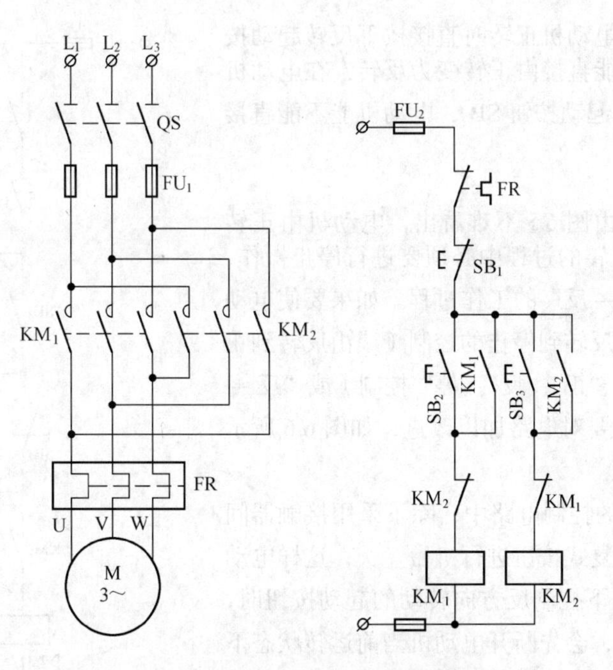

图6.5　电动机正、反转控制电路

（1）在主电路中，接触器 KM_1 用来控制电动机的正转；接触器 KM_2 用来控制电动机的反转；热继电器用来对电动机实现过载保护。

（2）在控制电路中，电动机的正转控制电路和反转控制电路之间采用了接触器的辅助动断触点进行电气互锁（又称联锁），保证在电动机正转时反转控制电路不会被接通，在电动机反转时正转控制电路也不会被接通。

做一做 根据如图 6.5 绘制三相异步电动机正、反转控制电气原理图。

读一读 电动机正、反转控制电路的工作过程。

合上电源隔离开关 QS。

（1）电动机正转起动控制：

按下按钮SB_2 → KM_1线圈得电→
- KM_1主触点闭合→电动机得电正向转动
- KM_1辅助动断触点断开→实现电气互锁（保证控制电动机反转的接触器KM_2不会被接通）
- KM_1辅助动合触点闭合→实现接触器线圈自锁

（2）停止控制：按下停止按钮SB_1→KM_1线圈失电→
- KM_1主触点断开→电动机停止转动
- KM_1辅助动合触点断开
- KM_1辅助动断触点闭合→为电动机的反转作准备

（3）电动机反转起动控制：

按下按钮SB_3 → KM_2线圈得电→
- KM_2主触点闭合→电动机得电反向转动
- KM_2辅助动断触点断开→实现电气互锁（保证控制电动机正转的接触器KM_1不会被接通）
- KM_2辅助动合触点闭合→实现接触器线圈自锁

议一议 电动机正转时直接按下反转起动按钮 SB_3，电动机能不能直接由正转变为反转？在电动机反转时直接按下正转起动按钮 SB_2，电动机能不能直接由反转变为正转？

读一读 由图 6.5 不难看出，电动机由正转到反转或由反转到正转的过程中必须要进行停止操作，即实现了“正—停—反”的工作过程。如果要使电动机实现直接由正转到反转到停止的控制（或由反转到正转到停止的控制），即“正—反—停”控制（或“反—正—停”控制），就要对电路加以改进，如图 6.6 所示为改进后的控制电路。

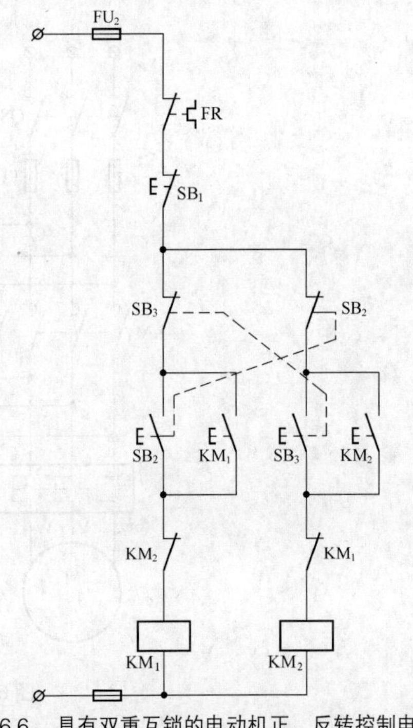

图 6.6 具有双重互锁的电动机正、反转控制电路

在如图 6.6 所示的控制电路中，除了采用接触器间的电气互锁，还利用复式按钮进行机械互锁，这样电动机在正常运转时，按下控制反方向转动的起动按钮时，由于按钮的结构特点，会先断开电动机当前运转状态下的控制电路，然后接通反方向运转的控制电路，这个过

程是非常短暂的，且中间过程不需要再按停止按钮。

议 一 议 根据如图 6.5 所示的控制电路，思考以下问题。

（1）如果将两个接触器的辅助动断触点去掉，控制电路可能会出现什么情况？

（2）按下起动按钮 SB_2，如果电动机不能正常起动，那么可能出现的故障有哪些？

（3）若同时按下 SB_2 和 SB_3，是否会引起电源短路？为什么？

二、安装三相异步电动机接触器互锁正、反转控制电路

做 一 做

（1）对元器件进行识读与编号，并填入表 6.3 中。

表 6.3 元器件及导线明细表

名 称	代 号	型 号	规 格	数 量
三相异步电动机				
组合开关				
按钮				
主电路熔断器				
控制电路熔断器				
交流接触器				
端子板				
主电路导线				
控制电路导线				
按钮导线				
接地导线				

（2）检查元器件的质量。

（3）根据如图 6.7 所示元器件布置图将元器件固定于控制板上。元器件安装要求牢固美观，不得损坏。

（4）按如图 6.6 所示完成主电路和控制电路接线。

（5）安装电动机，连接保护接地线。

（6）自检与互检。

（7）通电运行。

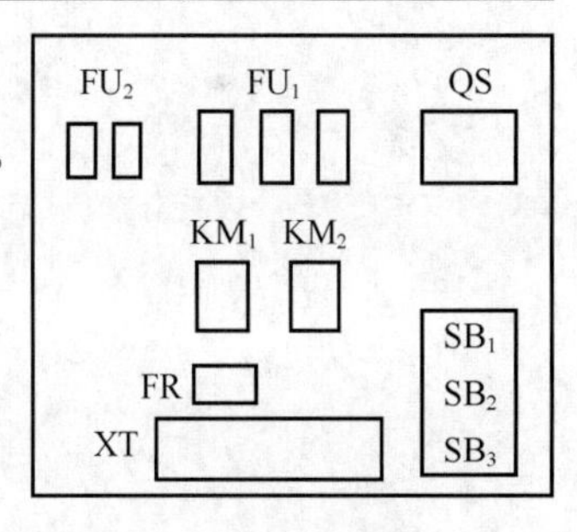

图 6.7 元器件布置参考图

评 一 评 根据表 6.4 所示评分标准进行评分。

表 6.4 工艺标准及评分表

项目 \ 分值及评分标准	占 分	评 分 标 准	自 评	互 评	教 师 评
元件检查	10 分	元器件漏检或错误，每只扣 2 分			
安装工艺	20 分	（1）未按图安装元器件，每只扣 2 分 （2）低压电器安装不牢固，每只扣 2 分 （3）低压电器安装时损坏，每只扣 4 分			

续表

项目 \ 分值及评分标准	占 分	评分标准	自 评	互 评	教师评
接线工艺	40分	（1）未按图接线，扣20分 （2）接点不符合要求，每个接点扣2分 （3）损坏导线绝缘或芯线，每处扣5分 （4）漏接接地线，扣10分			
通电试车	20分	（1）第1次试车不成功，扣5分 （2）第2次试车不成功，扣10分 （3）第3次试车不成功，扣20分			
操作态度与安全文明	10分	操作态度不认真或违反安全文明规程，视实际情况扣分			
安装速度	每超过5分钟扣5分				
开始时间		结束时间		实际时间		综合成绩	

议一议 在如图6.6所示的电路中当要实现由正向转反向或由反向转正向时，是否需要先按下停止按钮 SB_1，为什么？

拓展与延伸 自动往返正、反转控制

在生产过程中，往往需要控制生产机械运动部件的行程，并使其在一定范围内作自动循环往返运动，如龙门刨床、导轨磨床的工作台运动。实现这种控制主要依靠行程开关，如图6.8所示为工作台自动循环往返运动的控制电路。

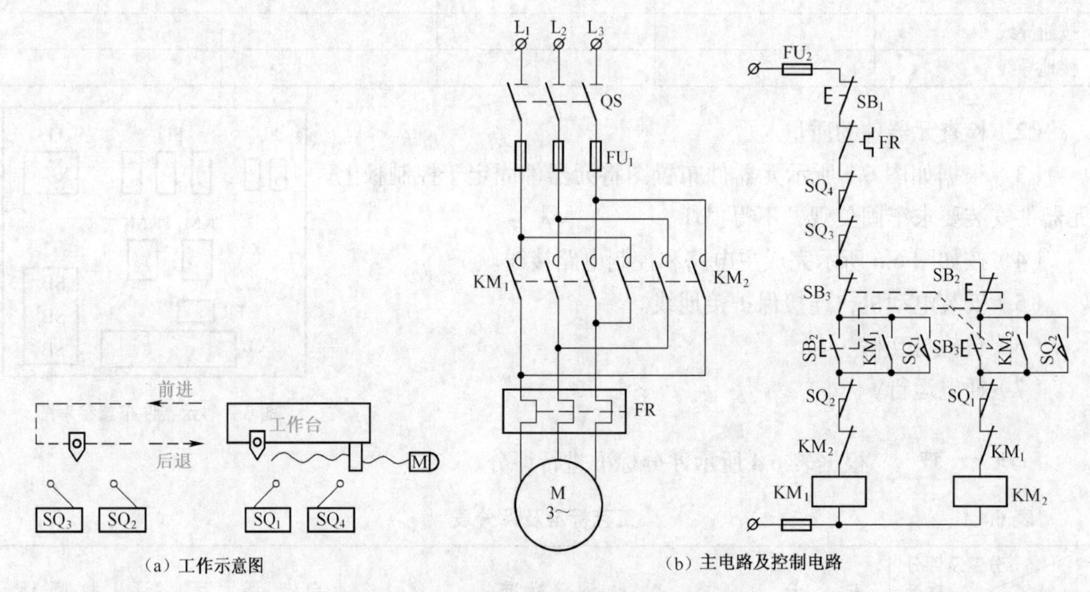

（a）工作示意图　（b）主电路及控制电路

图6.8　工作台自动循环往返运动的控制电路

在图6.8中，SQ_1 和 SQ_2 行程开关用来实现工作台的自动往返，当工作台在电动机的拖动下前进时，撞到行程开关 SQ_2，由于 SQ_2 触点的作用使电动机反转，拖动工作台后退，撞到行程开关 SQ_1，同样的原理使电动机再次换向，拖动工作台前进，如此往复。SQ_3 和 SQ_4 用来作为两端的位置保护，当电动机前进出现异常越过行程开关 SQ_2 后，撞到行程开关 SQ_3，切断控制回路，

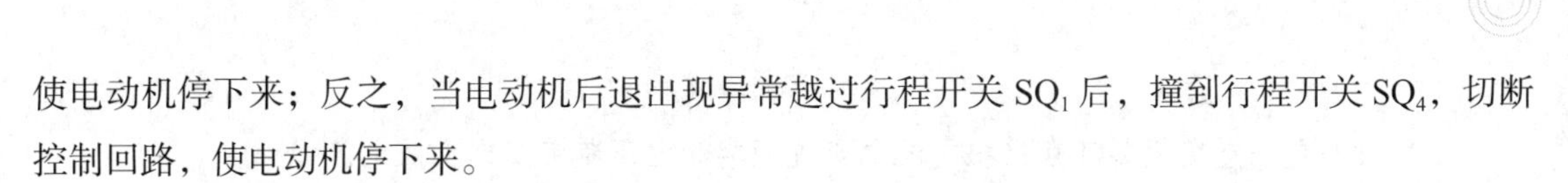

使电动机停下来；反之，当电动机后退出现异常越过行程开关 SQ_1 后，撞到行程开关 SQ_4，切断控制回路，使电动机停下来。

工作过程：接通电源开关 QS。

（1）起动：按下按扭 SB_2 → KM_1 线圈得电→电动机正转并拖动工作台前进→达到终端位置时，工作台上的撞块压下换向行程开关 SQ_2，SQ_2 动断触点断开→正向接触器 KM_1 失电释放。与此同时，SQ_2 动合触点闭合→反向接触器 KM_2 得电吸合→电动机由正转变为反转并拖动工作台后退。

当工作台上的撞块压下换向开关 SQ_1 时，又使电动机由反转变为正转，拖动工作台如此循环往复，实现电动机可逆运转控制，使工作台自动往返运动。

（2）停止：按下停止按钮 SB_1 时，电动机便停止运转。

知识能力训练

（1）在电动机正、反转控制电路中，有______互锁和______互锁两种方式。

（2）在如图 6.6 所示电动机正、反转控制电路中，如果电动机正在正转，按下反转起动按钮，电动机仍然按原转向运转，请分析故障原因。

（3）比较按钮互锁和接触器互锁的正、反转控制电路各有什么缺点。

（4）结合以前所学的知识，练习用万用表检查你所接的电动机正、反转控制电路是否正确。

阅读材料

现代控制技术

1. 可编程序控制器

可编程序控制器简称 PLC，是一种数字运算操作的电子系统，专为在工业环境下应用而设计。它采用可编程序控制器，在其内部存储和执行逻辑运算、顺序控制、定时、计数和算术运算等操作指令，并通过数字式和模拟式的输入和输出，控制各种类型的机械或生产过程。PLC 正逐步取代传统的继电器接触器控制系统，广泛应用于机床、印刷机、装配生产线、电梯等领域。如图 6.9 所示为两种 PLC 的外形。

2. 变频器

变频器是利用电力半导体器件的通断作用将工频电源变换为另一频率电源的电能控制装置。几种变频器的外形如图 6.10 所示。

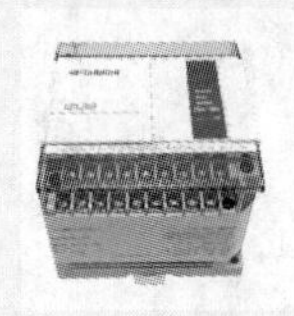

图 6.9 PLC 的外形结构

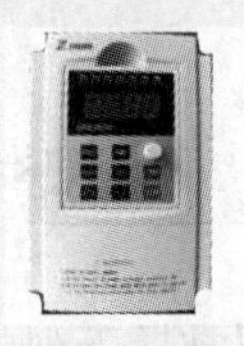

图 6.10 变频器外形

变频器分为交—交变频器，交—直—交变频器等。

（1）交—交变频器可直接把交流电变成频率和电压都可变的交流电。

（2）交—直—交变频器则是先把交流电经整流器先整流成直流电，再经过逆变器把这个直流电流变成频率和电压都可变的交流电。

变频器主要用于交流电动机（异步电动机或同步电动机）转速的调节，是公认的交流电动机最理想、最有前途的调速方案，除了具有卓越的调速性能之外，变频器还有显著的节能作用，已成为节能应用与速度工艺控制中越来越重要的自动化设备，此外，变频家电也已成为变频器的另一个广阔市场和应用趋势，带有变频控制的冰箱、洗衣机、家用空调等，在节电、减小电压冲击、降低噪声、提高控制精度等方面有很大的优势。

3. 传感器

传感器是一种能把物理量或化学量转变成便于利用的电信号的器件。通常由敏感元件和转换元件组成。它是一种检测装置，能感受到被测量的信息，并能将检测到的信息，按一定规律变换成为电信号或其他所需形式的信息输出，以满足信息的传输、处理、存储、显示、记录、控制等要求。它是实现自动检测和自动控制的首要环节。如图 6.11 所示为几种传感器的外形。

光电传感器

煤气泄漏传感器

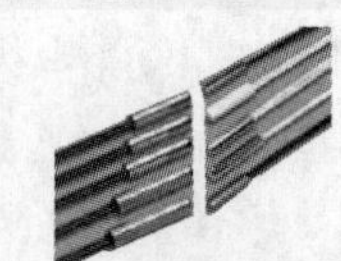
温度传感器

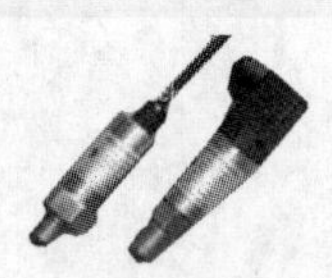
压力传感器

水位传感器

速度传感器

图 6.11 几种传感器的外形

根据工作原理，传感器可分为物理传感器和化学传感器两大类。按照用途，传感器可分为力敏传感器、位置传感器、液面传感器、能耗传感器、速度传感器、热敏传感器、加速度传感器、射线辐射传感器、振动传感器、湿敏传感器、磁敏传感器、气敏传感器、真空度传感器、生物传感器等。

通过本单元的学习，主要掌握下列内容。

（1）电气原理图的绘制原则。

（2）三相异步电动机的点动、连续运转控制和正、反转控制的工作原理及工作过程分析。

（3）正确连接各个控制电路，进行电路调试和检测，学会故障分析。

（4）理解自锁、电气互锁和机械互锁的概念。

思考与练习

一、填空题

1. 在如图 6.3 所示的主电路中，若有一相熔体因进行短路保护熔断后没有及时更换，则电动机会出现________运行。

2. 在如图 6.3 所示的电动机连续运转控制电路中，自锁触点一般都用接触器________（自身、对方）的________触点。

3. 在如图 6.5 所示的控制电路中，接触器互锁是用______（自身、对方）接触器的______的触点。

二、简答题

1. 画出电动机连续运转控制电路，并说明其工作原理。分析该电路中有哪几种电气保护方式。各起什么保护作用？

2. 在图 6.6 中，如果只用按钮互锁而不加接触器互锁，电路能否进行正常工作？会对正、反转控制有什么影响？

3. 如图 6.12 所示的电路各有什么错误？工作时会出现什么现象？应如何改正？

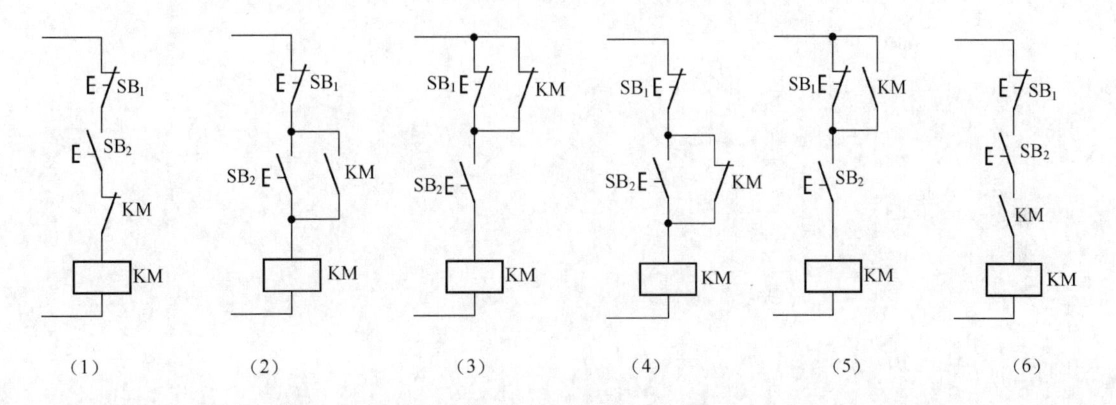

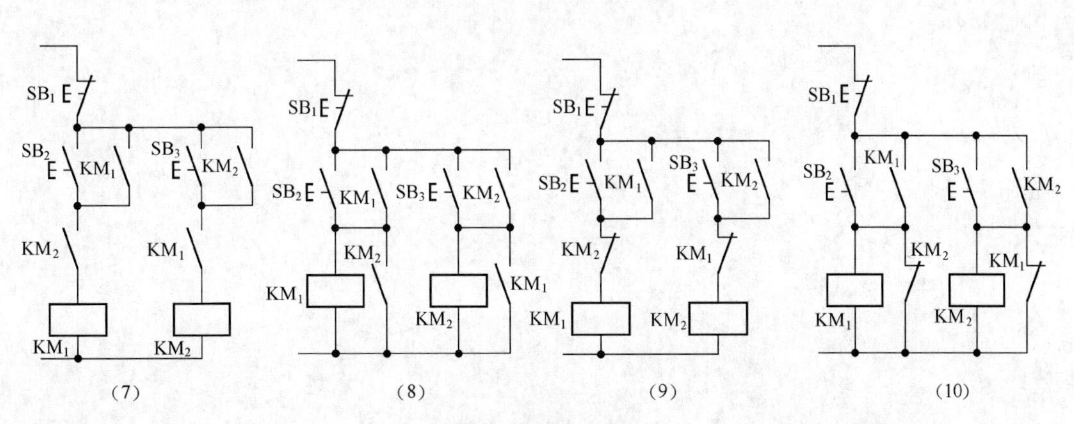

图 6.12　题 3 图

4. 分析如图 6.13 所示电气原理图的工作原理，并回答：

（1）在电动机 M_1 还没起动的情况下，直接按下按钮 SB_2，则电动机 M_2 能不能起动？

（2）若电路中错把接触器 KM_2 的辅助动合触点接成了动断触点，电路将会出现什么故障？

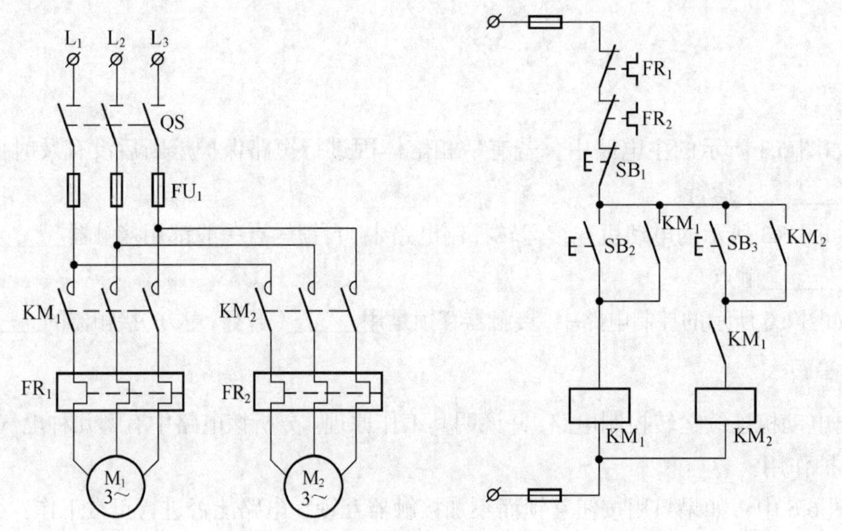

图 6.13　题 4 图

第 3 部分

模拟电子技术

主要内容

- 第 7 单元　学习基本电子技能
- 第 8 单元　认识常用半导体器件
- 第 9 单元　认识直流电源电路
- 第 10 单元　认识放大电路与集成运算放大器

第 7 单元

学习基本电子技能

知识目标

- 了解信号发生器的主要功能和使用方法
- 了解低压电源的主要功能和使用方法
- 了解毫伏表的主要功能和使用方法
- 了解常用焊接工具和材料的使用方法

技能目标

- 正确使用低压电源、信号发生器、毫伏表等常用电子仪器仪表
- 掌握基本的焊接要领

情景导入

有一天，米其发现家中的电瓶车充电器无法充电，他决定打开外壳查找原因。于是，他找来一些仪器和工具，对里面的元器件进行了检测，对损坏元器件进行了更换并安装了新的元器件，充电器终于又可以工作了。

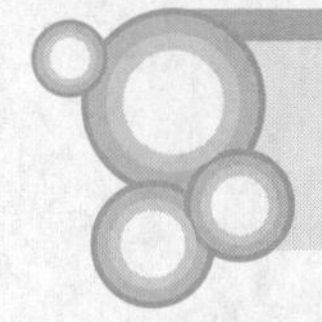

任务 1　正确使用基本电子仪器

一、正确使用信号发生器

议一议　在一些电子产品的调试中经常需要一些信号源，信号发生器就是产生各种不同频率信号的一种仪器，信号发生器应如何正确使用呢？

做一做

（1）观察信号发生器面板，信号发生器面板通常由显示窗口、调节旋钮等组成。如图 7.1 所示为函数信号发生器。

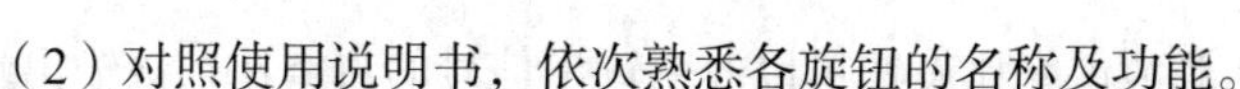

（2）对照使用说明书，依次熟悉各旋钮的名称及功能。

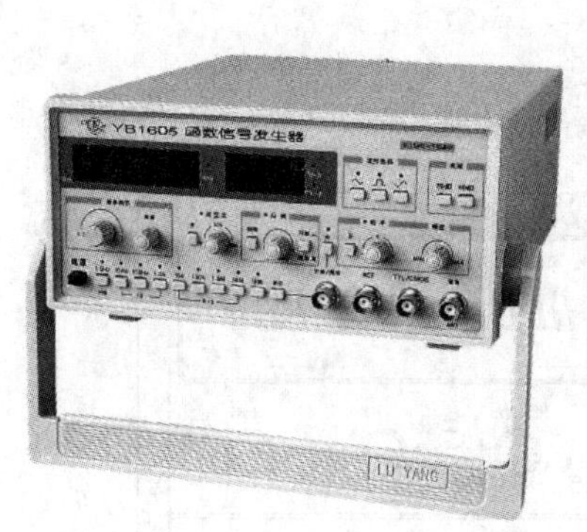

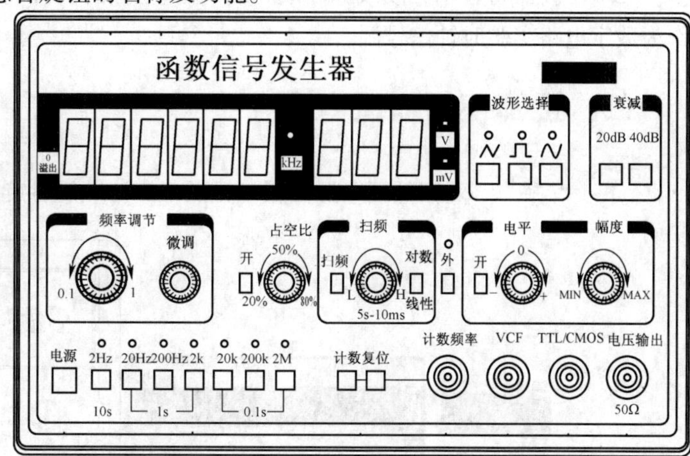

图 7.1　函数信号发生器面板

读 一 读　函数信号发生器面板操作键功能说明。

（1）电源开关：电源开关按键弹出即为“关”的位置，将电源线接入，按电源开关，可以接通电源。

（2）波形选择开关：按对应波形的某一个键，可选择需要的波形。

（3）频率范围选择开关：根据所需要的频率，按其中一个键。

（4）频率调节旋钮：调节此旋钮改变输出信号频率，顺时针旋转，频率增大；逆时针旋转，频率减小。微调旋钮可以微调频率。

（5）频率显示窗口：指示输出信号的频率。

（6）幅度调节旋钮：顺时针调节此旋钮，增大电压输出幅度；逆时针调节此旋钮，可减小电压输出幅度。

（7）衰减开关：电压输出衰减开关，两挡开关组合可获得 20dB、40dB 和 60dB 3 挡选择。

（8）幅值显示窗口：指示输出信号的幅值。

（9）占空比：调节占空比旋钮，可改变波形的占空比。

（10）电压输出端口：输出电压由此端口输出。

（11）TTL/CMOS 输出端口：由此端口输出 TTL/CMOS 信号。

做 一 做　练习使用信号发生器。

操作 1　三角波、方波、正弦波的产生。

（1）用连接线将信号发生器的“电压输出”端口与示波器的 Y 输入端口相连，将信号发生器的波形选择开关分别选为正弦波、方波和三角波，此时示波器屏幕上将分别显示正弦波、方波和三角波。

（2）改变频率选择开关，示波器显示的波形以及 LED 窗口显示的频率将发生明显变化。

（3）将幅度旋钮顺时针旋转至最大，示波器显示的波形幅度将达到最大。

（4）按下衰减开关，输出波形将被衰减。

操作 2　TTL 输出。

（1）TTL/CMOS 端口接示波器 *Y* 轴输入端（DC 输入）。

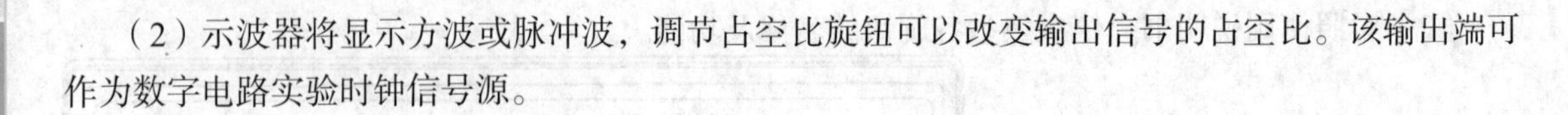

（2）示波器将显示方波或脉冲波，调节占空比旋钮可以改变输出信号的占空比。该输出端可作为数字电路实验时钟信号源。

二、正确使用低压电源

做一做 观察低压电源面板（见图 7.2），熟悉各旋钮的功能。

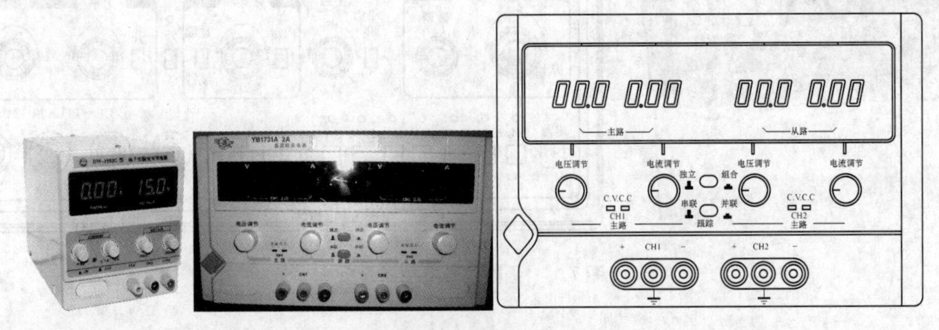

图 7.2 低压电源面板

读一读 低压电源面板及主要旋钮功能说明。

（1）电源开关：将电源线接入，按电源开关，可以接通电源。

（2）电压调节旋钮：顺时针调节，电压由小变大；逆时针调节，电压由大变小。

（3）恒压指示灯（C.V）：当电路处于恒压状态时，C.V 指示灯亮。

（4）带字母 V 显示窗口：电压显示窗口。

（5）电流调节旋钮：顺时针调节，电流由小变大；逆时针调节，电流由大变小。

（6）恒流指示灯（C.C）：当电路处于恒流状态时，C.C 指示灯亮。

（7）带字母 A 显示窗口：电流显示窗口。

（8）输出端口：电路输出端口。

做一做 练习使用低压电源。

打开电源开关前应先将电源线插入低压电源面板上的交流插孔，然后再打开电源。调节电压调节旋钮，显示窗口显示的电压值应相应变化。顺时针调节电压调节旋钮，指示值由小变大；逆时针调节，指示值由大变小。用万用表检测输出端电压与指示值是否一致。

三、正确使用毫伏表

做一做 观察毫伏表面板（见图 7.3），熟悉各旋钮的功能。

读一读 交流毫伏表面板操作键功能说明。

（1）表头：显示量程读数。

（2）机械调零螺丝：用于机械调零。

（3）指示灯：当电源开关拨到“开”时，该指示灯亮。

（4）输入插座：被测信号电压输入端。

（5）量程选择旋钮：调节此旋钮可以选择仪表的满刻度值（量程挡）。

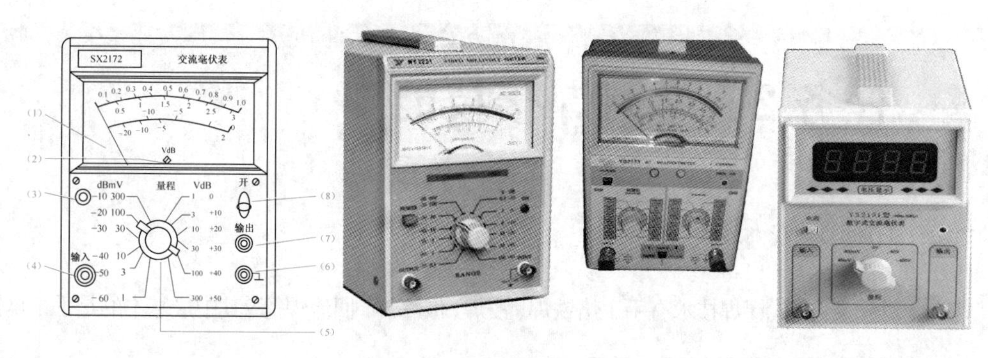

图 7.3　交流毫伏表面板

（6）接地端。

（7）输出端。

（8）电源开关。

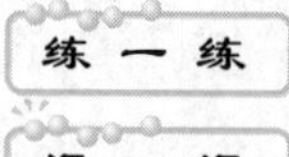

练习使用毫伏表。

（1）机械调零：接通电源前，应先检查毫伏表指针是否在零点，如果不在零点，应调节机械调零螺丝，使指针位于零点。

（2）正确选择量程：应按被测电压的大小选择合适的量程，使仪表指针偏转至满刻度的 1/3 以上区域。如果事先不知道被测电压的大致数值，应先将量程开关置在最大量程，然后再逐步减小量程。

（3）正确读数：根据量程开关的位置，按对应的刻度线读数。

（4）当仪表输入端连线开路时，由于外界感应信号可能使指针偏转超限而损坏表头，因此，测量完毕时，应将量程开关放置在最大量程挡。

查阅资料练习使用数字式毫伏表。

评一评　根据本任务完成情况进行评价，并将评价结果填入如表 7.1 所示评价表中。

表 7.1　教学过程评价表

项目 评价人	任务完成情况评价	等　级	评定签名
自己评			
同学评			
老师评			
综合评定			

（1）试述信号发生器的使用方法、步骤以及注意事项。

（2）试述低压电源的使用方法、步骤以及注意事项。

（3）试述毫伏表的使用方法、步骤以及注意事项。

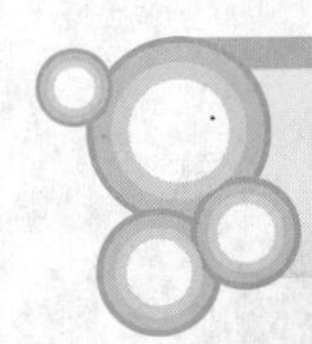

任务2 学习焊接技能

一、了解焊接技术

读一读 现代锡焊技术有手工烙铁焊、浸焊、波峰焊、回流焊等，其中最基本的是手工烙铁焊。

练一练 认识常用焊接工具及材料。

（1）普通电烙铁（见图7.4）。

（2）恒温电烙铁（见图7.5）。

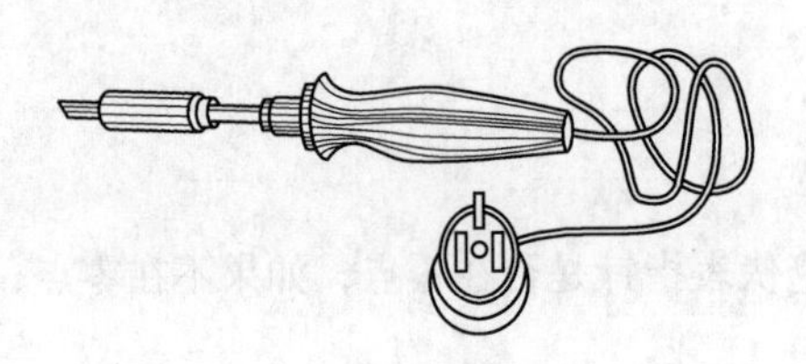

图7.4 普通电烙铁

图7.5 恒温电烙铁

（3）焊锡丝（见图7.6）。

（4）助焊剂，包括焊锡膏（见图7.7）和松香（见图7.8）。

图7.6 焊锡丝

图7.7 焊锡膏

图7.8 松香

读一读 手工焊接步骤。

步骤1 准备。

完成元器件的插装，将电烙铁预热，准备好焊锡丝等（见图7.9）。

步骤2 加热。

将电烙铁头接触被焊部位（保持一定的接触面和适当的压力），使焊接点被加热到焊接所需温度，如图7.10所示。

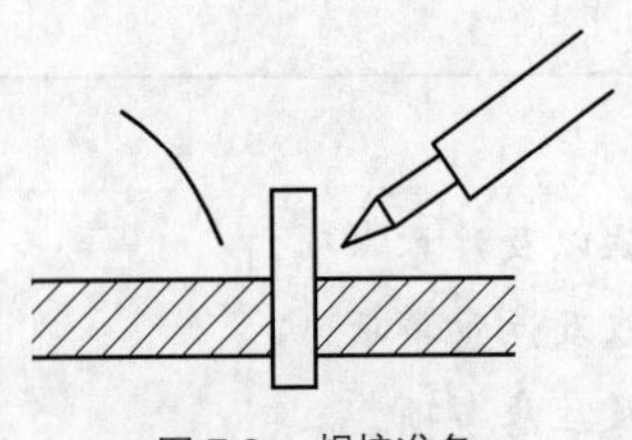

图7.9 焊接准备

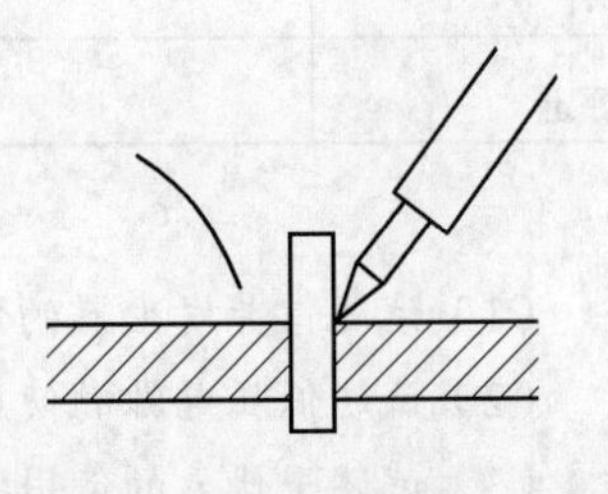

图7.10 加热

步骤 3　加焊锡。

当工件被焊部位升温到焊接温度时，送上焊锡丝使之与工件焊点部位接触、熔融、润湿，如图 7.11 所示，注意送锡要适量。

步骤 4　移去焊料。

当焊料适量后，迅速移去焊锡丝，如图 7.12 所示。

步骤 5　移开电烙铁。

移去焊料后，在助焊剂（焊锡丝内一般含有助焊剂）还未挥发完之前，迅速移去电烙铁（否则将留下不良焊点）。电烙铁撤离方向与焊锡留存有关，如图 7.13 所示。

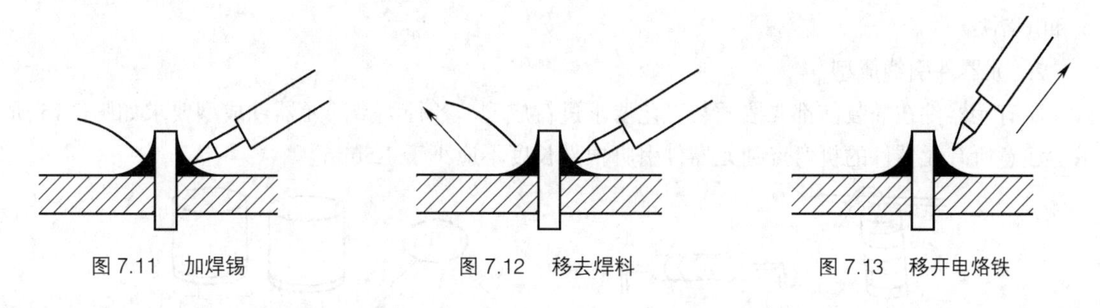

图 7.11　加焊锡　　图 7.12　移去焊料　　图 7.13　移开电烙铁

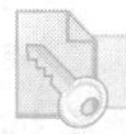

拓展与延伸　回流焊与 SMT 技术简介

表面贴装技术（Surface Mounted Technology，SMT）是新一代电子组装技术。它将传统的电子元器件体积压缩为原来的几十分之一，从而实现了电子产品组装的高密度、高可靠、小型化、低成本，以及生产的自动化。这种小型化的元器件称为贴片元器件，将贴片元器件装配到印制电路板（或其他基板）上的工艺方法称为 SMT 工艺，相关的组装设备则称为 SMT 设备。

SMT 工艺上用量比较大的零件，称为标准零件（贴片元器件），目前主要有以下几种：电阻器、排阻、电感器、陶瓷电容器、排容、二极管、三极管等。如图 7.14 所示为几种贴片元器件。

图 7.14　贴片元器件

1. SMT 的特点

（1）组装密度高。贴片元器件的体积和重量只有传统插装元器件的 1/10 左右，采用 SMT 工艺后，电子产品的体积和重量大幅减小。

（2）可靠性高，抗震能力强，焊点缺陷率低。

（3）高频特性好，减少了电磁和射频干扰。

（4）易于实现自动化，生产效率高，成本低。

2. SMT 工艺基本步骤

SMT 工艺主要包括涂布、贴装和回流焊 3 个步骤。

（1）涂布：用丝网漏印的方式在印制电路板上需要焊接元件的位置印上锡膏。其相关设备是印刷机、点膏机。

（2）贴装：将贴片元器件贴放到印制电路板上对应的位置。其相关设备是贴片机。

（3）回流焊：让贴好元器件的印制电路板通过回流炉加热，使锡膏熔化，元器件的引脚与印制电路板上的铜箔形成牢固的机械电气连接。其相关设备是回流焊炉。

3. 回流焊工艺

回流焊工艺是通过重新熔化预先分配到印制电路板焊盘上的膏状软钎焊料，实现表面组装元器件焊端或引脚与印制电路板焊盘之间机械与电气连接的软钎焊。

二、练习焊接技能

按下列步骤进行手工焊接。

1. 器材准备

取万能板或废印制电路板一块，各种废旧电阻器、电容器、二极管、三极管等若干，准备好焊锡丝和电烙铁。

2. 元器件引线成型

所有元器件在插装前都要按插装工艺要求进行成型。各种类型的元器件成型要求如图 7.15 所示。注意所有元器件的折弯点到元器件引脚根部长度不应小于 1.5mm。

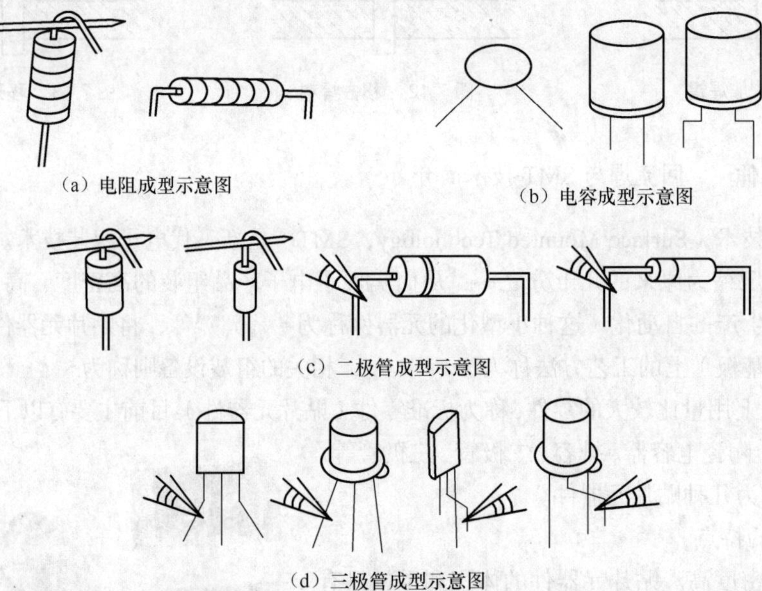

（a）电阻成型示意图　（b）电容成型示意图

（c）二极管成型示意图

（d）三极管成型示意图

图 7.15　元器件成型示意图

3. 插装与焊接

元器件引线成型后，进行手工插装（立式、卧式）、焊接。

4. 焊点外观检查

良好的焊点外观应光滑、圆润、清洁、整齐、均匀，如图 7.16 所示。不良焊点一般有虚焊、漏焊、夹渣、桥连（搭焊）、气孔、毛刺、沙眼、溅锡等。

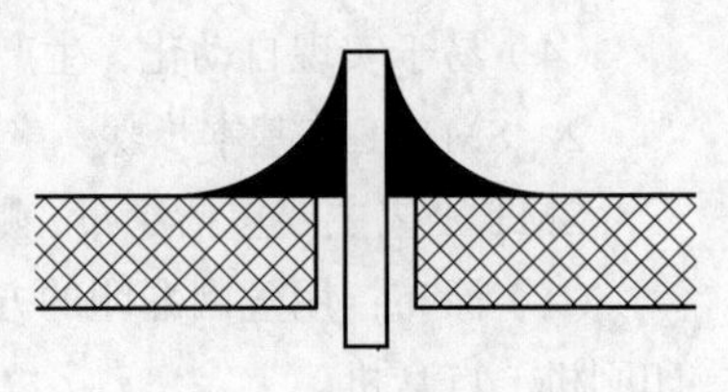

图 7.16　良好的焊点

练 一 练　用旧元器件在万能板或旧印制电路板上进行焊接训练，工艺要求及评分标准如表 7.2 所示。

评 一 评　根据表 7.2 对前面练习情况进行评分。

表 7.2　　焊接训练工艺要求及评分表

项目	质检内容	占分	评分标准	自评	互评	教师评
导线连接	1. 导线挺直、紧贴印制电路板 2. 导线安装位置正确 3. 导线在焊盘中间位置	20 分	1. 导线弯曲、拱起，每处扣 2 分 2. 导线安装位置错误，每处扣 2 分 3. 导线在两孔中间位置，每处扣 2 分			
元器件成型及插装	1. 元器件按插装工艺要求成型 2. 元器件插装符合插装工艺图纸要求 3. 元器件排列整齐、标记方向一致	30 分	1. 元器件成型不符合要求，每个扣 3 分 2. 插装位置、极性错误，每个扣 3 分 3. 元器件排列不整齐、标记方向混乱，扣 10 分			
焊接质量	1. 焊点均匀、光滑、一致 2. 焊点上引脚不能过长	35 分	1. 有搭锡、虚焊、焊盘脱落、桥焊等现象，每处扣 3 分 2. 出现毛刺、焊料过多、焊料过少、焊点不光滑、引线过长等现象，每处扣 2 分			
安全文明操作	1. 工作台上工具摆放整齐 2. 严格遵守安全操作规程 3. 工作态度认真	15 分	违反安全操作规程，扣 4 ～ 15 分 违反 6S 管理规定，扣 1 ～ 10 分 态度不认真，酌情扣 5 ～ 10 分			
合计		100 分	综合得分			

知识能力训练

（1）简述手工锡焊的方法和步骤，并说明锡焊中的注意事项。

（2）如何判别手工锡焊焊点的质量?

通过本单元的学习，主要掌握下列内容。

1. 正确使用信号发生器

（1）了解信号发生器的面板操作键功能。

（2）掌握信号发生器的使用方法。

2. 正确使用低压电源

（1）了解低压电源面板操作键功能。

（2）掌握低压电源的使用方法。

3. 正确使用毫伏表

（1）了解毫伏表面板操作键功能。

（2）掌握毫伏表的使用方法。

4. 焊接

（1）正确选用常用焊接工具、焊锡丝和助焊剂。

（2）掌握正确的焊接方法。

（3）掌握焊接质量的检查方法。

思考与练习

一、填空题

1. 信号发生器一般能产生________、________和 ________3 种波形。
2. 手工插装元件有________和________布局。
3. 手工焊接步骤包括________、________、________、________、________。
4. 元器件的折弯点到元器件引脚根部长度不应小于________。

二、判断题

1. 调节信号发生器占空比旋钮，可改变方波波形的占空比。(　　)
2. 毫伏表测量电压范围不能超过 10V。(　　)
3. 低压电源只能调电压不能调电流。(　　)

三、简答题

1. 毫伏表如何进行机械调零?
2. 元器件引线成型有哪些要求？
3. 焊点外观有哪些要求？

第8单元

认识常用半导体器件

知识目标

- 了解二极管的主要结构、型号及参数
- 认识二极管的单向导电特性
- 了解三极管的主要结构、型号及参数
- 掌握三极管的电流放大作用

技能目标

- 能识别二极管的管脚
- 掌握二极管的简易测试方法
- 能识别三极管的管脚
- 掌握三极管的简易测试方法

情景导入

米其的叔叔是一位电器维修师傅，有一天米其跟随叔叔去电子元器件市场采购元器件，面对五花八门的电子元器件，米其有点眼花缭乱，叔叔很认真地告诉米其各种元器件的名称，米其除了知道电阻器、电容器等元器件外，其他的都不认识，好学的米其回来后便开始查阅资料，渐渐地对电子元器件有了一定的认识，并且对于电子线路产生了学习的兴趣。

任务1 认识二极管

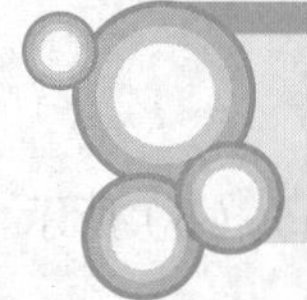

一、了解二极管的结构与型号

做一做 观察二极管的外形（见图8.1（a））。

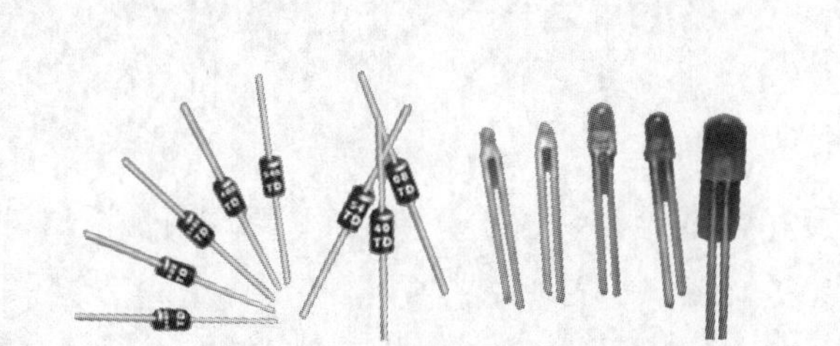

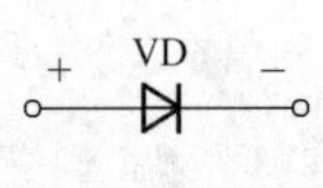

（a）外形　　（b）图形符号和文字符号

图 8.1　二极管的外形和符号

读一读　二极管的结构。

二极管是常见的电子元器件，其常用材料有硅（Si）、锗（Ge）等，对外有两个电极（管脚），故称二极管。二极管的两个电极称为阳极和阴极，外壳上分别用“+”和“−”标注，二极管的图形符号和文字符号如图 8.1(b) 所示。

二极管内部结构主要是一个 PN 结，所谓 PN 结是指将 P 型和 N 型两种半导体材料制作在一块基片上，在其结合面上形成的一种特殊的薄层，如图 8.2 所示。

二极管的结构是将一个 PN 结的两端各引出一个电极，外加玻璃或塑料的管壳封装而成的。

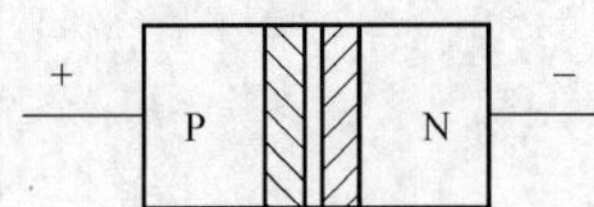

图 8.2　二极管内的 PN 结

读一读　二极管的型号。

二极管有各种不同的类型，我国国产半导体器件的型号采用国家标准 GB249—89 的规定，详见本书的附录 A。

我国半导体器件的型号是按照它的材料、性能、类别来命名的，一般半导体器件的型号由 5 部分组成。

第一部分——用阿拉伯数字表示器件的电极数目。

第二部分——用汉语拼音字母表示器件的材料和极性。

第三部分——用汉语拼音字母表示器件的类型。

第四部分——用阿拉伯数字表示器件序号。

第五部分——用汉语拼音字母表示规格号。

练一练　指出下列二极管型号的含义。

2AP30________________。2CW8________________。

2CK84________________。2CZ11D________________。

二、认识二极管的特性及参数

做一做　将干电池、灯泡、限流电阻器、二极管和导线连接成如图 8.3（a）、（b）所示的电路。观察发现，图 8.3（a）中的灯泡能发光，图 8.3（b）中的灯泡则不能发光。

议一议　如图 8.3（a）、（b）所示电路中的两个灯泡为什么发光情况不一样呢？

读一读　如图 8.3（a）、（b）所示电路中除了二极管 VD 的方向不同外，其他各部分均一样。原来二极管上的电流只能沿一个方向（从阳极流到阴极）流过二极管，故图 8.3（a）符合要求，灯泡就亮。二极管的这一特性称为单向导电性。

二极管是非线性元件，它的伏安特性不能用简单的解析式表达，但可以用图形表示，二极管的伏安特性曲线如图 8.4 所示。图中，横坐标表示二极管两端所加的电压，纵坐标表示通过的电流。

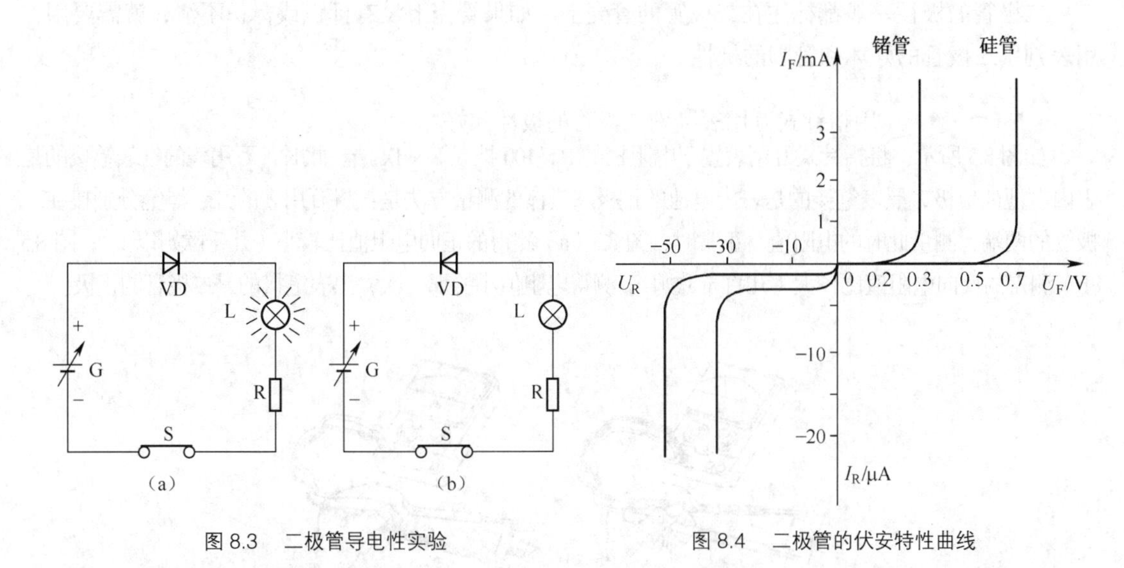

图 8.3　二极管导电性实验　　　　图 8.4　二极管的伏安特性曲线

二极管的伏安特性曲线可分为正向特性、反向特性两大方面。

1. 正向特性

在正向特性的起始部分，正向电流很小，几乎为零，称为死区，二极管呈现高阻值。当正向电压超过一定的数值（此电压称门坎电压，锗管约为 0.2V，硅管约为 0.5V），电流随电压的增加快速上升，二极管电阻变小，进入导通区，此时二极管上通过的电流增大，但其两端正向压降近乎定值，称为导通电压。锗管、硅管的导通电压分别约为 0.3V 和 0.7V。

2. 反向特性

在反向特性的起始部分一定范围内，反向电流很小，且不随反向电压增大而增大，称为反向饱和电流，此时二极管处于截止区。当反向电压增大到某一数值时，反向电流突然急剧增大，二极管反向电击穿。若反向电流过大，PN 结发热严重，二极管从电击穿进入热击穿。电击穿是可逆的、可用的，热击穿则永久损坏二极管。

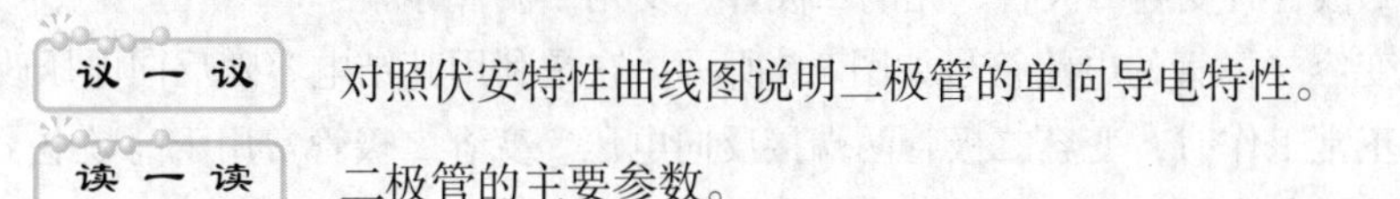

议一议　对照伏安特性曲线图说明二极管的单向导电特性。

读一读　二极管的主要参数。

（1）最大整流电流 I_{FM}：二极管允许通过的最大正向工作电流的平均值，如果实际工作时的正向电流平均值超过此值，二极管内的 PN 结可能会因过分发热而损坏。

（2）最高反向工作电压 U_{RM}：二极管允许承受的反向工作电压的峰值。为了留有余量，通常标定的最高反向工作电压是反向击穿电压的 1/2 或 1/3。

（3）反向漏电流 I_R：在规定的反向电压和环境温度下测得的二极管反向电流值。这个电流值越小，二极管单向导电性能越好。

硅是非金属，其反向漏电流较小，在纳安数量级；而锗是金属，其反向漏电流较大，在微安数量级。

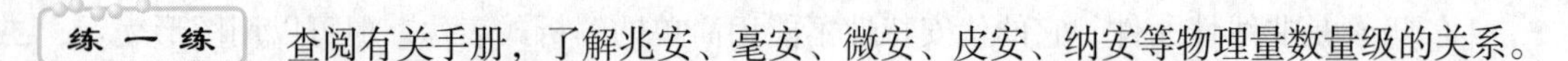

练一练 查阅有关手册，了解兆安、毫安、微安、皮安、纳安等物理量数量级的关系。

三、判别二极管管脚和好坏

二极管的极性一般都标注在二极管的管壳上。如果管壳上没有标识或标识不清，就需要用万用表判别二极管的好坏和管脚的极性。

做一做 用指针式万用表判别二极管的极性和好坏。

如图 8.5 所示，将指针式万用表置于电阻挡的 R×100 挡或 R×1k 挡。此时，万用表的红表笔接的是表内电池的负极，黑表笔接的是表内电池的正极。具体的测量方法是：将万用表的红、黑笔分别接在二极管的两端，测量此时的电阻值。正常时，图 8.5（a）测得的正向电阻值比较小（几千欧姆以下）；图 8.5（b）测得的反向电阻值比较大（几百千欧姆）。测得电阻值小的那一次，黑表笔接的是二极管的正极。

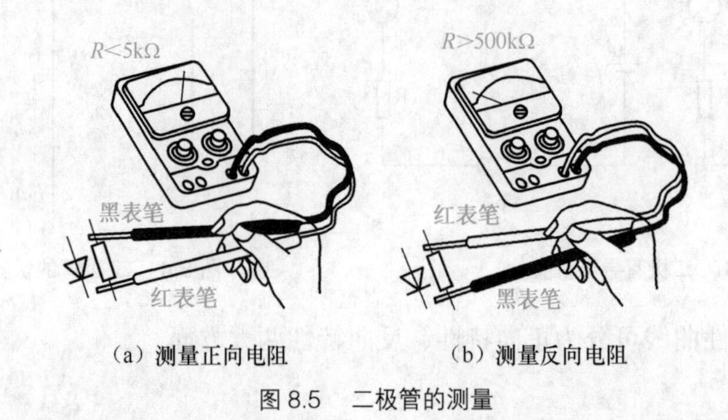

（a）测量正向电阻　（b）测量反向电阻

图 8.5　二极管的测量

（1）如果测得二极管的正、反向电阻值都很小，甚至于为零，表明管子内部已短路。

（2）如果测得二极管的正、反向电阻值都很大，则表明管子内部已断路。

练一练 用指针式万用表判别二极管的好坏和管脚的极性，并通过管壳标识进行验证。

议一议 用数字万用表怎样判别二极管的好坏和管脚的极性？

拓展与延伸 特殊二极管与应用

除普通二极管外，在电子电路中，还经常使用几种特殊的二极管，它们具有特殊的功能，应用相当广泛。这些特殊二极管有变容二极管、光电二极管、发光二极管等。

（1）变容二极管。变容二极管的电路符号如图 8.6 所示。它是利用其结电容随反向电压改变而改变的特性工作的。正常工作时，变容二极管两端接反向电压。变容二极管常用于高频电子技术的调频、电调谐和自动频率控制中，如电视机的高频头电路。

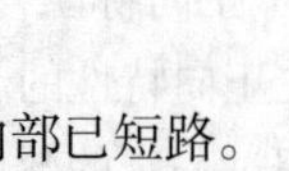

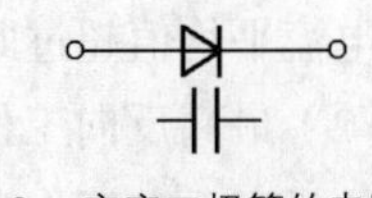

图 8.6　变容二极管的电路符号

（2）发光二极管。发光二极管（LED）是一种把电能变成光能的半导体器件，由磷化镓、砷化镓等半导体构成，其实物与外形及图形符号如图 8.7 所示。

当给发光二极管正向电压时，有一定的电流流过二极管就会发光。根据材料的不同，发光二极管能发出红、绿、黄、蓝、白等几种颜色的可见光。发光二极管广泛应用于各种指示电路和普通照明上，它耗电量非常小（是白炽灯的 10%），发光效率高，使用寿命长。

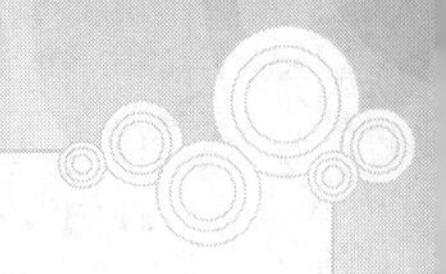

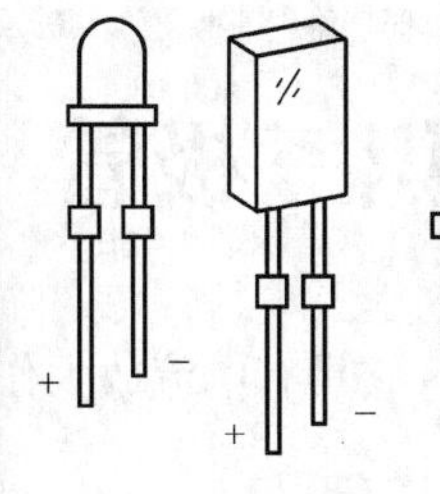

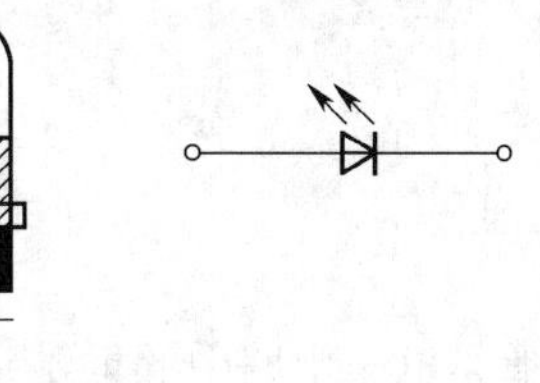

（a）实物图　　（b）外形图　　（c）图形符号

图 8.7　发光二极管的实物与外形及图形符号

（3）光电二极管。光电二极管又称光敏二极管，其外形结构及图形符号如图 8.8 所示。光电二极管管壳上有一个能透光的窗口，接收入射光线。不受光照时，光电二极管反向电阻很大，反向电流很小；当在光的照射下，反向电流显著增加，形成光电流。

光电二极管主要用在自动控制中，作为光电检测元件。各种电器的遥控接收器也是光电二极管的应用。

目前，人们已把发光二极管和光电二极管封装在一起，形成光电耦合器，进行信号的耦合传递，广泛应用在系统的隔离和电路接口上。

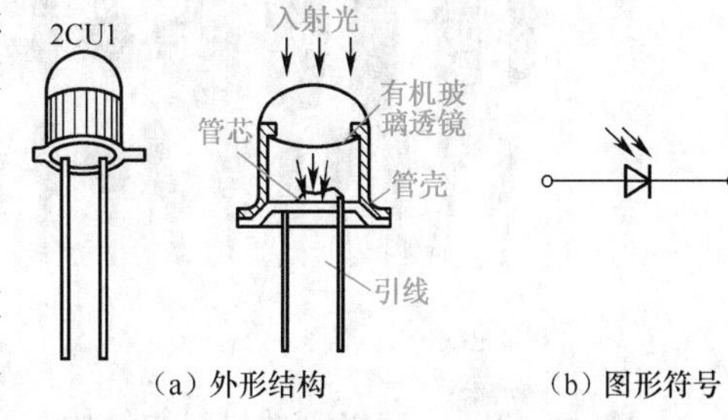

（a）外形结构　　（b）图形符号

图 8.8　光电二极管外形结构及图形符号

评 一 评　根据本任务完成情况进行评价，并将结果填入如表 8.1 所示评价表中。

表 8.1　　**教学过程评价表**

项目 / 评价人	任务完成情况评价	等　级	评定签名
自己评			
同学评			
老师评			
综合评定			

知识能力训练

（1）硅二极管的导通电压为 ________V，锗二极管的导通电压为 ________V。

（2）二极管的正向电阻值比反向电阻值 ________。

（3）如图 8.9 所示为硅二极管电路，二极管处于 ________ 状态，流过二极管的电流为 ________。

（4）用万用表欧姆挡测试一个正常二极管时，指针偏转角度很大，可判定黑表笔接的是二极管的 ________ 极。

图 8.9　硅二极管电路

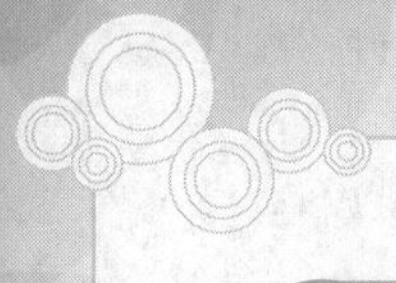

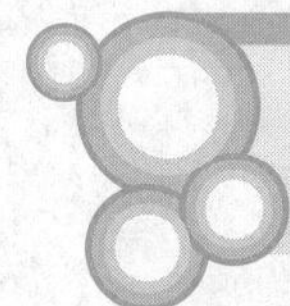

任务2　认识三极管

三极管是电子电路中的重要元件，它具有电流放大作用。

一、了解三极管的结构与型号

做一做　观察常用三极管的外形（见图8.10）。

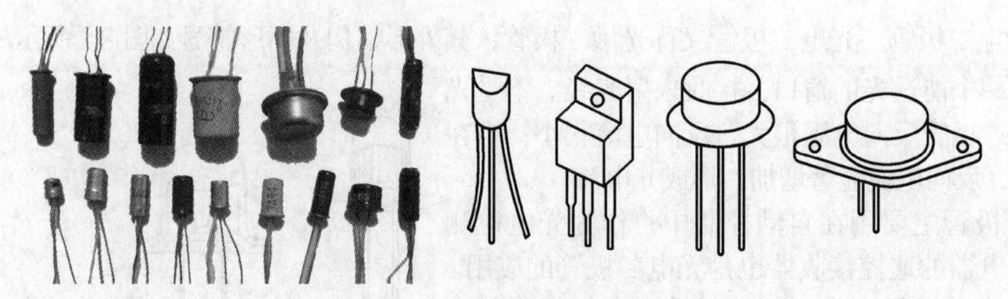

图8.10　常用三极管的外形

读一读　三极管的材料与结构。

三极管的制造材料主要有锗（Ge）和硅（Si）。三极管外部由管座和3个管脚构成，其内部有3个区、2个PN结和3个电极。

三极管是由两个相距很近的PN结组成的，它的3个区，即发射区、基区和集电区各自引出了一个电极分别称为发射极e、基极b和集电极c。发射区与基区之间的PN结称为发射结，集电区与基区之间的PN结称为集电结，如图8.11所示。

三极管有两种导电类型，分别为PNP型和NPN型。三极管的文字符号是VT，图形符号如图8.12所示。

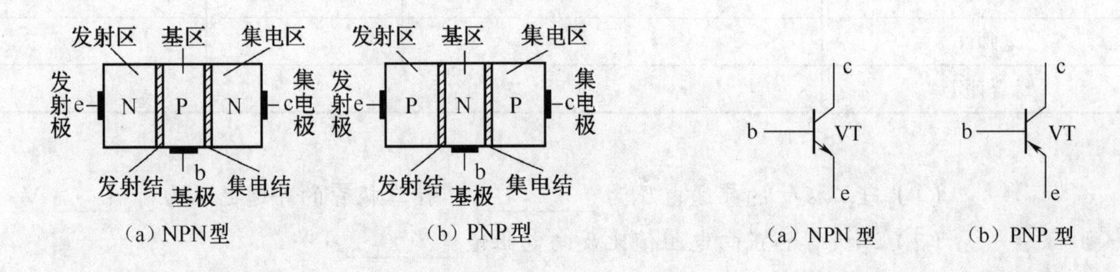

图8.11　三极管的结构

图8.12　三极管的图形符号

议一议　二极管具有一个PN结，三极管具有两个PN结，能否用两个二极管组成一个三极管呢?

读一读　三极管在制造过程中有一定的工艺要求，3个区各有特点，所以不能用两个二极管代替三极管，也不能将三极管的发射极和集电极颠倒使用。

读一读　三极管的型号。

三极管的型号常用来表示它的制造材料、基本性能和用法。它同二极管的命名方法一样，符

合国家标准 GB249—89 的规定，也是由 5 个部分组成，详见附录 A。

练 一 练

（1）指出下列各三极管型号的含义。

3AX31C__________________。

3DG201A__________________。

3DD15D__________________。

3DK3B__________________。

（2）查阅资料，了解国外三极管型号的命名方法。

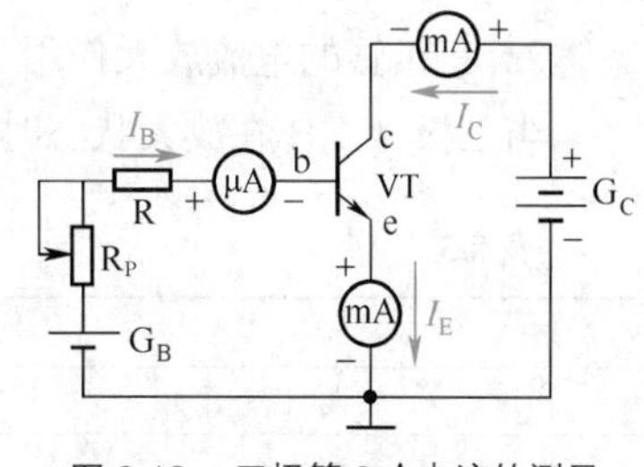

图 8.13 三极管 3 个电流的测量

二、了解三极管的特性及参数

做 一 做 按如图 8.13 所示电路图连接实验器材，图中 R_P 用于调节 I_B，R 是限流电阻器，防止 R_P 调到零，保护三极管。

调节 R_P 使 I_B 依次为 0、20、40、60μA，同时读出与各 I_B 相对应的 I_C、I_E 值，I_B、I_C、I_E 分别称为基极电流、集电极电流、发射极电流，将测量数据记入表 8.2 中。

表 8.2 实验数据记录

实验序号	I_B/μA	I_C/mA	I_E/mA	I_C/I_B
1	0			
2	20			
3	40			
4	60			

分析以上实验，可以得出以下结论。

（1）三极管各电极电流分配关系为

$$I_E=I_B+I_C$$

由于 I_B 相对很小，上式近似为 $I_E \approx I_C$。

（2）三极管直流电流放大系数$\overline{\beta}$（h_{FE}）：当基极电流 I_B 增大时，集电极电流 I_C 按正比例相应增大，I_C 与 I_B 的比值称为三极管直流电流放大系数 $\overline{\beta}$，即

$$\overline{\beta}=\frac{I_C}{I_B}$$

（3）三极管交流电流放大系数 β（h_{fe}）：当基极电流发生微小变化时，集电极电流产生较大变化。集电极电流变化量 ΔI_C 与基极电流相应变化量 ΔI_B 的比值称为三极管交流电流放大系数 β，即

$$\beta=\frac{\Delta I_C}{\Delta I_B}$$

实验表明，三极管基极电流发生微小变化时，会引起集电极电流的很大变化。这种以小电流控制大电流的作用，就是三极管的电流放大作用。

一般情况下 $\beta=\overline{\beta}$，二者以后都用 β 表示。

读 一 读 三极管的电流放大特性

1. 三极管的3个工作状态

根据三极管内两个PN结的偏置情况，可把三极管工作状态分成3种情形：放大状态、饱和状态和截止状态。3种状态的PN结偏置情况如表8.3所示。

2. 三极管的电流放大作用

当三极管工作在放大状态时，三极管具有电流放大作用。

表8.3 三极管的3种状态

	发射结	集电结
放大状态	正偏	反偏
饱和状态	正偏	正偏
截止状态	反偏	反偏

注：PN结正偏是指P型三极管上的电位高于N型三极管的电位，PN结反偏正好相反。

读一读 三极管的主要参数。

三极管的主要参数是用来表征三极管性能和适用范围的参考数据，主要参数如下。

（1）电流放大系数β：表示三极管的电流放大能力的参数。一般要求β值为20～200，β值太大的三极管工作不稳定。

（2）穿透电流I_{CEO}：指在基极开路、集电结反向偏置时，集电极与发射极之间的反向电流。I_{CEO}越小，三极管热稳定性越好。硅管的I_{CEO}比锗管小得多，因此，硅管性能更稳定。

（3）极限参数。

① 集电极最大允许电流I_{CM}：集电极电流过大，三极管β值要降低。当I_C超过I_{CM}后，β将下降到不能允许的程度。

② 集电极最大允许耗散功率P_{CM}：集电极电流通过三极管时引起功耗，主要使集电极发热，结温升高。当功耗超过P_{CM}后，三极管过热损坏。

③ 反向击穿电压$U_{(BR)CEO}$：它是在基极开路时，加在集电极和发射极之间的最大允许电压。电压超过此值，三极管会因热击穿而损坏。

三、判别三极管的管脚和型号

三极管在使用前应了解它的性能优劣，判别它能否符合使用要求。三极管的测试最好使用晶体管特性图示仪，也可用万用表做一些简单的测试。

读一读

1. 基极的判别

将指针式万用表置于电阻挡的R×100挡或R×1k挡。假设三极管的一个电极为b极，并用黑表笔与假定的b极相连，然后用红表笔分别与另外两个电极相连，如图8.14所示。若两次测得的阻值要么同为大，要么同为小，则所假设的b极为基极。若两次测得的阻值一大一小，则表明假设的b极并非真正的基极，需将黑表笔所接的管脚调换一下，再按上述方法测试。用此方法可确定三极管的基极和管型，如表8.4所示。

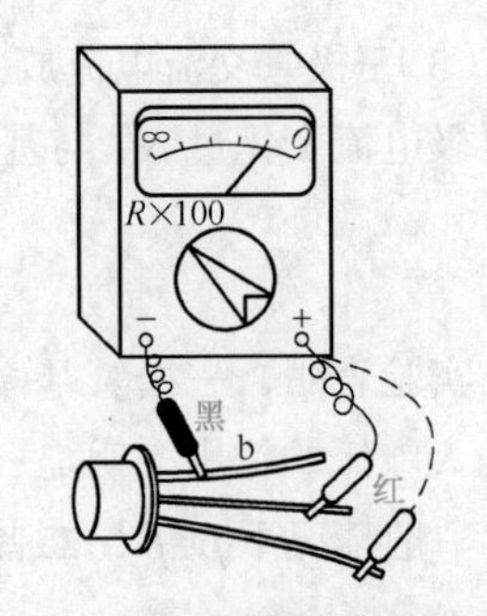

图8.14 判断三极管的基极和管型

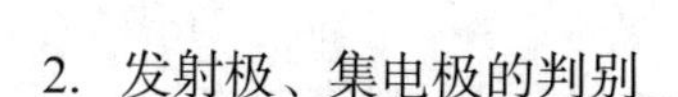

2. 发射极、集电极的判别

在基极确定后，可接着判别发射极 e 和集电极 c。以 NPN 型三极管为例：将指针式万用表的黑表笔和红表笔分别接触两个待定的电极，然后用手指捏紧黑表笔和 b 极（不能将两极短路，即相当于一个电阻器），观察表针的摆动幅度，如图 8.15 所示。然后将黑、红表笔对调，重测一次。比较两次表针摆动幅度，摆幅大的一次，黑表笔所接管脚为 c 极，红表笔所接管脚为 e 极。若为 PNP 型三极管，上述方法中将黑、红表笔对换即可。

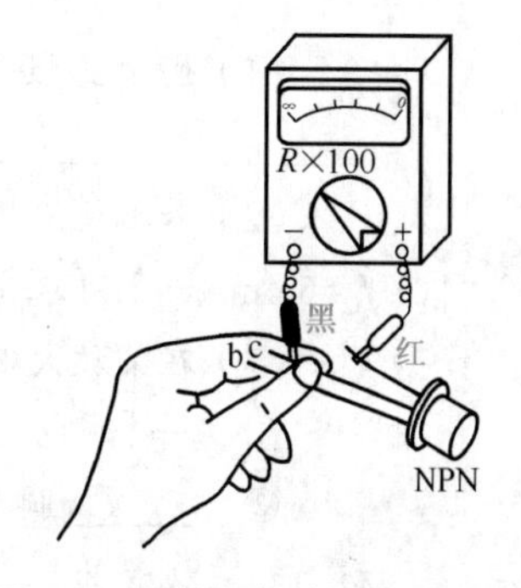

图 8.15　判断三极管的发射极和集电极

表 8.4　用万用表判别三极管的基极和管型

假设一个基极	
NPN 型	黑表笔接假设基极，红表笔分别接另外两极，阻值均小 红表笔接假设基极，黑表笔分别接另外两极，阻值均大
PNP 型	红表笔接假设基极，黑表笔分别接另外两极，阻值均小 黑表笔接假设基极，红表笔分别接另外两极，阻值均大

做一做　给出三极管 3DD8、3AX31 和 3DG4F 各 1 只，先判别三极管的管型，再判别其 e 极、b 极、c 极，将测试结果记入表 8.5 中。

表 8.5　用万用表对三极管进行相关判别

型　号			3DD8	3AX31	3DG4F
管 脚 图					
阻值	基极接红表笔	b、e 之间			
		b、c 之间			
	基极接黑表笔	e、b 之间			
		c、b 之间			
合 格 否					

练一练　练习判别三极管管脚及类型。

评一评　根据本任务完成情况进行评价，并将评价结果填入如表 8.6 所示评价表中。

表 8.6　教学过程评价表

项　目 评 价 人	任务完成情况评价	等　级	评 定 签 名
自己评			
同学评			
老师评			
综合评定			

知识能力训练

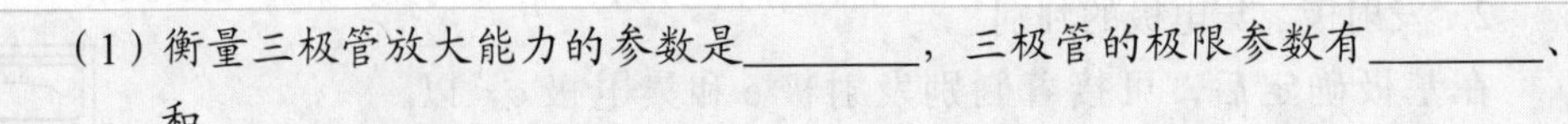

（1）衡量三极管放大能力的参数是________，三极管的极限参数有________、________和________。

（2）若测得三极管 3AX31 的电流为：当 I_B=20μA 时，I_C=2mA；当 I_B=60μA 时，I_C=5.4mA，则可求得该三极管的 β 为________。

（3）在某放大电路中，三极管的两个电极电流如图 8.16 所示：

① 另一个极电流的大小等于________，方向是________；

② ________脚为 e 极，________脚为 b 极，________脚为 c 极，该三极管为________型管（填 NPN 或 PNP）；

③ 该三极管的 $\beta\approx$________。

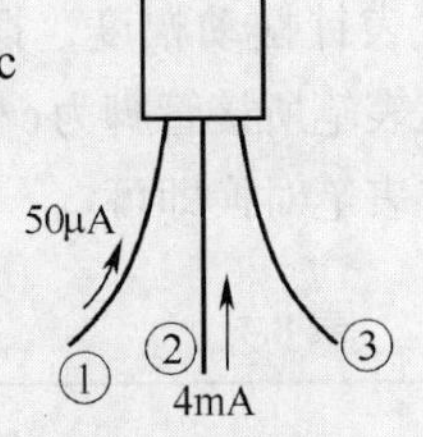

图 8.16　三极管的 3 个电极电流

（4）某三极管的发射极电流为 3.24mA，基极电流为 40μA，则集电极电流为________mA。

（5）三极管 3DD15A 型号的含义是________。

阅读材料

晶闸管

晶闸管又名可控硅（SCR），是一种半导体功率器件，常用晶闸管如图 8.17 所示，它有 3 个电极，分别称为阳极（A）、阴极（K）和控制极 (G)，其电路符号如图 8.18 所示。

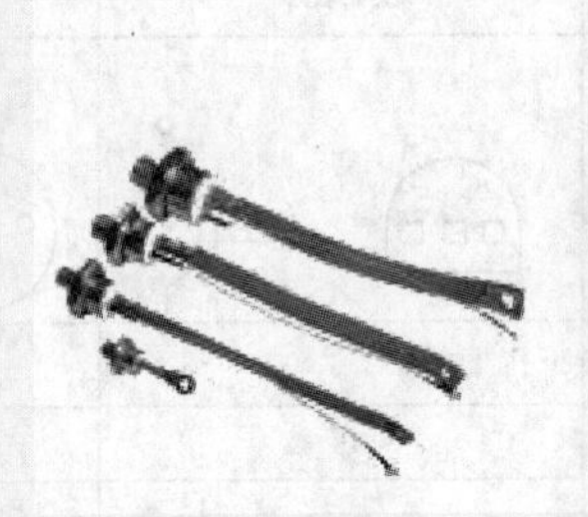

图 8.17　晶闸管的外形

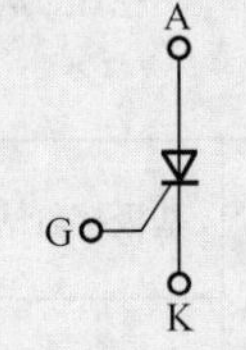

图 8.18　晶闸管的符号

晶闸管的工作特性如下。

（1）晶闸管具有单向导电性。

（2）晶闸管导通必须具备两个条件：第一、阳极和阴极之间加上正向电压；第二、控制极和阴极之间加上适当的正向电压（称触发电压）。

（3）晶闸管一经触发导通后，控制极就失去作用，要使晶闸管截止，必须将正向电压降低到足够小或者阳极加反向电压，或者断开阳极电路。

晶闸管既具有单向导电性，又具有可控性，晶闸管可以构成可控整流电路，把交流电变换为电压值可以调节的直流电。晶闸管广泛应用于可控整流、交流调压、无触点开关等。

根据晶闸管的结构和特性，用万用表可以对晶闸管进行简单测试，判别其极性和好坏。

通过本单元的学习，主要掌握下列内容。

1. 了解以下基本知识

二极管的伏安特性。

二极管的主要参数——I_{FM}、U_{RM} 和 I_R。

三极管的结构——3 个区，2 个 PN 结，3 个电极。

三极管的 3 种工作状态——截止状态、饱和状态和放大状态。

三极管的导电类型——NPN 型、PNP 型。

三极管的主要参数——β、I_{CEO}、P_{CM}、I_{CM} 和 $U_{(BR)CEO}$。

2. 掌握下列操作方法

二极管的简单测试。

三极管的简单测试。

一、判断题

1. 二极管的反向电流越小，其单向导电性能就越好。(　　)

2. 三极管的放大作用具体体现在 $\Delta I_C > \Delta I_B$ 上。(　　)

二、填空题

1. 二极管的主要特性是具有________。

2. 在电路中，如果流过二极管的正向电流过大，二极管将会________。如果加在二极管两端的反向电压过高，二极管将会________。

3. 锗二极管的死区电压是________V，导通电压是________V；硅二极管的死区电压是________V，导通电压是________V。

4. 电路如图 8.19 所示，VD 为理想二极管，二极管 VD 处于________状态，A、B 两端电压为________V。

5. 用指针式万用表测量二极管的正向电阻时，________表笔接二极管的正极，________表笔接二极管的负极。

6. 在三极管的极限参数中，当 $I_C>I_{CM}$ 时，将引起________；当 $U_{CE}>U_{(BR)CEO}$ 时，将引起________；当 $P_C > P_{CM}$ 时，将引起________。

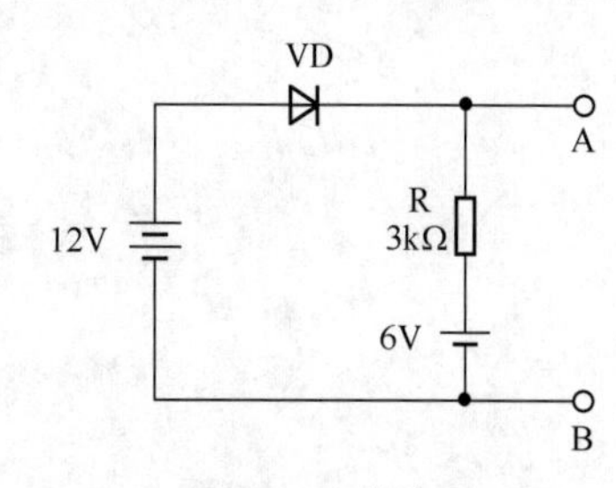

图 8.19　填空题 4 图

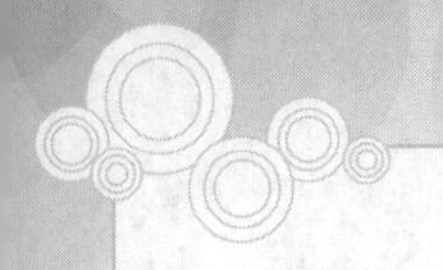

7. 3DG6B 型三极管是________材料高频小功率________型三极管。

三、选择题

1. 某二极管反向击穿电压为 150V，则其最高反向工作电压（　　）。

A. 约为 150V　　B. 可略大于 150V　　C. 不得大于 40V　　D. 等于 75V

2. 三极管用于放大时，应使其（　　）。

A. 发射结正偏、集电结反偏　　B. 发射结正偏、集电结正偏

C. 发射结反偏、集电结正偏　　D. 发射结反偏、集电结反偏

第9单元

认识直流电源电路

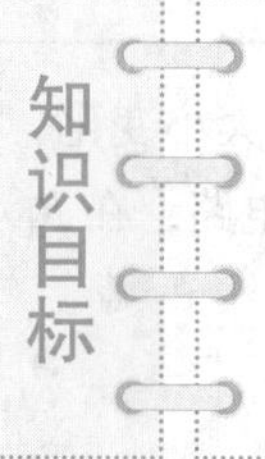

知识目标

- 掌握二极管桥式全波整流电路的组成、工作原理及简单计算
- 了解电容滤波特性及电感滤波特性
- 理解滤波电路的组成及工作原理
- 掌握硅稳压二极管的特性及主要参数
- 掌握简单直流稳压电路的组成及稳压原理

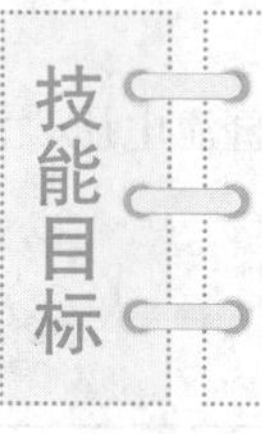

技能目标

- 学会安装整流、滤波及稳压电路
- 学会调试直流稳压电源电路

情景导入

米其有一只复读机，常用来听英语，前几天复读机的电源坏了。复读机的电源是一只6V的稳压电源，米其仔细研究了稳压电源的说明书，并查阅了有关书籍，在老师的帮助下查出了电源损坏的原因，并更换了元件，顺利修好了稳压电源。米其深受鼓舞，感觉电子技术越来越有趣而且很实用，对学好电子技术更加充满信心。

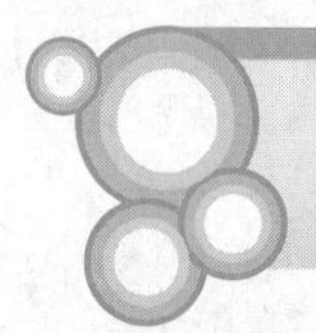

任务1　认识整流电路

一、安装二极管桥式整流电路

利用二极管的单向导电性可将交流电转换为直流电，这一过程称为整流。常见的整流电路有

半波整流电路、全波整流电路等。本任务介绍桥式全波整流电路。

做一做 按如图 9.1 所示，把变压器、二极管、负载电阻和导线连接成电路。接通电源，负载电阻上就能得到直流电压。

元件参数：变压器 T（220V/9V）、二极管 VD_1～VD_4、负载电阻 R_L（100Ω）。

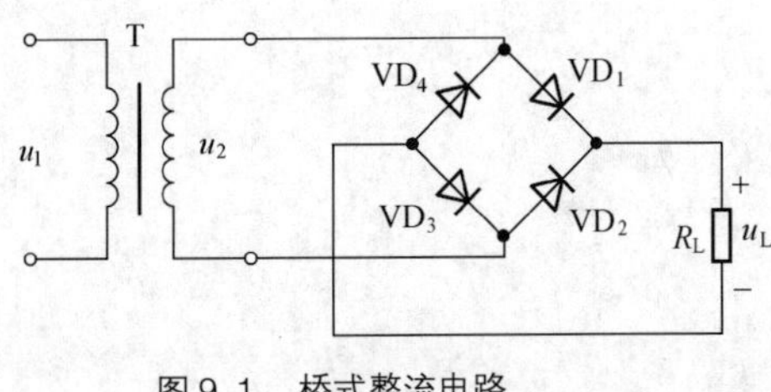

图 9.1 桥式整流电路

议一议 上述电路是怎样工作的？

二、测试二极管桥式整流电路波形

做一做 用示波器测试如图 9.1 所示电路中变压器次级电压 u_2 及负载电阻 R_L 上电压 u_L 的波形，将测试结果填入表 9.1 中。

表 9.1 u_2 和 u_L 波形记录

u_2 的波形	
u_L 的波形	

议一议 从波形上看，u_2 与 u_L 都在变化，它们都是交流电吗？

读一读 直流电是方向不变的电压或电流，包括稳恒直流电和脉动直流电两大类。大小和方向均不变化的电流或电压称为稳恒直流电；大小变化、方向不变的电流或电压称为脉动直流电，它含有直流成分和交流成分。如图 9.1 所示电路，在 R_L 上得到的是脉动直流电压。

三、分析并验证二极管桥式整流电路的规律

做一做 仍以如图 9.1 所示电路为例，用交流电压表测量 U_2 的值，再用直流电压表测量 U_L 的值，用直流电流表测量 I_L 的值，将测量结果填入表 9.2 中。

表 9.2 记录表

U_2=_____V，R_L=100Ω	U_L	I_L
测量值		
计算值		

议一议 U_2、U_L、I_L、R_L 等物理量之间存在什么样的关系？为什么？

读一读 桥式整流电路的工作原理和定量关系。

1. 电路工作原理

变压器的初级接上交流电源 u_1 后，在次级感应出交流电压 u_2，其瞬时值为

$$u_2 = \sqrt{2}U_2 \sin \omega t$$

式中，u_2 为瞬时值；U_2 是交流电压有效值；ω 为角频率；ωt 为相位角。

如图 9.2（a）所示，设 u_2 在正半周时，A 端电位高于 B 端，二极管 VD_1 和 VD_3 导通，VD_2 和 VD_4 截止，电流 i_1 自 A 端流过 VD_1、R_L、VD_3 到 B 端，它是自上而下流过 R_L。如图 9.2（b）所示，在 u_2 的负半周时，B 端电位高于 A 端，二极管 VD_2、VD_4 导通，VD_1、VD_3 截止，电流 i_2

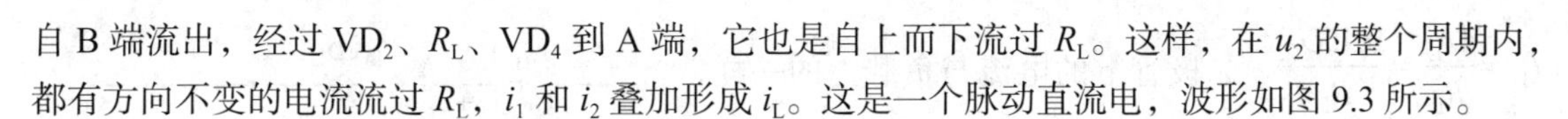

自 B 端流出，经过 VD_2、R_L、VD_4 到 A 端，它也是自上而下流过 R_L。这样，在 u_2 的整个周期内，都有方向不变的电流流过 R_L，i_1 和 i_2 叠加形成 i_L。这是一个脉动直流电，波形如图 9.3 所示。

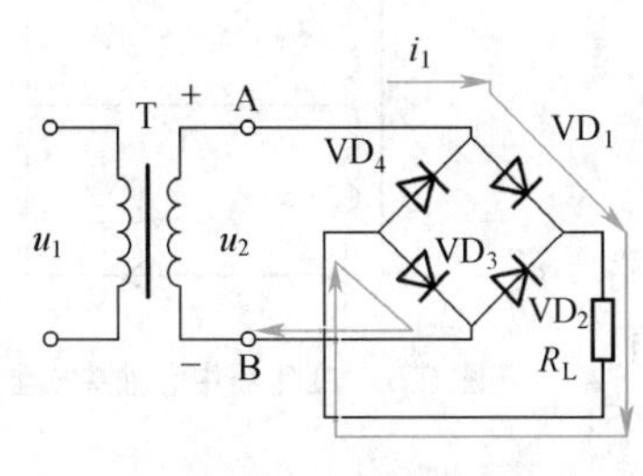

（a）u_2 为正半周时的电流方向

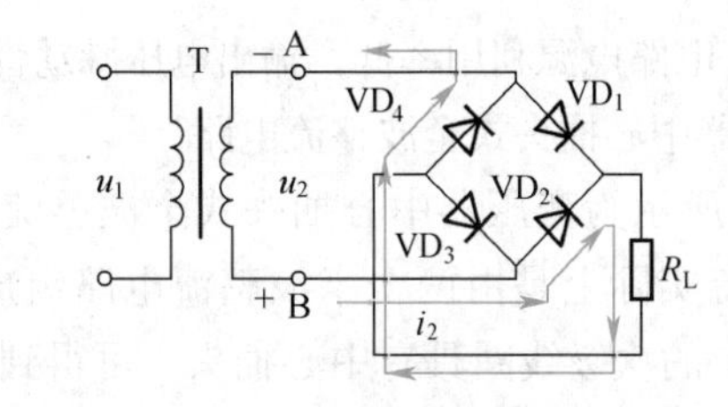

（b）u_2 为负半周时的电流方向

图 9.2　桥式整流电路工作过程

2. 电路的定量关系

在负载上得到的脉动直流电，经理论推导，其平均值为

$$U_L=0.9U_2$$

$$I_L=\frac{U_L}{R_L}=\frac{0.9U_2}{R_L}$$

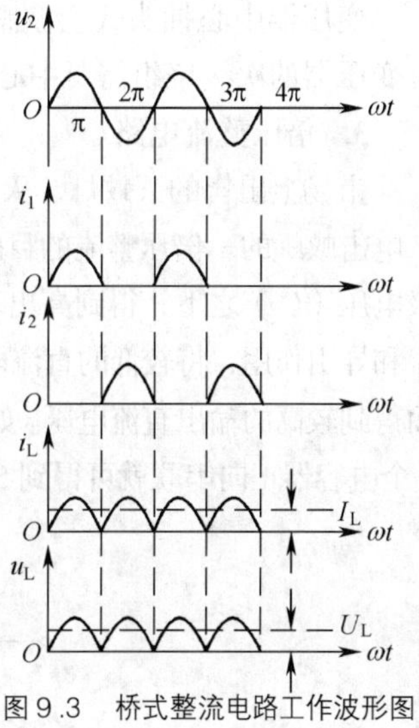

图 9.3　桥式整流电路工作波形图

在整流二极管上只有一股电流（i_1 或 i_2）通过，是负载电阻上电流的一半，即

$$I_V=\frac{1}{2}I_L$$

每个二极管在截止时承受的反向峰值电压 U'_{RM} 是 u_2 的峰值，即

$$U'_{RM}=\sqrt{2}U_2$$

练 一 练　用上述公式计算如图 9.1 所示电路中的 U_L、I_L，并填入表 9.2 中，验证理论分析与实际测量是否一致。

拓展与延伸　其他常用整流电路

常用整流电路除桥式全波整流电路外，还有半波整流、变压器中心抽头式全波整流和倍压整流电路。

1. 半波整流电路

半波整流电路由整流二极管、电源变压器和负载电阻构成，如图 9.4 所示。

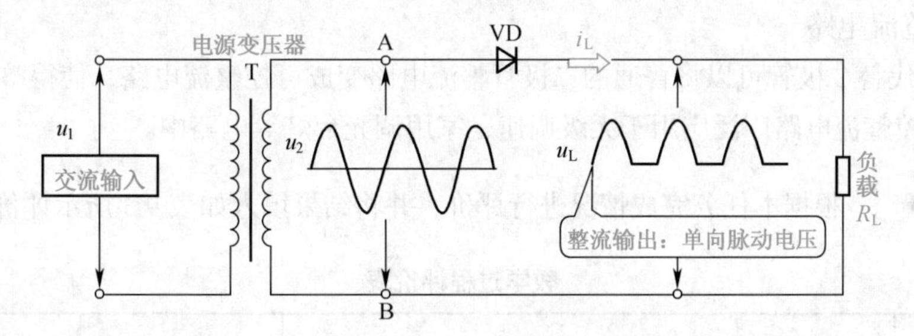

图 9.4　单相半波整流电路

经过科学计算，负载上的直流电压平均值为 $U_L=0.45U_2$。根据欧姆定律，负载上的电流

$I_L=\frac{U_L}{R_L}=\frac{0.45U_2}{R_L}$。二极管上的电流与负载上的一样，二极管承受的反向电压的峰值为$\sqrt{2}U_2$。

半波整流电路电源利用率低，输出电压脉动性大。

2. 变压器中心抽头式全波整流电路

如图 9.5 所示为变压器中心抽头式全波整流电路图。全波整流实际上是由两个半波整流电路组成的。电源变压器 T 的次级线圈具有中心抽头，可得到两个大小相等而相位相反的交流电压 u_{2a} 和 u_{2b}。

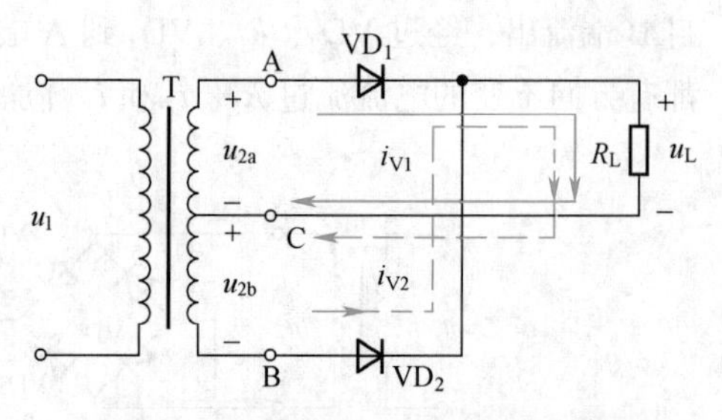

图 9.5　变压器中心抽头式全波整流电路

全波整流电路负载 R_L 上的电压、电流大小与桥式整流电路一样，即 U_L=0.9U_2，$I_L=\frac{U_L}{R_L}$。二极管上的平均电流也为负载电流的一半，而二极管承受的反向峰值电压是变压器的次级绕组总电压的峰值，即 $I_V=\frac{1}{2}I_L$，$U'_{RM}=2\sqrt{2}\,U_2$。

变压器中心抽头式全波整流电路用两只二极管，每只二极管承受的反压比桥式整流电路高，且变压器的次级绕组需要中心抽头。

3. 倍压整流电路

市场上出售的灭蚊灯、灭蝇灯，它们是把 220V 交流电经过倍压整流获得 1 000V 以上的直流电来电击蚊蝇的。倍压整流的目的，不仅要将交流电转换成直流电（整流），而且要在一定的变压器次级电压（U_2）之下，得到高出若干倍的直流电压（倍压）。实现倍压整流的方法是：利用二极管的整流和导引作用，将较低的直流电压分别存在多个电容器上，然后将它们按照相同的极性串接起来，从而得到较高的输出直流电压。如图 9.6 所示为 5 倍压整流电路。由于每个电容器上均充有$\sqrt{2}\,U_2$的电压，5 个电容器正向串联就可得到 5 倍的$\sqrt{2}\,U_2$ 电压。

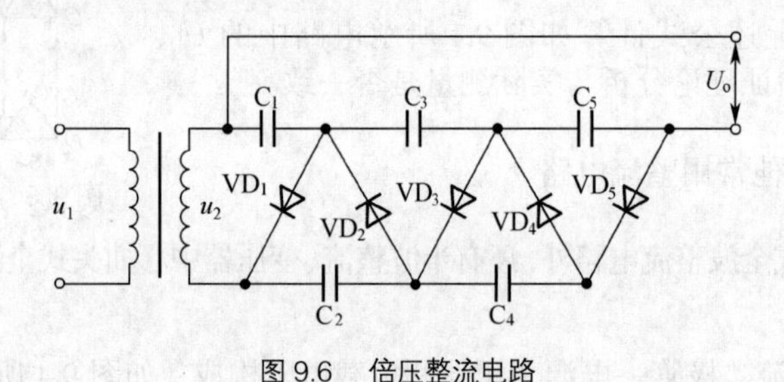

图 9.6　倍压整流电路

4. 可控整流电路

用晶闸管代替二极管可以将普通的二极管整流电路变成可控整流电路，使得整流输出的直流电压可调。可控整流电路广泛应用于无级调速、家用调光台灯等电路中。

评 一 评　根据本任务完成情况进行评价，并将结果填入如表 9.3 所示评价表中。

表 9.3　　教学过程评价表

项目 / 评价人	任务完成情况评价	等级	评定签名
自己评			

续表

项 目 / 评 价 人	任务完成情况评价	等 级	评定签名
同学评			
老师评			
综合评定			

知识能力训练

（1）在桥式整流电路中，把变压器次级的两个端钮互调，则输出直流电压的极性________。

（2）请在如图 9.7 所示的单相桥式整流电路的 4 个桥臂上，按全波整流要求画上 4 个整流二极管，并使输出电压满足负载 R_L 所要求的极性。

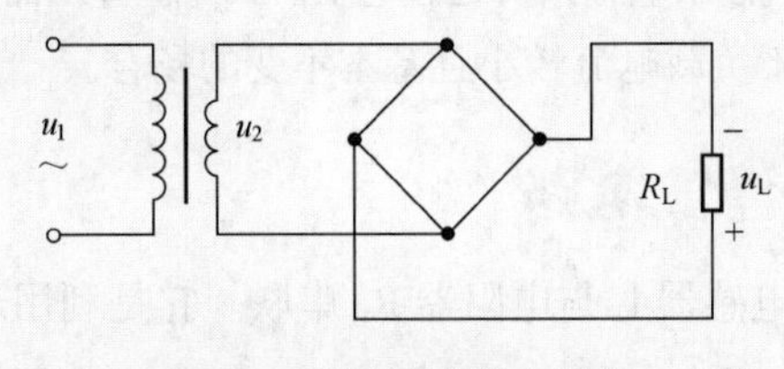

图 9.7 单相桥式整流电路

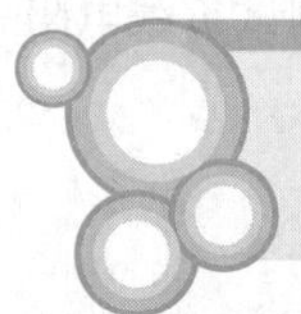

任务 2 认识滤波电路

整流电路输出的是脉动直流电，其极性和方向虽然不变，但大小是波动的，平滑性比较差，所以不适合对于电压稳定性要求很高的一些电路。为了得到脉动性很小的平滑直流电，需要将脉动直流电中的脉动成分（交流成分）滤掉，此过程称为滤波。常用的滤波元器件主要有电容器和电感器，滤波电路主要包括电容滤波电路、电感滤波电路以及复式滤波电路。

一、认识电容滤波电路

电容滤波器是在负载电阻的两端并联一个电容器而构成的，它是根据电容器两端电压在电路状态改变时不能突变的原理工作的。

做一做 在如图 9.8 所示的桥式整流电容滤波电路中，在接上电容器 C 前后，分别用示波器测试负载电阻器 R_L 上电压 u_L 的波形，同时用指针式万用表测量输出电压的值，将测量结果填入表 9.4 中。

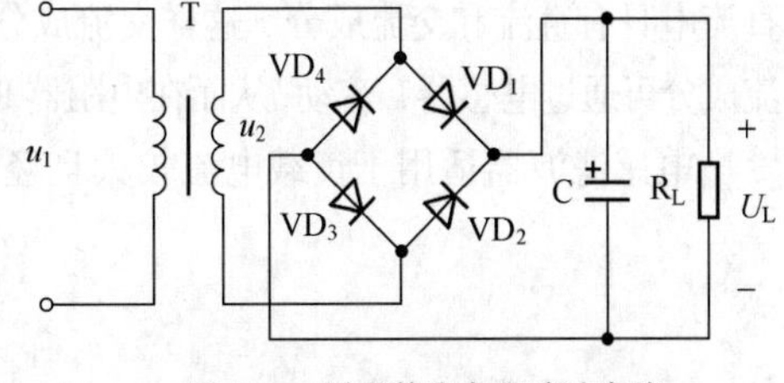

图 9.8 桥式整流电容滤波电路

表 9.4　　记录表

	输出电压 u_L 的波形	输出电压 u_L 的值
断开电容器 C		
接上电容器 C		

比较发现：接上电容器 C 后，输出电压 u_L 的波形变________，数值变________，为什么？

读一读　电容滤波原理。

电容器具有"隔直流，通交流"的特性，而经过整流得到的脉动直流电具有直流和交流成分。这样交流成分通过电容器 C 流动，直流成分通过电阻器 R_L 流动，从而在电阻器 R_L 上得到平滑的直流电压。

电容滤波器只适用于负载电流较小且基本不变的场合。

二、认识电感滤波电路

电感滤波电路是把电感器 L 与电阻器 R_L 串联。它是利用通过电感的电流不能突变的特性来工作的。

做一做　在如图 9.9 所示电路中，在短路电感器 L 前后，分别用示波器测试负载电阻器 R_L 上电压的波形，将测试结果填入表 9.5 中。

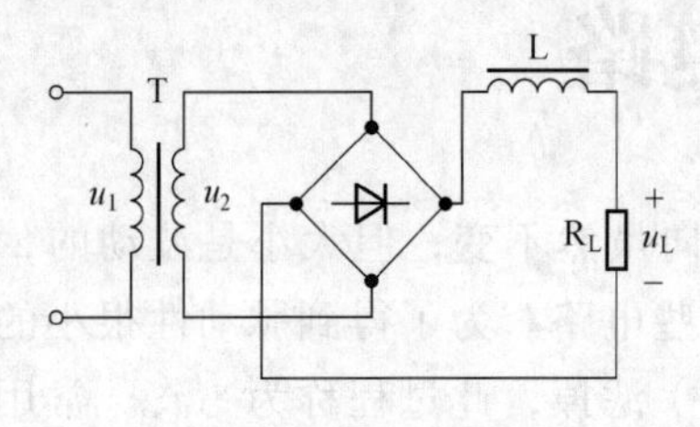

（a）电感滤波电路

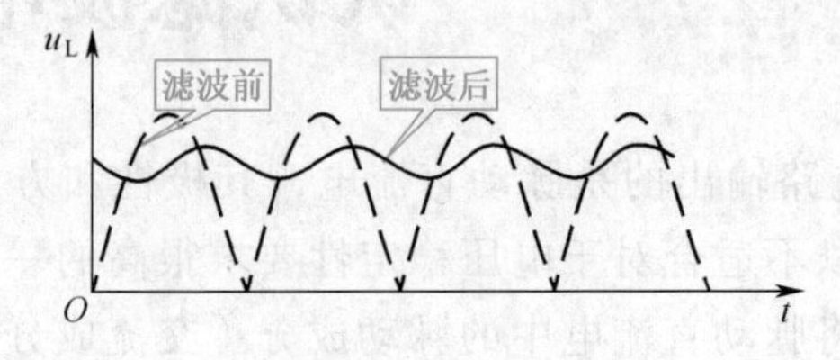

（b）电感滤波输出电压波形

图 9.9　桥式整流电感滤波电路及其波形

比较发现：接上电感器 L 后，输出电压 u_L 的波形变________，数值变________，为什么？

表 9.5　记　录　表

	输出电压 u_L 的波形
未短路电感器 L	
短路电感器 L	

读一读　电感滤波原理。

电感器具有"通直流，阻交流"的特性，而经过整流得到的脉动直流电具有直流和交流成分。这样交流成分不能通过电感器 L，而直流成分可通过电感器 L 流动，从而在电阻器 R_L 上得到平滑的直流电压。

电感滤波器适用于负载电流较大且经常变化的场合。

注意　滤波电容器必须与负载并联，而滤波电感器则必须与负载串联。

三、认识复式滤波电路

为增强滤波效果，实际电路中常将电感滤波器和电容滤波器组合起来使用，称为复式滤波。

做一做 按如图9.10所示连接电路，在表9.6所示3种情况下分别用示波器测试负载电阻器 R_L 上电压的波形，将测试结果填入表9.6中。

表9.6 记录表

	输出电压 u_L 的波形
短路电感器L	
断开电容器C	
接上电容器C且接上电感器L	

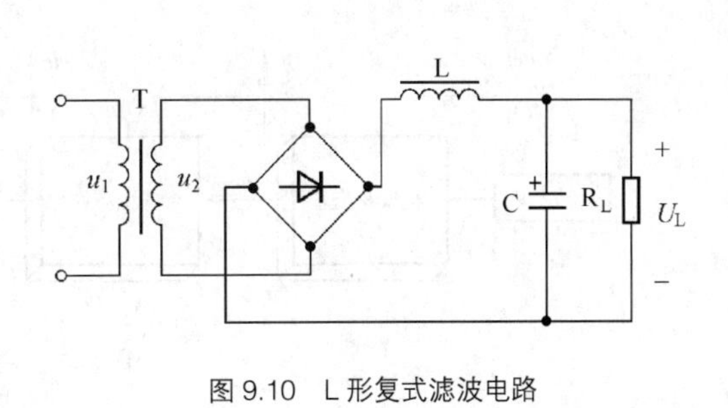

图9.10 L形复式滤波电路

读一读 复式滤波电路分为L形滤波和π形滤波，如图9.10所示为L形复式滤波电路，它由电容滤波与电感滤波组成L形结构而得名。复式滤波效果优于单个的电容滤波和电感滤波。

议一议 复式滤波的原理。

练一练 画出π形滤波电路。

评一评 根据本任务完成情况进行评价，并将结果填入如表9.7所示评价表中。

表9.7 教学过程评价表

项目 / 评价人	任务完成情况评价	等级	评定签名
自己评			
同学评			
老师评			
综合评定			

知识能力训练

(1) 简要说明电容滤波和电感滤波的原理。

(2) 整流电路经过电容滤波后，其输出电压波形变________，输出电压数值变________。

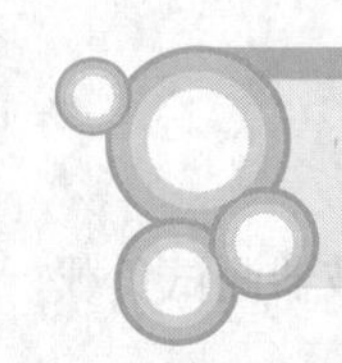

任务3 认识稳压电路

交流电经过整流、滤波后得到的依然是一种脉动直流电，其平均值会随电网电压 u_1 变化而变化。为了得到稳定的直流电，对脉动直流电要进行稳压。直流稳压电源其整体框图如图 9.11 所示。

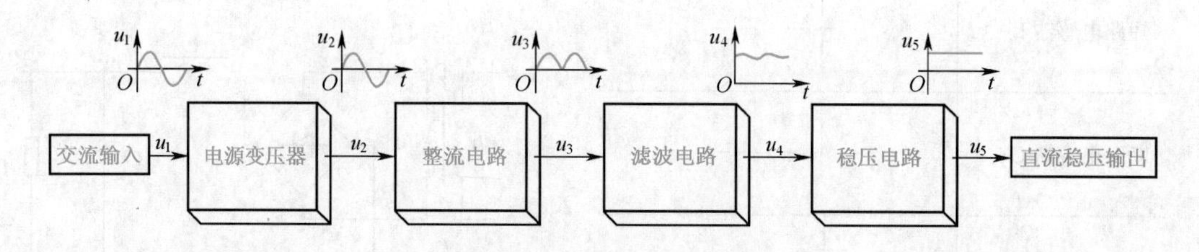

图 9.11 稳压电源结构方框图

一、了解稳压二极管的特性

做一做 观看稳压二极管实物图（见图 9.12（a））。

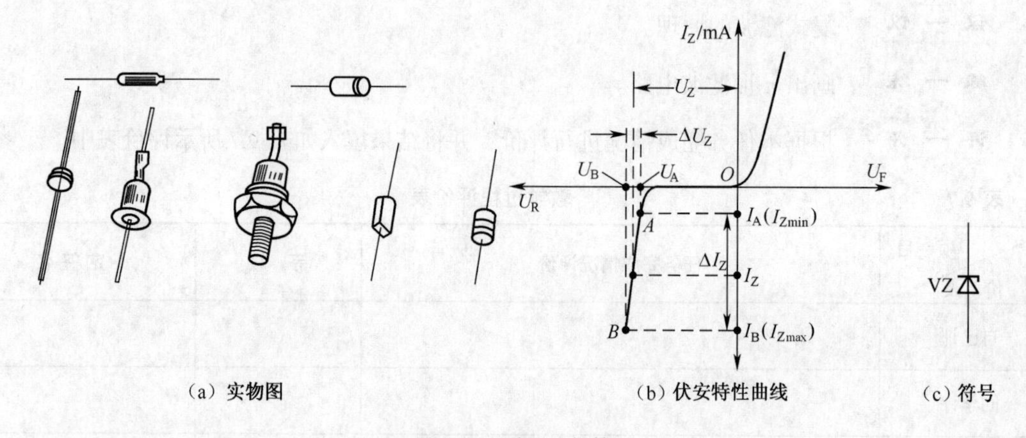

（a）实物图 （b）伏安特性曲线 （c）符号

图 9.12 稳压二极管

读一读

1. 稳压二极管的稳压特性

从稳压二极管伏安特性曲线中看出，稳压二极管的正向特性与普通二极管相同，反向特性曲线在击穿区比普通二极管更陡直。稳压二极管就是工作在击穿区，击穿后，通过管子的电流变化（ΔI_Z）很大，而管子两端电压变化（ΔU_Z）很小，这种特性称为稳压二极管的稳压特性（见图 9.12（b））。

2. 稳压二极管的主要参数

（1）稳定电压 U_Z：每个稳压二极管只有一个稳定电压，一般可在半导体器件手册上查到。

（2）稳定电流 I_Z：指稳压二极管在稳定电压下的工作电流。

（3）最大稳定电流 I_{Zmax}：稳压二极管允许长期通过的最大反向电流。

（4）动态电阻 r_Z：稳压二极管两端电压变化量与通过电流变化量之比值，即 $r_Z=\Delta U_Z/\Delta I_Z$

动态电阻小的稳压二极管稳压性能好。

3. 稳压二极管的图形符号如图 9.12（c）所示。

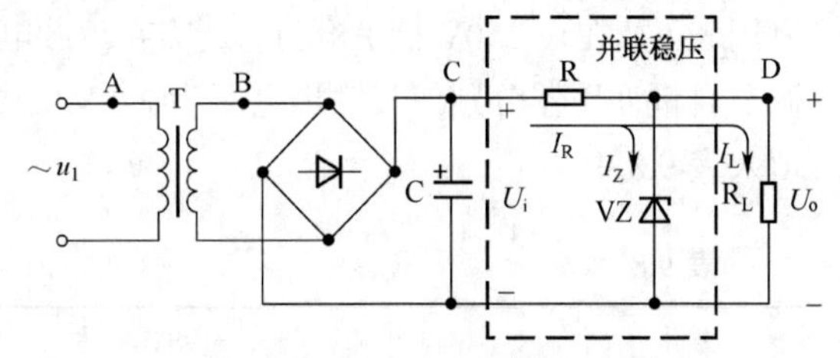

图 9.13　硅稳压二极管稳压电路图

二、安装简单直流电源电路

稳压二极管工作在反向击穿区时，流过稳压二极管的电流在相当大的范围内变化，其两端的电压基本不变。利用稳压二极管的这一特性可做成简单直流稳压电源。

读一读　直流稳压电源的组成和工作原理。

1. 电路组成

如图 9.13 所示为硅稳压二极管直流稳压电源。虚线内的为稳压电路，稳压二极管 VZ 反向并联在 R_L 两端。电阻器 R 起限流和调压的作用。稳压电路的输入电压 U_i 来自整流、滤波的输出电压。

2. 稳压原理

当输入电压 U_i 升高或负载 R_L 阻值变大时，都会造成输出电压 U_o 随之增大。那么稳压二极管的反向电压 U_z 也会上升，从而引起稳压二极管电流 I_z 的急剧加大，导致 R 上的压降 U_R 增大，从而抵消了输出电压 U_o 的变化，其稳压过程的符号式表示为

$U_i\uparrow$ 或 $R_L\uparrow\rightarrow U_o\uparrow\rightarrow I_z\uparrow\rightarrow I_R\uparrow\rightarrow U_R\uparrow\rightarrow U_o\downarrow$

反之亦然。

3. 电路特点

该稳压电路结构简单，元器件少，调试方便，但输出电流较小（几十毫安），输出电压不能调节，稳压性能也较差，只适用于要求不高的小型电子设备。

做一做　安装如图 9.13 所示的简单直流电源电路，并用如图 9.14 所示电路进行测试。

器材准备：降压变压器 T（220V/10V）1 只、整流二极管 $VD_1 \sim VD_4$ 4 只、滤波电容器 C（1 000 μF/16V）1 只、负载电阻 R_L（220Ω/1W）1 只、万用表 2 块、自耦变压器 1 只。

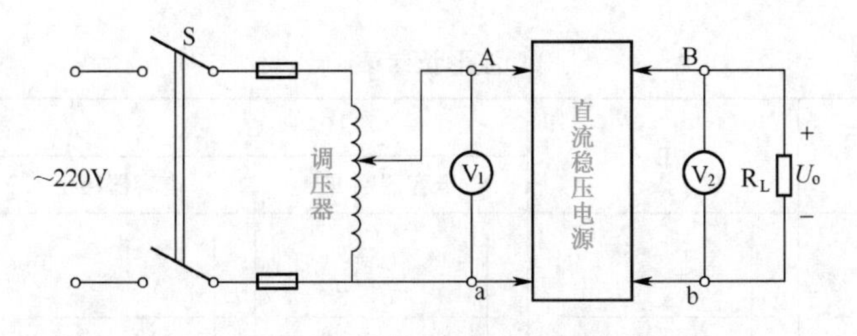

图 9.14　简单直流电源的测试

4. 安装步骤

（1）检测所有的元器件，剔出坏的元器件。

（2）按照电路图安装，元器件安装顺序是先焊体积小的，再焊体积大的。

（3）稳压性能检测。检查焊接无误后，把变压器初级接入自耦变压器的次级，同时接上一块万用表（放在～250V 挡）检测。还需在负载电阻两端接上一块万用表（-10V 挡）检测负载电压。调节自耦变压器分别使其输出电压为 220V、198V、242V，测出 3 种情况下输出电压的值，分别填入表 9.8 中。

表 9.8 记 录 表

U_1	198V	220V	242V
U_L			

（4）分析 3 种电网电压下的输出电压，发现________。

议一议 为什么电网电压取 198V、220V 和 242V 这 3 种？

读一读 我国规定正常的电网电压可以浮动 ±10%，正常时为 220V，向下浮动 10% 即为 198V，向上浮动 10% 即为 242V。

三、测试简单直流电源电路波形

议一议 直流稳压电源是由哪几个部分组成的？

读一读 直流稳压电源由 5 大部分组成，即变压器、整流器、滤波器、稳压器和负载。

练一练 直流稳压电源的 5 大部分前面已研究过，变压器初、次级电压波形为________；桥式整流器输出电压波形为________；滤波器输出电压波形为________；稳压器输出电压波形为________；负载两端电压波形为________。

做一做 用示波器观察如图 9.13 所示电路中的 A、B、C、D 各点的波形，并填入表 9.9 中。测试步骤如下。

（1）开启示波器，预热后把探头接在初级线圈两端，测试 A 点的波形。

（2）将探头接在次级线圈两端，测试 B 点的波形。

（3）将电容器断开，测试 C 点的波形。

（4）接上电容器，测试 C 点的波形。

（5）测试稳压二极管和负载上 D 点的波形。

表 9.9 波形记录表

	A	B	C		D
			电容器断开	电容器接上	
波形					

表9.9所测波形与稳压电源方框图所示波形是否一样？

评 一 评　根据本任务完成情况进行评价，并将结果填入如表9.10所示评价表中。

表9.10　教学过程评价表

评价人＼项目	任务完成情况评价	等　级	评定签名
自己评			
同学评			
老师评			
综合评定			

知识能力训练

（1）硅稳压二极管是利用二极管的______特性来实现稳压的。

（2）稳压二极管应工作在伏安特性曲线的______。

（3）电容滤波电路常用在______场合；电感滤波电路常用在______场合。

（4）如图9.15所示硅稳压二极管电路中，电阻器R起______、______作用。

（5）在整流电路与负载之间接入滤波电路，可以把脉动直流电中的______成分滤除掉。

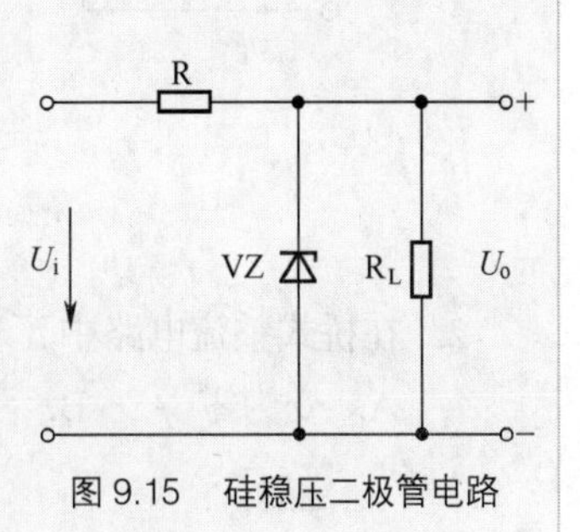

图9.15　硅稳压二极管电路

通过本单元的学习，主要掌握下列内容。

1. 了解下列基本概念

（1）整流及脉动直流电。

（2）稳压二极管的特性。

（3）电容滤波器、电感滤波器。

2. 掌握下列操作方法

（1）安装桥式整流电路。

（2）安装、测试简单稳压电源。

3. 掌握下列基本原理和分析方法

（1）桥式整流电路负载电阻及二极管上电流、电压的关系。

（2）稳压电源的稳压原理，即 $U_i\uparrow$ 或 $R_L\uparrow \rightarrow U_o\uparrow \rightarrow I_z\uparrow \rightarrow I_R\uparrow \rightarrow U_R\uparrow \rightarrow U_o\downarrow$。

思考与练习

一、选择题

1. 在如图9.16所示的滤波电路中，方法正确的是（　　）。

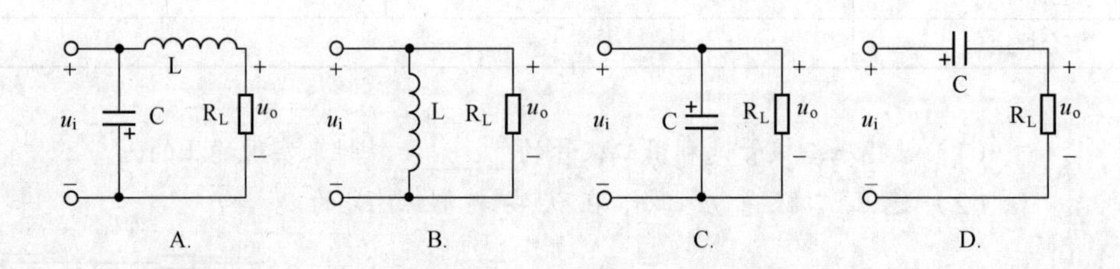

图9.16　选择题1图

2. 在桥式整流电路中，若有一只二极管断开，则负载两端的直流电压将（　　）。

A. 变为零　　B. 下降　　C. 升高　　D. 保持不变

二、填空题

1. 滤波电路的作用是使________的直流电变成________的直流电。

2. 硅稳压二极管的稳压电路中，稳压二极管必须与负载电阻________。限流电阻不仅具有________作用，也有________作用。

3. 半波整流与桥式整流，输出电压脉动成分较小的是________。

三、判断题

1. 整流输出电压加电容滤波后，电压波动性减小，故输出电压也下降。（　　）

2. 普通二极管正常使用没有稳压作用。（　　）

3. 在桥式整流电路中，交流电每个半周有两个二极管导通。（　　）

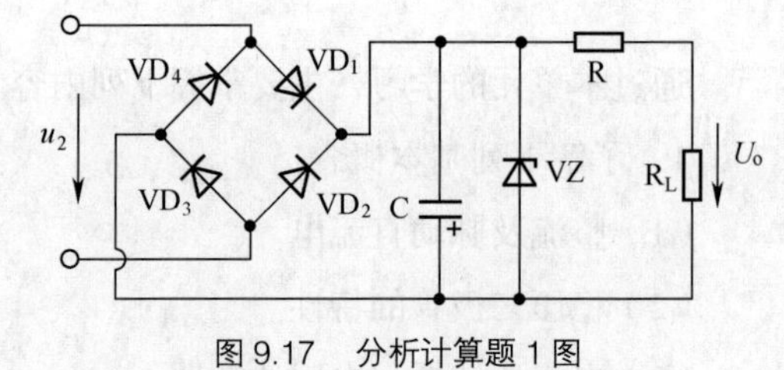

图9.17　分析计算题1图

四、分析计算题

1. 指出如图9.17所示稳压电路中的错误，并将其改正。

2. 画出桥式全波整流电路图。若输出电压U_o=9V，负载电流I_L=100mA，试求：

（1）电源变压器的次级电压U_2；

（2）整流二极管承受的最大反向电压。

第10单元

认识放大电路与集成运算放大器

知识目标

- 掌握共射分压式偏置放大电路的组成及分析方法
- 掌握用估算法求放大电路静态工作点，输入、输出电阻和电压放大倍数的方法
- 了解反馈及其分类，理解负反馈对放大电路性能的影响
- 了解集成运算放大电路的外形和符号
- 掌握理想集成运算放大电路的主要特性、线性使用

技能目标

- 会用万用表测量放大电路的静态工作点
- 会用示波器观察信号的波形
- 会用毫伏表测量输入、输出信号的有效值，并计算电压放大倍数
- 能正确识别集成运算放大电路的引脚

情景导入

米其家的电视机最近进行了升级换代，购买了一台液晶电视机，但是液晶电视机的效果还不及原来的老电视机，安装的师傅称是因为液晶电视机对于电视信号的强度要求高，建议米其家安装一只电视信号放大器。原来是米其家的电视信号不够强，需要进行放大。米其开始琢磨电视信号如何进行放大，他找来资料研究，终于渐渐弄清楚了其原理，并自己购买了一只放大器，顺利解决了电视信号的接收问题，米其感到很高兴，原来生活中处处都有电子知识的用武之地啊。

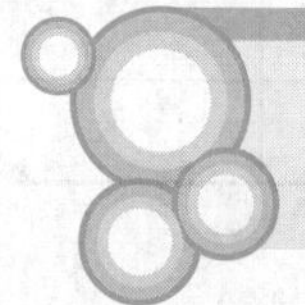

任务1　认识基本放大电路

所谓放大电路，就是把微弱的电信号（电流、电压或功率）转变为较强的电信号的电子电路。在日常生活和生产领域中，往往要求用微弱的电信号去控制较大功率的负载，如空调里的感温

头（传感器）能使温度信号产生微弱的电信号，经过放大电路放大后去控制大功率压缩机的工作，最终控制温度。

一、连接单管共射放大电路

做一做 按如图 10.1 所示电路图连接电路。元器件有：三极管 1 只（3DG6C），电阻器 5 只（15kΩ、11kΩ、5.1kΩ 各 1 只，1kΩ2 只），电位器 1 只（100kΩ），电容器（100μF）3 只，面包板 1 块。

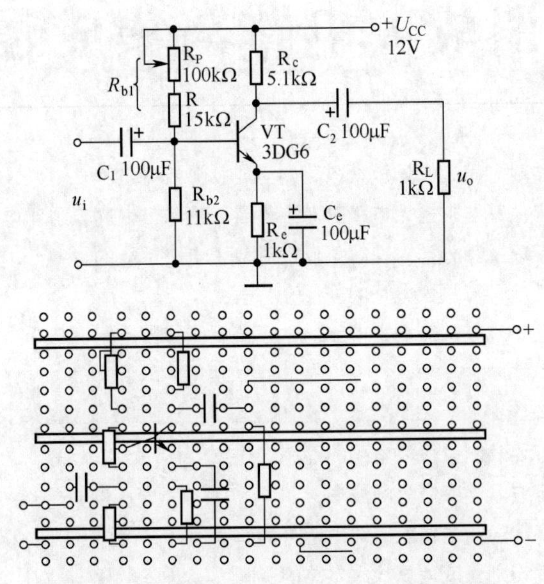

图 10.1 单管共射放大电路及分立元器件插接图

连接步骤如下。

1. 检测各元器件

（1）测电阻：用指针式万用表测量各电阻器的阻值并与标称值对照。

（2）测电位器：测电位器最大阻值、最小阻值，注意有无突变，若有则应更换电位器。

（3）测试三极管：判别各管脚的电极。将所有测量数据填入表 10.1 中。

表 10.1 测试记录表

名称	电阻器					电位器	电容器		
代号	R	R_{b2}	R_c	R_e	R_L	R_P	C_1	C_2	C_e
标称值									
测量值									

2. 组装及检查电路

根据面包板接线图，按三极管、电阻器、电容器的顺序插装电路（注意三极管的管脚、电解

电容器正负极）。然后检查电路，保证组装正确，接线可靠。

二、测试放大电路的波形和参数

读一读 放大电路中各元器件的作用。

放大电路如图 10.2 所示，其中各元器件的作用如下。

（1）三极管 VT：放大电路的核心器件，具有电流放大作用和能量转换作用。

（2）直流电源 U_{CC}：一方面给放大电路提供能源，另一方面保证发射结正偏，集电结反偏，使三极管工作在放大状态。

（3）集电极直流电阻 R_C：把三极管的电流放大作用转换为电压放大的形式。

（4）耦合电容器 C_1、C_2：一方面耦合交流信号，另一方面将三极管与信号源、负载的直流静态工作点分开。

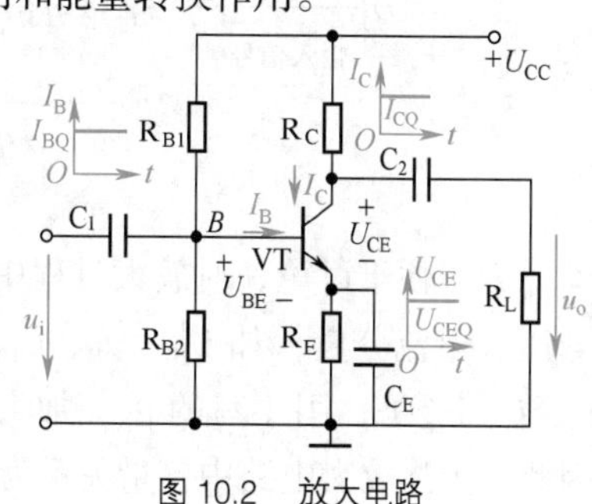

图 10.2 放大电路

（5）R_{B1}、R_{B2}：给三极管的基极提供合适的偏置电流。

（6）R_E：引入直流负反馈、稳定静态工作点。

（7）C_E：提供交流信号的通道，减少信号放大过程中的损耗。

读一读 放大电路的静态、动态及其参数。

1. 静态及其参数

放大电路接通电源后，若没有信号输入，电路就处于静态。此时，三极管直流电压 U_{BE}、U_{CE} 和对应的直流电流 I_B、I_C 统称为静态工作点 Q，分别记作 U_{BEQ}、I_{BQ}、U_{CEQ} 和 I_{CQ}，其波形如图 10.3 所示。

2. 动态及其参数

在放大电路的输入端加入交流信号时，电路中的各电压、电流量都随之变化，电路就处于动态。此时，加在三极管 b、e 两极间的是直流电压量 U_{BEQ} 和交流信号量 u_i 两种电压量的叠加，记为 u_{BE}，其波形具有单向脉动性。由于 u_{BE} 的作用，将产生另一个脉动直流电流 i_B 流过输入回路。i_B 流经三极管时被放大成较大的电流 i_C，在集射极之间将得到放大的电压信号 u_{CE}，它们也都具有单向脉动性。由于隔直电容 C_2 的作用，u_{CE} 的直流量被阻隔，只有交流分量通过 C_2，形成输出电压 u_o，这正是希望得到的放大的电压信号，如图 10.3 所示。

输入放大电路的是交流电压信号，输出的也是交流电压信号，其幅度被放大，而流经三极管的仍是直流电（脉动直流电），完成交、直流分离的是电容器 C_1、C_2。对输入、输出信号来说，直流量仅是一种运载工具，信号被运载进入放大电路，从直流电源中吸取能量，得以放大后离开直流量，输出至负载。

注意

（1）为了使放大电路不失真地放大信号，放大电路必须建立合适的静态工作点。

（2）单级共射放大电路输出的交流信号 u_o 与输入信号 u_i 的波形是反相的。

（3）在交流放大电路中同时存在着直流分量和交流分量两种成分。

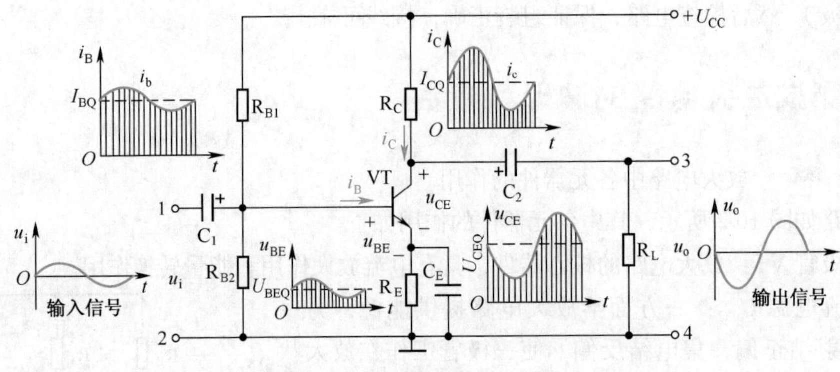

图 10.3　放大电路中的动态波形

为了便于讨论，对放大过程中各量的符号做如下规定：用大写 U、I 加大写的下标表示直流电压、电流分量，如 U_{BE}、I_B、U_{CE}、I_C 等；用小写的 u、i 加小写下标表示交流信号各分量，如 u_i、i_b、u_{ce} 等；用小写的 u、i 加大写下标表示总量，即交、直流的叠加量，如 u_{BE}、i_B、u_{CE} 等。因此，上述放大电路中各量关系为

$$u_{BE}=U_{BEQ}+u_{be}=U_{BEQ}+u_i$$

$$i_B=I_{BQ}+i_b$$

$$i_C=I_{CQ}+i_c$$

$$u_{CE}=U_{CEQ}+u_{ce}=U_{CEQ}+u_o$$

描述放大电路的基本性能的指标主要有：电压放大倍数 A_u、输入电阻 r_i 和输出电阻 r_o。

（1）电压放大倍数 A_u：反映放大电路对信号的放大能力。定义为输出电压有效值与输入电压有效值之比：

$$A_u=U_o/U_i$$

（2）输入电阻 r_i 和输出电阻 r_o：输入电阻 r_i 是撇开信号源从放大电路的输入端看进去，放大电路对输入信号所呈现的等效动态电阻。

输出电阻 r_o 是撇开负载电阻 R_L 从放大电路的输出端看进去的等效动态电阻。

一般情况下，放大电路的输入电阻大，有利于减小信号源的负担；放大电路的输出电阻小，有利于提高带负载的能力。

* **做一做**　测试静态工作点 Q。

在如图 10.1 所示连接好的电路上，测试放大电路的静态工作点 Q、各点波形及 A_u、r_i、r_o 的值。

测试设备有：低频信号源 1 台，晶体管毫伏表 1 台，示波器 1 台，万用表 2 块，直流稳压电源 1 台。

把直流电源调至 12V，在三极管集电极串入万用表甲（直流电流 5mA 挡），在三极管基极串入万用表乙（直流电流 100μA 挡）。

（1）按 I_{CQ}=1mA 调试：调节 R_P，使万用表的指示为 I_{CQ}=1mA，读出此时基极电流 I_{BQ} 的值。拆下万用表，连接好电路后，再用万用表电压挡测此时三极管各极对地电位 U_C、U_B、U_E，将测试值填入表 10.2 中。

（2）以最大不失真输出为依据调测：接入负载 R_L（18kΩ），输入端加入 1kHz，3 ～ 5mV 正弦波信号 u_i，用示波器观察波形。调节 R_P 并改变输入信号 u_i 的幅度，使输出信号达到最大不失

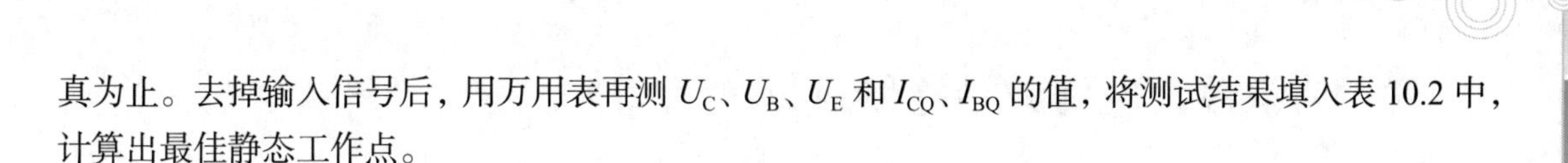

真为止。去掉输入信号后，用万用表再测 U_C、U_B、U_E 和 I_{CQ}、I_{BQ} 的值，将测试结果填入表 10.2 中，计算出最佳静态工作点。

表 10.2　　测试记录表

测试要求	实测值					计算		
	U_C/V	U_B/V	U_E/V	I_{BQ}/μA	I_{CQ}/mA	U_{BEQ}/V	U_{CEQ}/V	β
I_{CQ}=1mA					1			
最大不失真时								

议一议　测量集电极电流 I_{CQ} 时，需把电路断开很不方便，能否用测量电压的方法来间接测量电流？

用测量电压的方法可以解决。用万用表测 U_C 或 U_E，则 $I_{CQ} \approx I_{EQ}=U_E/R_E$ 或 $I_{CQ}=(U_{CC}-U_C)/R_C$。

* **做一做**　测试放大电路各点的信号波形。

（1）调试电位器 R_P，使放大电路处于最大不失真状态。

（2）调节低频信号源，使其输出 5mV、1kHz 的低频正弦波信号，接入放大电路输入端。

（3）调节示波器，使其处于示波状态，接入放大电路的输出端。

（4）观察放大电路的 u_i、u_{BE}、u_{CE} 和 u_o 的波形，填入表 10.3 中。

表 10.3　　波形记录表

u_i	u_{BE}	u_{CE}	u_o

议一议　表 10.3 中测量的波形与图 10.3 所示波形是否一致？

* **做一做**　测试放大电路的放大倍数。

（1）在放大电路输入端输入 f=1kHz，U_i=10mV 的正弦波信号，令放大电路输出端分别为空载、R_L=18kΩ，R_L=1kΩ 时，在输出波形无明显失真的情况下，用毫伏表测量输出电压 U_o，记入表 10.4 中。

表 10.4　　测量值记录表

电压 / 负载情况	U_o/V	U_i/mV	A_u
$R_L=\infty$		10	
R_L=18kΩ		10	
R_L=1kΩ		10	

（2）计算出电压放大倍数 A_u，并填入表 10.4 中。

议一议　在表 10.4 中，负载电阻变小，电压放大倍数 A_u 怎么变化？

三、认识放大电路的性能特点

通过电路分析可以认识放大电路的性能特点。放大电路分析一般分为直流分析和交流分析。直流分析的是放大电路的静态工作点 Q，在直流通路上进行；交流分析的是放大电路的性能指标（A_u、r_i、r_o 等），在交流通路进行。电路分析的常用方法有图解法、估算法等。本书介绍的主要是估算法，即通过近似计算来分析放大器性能的方法。

* **读一读** 直流通路和交流通路。

在放大电路中，同时存在着直流分量和交流分量两种成分。直流信号的通道称为直流通路；交流信号的通道称为交流通路。

直流通路和交流通路的画法为：

画直流通路时，把电容器视为开路，电感器视为短路，其他不变；

画交流通路时，把电容器和电源都短路成一条直线。

【例 10.1】 画出如图 10.4（a）所示放大电路的直流通路和交流通路。

【解】 画直流通路时，把电容器视为开路，负载去掉。

画交流通路时，把电容器和电源都短路，此时电源的正负极短接在一起。

直流通路和交流通路如图 10.4（b）、（c）所示。

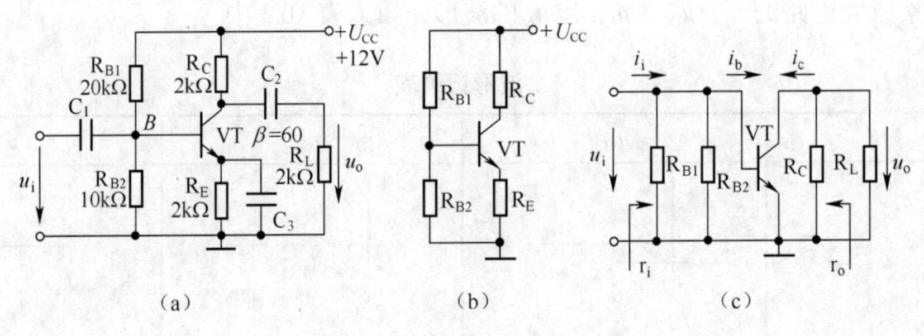

图 10.4　例 10.1 图

练一练 画出如图 10.5 所示电路的直流通路和交流通路。

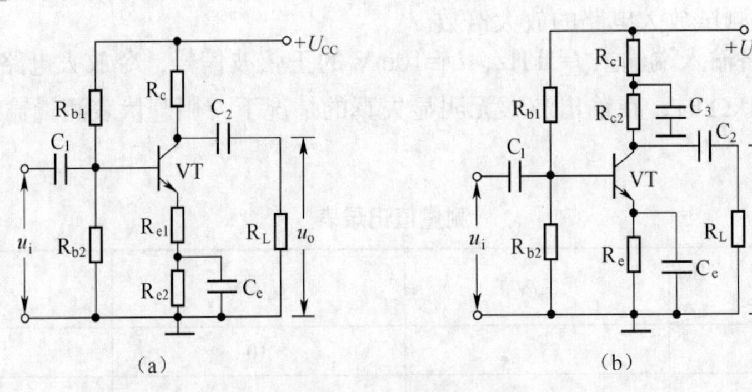

图 10.5　三极管放大电路

读一读 放大电路的静态工作点 Q 的求法。

在如图 10.4（b）所示的直流通路中，忽略基极电流 I_{BQ}，则电路静态工作点为：

$$U_{BQ}=\frac{R_{b2}}{R_{b1}+R_{b2}}U_{cc}$$

$$U_{EQ}=U_{BQ}-U_{BEQ}$$

$$I_{CQ}\approx I_{EQ}=\frac{U_{EQ}}{R_E}$$

$$I_{BQ}=\frac{I_{CQ}}{\beta}$$

$$U_{CEQ}=U_{CC}-I_{CQ}(R_C+R_E)$$

【例 10.2】 求如图 10.4 所示放大器的静态工作点（本书默认 NPN 型三极管为硅管，PNP 型三极管为锗管）。

【解】 $U_{BQ}=\frac{R_{b2}}{R_{b1}+R_{b2}}U_{CC}=\frac{10}{20+10}\times 12=4$（V）

$U_{EQ}=U_{BQ}-U_{BEQ}=4-0.7=3.3$（V）

$I_{CQ}\approx I_{EQ}=\frac{U_{EQ}}{R_E}=\frac{3.3}{2}\approx 1.7$（mA）

$I_{BQ}=\frac{I_{CQ}}{\beta}=\frac{1.7}{60}=0.028$（mA）=28（μA）

$U_{CEQ}=U_{CC}-I_{CQ}(R_C+R_E)=12-1.7$（2+2）=5.2（V）

* 读一读　放大电路的性能参数的计算。

（1）放大电路的输入电阻 r_i：在如图 10.4（b）所示放大电路的交流通路中，

$$r_i=R_{b1}//R_{b2}//r_{be}\approx r_{be}\text{（一般 } R_{b1}\text{、}R_{b2}\text{ 远大于 } r_{be}\text{）}$$

r_{be} 称为三极管的输入电阻，在低频小信号时，

$$r_{be}=300+(1+\beta)\frac{26(\text{mV})}{I_E(\text{mA})}$$

其中，I_E 表示发射极电流的直流成份。

（2）放大电路的输出电阻 r_o：在图 10.4（b）中，

$$r_o=R_C//r_{ce}\approx R_C$$

（3）电压放大倍数 A_u：对共射放大电路，A_u 可按如下公式估算。

$$A_u=-\beta\frac{R'_L}{r_{be}}$$

其中，$R'_L=R_C//R_L$ 称为放大电路的交流负载。

若放大电路未接负载电阻 R_L，则 $R'_L=R_C$，称放大电路空载，此时 A'_u 为

$$A'_u=-\beta\frac{R_C}{r_{be}}$$

由于 $R'_L < R_C$，$A_u < A'_u$，表明放大电路接入负载后电压放大倍数将下降。

【例 10.3】 电路如图 10.4（a）所示，试计算其 A_u、A'_u、r_i 和 r_o 的值。

【解】（1）求有载、空载电压放大倍数 A_u、A'_u。

在例 10.2 中已求出 $I_{EQ}\approx I_{CQ}=1.7\text{mA}$，所以

$$r_{be}=300+(1+\beta)\frac{26}{I_E}=300+(1+60)\frac{26}{1.7}\,\Omega=1.23\text{（k}\Omega\text{）}$$

$$R'_L=R_C//R_L=2//2=1\text{（k}\Omega\text{）}$$

$$A_u=-\beta\frac{R'_L}{r_{be}}=-60\times\frac{1}{1.23}=-48.8$$

$$A'_u=-\beta\frac{R_C}{r_{be}}=-60\times\frac{2}{1.23}=-97.6$$

（2）求输入电阻 r_i：在如图 10.4（c）所示的交流通路中

$$r_i=R_{b1}//R_{b2}//r_{be}=20//10//1.23=1.04\ (\text{k}\Omega)$$

（3）求输出电阻 r_o：

$$r_o=R_C=2\ (\text{k}\Omega)$$

练一练 电路如图 10.6 所示，已知三极管的 β=60，试：

（1）求静态工作点；

（2）求 A_u、r_i 和 r_o；

（3）说明各元件的作用。

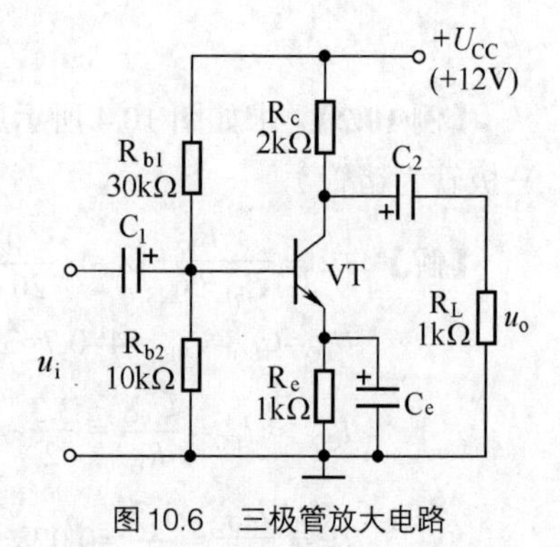

图 10.6 三极管放大电路

四、认识静态工作点对放大电路性能的影响

* **做一做** 观测静态工作点对输出波形的影响。

在如图 10.1 所示的电路中，输入 u_i=5 ～ 10mV，f=1kHz 的正弦波信号，用示波器观察输出电压 u_o 的波形，并用万用表测三极管的 U_{CEQ} 电压。

（1）调节 R_P 并改变输入信号 u_i 的幅度，使输出信号达到最大不失真为止，将此时的波形绘入表 10.5 中。

（2）在保持 u_i 不变的情况下，调大 R_P，观察输出波形 u_o 的变化，将明显失真的波形绘入表 10.5 中。

（3）在保持 u_i 不变的情况下，调小 R_P，观察输出波形 u_o 的变化，将明显失真的波形绘入表 10.5 中。

在 3 种情况下，分别测出其 U_{CEQ} 的值，填入表 10.5 中。

表 10.5　　测试记录表

	R_P 偏大	R_P 合适	R_P 偏小
失真情况		不失真	
u_o 的波形			
U_{CEQ}			

读一读 静态工作点对信号输出波形的影响。

静态工作点选得合适，放大电路才能正常地放大信号，否则就会产生所谓的失真。静态工作点选得过高（I_{CQ} 过大），放大电路将产生饱和失真（u_o 波形下平顶）；静态工作点选得过低（I_{CQ} 过小），

放大电路将产生截止失真（u_o 波形上平顶），如图 10.7 所示。

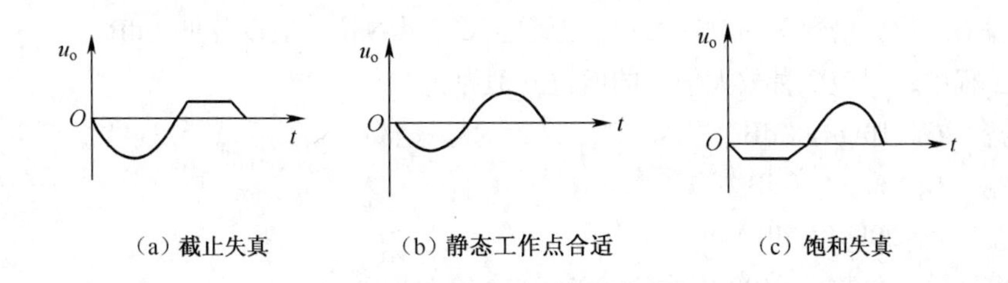

图 10.7　静态工作点对输出信号波形的影响

调整静态工作点的方法很简单，只需调节上偏置电阻 R_{b1}，就能改变 I_{BQ}、I_{CQ} 和 U_{CEQ} 的值。

议 一 议　怎么判断饱和失真与截止失真？

读 一 读　根据输入波形分析可以判断波形失真情况。对于NPN型三极管组成的放大器，若是在输入电压波形的正半周失真，则为饱和失真；若是在输入电压波形的负半周失真，则为截止失真。

如图 10.8 所示，放大电路输出电压的负半周失真，由于共射电路的倒相作用也就是输入波形的正半周时产生了失真，为饱和失真。

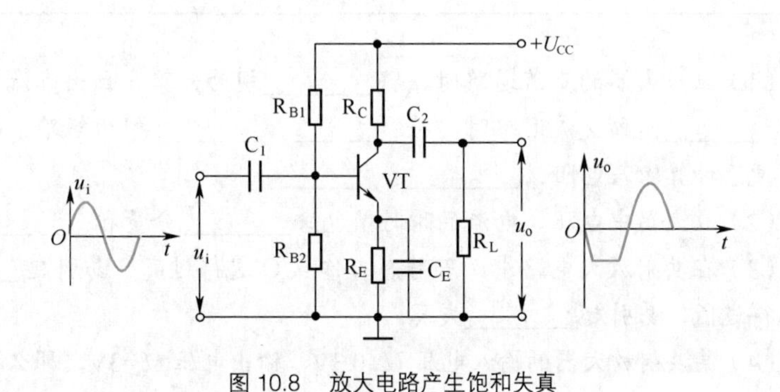

图 10.8　放大电路产生饱和失真

拓展与延伸　A_i、A_P 和增益 G

衡量放大电路的指标不仅仅是电压放大倍数 A_u，还有电流放大倍数 A_i，功率放大倍数 A_P。有时放大倍数 A_u、A_i 和 A_P 的数值很大，不便于运算，这时采用增益来表示放大器的放大能力，可方便地解决问题。

（1）电流放大倍数 A_i：放大器输出电流有效值 I_o 与输入电流有效值 I_i 之比值，即

$$A_i = \frac{I_o}{I_i}$$

（2）功率放大倍数 A_P：放大器输出功率 P_o 与输入功率 P_i 的比值，即

$$A_p = \frac{P_o}{P_i}$$

由于 $P_o=U_oI_o$，$P_i=U_iI_i$，故

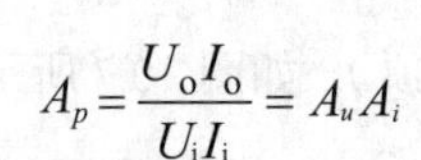

$$A_p=\frac{U_oI_o}{U_iI_i}=A_uA_i$$

（3）增益 G。放大倍数采用对数表示称为增益 G，其单位一般取分贝（dB）。

在电信工程中，对应3种放大倍数的增益分别为

功率增益　$G_P=10\lg A_P$（dB）

电压增益　$G_u=20\lg A_u$（dB）

电流增益　$G_i=20\lg A_i$（dB）

例如，电压放大倍数 $A_u=100$，则 $G_u=20\lg 100=40$（dB）。

另外，采用增益可将乘、除法运算简化为简单的加、减法运算。

评一评　根据本任务完成情况进行评价，并将评价结果填入如表10.6所示评价表中。

表10.6　教学过程评价表

项目 / 评价人	任务完成情况评价	等级	评定签名
自己评			
同学评			
老师评			
综合评定			

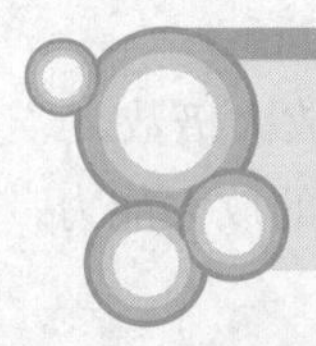

（1）画放大器的直流通路时，将________视为开路，画出直流通路是为了便于计算________；画交流通路时，将________和________视为短路，画出交流通路是为了便于计算输入电阻、________和________。

（2）放大器中电压、电流的瞬时值包含________分量和________分量。

（3）在共射放大电路中，若静态工作点Q选得过高，易引起________失真；Q点选得过低，易引起________失真。

（4）某共射放大器的输入电压 $U_i=0.3$V，输出电压 $U_o=3$V，那么 $A_u=$________。

（5）共射放大电路兼有________和________的作用。

任务2　认识负反馈放大电路

反馈在电子电路中得到广泛的应用。在放大电路中引入各种不同的负反馈，可以有效地改善有关的技术性能指标，提高放大电路的质量。例如，在音响功放中引入了负反馈可以大大改善音质，成为高保真音响。因此，几乎所有的实际放大电路中都引入了这样或那样的负反馈。

一、连接负反馈放大电路

做一做　按如图10.9所示电路图，连接好各元器件。在虚线连接前，放大电路能正常工作。在虚线连接后，放大电路性能将大大改善。元器件 C_f、R_f 组成反馈电路，其作用是反馈交

流信号。

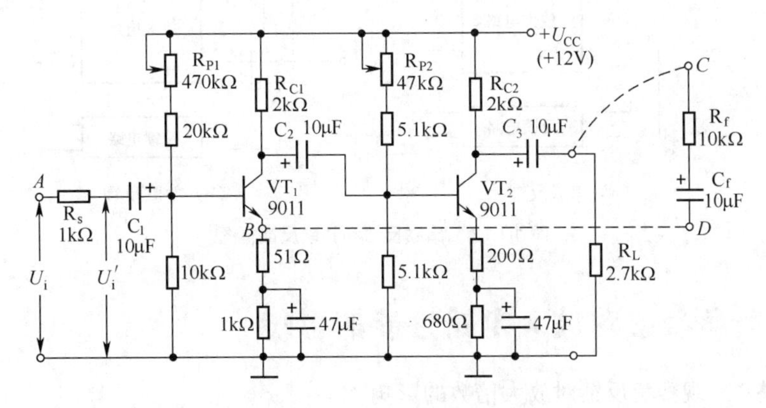

图 10.9 电压串联负反馈实验电路图

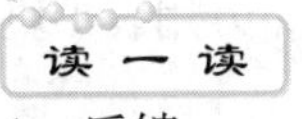

反馈及其类型

1. 反馈

反馈是指从放大电路的输出端把输出信号的一部分或全部通过一定的方式送回到放大电路输入端的过程，如图 10.10 所示。引入反馈后的放大电路称为闭环放大电路，反之，称为开环放大电路。

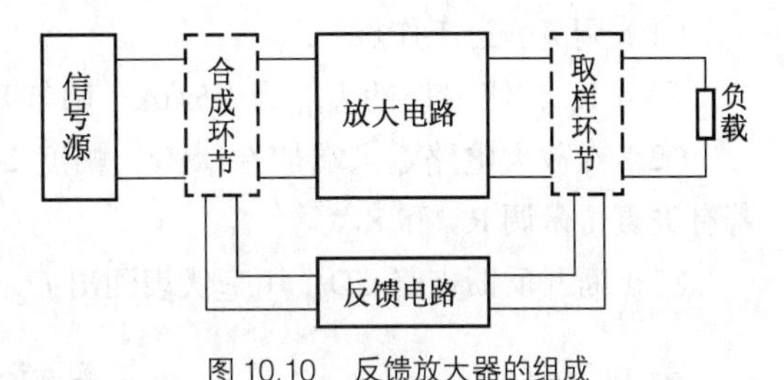

图 10.10 反馈放大器的组成

2. 反馈的类型

反馈的类型主要有 3 大类。

（1）正反馈和负反馈。凡反馈信号起到增强输入信号作用的叫做正反馈。凡反馈信号起到削弱输入信号作用的叫做负反馈。其判别方法是瞬时极性法，即先假设某一瞬时，输入信号极性为“+”，经过一系列反馈再到输入端，若为“+”，则增强输入信号，为正反馈，反之为负反馈。

（2）电压反馈和电流反馈。在放大电路的输出端，凡反馈信号取自输出电压并与输出电压成正比的是电压反馈，凡反馈信号取自输出电流并与输出电流成正比的是电流反馈。其判别方法是把放大电路的输出端短路时，反馈信号消失的为电压反馈，不消失的为电流反馈，如图 10.11 所示。

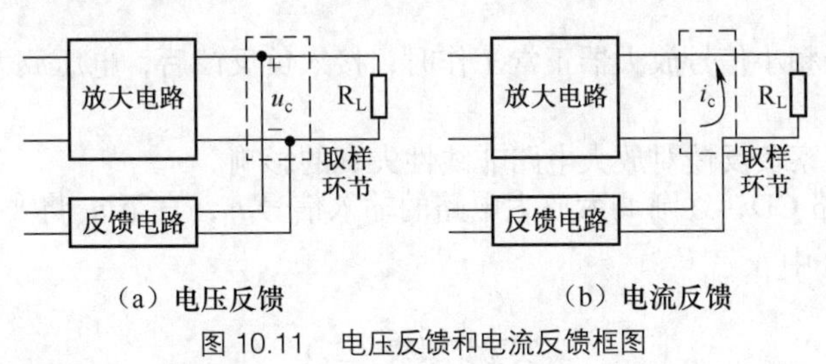

图 10.11 电压反馈和电流反馈框图

（3）串联反馈和并联反馈。在放大电路的输入端，串联反馈是指反馈信号 u_f 与输入信号 u_i 串联相加（减）后，作为放大电路的净输入电压信号u_i'；并联反馈是指反馈信号 i_f 与输入信号 i_i 并联相加（减）后，作为放大电路的净输入电流信号i_i'，如图 10.12 所示。其判别方法是把放大电路的输入端短路，反馈信号被短路掉的为并联反馈，反馈信号没有被短路掉的为串联反馈，如图 10.12 所示。

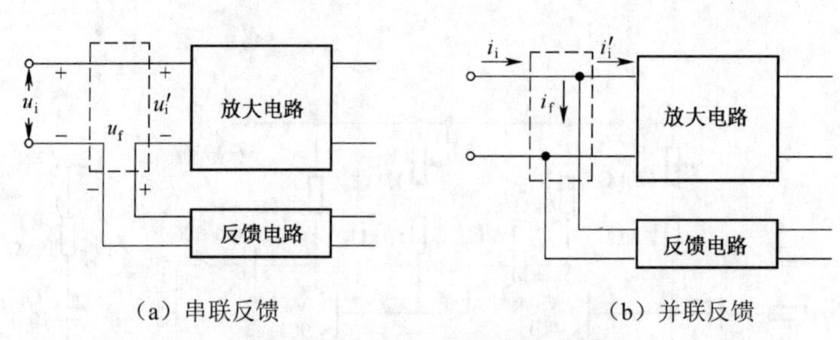

（a）串联反馈　　（b）并联反馈

图 10.12　串联反馈和并联反馈框图

二、探究负反馈对放大电路性能的影响

* **做一做**　观察负反馈对放大倍数的影响。

实验电路：实验电路如图 10.9 所示，经判别属于负反馈放大电路。

实验设备：直流稳压电源 1 台，低频信号源 1 台，毫伏表 1 台，示波器 1 台，万用表 1 块。

（1）调节静态工作点

调节 R_{P1}，使 VT_1 的 I_{CQ1} 为 1.5mA；调节 R_{P2}，使 VT_2 的 I_{CQ2} 为 2mA。

（2）在放大电路输入端加 f=1kHz，幅度 U_i=5mV 的正弦波信号，用示波器监测输出电压 u_o，若有失真可微调 R_{P1} 和 R_{P2}。

（3）断开反馈支路 CD，用毫伏表测出 U_o，填入表 10.7 中。

表 10.7　　实验记录表（一）

	输出电压	电压放大倍数
CD 开路（无反馈）	U_o=	A_u=U_o/5mV =
CD 接入（加反馈）	U'_o=	A_u=U'_o/5mV =

（4）接入反馈支路 CD，用毫伏表测出 U'_o，填入表 10.7 中。

（5）计算出两种情况下的电压放大倍数。

议一议　表 10.7 中所示的数据，表明负反馈会________________________。

读一读　低频小信号放大器正常工作时，接入负反馈后，电压放大倍数要降低。

* **做一做**　观察负反馈对放大电路非线性失真的影响。

（1）断开反馈支路 CD，逐渐调大放大电路的输入信号 u_i，直至 u_o 将要失真时，记下此时的 U_i 和 U_o 值填入表 10.8 中。

表 10.8　　实验记录表（二）

	（1）CD 断开（无反馈）	（2）CD 接入（加反馈）	（3）CD 重新断开（无反馈）
输入电压	U_i=	U'_i=	U'_i=
输出电压	U_o=	U'_o=	U'_o=

续表

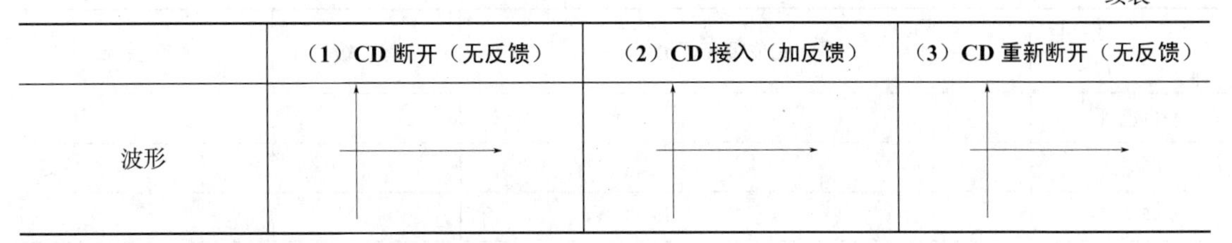

	（1）CD 断开（无反馈）	（2）CD 接入（加反馈）	（3）CD 重新断开（无反馈）
波形			

（2）接入反馈支路 CD，逐渐调大放大电路的输入信号u_i'，直至示波器显示输出电压达到 U_o 值时，在表 10.8 中记下此时的输入信号U_i'值。

（3）保持U_i'不变，再断开反馈支路 CD，观察输出信号波形变化的情况，将上述结果记入表 10.8 中。

议 一 议

比较表 10.7 中的（1）、（2）数据，可以发现________________________________。

比较表 10.7 中的（2）、（3）数据，可以发现________________________________。

读 一 读 负反馈对放大电路性能的影响。

（1）放大器的放大倍数将下降，但稳定性得到提高。

（2）改善了输出波形，减小非线性失真。

（3）展宽通频带。放大电路对各种频率的信号放大能力并非相同，在其性能不降低的情况下，有一个频率的范围，称为通频带。引入负反馈后，放大电路通频带加宽。

另外，负反馈还可以稳定放大器的静态工作点，改变放大电路的输入、输出电阻。

议 一 议 试分析如图 10.1 所示电路中的 R_E 是如何稳定静态工作点的？

拓展与延伸 分压式偏置放大电路

为了提高放大电路的稳定性，实际的放大电路常采用分压式偏置放大电路，形式如图 10.13 所示。

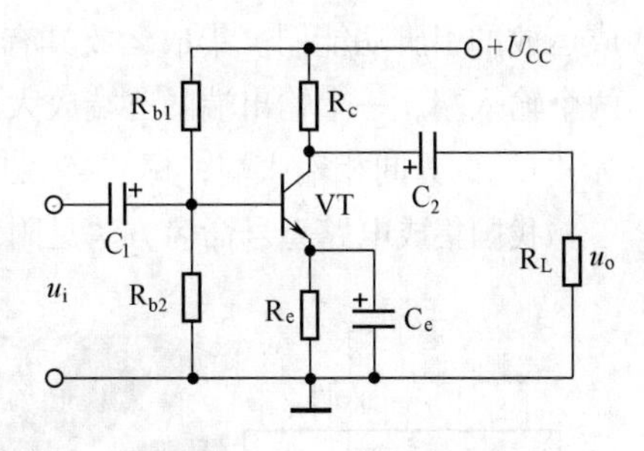

图 10.13　分压式偏置放大电路

影响放大电路静态工作点稳定的因素主要包括温度的变化、电源电压的波动以及元器件因老化而导致的参数改变等，其中最主要的因素是温度的变化。

在分压式偏置放大电路中，当环境温度升高时，引起 I_{CQ} 增大，由于 $I_{EQ} \approx I_{CQ}$，因此 I_{EQ} 也增大，导致发射极电位 $U_{EQ}=I_{EQ}R_E$ 上升，而基极电位不变，使 U_{BEQ} 减小，I_{BQ} 也减小，从而遏制了集电极电流 I_{CQ} 的增加。稳压过程用符号式表示如下：

T（温度）$\uparrow \rightarrow I_{CQ} \uparrow \rightarrow I_{EQ} \uparrow \rightarrow U_{EQ} \uparrow \rightarrow U_{BEQ} \downarrow \rightarrow I_{BQ} \downarrow \rightarrow I_{CQ} \downarrow$

议 一 议 分析电源电压波动以及元器件参数变化时，分压式偏置放大电路是如何稳定其静态工作点的？

评 一 评 根据本任务完成情况进行评价，并将评价结果填入如表 10.9 所示评价表中。

表 10.9 教学过程评价表

项目 / 评价人	任务完成情况评价	等级	评定签名
自己评			
同学评			
老师评			
综合评定			

知识能力训练

(1) 直流负反馈的作用是________；交流负反馈的作用是________。

(2) 负反馈放大器有电压串联、________、________和________4 种。

(3) 负反馈对放大器的性能有哪些影响?

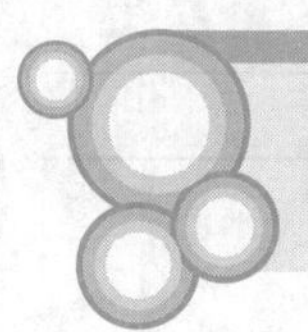

任务 3 认识集成运算放大电路

在工业自动化控制中，经常遇到一类变化极其缓慢（即变化频率接近于零）或者是极性固定的直流信号，这类信号的放大不能采用阻容耦合放大电路。为此，人们采用集成电路技术，制造出一种能放大直流信号的放大电路——集成运算放大电路（简称集成运放）。

一、了解集成运放的外部特性

做一做 观察集成运放的外形及符号。

集成运放是一种内部为直接耦合的高放大倍数的集成电路。如图 10.14 所示为国产 CF741 集成运放的引脚功能图。集成运放具有很多引脚，作为一个电路元器件，运算放大电路抽象为具有两个输入端、一个输出端的三端放大器。如图 10.15 所示为集成运放的图形符号，两个输入端中，标“+”的为同相输入端，标“–”的为反相输入端。

我国集成电路型号命名方法见附录 B。

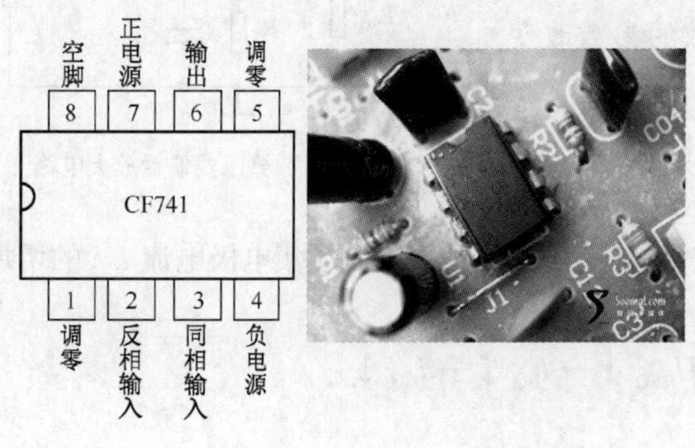

图 10.14 CF741 引脚功能图

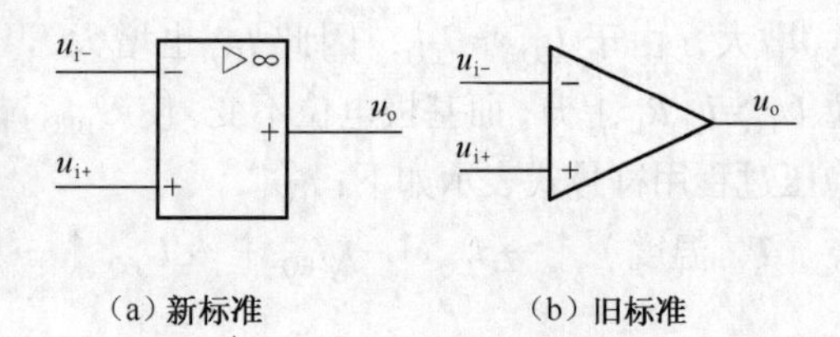

图 10.15 集成运放的图形符号

读一读 集成运放的理想特性。

根据运算放大电路参数的主要特点，常常将它理想化为一个放大器模型，具有以下主要特征。

（1）开环电压放大倍数 A_{uo} 为无穷大。

（2）开环输入电阻 r_i 为无穷大。

（3）开环输出电阻 r_o 为 0。

（4）开环频带宽度 BW 为无穷大。

议一议 由以上集成运放的理想特性还能推导出什么？

读一读 理想运放的两个重要推论。（见图 10.16）

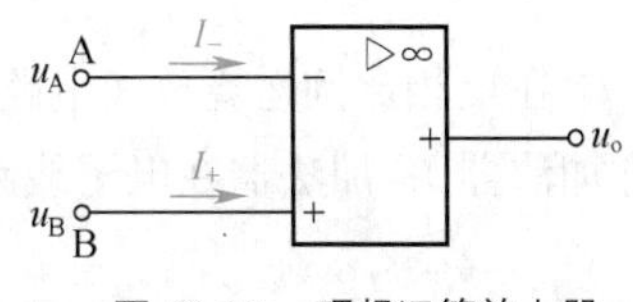

图 10.16 理想运算放大器

（1）虚断：指运放的两个输入端上的电流等于零，即 $I_+=I_-=0$（好像运放两个输入端在内部是断开的），这是由于运放的输入电阻 $r_i=\infty$所致。

（2）虚短：是指运放的两个输入端的电压为零，即 $u_A=u_B$，两个输入端之间与短路相似。

【例 10.4】 运用“虚断”、“虚短”的方法，推导如图 10.17 所示反相比例运算放大电路的电压放大倍数 A_{uf}（A_{uf} 是运放加了反馈后的放大倍数）。

【解】 因为 $i_1=i_f+i_i$（基尔霍夫电流定律）

而 $i_1=\dfrac{u_i-u_A}{R_1}$

$i_f=\dfrac{u_A-u_o}{R_f}$

$i_i=0$（虚断）

所以$\dfrac{u_i-u_A}{R_1}=\dfrac{u_A-u_o}{R_f}$

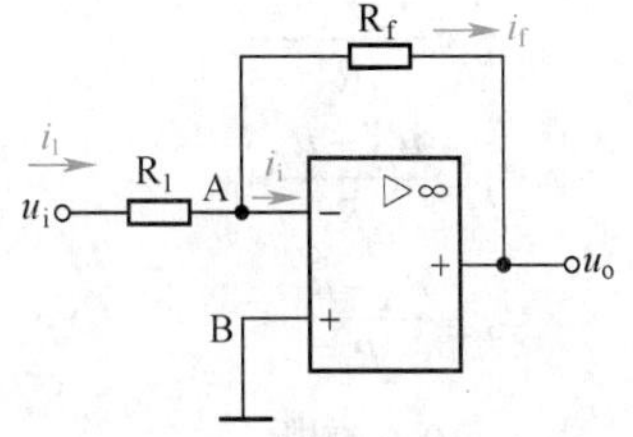

图 10.17 反相比例运算放大电路

又因为 $u_A=u_B=0$（虚短）

所以 $\dfrac{u_i}{R_1}=\dfrac{-u_o}{R_f}$

故 $u_o=-\dfrac{R_f}{R_1}u_i$

因此 $A_{uf}=\dfrac{u_o}{u_i}=-\dfrac{R_f}{R_1}$

在以上电路中，虽然 A 端不像 B 端那样真正接地，但因为 $u_A=u_B=0$，A 端的电位也为零，通常把 A 端称为“虚地”。

练一练 运用“虚断”、“虚短”的方法，推导如图 10.18 所示同相比例运算放大电路的电压放大倍数 A_{uf}。

解：因为 $i_1=i_f+i_i$（基尔霍夫电流定律）

而 i_1=________

i_f=________

$i_i=0$ （虚断）

所以$\dfrac{u_A}{R_1}=\dfrac{u_o-u_A}{R_F}$

即 u_o=________

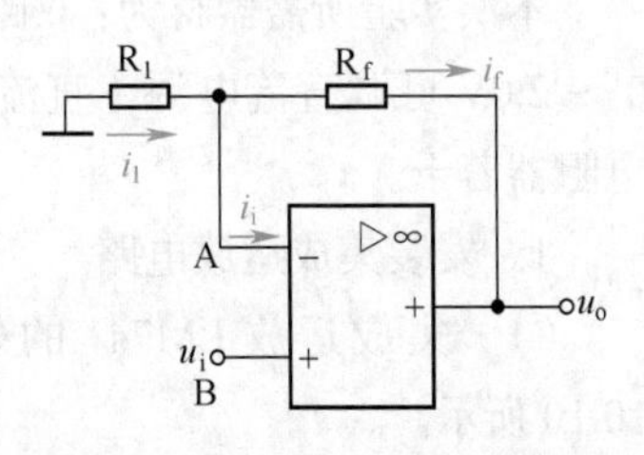

图 10.18 同相比例运算放大电路

又因为 $u_A=u_B=u_i$ （虚短）

所以 $u_o=\left(1+\frac{R_f}{R_1}\right)u_i$

故 $A_{uf}=\frac{u_o}{u_i}=$__________。

二、组装并测试加法器电路

在反相比例运算放大电路的反相输入端加多个输入信号，就构成了加法比例运算放大电路(简称加法器)，加法器在电子线路中应用相当广泛。

读一读 推导加法器电路的输出与输入关系。

如图 10.19 所示为加法器电路，其中 u_{i1}、u_{i2} 和 u_{i3} 是 3 路输入信号，电阻器 R_4 称为平衡电阻，其值为 $R_4=R_1//R_2//R_3//R_f$。

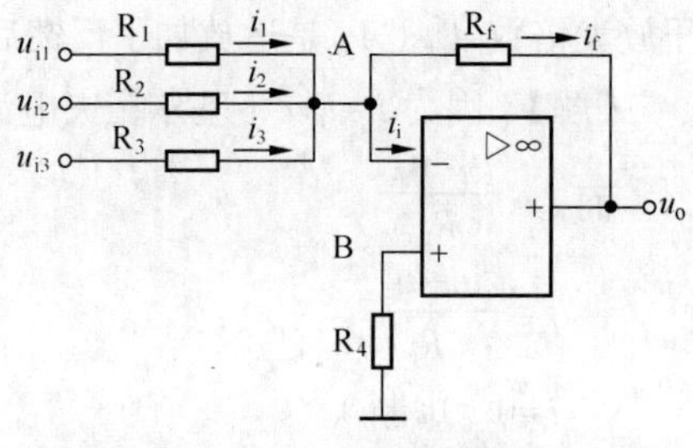

图 10.19 加法运算电路

因为 $i_i+i_f=i_1+i_2+i_3$

而 $i_1=\frac{u_{i1}-u_A}{R_1}$

$i_2=\frac{u_{i2}-u_A}{R_2}$

$i_3=\frac{u_{i3}-u_A}{R_3}$

$i_f=\frac{u_A-u_o}{R_f}$

$i_i=0$（虚断）

所以 $\frac{u_A-u_o}{R_f}=\frac{u_{i1}-u_A}{R_1}+\frac{u_{i2}-u_A}{R_2}+\frac{u_{i3}-u_A}{R_3}$

又因为虚地，即 $u_A=u_B=0$

所以 $-\frac{u_o}{R_f}=\frac{u_{i1}}{R_1}+\frac{u_{i2}}{R_2}+\frac{u_{i3}}{R_3}$

故加法器的一般公式为

$$u_o=-R_f\left(\frac{u_{i1}}{R_1}+\frac{u_{i2}}{R_2}+\frac{u_{i3}}{R_3}\right)$$

当 $R_1=R_2=R_3=R_f$ 时，上式为

$$u_o=-(u_{i1}+u_{i2}+u_{i3})$$

由此可见，电路输出电压正比于各输入电压之和，故为加法器。

做一做 组装加法器电路。

本次实验所需器材为：双路稳压电源(输出 ±15V)1 台，万用表 1 块，0～2.0V 可调直流电源（直流信号源）2 组，集成运放芯片 LM741 及电阻器若干。

1. 安装集成运放电路

（1）集成运放 LM741 的外形如图 10.20 所示，其引脚功能如表 10.10 所示。

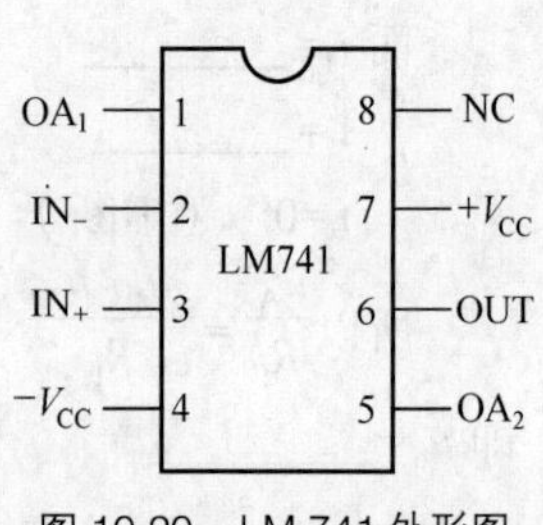

图 10.20 LM 741 外形图

表 10.10　　LM741 引脚功能表

1脚	2脚	3脚	4脚	5脚	6脚	7脚	8脚
调零	反相输入	同相输入	负电源	调零	输出	正电源	空脚

（2）按图 10.21 所示电路图搭接好 LM741 集成运放的调试电路。

（3）检查电路无误后，在 LM741 的 4 脚接 –15V 电源，7 脚接 +15V 电源。

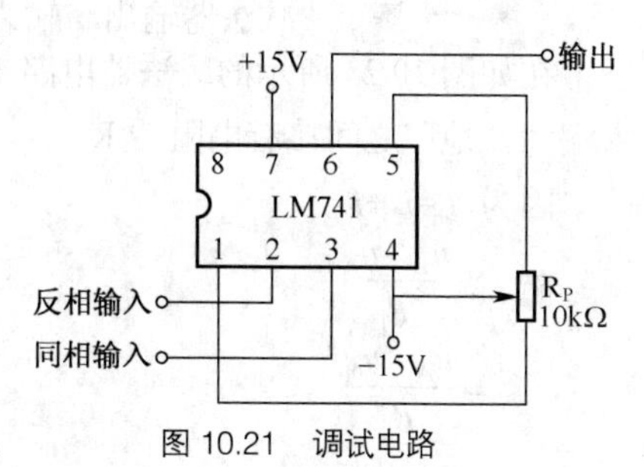

图 10.21　调试电路

2. 调试集成运放电路

（1）将 LM741 的 2、3 两个输入引脚用导线对地短路，用万用表观测 LM741 的输出端 6 脚的电压，通过电位器 R_P 调零（即调整 R_P 使输出电压 u_o=0V）。

（2）将 LM741 的 2、3 两个输入引脚的对地短路线去除。

这样由 LM741 构成的运放电路即可工作了。

议 一 议　运放电路为什么要调零？调零时为什么要将运放电路的输入端对地短路？

读 一 读　由于制造原因，运放电路在使用时，存在所谓的“零点”问题，即在其输入端不加信号时，输出端的信号也不为零，因此，运放电路使用时需要调零。一般将其输入端对地短路，使其无输入信号（即处于静态），调节电位器使输出电压为零。

做 一 做　加法器电路的检测。

（1）将图 10.21 所示的电路改接成加法器电路（见图 10.22）。

（2）电路检查无误后，接通正、负电源。

（3）在电阻器 R_1 端加入直流信号电压 u_{i1}，在电阻器 R_2 端加入直流信号 u_{i2}。

（4）按照表 10.11 所示数据调整 u_{i1}、u_{i2}，用万用表测量出每次对应的输出电压 u_o，将测量结果填入表 10.11 中。

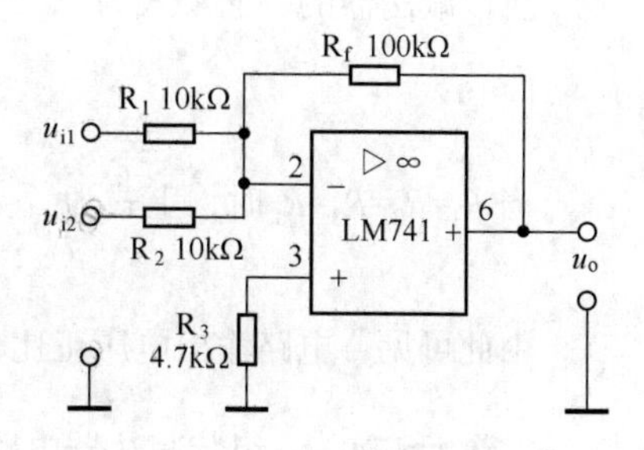

图 10.22　加法器电路

表 10.11　　数据记录表

输入电压 u_{i1}		–0.4V	–0.2V	0.2V	0.4V
输入电压 u_{i2}		–0.2V	0.4V	–0.4V	0.2V
输出电压 U_o	实测值				
	计算值 $u_o=-(R_f/R_1)(u_{i1}+u_{i2})$				

（5）将实测的结果与用公式计算的结果比较。

从表 10.11 所示的实测值和计算值可看出＿＿＿＿＿＿＿＿＿＿＿＿。

练 一 练　某运放电路的 u_o 与 u_i 的关系为

$$\frac{u_o}{u_{i1}+u_{i2}+u_{i3}}=-50$$

（1）画出该运放电路的电路图。

（2）说明各个电阻的阻值关系。

三、组装并测试减法器电路

在集成运放电路的两个输入端都加入信号，就构成了减法器电路，减法器的应用也很广泛。

读一读 减法器输出与输入的关系。

在如图 10.23 所示的减法器电路中，u_{i1} 为反相输入端信号，u_{i2} 为同相输入端信号，在同相输入端和“地”之间接有电阻器 R_3。

因为 $i_1=i_f+i_i$

而 $i_1=\dfrac{u_{i1}-u_A}{R_1}$

$i_f=\dfrac{u_A-u_o}{R_f}$

$i_i=0$（虚断）

所以 $\dfrac{u_{i1}-u_A}{R_1}=\dfrac{u_A-u_o}{R_f}$

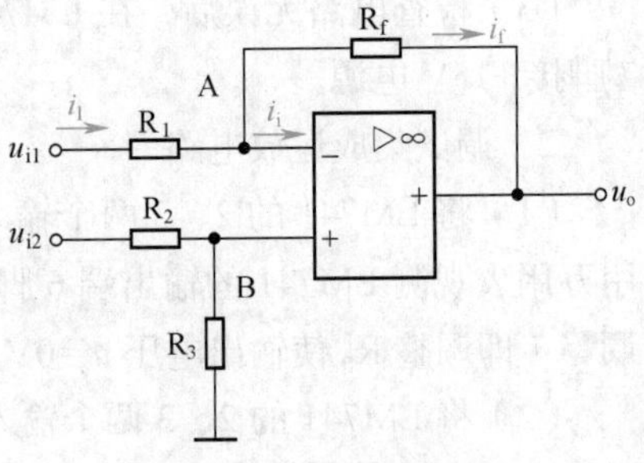

图 10.23 减法运算电路

即

$$u_A=\frac{u_{i1}R_f+u_oR_1}{R_1+R_f}$$

在同相输入端

$$u_B=\frac{R_3}{R_2+R_3}u_{i2}$$

又因为虚短，即

$$u_A=u_B$$

所以减法器的一般公式为

$$\frac{u_{i1}R_f+u_oR_1}{R_1+R_f}=\frac{R_3}{R_2+R_3}u_{i2}$$

当 $R_1=R_2=R_3=R_f$ 时，上式为

$$u_o=u_{i2}-u_{i1}$$

由此可见，电路输出电压正比于两端输入电压之差，故为减法器。

做一做 组装减法器电路。

本次实验所需器材、集成电路 LM741 的安装及调试与组装加法器电路时一样。

做一做 减法器电路的检测。

（1）将如图 10.21 所示电路改接成减法器电路（见图 10.24）。

（2）电路检查无误后，接通正、负电源。

（3）在电阻器 R_1 端加入直流信号 u_{i1}，在电阻器 R_2 端加入直流信号 u_{i2}。

（4）按照表 10.12 所示数据调整 u_{i1}、u_{i2}，用万用表测量出每次对应的输出电压 u_o，将测量结果填入表 10.12 中。

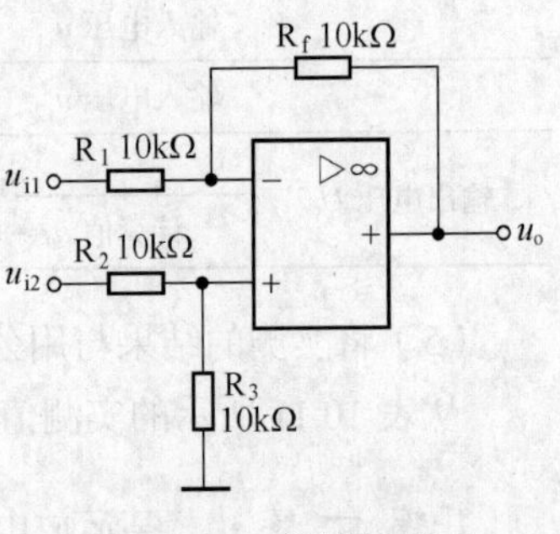

图 10.24 减法器电路

表 10.12 减法器电路检测记录

输入电压 u_{i1}	0.5V	1V	−0.3V	0.6V
输入电压 u_{i2}	0.4V	0.4V	0.7V	−0.2V

续表

输出电压 U_o	实测值				
	计算值 $u_o=u_{i2}-u_{i1}$				

（5）将实测的结果与公式计算的结果比较。

从表 10.12 所示的实测值和计算值可看出＿＿＿＿＿＿＿＿＿＿＿＿＿＿＿＿＿＿＿＿＿＿＿＿＿＿＿＿＿＿。

练一练 某运放电路的 u_o 与 u_i 的关系为

$$\frac{u_o}{u_{i2}-u_{i1}}=20$$

（1）画出该运放电路的电路图。

（2）说明各个电阻的阻值关系。

评一评 根据本任务完成情况进行评价，并将结果填入如表 10.13 所示评价表中。

表 10.13 **教学过程评价表**

项目 评价人	任务完成情况评价	等级	评定签名
自己评			
同学评			
老师评			
综合评定			

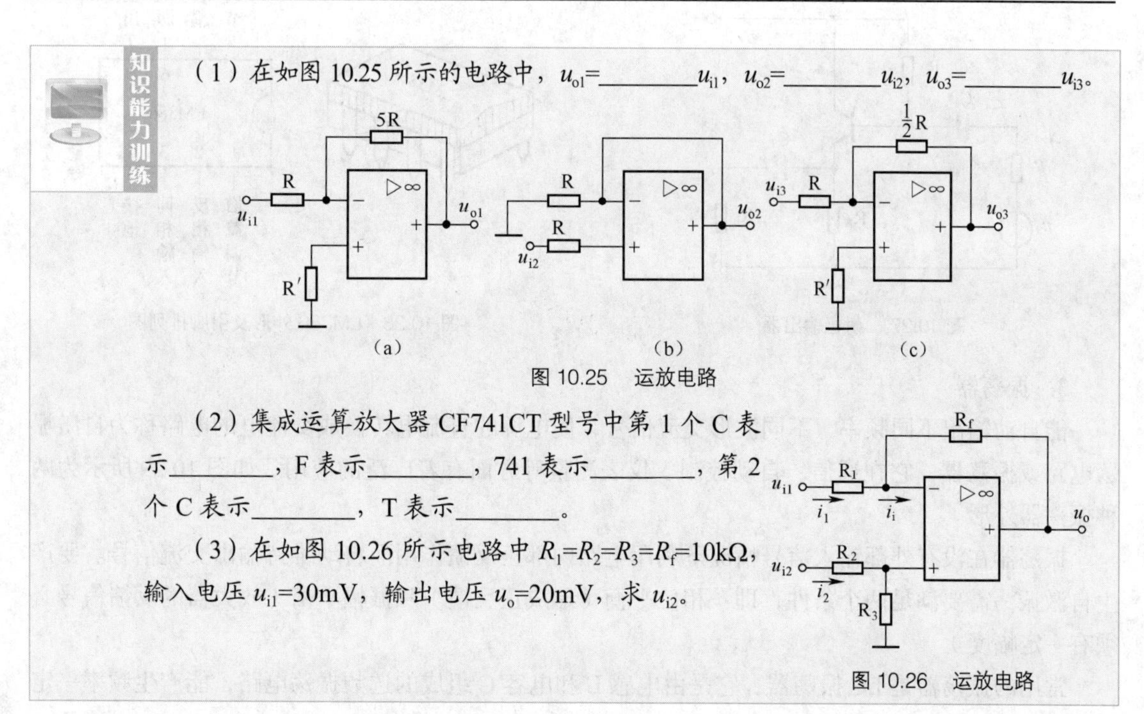

（1）在如图 10.25 所示的电路中，u_{o1}=＿＿＿＿u_{i1}，u_{o2}=＿＿＿＿u_{i2}，u_{o3}=＿＿＿＿u_{i3}。

图 10.25 运放电路

（2）集成运算放大器 CF741CT 型号中第 1 个 C 表示＿＿＿＿，F 表示＿＿＿＿，741 表示＿＿＿＿，第 2 个 C 表示＿＿＿＿，T 表示＿＿＿＿。

（3）在如图 10.26 所示电路中 $R_1=R_2=R_3=R_f=10\text{k}\Omega$，输入电压 u_{i1}=30mV，输出电压 u_o=20mV，求 u_{i2}。

图 10.26 运放电路

拓展与延伸 其他放大电路

1. 射极输出器

射极输出器是共集电极放大电路，如图 10.27 所示，它有如下特点及应用。

（1）输入电阻高，常被用在多级放大电路的第一级，以提高输入电阻，减轻信号源负担。

（2）输出电阻低，常被用在多级放大电路的末级，以降低输出电阻，提高带负载能力。

（3）利用其 r_i 大、r_o 小以及 $A_u \approx 1$ 的特点，用在放大电路的两级之间充当缓冲级或中间隔离级，起到阻抗匹配作用。

2. 功率放大器

在电子技术中，有时需要大的信号功率去控制或驱动负载工作，例如使扬声器发声、继电器动作、仪表指针偏转、电动机旋转等。能使输出低频信号功率放大的电路，称为低频功率放大器，简称功率放大器。

低频功率放大器主要分为甲类、乙类及甲乙类 3 种，其中功能最为齐全、使用最为广泛的是甲乙类低频功率放大器。此外在音响设备、电视设备及自动控制设备中广泛使用的是集成功率放大器，它具有失真度小、效率高、功能齐全、外接元件少、易于安装调试等特点，其输出功率为几百毫瓦到上百瓦不等。目前国内外的集成功率放大器电路已有多种型号的产品，如 DTA2822M、DG4100 、LA4112、LM386、NE5532、AD712K、AD827、TL084、LT058 等。 如图 10.28 所示为 LM386 外形和引脚排列图。

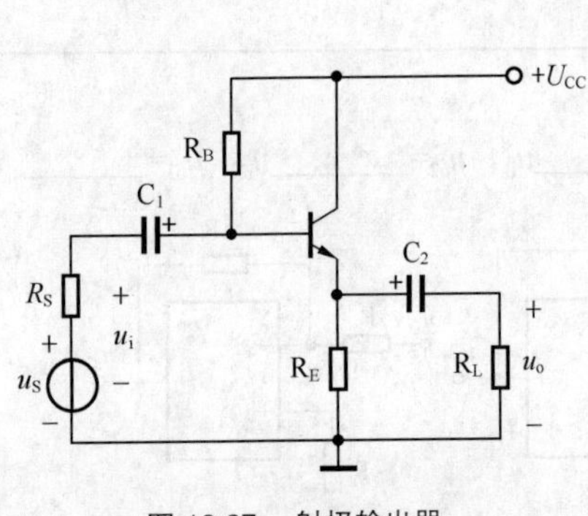

图 10.27 射极输出器

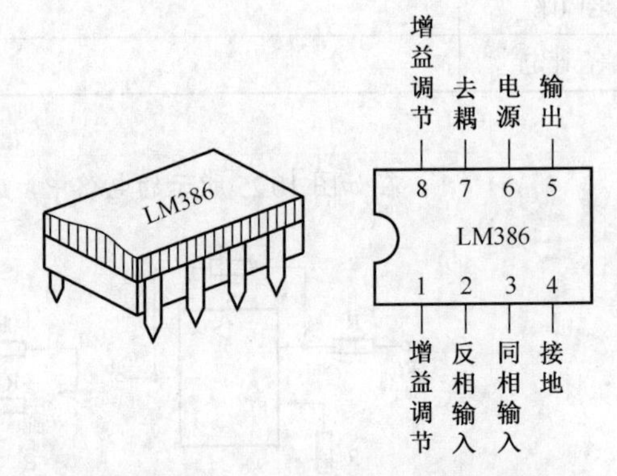

图 10.28 LM386 外形及引脚排列图

3. 振荡器

能自动输出不同频率、不同波形交流信号，使电源的直流电转换成交流电的电路称为自激振荡电路或振荡器，它在通信、自动控制、仪表测量等方面有着广泛的应用。如图 10.29 所示为两种振荡器外形。

振荡器在没有外部输入信号情况下利用电路内部正反馈作用而自动维持输出交流信号。要产生自激振荡需要满足两个条件，即：相位平衡（形成正反馈）和振幅平衡（放大器的反馈信号必须有一定幅度）。

常用的振荡器是 LC 振荡器，它是由电感 L 和电容 C 组成的选频振荡电路，能产生频率一定的正弦波信号，可分为变压器耦合式、电感三点式和电容三点式 3 种。

此外还有石英晶体振荡器，如图 10.30 所示，其最大特点在于输出频率极为稳定。

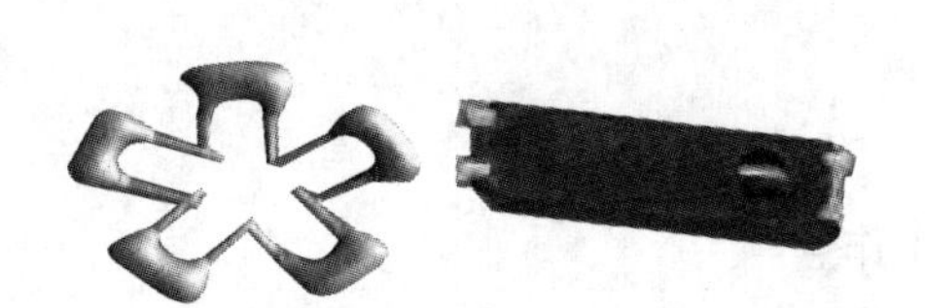

图 10.29 振荡器

图 10.30 石英晶体振荡器

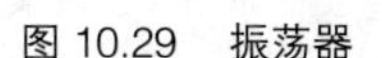

阅读材料

EDA 技术与 EWB 电路仿真软件简介

EDA（Electronic Design Automation）即电子设计自动化，在 20 世纪 90 年代初从计算机辅助设计（CAD）、计算机辅助制造（CAM）、计算机辅助测试（CAT）和计算机辅助工程（CAE）的概念发展而来。

EDA 技术是以计算机为工具，设计者在 EDA 软件平台上，用硬件描述语言（HDL）完成设计文件，然后由计算机自动地完成逻辑编译、化简、分割、综合、优化、布局、布线和仿真，直至对于特定目标芯片的适配编译、逻辑映射、编程下载等工作。EDA 技术的出现，极大地提高了电路设计的效率和可操作性，减轻了设计者的劳动强度。

利用 EDA 工具，电子设计师可以从概念、算法、协议等开始设计电子系统，大量工作可以通过计算机完成，将电子产品从电路设计、性能分析到设计出 IC 版图或 PCB 版图的整个过程交由计算机自动处理完成。

现在对 EDA 的概念或范畴用得很宽，在机械、电子、通信、航空航天、化工、矿产、生物、医学、军事等各个领域，都有 EDA 的应用。例如，在飞机制造过程中，从设计、性能测试及特性分析直到飞行模拟，都涉及 EDA 技术。

常用的 EDA 软件包括 EWB、PROTEL、ORCAD 等。

EWB（Electronics Workbench）是一种电子电路计算机仿真设计软件，于 1988 年开发成功。目前，国内外已有许多学校将软件仿真的内容纳入电子类课程的教学中，在微机上搭接和测试各种不同的功能电路，与传统的测量、调试手段相比，EWB 具有省时、省材、操作方便等优点。另外，经 EWB 进行分析和仿真完成的电路，可以在其他印制板设计软件（如 PROTEL、ORCAD 等）的支持下，直接排出印制电路板。

通过本单元的学习，主要掌握下列内容。

1. 了解以下基本知识

（1）直流通路、交流通路。

（2）静态工作点。

（3）失真。

（4）反馈的类型及判别的方法。

(5)集成运算放大器的特点。

2. 掌握下列操作方法

(1)用万用表测量放大电路的静态工作点。

(2)用示波器观察放大电路信号的波形。

(3)用毫伏表测量输入、输出信号的有效值。

(4)正确识别集成运算放大电路的引脚。

(5)能进行简单的焊接。

(6)判别信号波形失真情况。

3. 掌握下列电路规律和分析方法

(1)放大器的静态和动态的分析。

(2)反馈类型的判别方法。

(3)运放中“虚断”与“虚短”的分析。

(4)加法器和减法器电路的计算。

思考与练习

一、选择题

1. 一个由 NPN 型三极管组成的共射放大电路，若输出电压 u_i 为正弦波，而用示波器观察到输出波形如图 10.31 所示，则此放大器的静态工作点设置得（ ）。

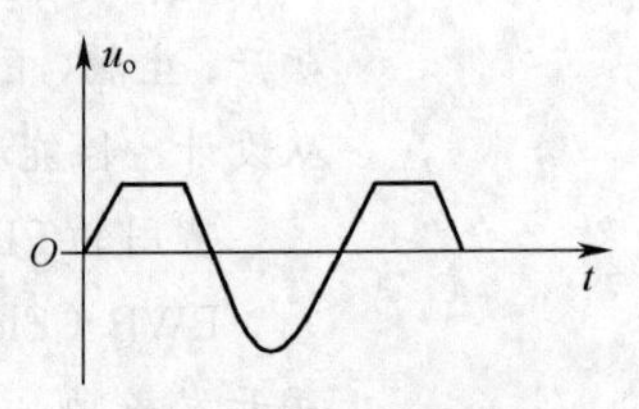

图 10.31 选择题 1 图

A. 偏高　　B. 偏低

C. 正常　　D. 无法判断

2. 在如图 10.32 所示的电路中，R_f 引入的反馈为（ ）。

A. 电压串联反馈　　B. 电压并联反馈

C. 电流串联反馈　　D. 电流并联反馈

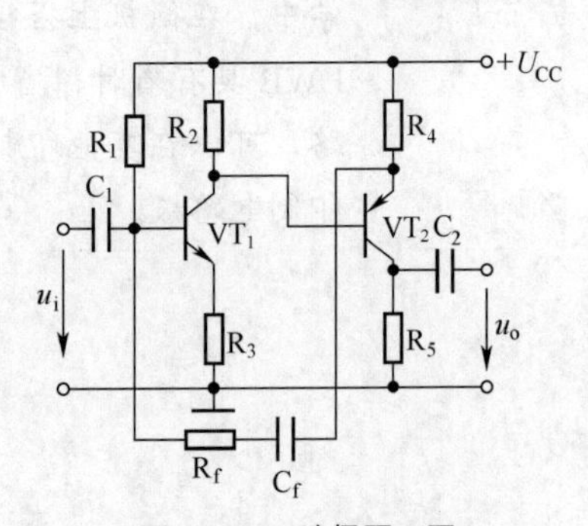

图 10.32 选择题 2 图

3. 如图 10.33 所示电路，$R_2=2R_1$，$u_i=-2V$，则输出电压 u_o 为（ ）。

A. 4V　　B. −4V

C. 8V　　D. −8V

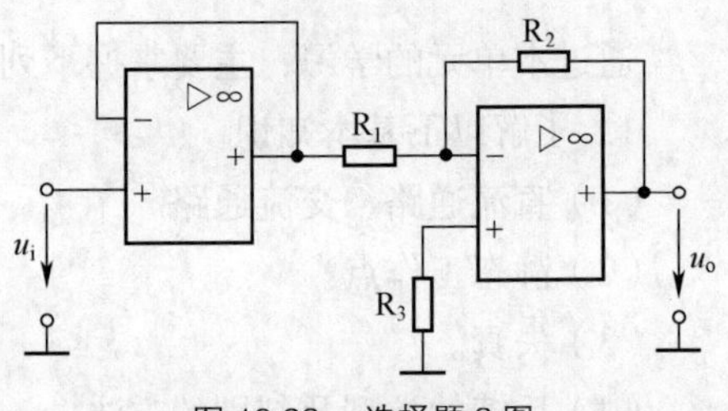

图 10.33 选择题 3 图

二、填空题

1. 放大器引入负反馈可使它的放大倍数的稳定性________；通频带________；非线性失真________；而输入、输出电阻将改变。

2. 如图 10.34 所示，$u_i=10V$，$R_1=10\Omega$，$R_2=20\Omega$，则 i_1=________，u_A=________，u_o=________。

3. 集成运算放大器不仅能放大交流信号，而且能放大________信号。

4. 共射放大电路中，R_C 电阻器的作用是把三极管的________作用转换成________形式。

5. 放大器接有负载电阻 R_L 后，电压放大倍数将________。

6. 反相比例运算放大器是一种________负反馈放大器。

7. 对于一个放大器来说，一般希望其输入电阻要________些，以减轻信号源的负担；输出电阻要________些，以增大带负载能力。

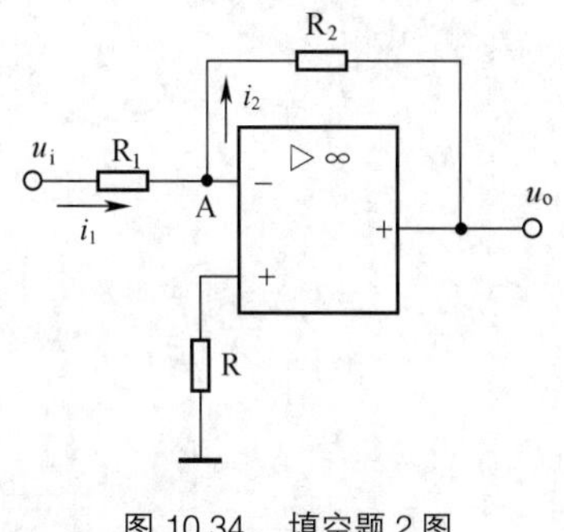

图 10.34　填空题 2 图

三、判断题

1. 共射放大器的 R_C 阻值越大，其电压放大倍数越高，带负载能力越强。(　　)

2. 负反馈放大器是靠牺牲放大倍数来换取各种性能改善的。(　　)

3. 集成运算放大器实质上是一种高增益的直流放大器。(　　)

四、分析计算题

1. 在如图 10.35 所示电路中，U_{CC}=12V，β=50，R_{B1}=30kΩ，R_{B2}=10kΩ，R_C=3kΩ，R_E=2.3kΩ，R_L=3kΩ，U_{BEQ}=0.7V。

(1) 估算该电路的静态工作点。

(2) 估算该电路的 r_i 和 r_o。

(3) 估算电压放大倍数 A_u。

2. 计算如图 10.36 所示电路的输出电压 u_o。

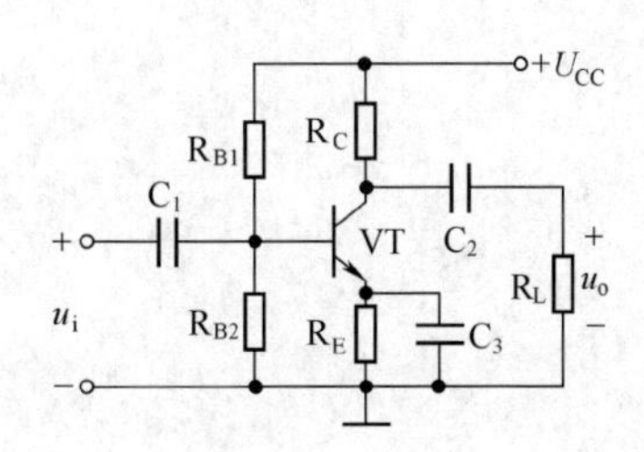

图 10.35　分析计算题 1 图

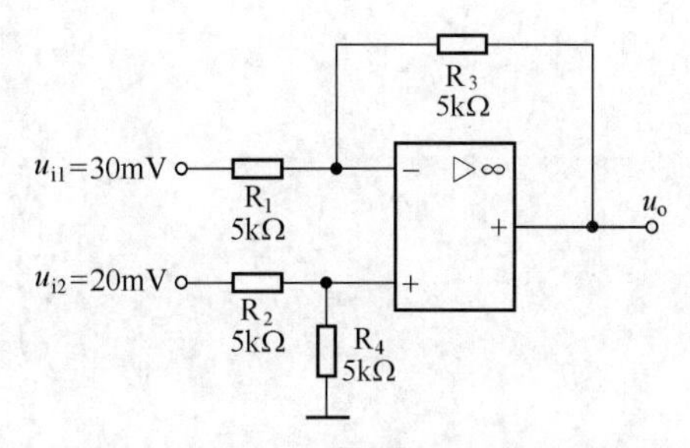

图 10.36　分析计算题 2 图

第 4 部分

数字电子技术

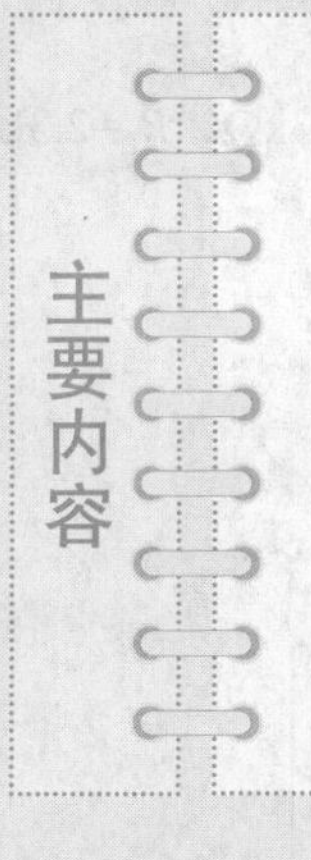

第 11 单元

了解数字电路

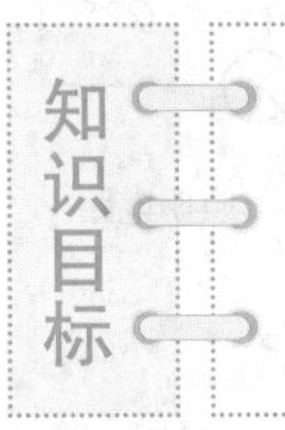

知识目标

- 了解数字信号、模拟信号、数字电路、模拟电路的基本概念
- 了解与、或、非 3 种基本的逻辑运算
- 了解二进制和十进制数制的转换方法
- 了解 BCD 码的编码方法

技能目标

- 学会识读集成电路芯片
- 学会查阅集成电路使用手册

情景导入

21 世纪是信息化时代，信息化时代又被称为数字时代，数字地球、数字化生存等概念已被人们耳熟能详。今天的人们已越来越多地与数字联系在一起，从个人身份证号、手机号到 IP 地址、QQ 号、信用卡密码等无不打上数字的烙印，数字已经不完全是 1、2、3 了，它已经完全侵入了我们的生活。从家用电器到生活方式，我们已经迈入了一个完全可以用数字标记和管理的社会。今后，我们的生活可能就是用数字代码来管理的，复杂的信息资料将用类似 1110011001……这样的简单数字代替，所有这一切的基础就是我们的各类生产、生活、学习资料都必须转化为一系列的数字，承担这一任务的就是以数字电路为基础的数据采集、分析和处理系统。

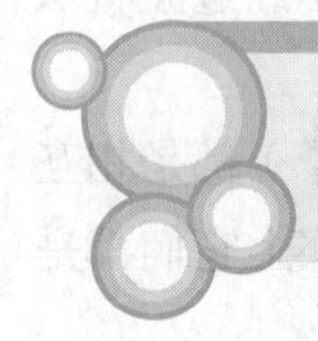

任务 1　了解数字电路的基础知识

一、认识数字信号与数字电路

做一做

（1）按如图 11.1 所示连接电路。

（2）观察在打开和合上开关S的两种情况下，灯L的状态。

可以看到开关S合上，灯L亮；开关S断开，灯L熄灭。

开关S有两种状态，即合上与打开；灯L也有两种状态，即亮与不亮。

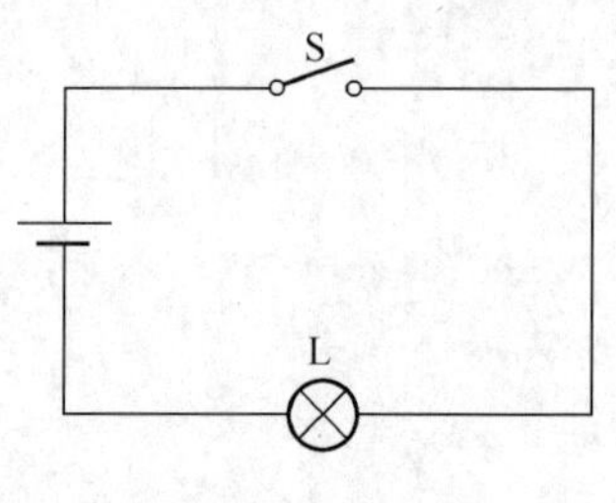

图 11.1　照明电路

议一议　开关S有无第3种状态？灯L有无第3种状态？

做一做　（1）在前面电路中加入一个可调电阻器（见图11.2）。

（2）合上开关S，调节 R_W，观察灯L的状态变化。

可以看到，R_W 由小到大，灯L由亮变暗。

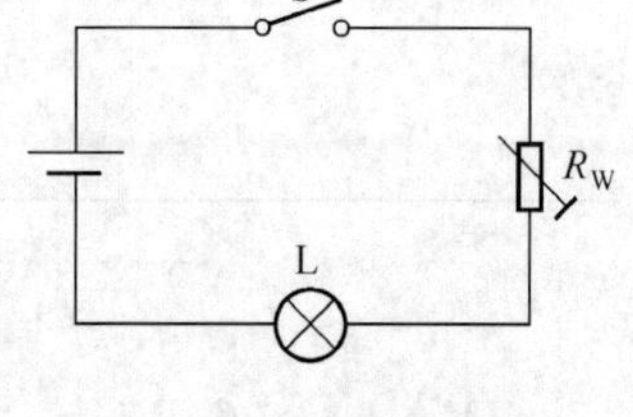

图 11.2　照明电路

议一议　在这一过程中，灯L的亮度有多少种状态？R_W 的大小有多少种？

读一读

（1）数字信号——在数值上和时间上不连续变化（离散）的信号（见图11.3）。

（2）模拟信号——在数值上和时间上连续变化的信号（见图11.4）。

数字电路——处理数字信号的电路。

模拟电路——处理模拟信号的电路。

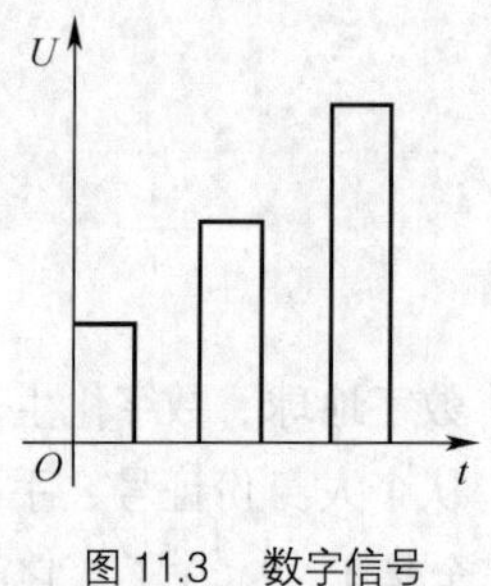

图 11.3　数字信号

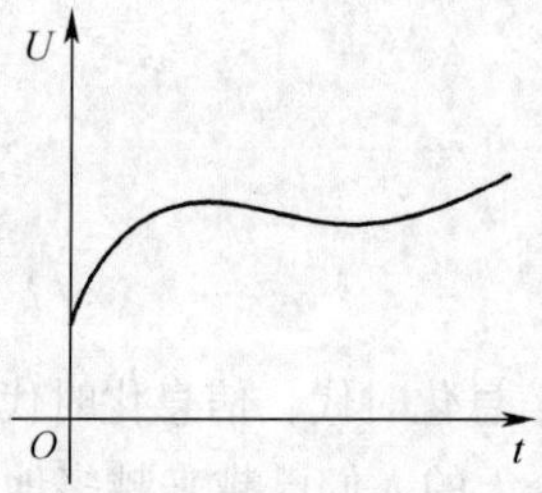

图 11.4　模拟信号

练一练　列举日常生产、生活中遇到的信号哪些属于数字信号？哪些属于模拟信号？

读一读　在日常生活中所体验的世界其实是非常"模拟化"的。从宏观的角度看，这个世界一点也不数字化，反而具有连续性的特点，不会骤然开关、由黑而白，或是不经过渡就从一种状态直接跳入另一种状态。

从微观的角度看，与人们相互作用的物体（电线中流动的电子或我们眼中的光子）都是相互分离的单位，只不过由于它们的数量太过庞大，因此，感觉上似乎连续不断，而事实上它们都是相互分离的，它们的变化也是离散的、跳跃式的，所以具有"数字化"的特点。

数字信号有很多的优点，其中最主要的优点如下。

（1）具有数据压缩功能。

（2）具有纠正错误的功能。

（3）抗干扰能力强，不易失真。

（4）传输容量大，便于多媒体集成。

（5）便于存储、处理和交换。

由于数字信号的明显优点，因此现代的通信、广播、电视、计算机数据传输等均已实现或正在实现数字化。

二、认识逻辑代数和逻辑变量

读一读 数字电路的特点。

数字电路主要研究的是信号的状态，如灯的亮与不亮、开关的开与关、信号的有与无等，而不研究具体的信号大小，数字信号基本上只有两个状态，所以常用二进制数的0和1来表示，相应地电信号用低电平和高电平表示，如：

灯不亮——“0”——低电平；

灯亮——“1”——高电平；

开关断开——“0”——低电平；

开关闭合——“1”——高电平。

注意 低电平、高电平均是指一个电压范围而不是某个具体的电压数值，如高电平通常为3～5V，低电平通常为0～0.4V。

（1）数字电路中的元器件主要工作于“开”或“关”的状态，不存在中间状态，所以数字电路的基本元器件又称开关元器件，基本数字电路又称开关电路。

（2）数字电路中的数字运算普遍采用的是二进制。

读一读 数字信号之间的这种非数值的状态关系，称为逻辑关系，因此数字（开关）电路又称逻辑电路。逻辑电路中各输入、输出状态称为逻辑变量，它们之间的逻辑关系称为逻辑函数（代数），逻辑变量与常规数学变量的不同之处在于它只有两种取值（状态），即“0”和“1”。“0”和“1”在这里表示事物的两种对立状态，其本身没有数值意义。

逻辑变量之间的运算遵循一套不同于普通代数运算的规则，称为逻辑代数运算规则。

逻辑体制分为正逻辑和负逻辑两种，其规定如下。

正逻辑：“1”——代表高电平，“0”——代表低电平。

负逻辑：“1”——代表低电平，“0”——代表高电平。

没有特殊说明，一般均为正逻辑。

逻辑代数的运算包括逻辑加、逻辑乘、逻辑非3种基本运算（类似于普通代数的加、减、乘、除）。

逻辑加——又称或运算。

逻辑乘——又称与运算。

逻辑非——又称非运算。

逻辑代数运算规则如下。

或运算

$0+0=0$

$0+1=1$

$1+1=1$

$A+0=A$

$A+1=1$

$A+\overline{A}=1$

$A+A=A$

与运算

$0\times 0=0$

$0\times 1=0$

$1\times 1=1$

$A\times 0=0$

$A\times 1=A$

$A\times \overline{A}=0$

$A\times A=A$

非运算

$\overline{0}=1$

$\overline{1}=0$

$\overline{\overline{A}}=A$

逻辑代数运算定律

$A\times B=B\times A$

$A+B=B+A$

$(A\times B)\times C=A\times (B\times C)$

$(A+B)+C=A+(B+C)$

$A\times (B+C)=A\times B+A\times C$

摩根定律（又称反演定律）

$\overline{AB}=\overline{A}+\overline{B}$

$\overline{A+B}=\overline{A}\times \overline{B}$

议一议 逻辑代数运算规则中哪些与普通代数一致？

练一练

（1）根据定义，判别如图 11.5 所示信号属于模拟信号还是数字信号？

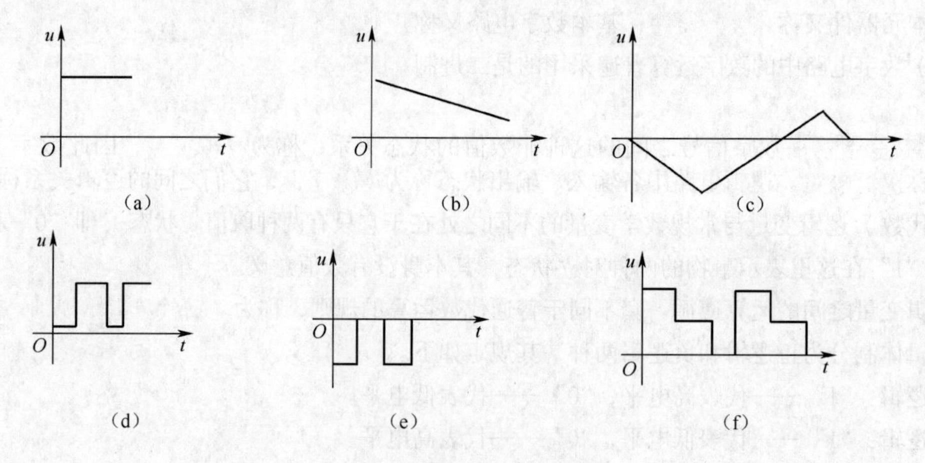

图 11.5　模拟信号与数字信号

（2）完成下列逻辑运算。

① $A+A+A=$　　② $1+A+0=$　　③ $(0+A)+1=$　　④ $1\times A\times B=$

⑤ $(0\times A)\times B=$　　⑥ $(A+B)+1=$　　⑦ $\overline{\overline{A}}\times B+1=$　　⑧ $(0+B)\times \overline{B}=$

⑨ $\overline{A+B}\times 1+1=$　　⑩ $\overline{AB}\times 0=$

评一评 根据本任务完成情况进行评价，并将结果填入如表 11.1 所示的评价表中。

表 11.1　　教学过程评价表

项目 评价人	任务完成情况评价	等　级	评定签名
自己评			
同学评			
老师评			
综合评定			

知识能力训练

（1）数字电路中输入、输出的数字信号之间的关系，是一种________（数值上、逻辑上）的关系。

（2）完成下列逻辑运算。

A × A=________　　1+1+1=________

A+1=________　　1 × 1+1 × 0=________

A × 0=________　　0 × 1+1 × 0=________

(A+1) × (B+1)=________　　(A+B) × AB=________

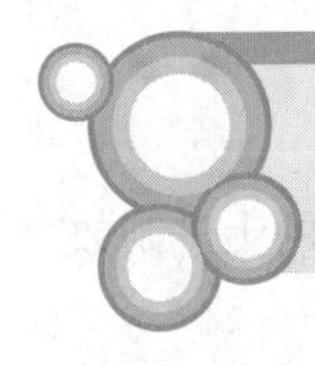

任务 2　认识二进制与 BCD 码

一、认识二进制

读一读　数制是人们利用符号进行计数的科学方法。数制有很多种，在计算机中常用的数制有十进制、二进制和十六进制。

1. 十进制数

人们通常使用的是十进制数制。十进制由 0、1、2、…、9 共 10 个基本字符组成；按“逢十进一”的规则进行运算。

2. 二进制数

二进制由两个基本字符 0、1 组成，按“逢二进一”的规则进行运算。为区别于其他进制数，二进制数的书写通常在数的右下方注上 2，或后面加 B 表示。

例如：二进制数 10110011 可以写成$(10110011)_2$，或写成 10110011B，对于十进制数可以不加注。计算机中的数据均采用二进制数表示，这是因为二进制数具有以下特点。

（1）二进制数中只有两个字符 0 和 1，表示元器件或电路具有的两个不同的稳定状态。例如，电路中有、无电流，有电流用 1 表示，无电流用 0 表示；电路中电压的高、低；二极管的导通、截止等。

（2）二进制数运算简单，大大简化了计算中运算部件的结构。

二进制数的加法和乘法运算法则如下。

0+0=0

$0+1=1+0=1$

$1+1=10$

$0\times0=0$

$0\times1=1\times0=0$

$1\times1=1$

3. 二进制的权

在二进制数中小数点前由后往前各位的权依次为 2^0、2^1、2^2、2^3…，小数点后由前往后各位的权依次为 2^{-1}、2^{-2}、2^{-3}…。

【例 11.1】 完成下列二进制运算。

0+0，0+1，1+0，1+1，1+1+1

1×0，1×1，0×0，0×1

【解】 0+0=0，0+1=1，1+0=1，1+1=10，1+1+1=11

$1\times0=0$，$1\times1=1$，$0\times0=0$，$0\times1=0$

练一练 完成下列二进制运算。

11+10，1+1+10，10×0，1101+1011

读一读 数制之间的转换。

1. 二进制数转换为十进制数

乘权相加法——二进制数的每位数码乘以它所在数位的"权"再相加起来即为相应的十进制数。

例：把 $(1001)_2$ 转换为十进制数。

解：$(1001)_2=(1\times2^0+0\times2^1+0\times2^2+1\times2^3)_{10}=(1\times1+0\times2+0\times4+1\times8)_{10}=(9)_{10}$

2. 十进制数转换为二进制数

除二取余倒记法——用 2 连续除十进制数，直到商为 0，逆序排列余数即可得到一个十进制整数对应的二进制整数。

例：将 25 转换为二进制数。

解：$25\div2=12$ 余数 1

$12\div2=6$ 余数 0

$6\div2=3$ 余数 0

$3\div2=1$ 余数 1

$1\div2=0$ 余数 1

所以 $25=(11001)_2$

练一练

1. 完成下列二进制数的运算。

(1+0+110+10) = (　　　)，(10+1010−11) = (　　　)，(1001101+10111) = (　　)

2. 完成下列数制转换。

$(1001101)_2$ = (　　　$)_{10}$，$(11011000)_2$ = (　　　$)_{10}$

$(11234)_{10}$ = (　　　$)_2$，$(11010)_{10}$ = (　　　$)_2$

二、认识 BCD 码

读一读 用二进制数表示十进制数的方法称为二－十进制编码，简称 BCD 码。由于 3 位二进制数只能表示 8 个状态，而 4 位二进制数可以表示 16 个状态，因此，要表示十进制数至少要用 4 位二进制数，同时需要去掉其中多出的 6 个状态。BCD 码分为 8421BCD 码、5421BCD 码等，常用的是 8421BCD 码，其对应关系如表 11.2 所示。

表 11.2　　**8421BCD 编码表**

	二进制数码				对应的十进制数码
	0	0	0	0	0
	0	0	0	1	1
	0	0	1	0	2
	0	0	1	1	3
	0	1	0	0	4
	0	1	0	1	5
	0	1	1	0	6
	0	1	1	1	7
	1	0	0	0	8
	1	0	0	1	9
	1	0	1	0	
	1	0	1	1	
	1	1	0	0	
	1	1	0	1	不用
	1	1	1	0	
	1	1	1	1	
	0	0	0	0	
权	8	4	2	1	

这种二－十进制编码称为 8421BCD 码，其 4 位的权分别为 8、4、2、1。

评一评 根据本任务完成情况进行评价，并将评价结果填入如表 11.3 所示评价表中。

表 11.3　　**教学过程评价表**

项目 / 评价人	任务完成情况评价	等级	评定签名
自己评			
同学评			
老师评			
综合评定			

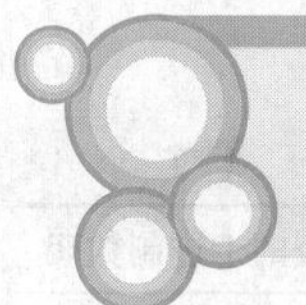

知识能力训练

完成下列数制转换。

$(10010101)_{8421BCD}$ = (　　$)_{10}$　　$(10000111)_{8421BCD}$ = (　　$)_2$

$(10010101)_{5421BCD}$ = (　　$)_{10}$　　$(345)_{10}$ = (　　$)_{8421BCD}$ = (　　$)_2$

$(10010111)_2$ = (　　$)_{10}$ = (　　$)_{8421BCD}$

任务3　了解集成电路芯片使用常识

集成电路（Integrated Circuit，IC）是指将很多微电子器件电路集成在芯片上的一种高级微电子器件，如图11.6所示。通常使用硅为基础材料，在上面通过扩散或渗透技术形成N型半导体和P型半导体及PN结。也有使用锗为基础材料，但比起硅需要较高的切入电压。实验室中也有以砷化镓（GaAs）为基材的芯片，其性能远远超过硅芯片，适合于高频通信，但是不易批量生产，价格过高，并且砷具有毒性，废弃时不易处理。

图11.6　集成电路芯片

第1个集成电路雏形是由杰克·基尔比于1958年完成的，其中包括1个双极型晶体管、3个电阻和1个电容器。

根据一个芯片上集成的微电子器件的数量，集成电路可以分为以下几类。

小规模集成电路（Small-Scale Integration，SSI）通常为几十个逻辑门以内。

中规模集成电路（Medium-Scale Integration，MSI）通常为几百个逻辑门。

大规模集成电路（Large-Scale Integration，LSI）通常为几万个逻辑门。

甚大规模集成电路（Very-Large-Scale Integration，VLSI）通常为几十万个逻辑门以上。

超大规模集成电路（Ultra-Large Scale Integration，ULSI）通常为百万个逻辑门以上。

根据处理信号的不同，可以分为模拟集成电路和数字集成电路。模拟集成电路主要是指由电容器、电阻器、晶体管等组成的模拟电路集成在一起用来处理模拟信号的集成电路。有许多的模拟集成电路，如运算放大器、模拟乘法器、锁相环、电源管理芯片等。模拟集成电路的主要构成电路有放大器、滤波器、反馈电路、基准源电路、开关电容电路等。模拟集成电路设计主要是通过有经验的设计师进行手动的电路调试、模拟而得到，与此相对应的数字集成电路设计大部分是通过使用硬件描述语言在EDA软件的控制下自动地综合产生。

读一读　数字集成电路芯片的使用常识。

数字集成电路按照组成器件的种类主要分成两类：一类是以普通三极管作为组成器件的集成电路，简称TTL电路；另一类是以场效应管作为组成器件的集成电路，简称MOS电路，其中应用最广的是CMOS电路。TTL电路型号以“CT”字母开头，CMOS电路型号以“CC”字母开头（详见附录B“集成电路型号命名方法”）。

数字集成电路目前大量采用双列直插式外形封装，芯片引脚主要有14引脚和16引脚两种，其引脚编号判读方法是把标志（凹口）置于左方，逆时针自左下脚依次而上，引脚依次为引脚1，引脚2，…，引脚14（见图11.7），其中右下角（引脚7或8）为接地端，左上角（14引脚或16引脚）为直流电源。

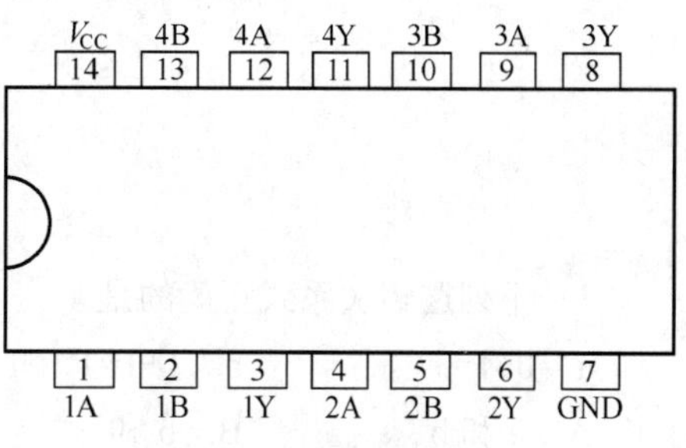

图11.7　数字集成电路外形

要了解芯片的具体功能必须阅读芯片外引脚排列图。

做一做　阅读74LS08、74LS32、74LS04芯片外引脚排列图（见图11.8、图11.9、图11.10）。

74LS08芯片内部包含4个与门，每个与门均含2个输入端，故称四二输入与门芯片，74LS32芯片包含4个或门，每个或门均包含两个输入端，故称四二输入或门芯片，74LS04芯片包含6个非门。

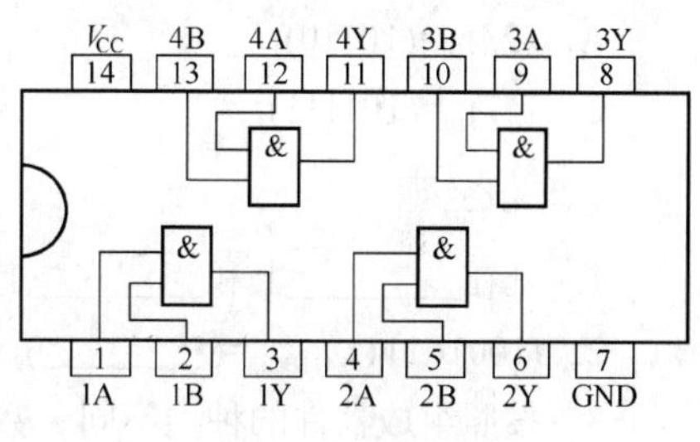

图11.8　74LS08

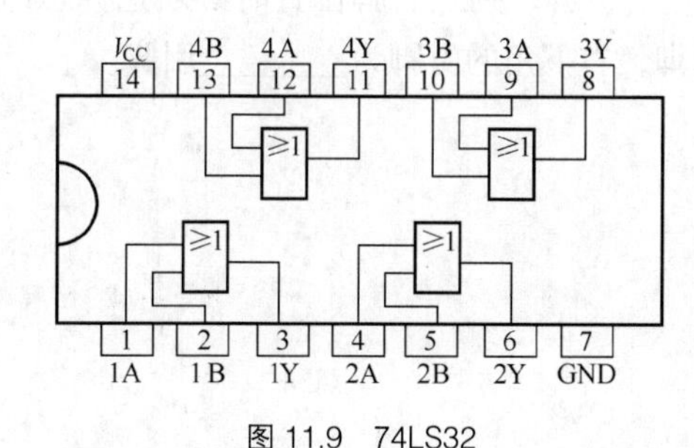

图11.9　74LS32

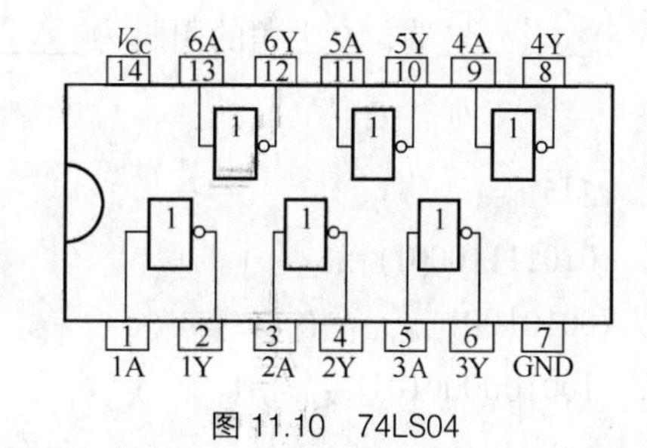

图11.10　74LS04

通过本单元的学习，主要了解下列内容。

（1）数字信号是在数值和时间上不连续变化的信号。

（2）数字信号之间的关系是逻辑关系，相应的变量称为逻辑变量，采用逻辑函数进行运算。

（3）逻辑运算包括逻辑加、逻辑乘、逻辑非。

（4）二进制是数字电路中的基本数制。采用乘权相加法和除二取余倒计法分别可以实现二进制和十进制数制的转换。

（5）8421BCD码可以用4位二进制数表示1位十进制数。

（6）集成电路的使用常识。

思考与练习

一、选择题

1. 下列逻辑关系式正确的是（　　）。

a. 0+1=0　　b. 1+1=1　　c. 0×1=0　　d. A+1=A

A. a和b　　B. b和c　　C. c和d　　D. b和d

2. 将十进制数转换为二进制数，结果正确的是（　　）。

A. $(23)_{10}=(10110)_2$　　B. $(29)_{10}=(11100)_2$

C. $(47)_{10}=(101111)_2$　　D. $(47)_{10}=(101110)_2$

二、填空题

1. 凡在________上和________上不________变化的信号，称为数字信号。

2. $(10010111)_{8421BCD}=(\qquad)_2=(\qquad)_{10}$

3. 按照组成器件的种类不同，数字集成电路分为两类，即________电路和________电路。

4. 集成电路芯片通常有________个或________个引脚，判别引脚位置时必须把标志即________置于________端，左上角的引脚为________引脚，右下角的引脚为________引脚。

三、完成下列转换

1. $(245)_{10}=(\quad)_2$

2. $(01011110001)_2=(\quad)_{10}$

3. $(00101001)_{8421BCD}=(\quad)_{10}$

4. $(100100000101)_{8421BCD}=(\quad)_2$

第12单元

认识组合逻辑电路

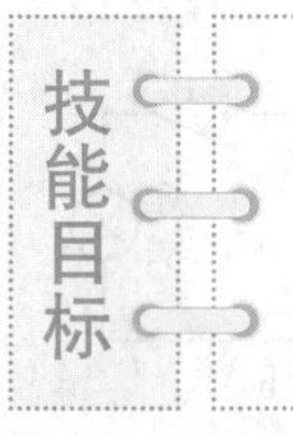

知识目标

- 掌握与门、或门、非门等基本门电路以及与非、或非、异或等组合门电路的电路符号、逻辑功能及应用
- 了解逻辑电路的基本分析方法

技能目标

- 学会识读门电路芯片，掌握其基本的装接和使用方法

情景导入

米其喜欢看电视文娱节目，不少娱乐节目都有与观众的互动环节，特别是让观众参与表决评比人气类的节目，观众手中都有一个表决器（见图12.1），米其对此很感兴趣。通过研究，米其发现其实表决器并不是很复杂，在老师的指导下，米其终于自己制作出一只简单的3人表决器，在班级的文娱活动和体育比赛中还发挥了作用。

图12.1　表决器

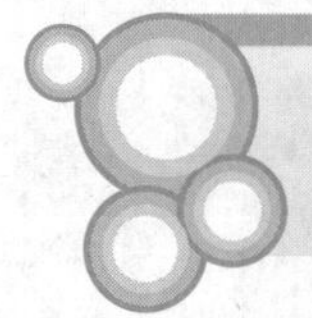

任务1　认识基本逻辑门电路

数字电路的基本组成元件是二极管、三极管、场效应管等开关元器件。这些元器件连同其他元器件组成一个个单元电路。依据一定的条件或开或关，就像门一样控制着输出信号的状态，所以这些单元电路又称门电路。本任务将通过认识一些基本门电路器件来了解数字电路的基本逻辑运算控制过程。

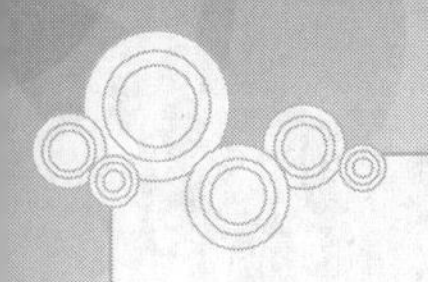

一、识读与门电路芯片，认识与门电路

读一读 数字电路最基本的逻辑运算是逻辑与、逻辑或、逻辑非，实现这3种控制的单元电路分别称为与门电路、或门电路和非门电路。

做一做 观察74LS08芯片，阅读其芯片外引脚排列图（见图12.2）。

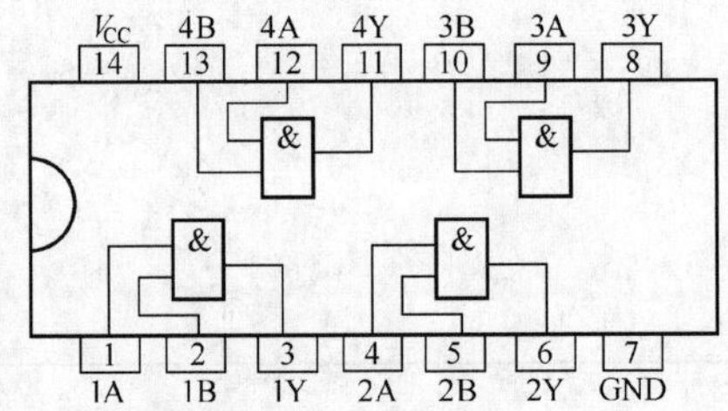

图12.2　74LS08芯片及其外引脚排列图

读一读 认识与门电路和与逻辑关系。

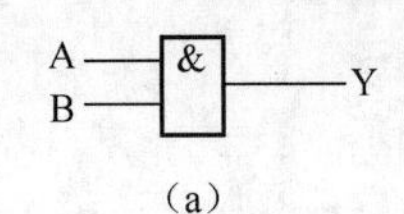

（a）

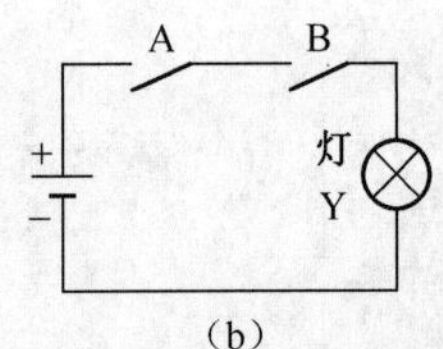

（b）

图12.3　与门图形符号和与门电路

与门电路的图形符号如图12.3（a）所示，其输入端可以有2个或2个以上，输出端有且只有1个，“&”代表与逻辑关系。

与逻辑关系——当决定一件事情的各个条件全部具备时，这件事情才会发生，这种因果关系称为与逻辑关系。如图12.3（b）中所示开关A、B全闭合时，灯才会亮，对灯亮（果）而言，开关A、B闭合（因）是与逻辑关系。

与逻辑关系表示如下。

（1）逻辑表达式：Y=AB，读做Y等于A与B。

（2）真值表（见表12.1）。

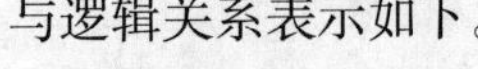

表12.1　　**与门真值表**

B	A	Y
0	0	0
0	1	0
1	0	0
1	1	1

与逻辑功能——“有0出0，全1出1”。

注意 列真值表的方法。

（3）波形图（见图12.4）。

议一议 请举例说明日常生活中存在哪些与逻辑关系。

练一练 根据如图12.5所示与门电路的输入波形画出对应的输出波形Y=AB。

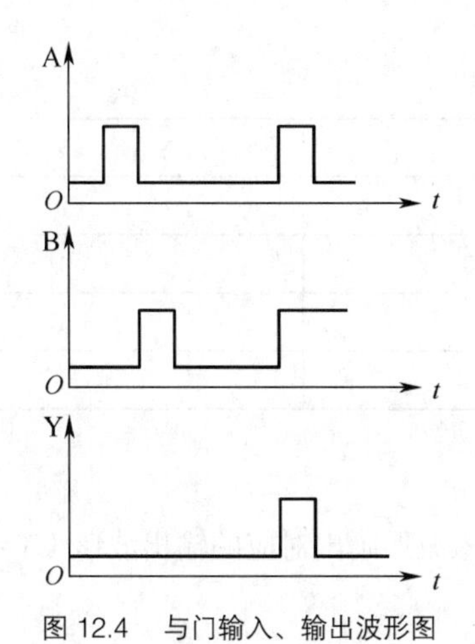

图 12.4 与门输入、输出波形图

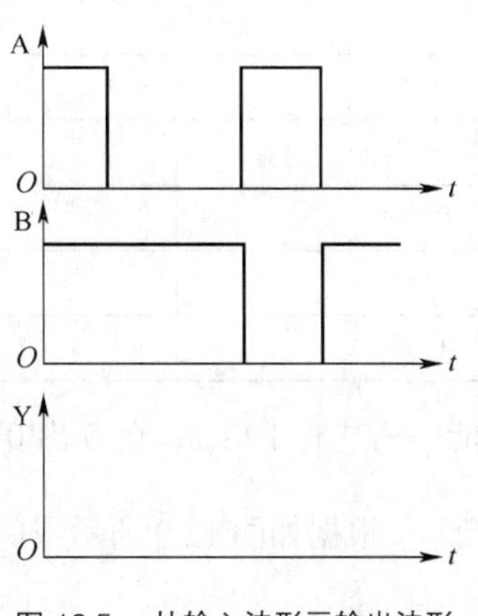

图 12.5 从输入波形画输出波形

二、识读或门电路芯片，认识或门电路

做一做 观察 74LS32 芯片，阅读其芯片引脚排列图（见图 12.6）。

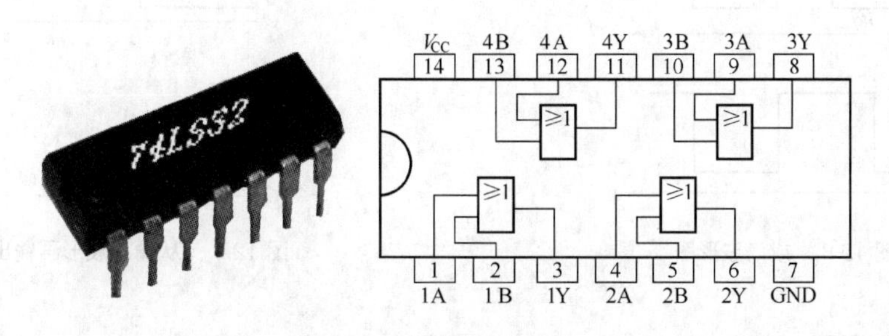

图 12.6 74LS32 芯片及其引脚排列图

读一读 认识或门电路和或逻辑关系

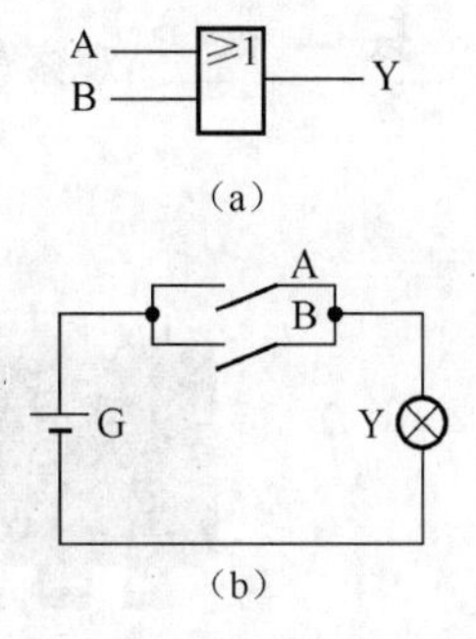

图 12.7 或门图形符号和或门电路

或门电路的图形符号如图 12.7（a）所示，其输入端可以有 2 个或 2 个以上，输出端有且只有 1 个，"≥"代表或逻辑关系。

或逻辑关系——当决定一件事情的各个条件中，只要具备一个或者一个以上的条件，这件事情就会发生，这样的因果关系称为或逻辑关系。如图 12.7（b）中所示开关 A、B，只要其中任意一个闭合，灯 Y 就会亮，对于灯亮（果）而言，开关 A、B 闭合（因）是或逻辑关系。

或逻辑关系表示如下。

（1）逻辑表达式：Y=A+B，读做 Y 等于 A 或 B。

（2）真值表（见表 12.2）。

（3）波形图（见图 12.8）。

议一议 请举例说明生活中存在哪些或逻辑关系。

表 12.2　　或门真值表

B	A	Y
0	0	0
0	1	1
1	0	1
1	1	1

或逻辑功能——"有 1 出 1，全 0 出 0"

练一练　根据如图 12.9 所示或门电路的输入波形画出对应的输出波形（Y=A+B）。

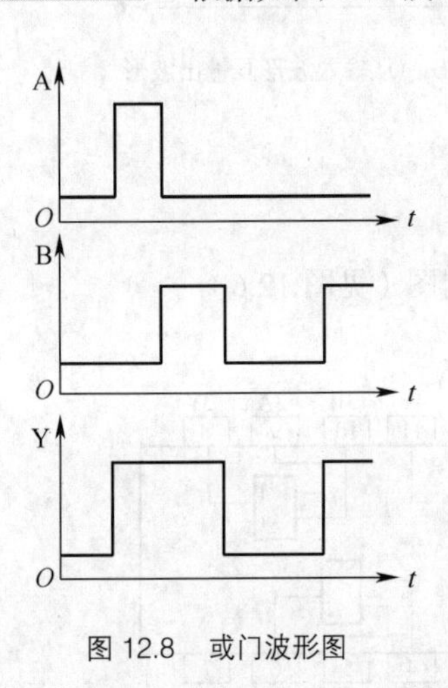

图 12.8　或门波形图

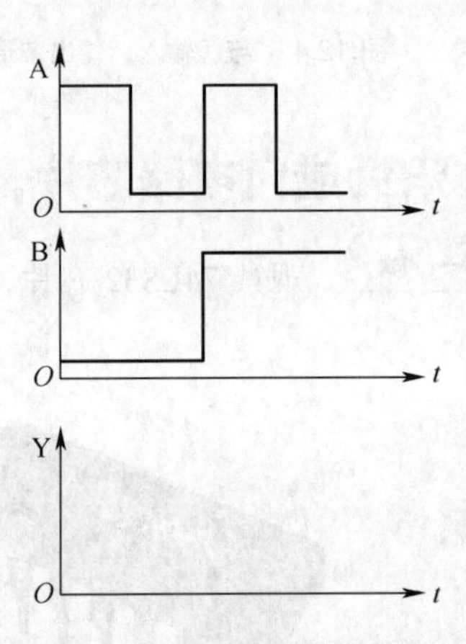

图 12.9　从输入波形画输出波形

三、识读非门电路芯片，认识非门电路

做一做　观察 74LS04 芯片，阅读其芯片引脚排列图（见图 12.10）。

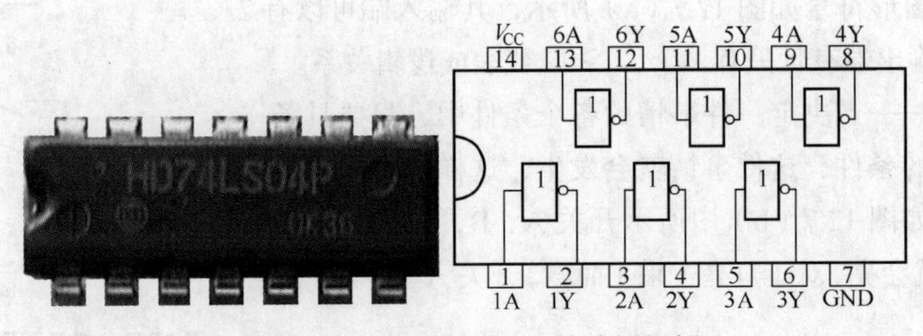

图 12.10　74LS04 芯片及其引脚排列图

读一读　认识非门电路和非逻辑关系

非门电路图形符号如图 12.11（a）所示，其输入端只有一个，输出端也只有一个，"1"和"。"代表非逻辑关系。

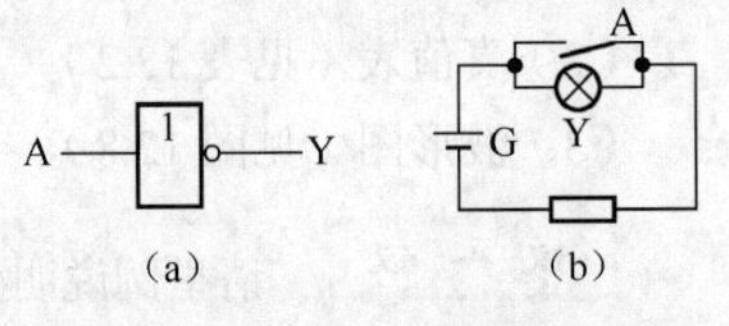

图 12.11　非门图形符号和非门电路

非逻辑关系——事情和条件总是呈相反的状态，这种逻辑关系称为非逻辑关系。如图 12.11（b）中所示开关 A 闭合，

灯就灭，而开关 A 断开时，灯亮，对灯亮（果）而言，开关 A 闭合（因）是非逻辑关系。

非逻辑关系表示如下。

（1）逻辑表达式：$Y=\overline{A}$，读做 Y 等于 A 非。

（2）真值表（见表 12.3）。

表 12.3　　非门真值表

A	Y
0	1
1	0

（3）波形图（见图 12.12）。

请举例说明生活中存在哪些非逻辑关系。

根据如图 12.13 所示非门电路的输入波形画出输出波形（$Y=\overline{A}$）。

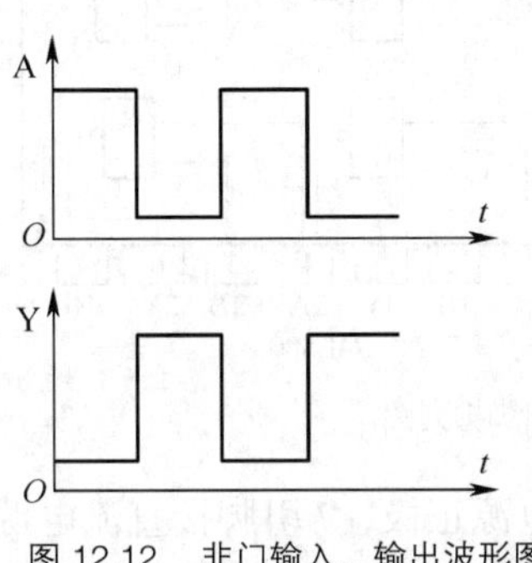

图 12.12　非门输入、输出波形图

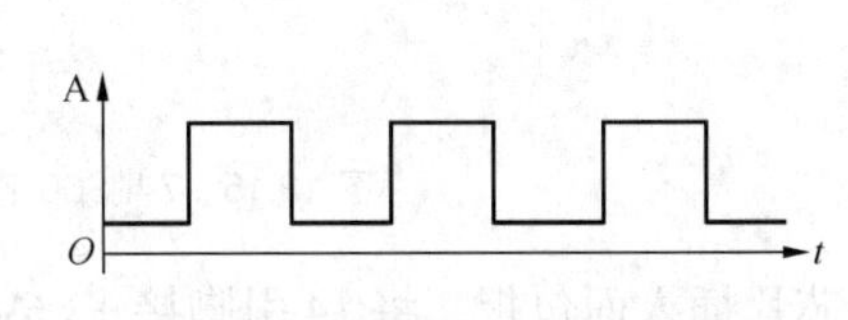

图 12.13　从输入波形画出输出波形

评 一 评

根据本任务完成情况进行评价，并将结果填入如表 12.4 所示评价表中。

表 12.4　　教学过程评价表

项目 / 评价人	任务完成情况评价	等级	评定签名
自己评			
同学评			
老师评			
综合评定			

知识能力训练

（1）仓库门上有两把锁，只有两把锁同时打开，仓库门才能打开，这种逻辑关系属于________逻辑关系；一把锁有两把钥匙，随便用哪一把钥匙均可把门打开，这属于________逻辑关系。

（2）在与门、或门及非门中分别输入如图 12.14 所示波形，试分别画出输出波形。Y=AB，Y=A+B，$Y=\overline{A}$。

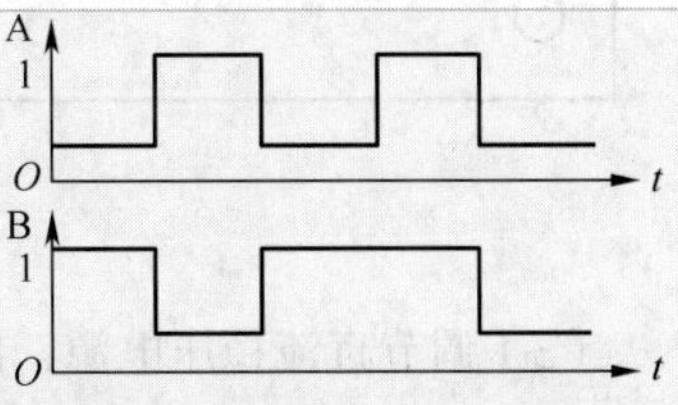

图 12.14　根据输入波形画出输出波形

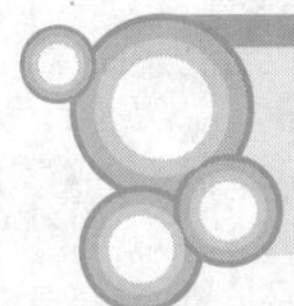

任务2 认识组合逻辑门电路

与、或、非门电路称为基本门电路，实际应用中常常将它们组合起来使用，称为组合门电路。

一、识读与非门电路芯片，认识与非门电路

做一做

（1）观看74LS00（与非）芯片，阅读其引脚排列图（见图12.15）。

图12.15　74LS00芯片及其引脚排列图

（2）将芯片插入面包板，将14引脚接+3.6V直流电源正极，7引脚接直流电源负极（见图12.16）。

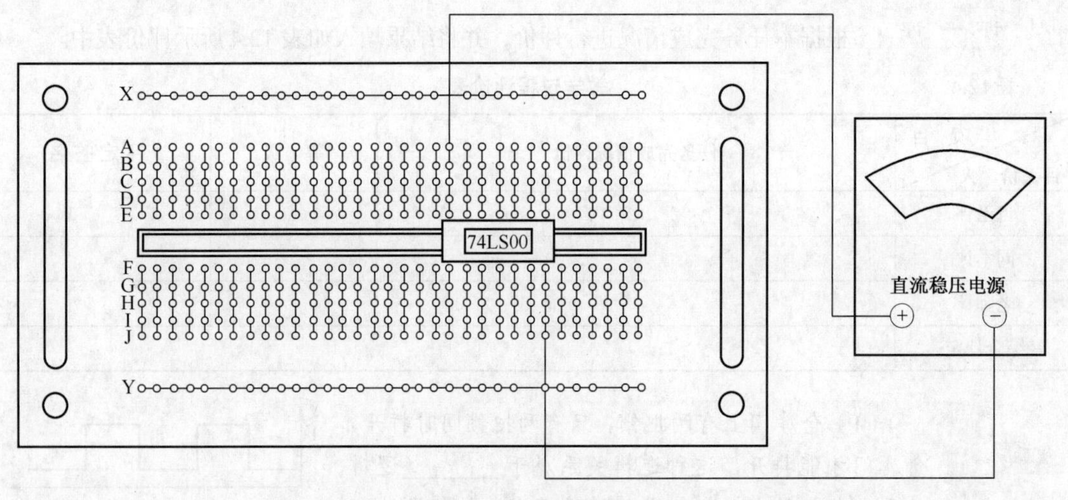

图12.16　实验电路

（3）调节直流稳压电源，使其输出一个3.6V左右的电压作为高电平输入信号，另外从芯片接地端（GND）引出一根线作为低电平输入信号。

（4）按表12.5的要求依次在各芯片输入端输入信号，用万用表测量输出电压，将测量结果依次填入表12.5中（输出电压在3～5V，记为高电平1，反之输出电压在0.2V左右记为低电平）。

表 12.5　　74LS00 真值表

1A	1B	1Y	2A	2B	2Y	3A	3B	3Y	4A	4B	4Y
0	0		0	0		0	0		0	0	
0	1		0	1		0	1		0	1	
1	0		1	0		1	0		1	0	
1	1		1	1		1	1		1	1	

根据上述测量结果，分析芯片的逻辑功能。

读 一 读　与非门电路和与非逻辑关系。

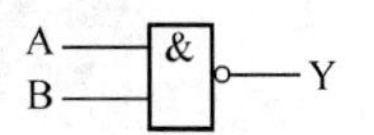

图 12.17　与非门图形符号

与非门电路的图形符号如图 12.17 所示，其逻辑关系如下。

（1）表达式：$Y=\overline{AB}$。

（2）真值表（见表 12.6）。

表 12.6　　与非门真值表

B	A	Y
0	0	1
0	1	1
1	0	1
1	1	0

（3）波形图（见图 12.18）。

与非逻辑功能——“有 0 出 1，全 1 出 0”。

常用的与非门芯片有 74LS00（四 2 输入与非门）、C004（双 4 输入与非门）等。

练 一 练　根据如图 12.19 所示与非门电路的输入波形画出输出波形（$Y=\overline{AB}$）。

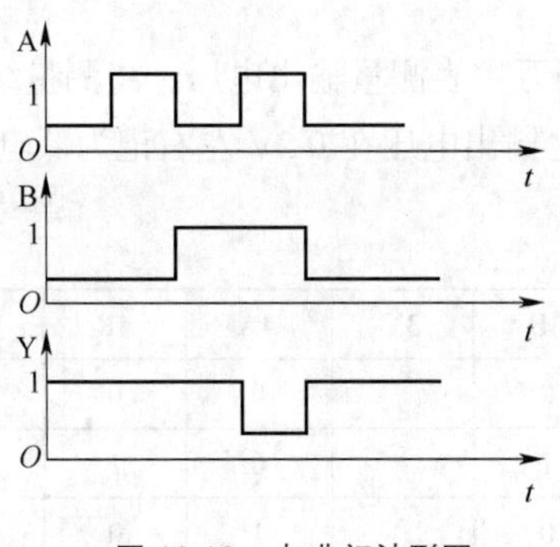

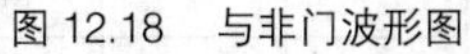

图 12.18　与非门波形图

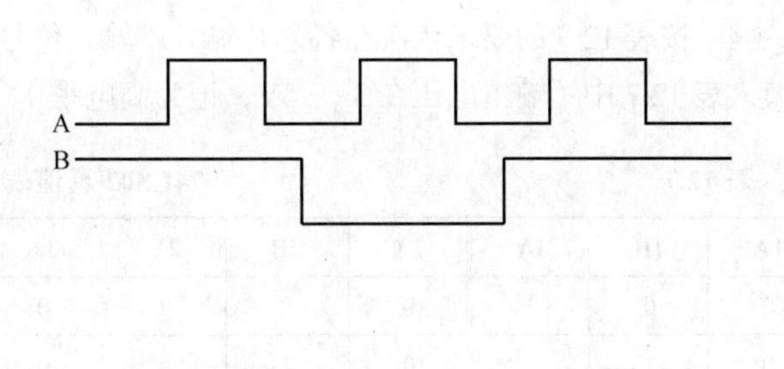

图 12.19　从与非门输入波形画出输出波形

二、识读或非门电路芯片，认识或非门电路

（1）观看 74LS02（或非）芯片，阅读其引脚排列图（见图 12.20）。

（2）将芯片插入面包板，将 14 引脚接 +3.6V 直流电源正极，7 引脚接直流电源负极（见图 12.21）。

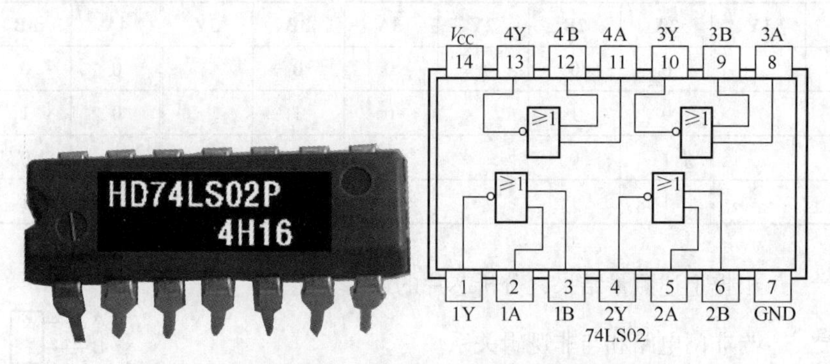

图 12.20　74LS02 芯片及其引脚排列图

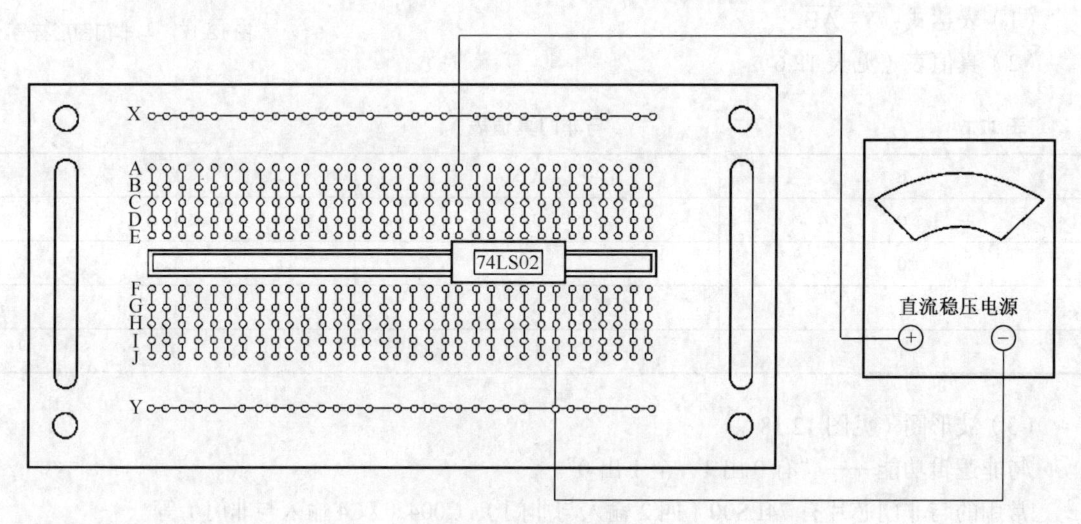

图 12.21　实验电路

（3）调节直流稳压电源，使其输出一个 3.6V 左右的电压作为高电平输入信号，另外从芯片接地端（GND）引出一根线作为低电平输入信号。

（4）按表 12.7 的要求依次在各芯片输入端输入信号，用万用表测量输出电压，将测量结果依次填入表 12.7 中（输出电压在 3 ～ 5V，记为高电平 1，反之输出电压在 0.2V 左右记为低电平）。

表 12.7　　74LS02 真值表

1A	1B	1Y	2A	2B	2Y	3A	3B	3Y	4A	4B	4Y
0	0		0	0		0	0		0	0	
0	1		0	1		0	1		0	1	
1	0		1	0		1	0		1	0	
1	1		1	1		1	1		1	1	

根据上述测量结果，分析芯片的逻辑功能。

读 一 读　或非门电路和或非逻辑关系。

或非门电路的图形符号如图 12.22 所示，其逻辑关系如下。

（1）表达式：$Y=\overline{A+B}$。

（2）真值表（见表 12.8）。

（3）波形图（见图 12.23）。

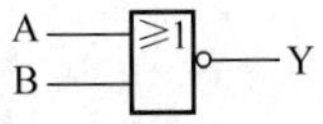

表 12.8　　　或非门真值表

B	A	Y
0	0	1
0	1	0
1	0	0
1	1	0

图 12.22　或非门图形符号

或非逻辑功能——“有 1 出 0，全 0 出 1”。

常用的或非门芯片有 74LS02（四 2 输入或非门）、C007（双 4 输入或非门）等。

练一练　根据如图 12.24 所示或非门输入波形画出输出波形（$Y=\overline{A+B}$）。

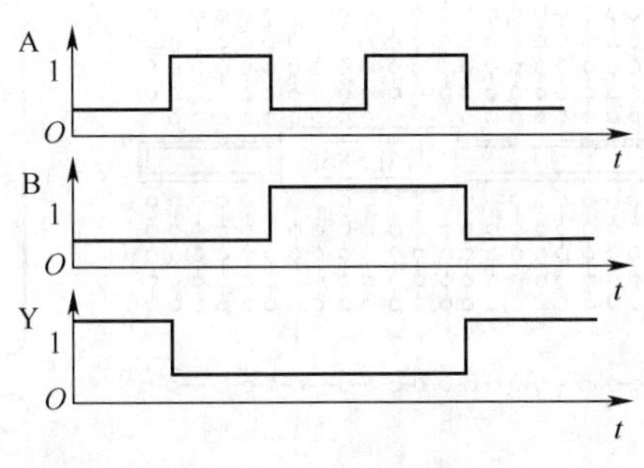

图 12.23　或非门波形图

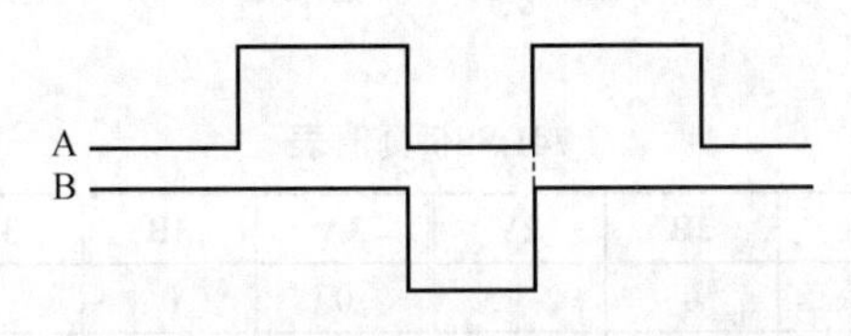

图 12.24　从或非门输入波形画出输出波形

三、识读异或门电路芯片，认识异或门电路

做一做

（1）观看 74LS86（异或）芯片，阅读其引脚排列图（见图 12.25）。

（2）将芯片插入面包板，将 14 引脚接 +3.6V 直流电源正极，7 引脚接直流电源负极（见图 12.26）。

（3）调节直流稳压电源，使其输出一个 3.6V 左右的电压作为高电平输入信号，另外从芯片接地端（GND）引出一根线作为低电平输入信号。

图 12.25　74LS86 芯片及其引线排列图

（4）按表 12.9 的要求依次在各芯片输入端输入信号，用万用表测量输出电压，将测量结果依次填入表 12.9 中(输出电压在 3～5V，记为高电平 1，反之输出电压在 0.2V 左右记为低电平)。

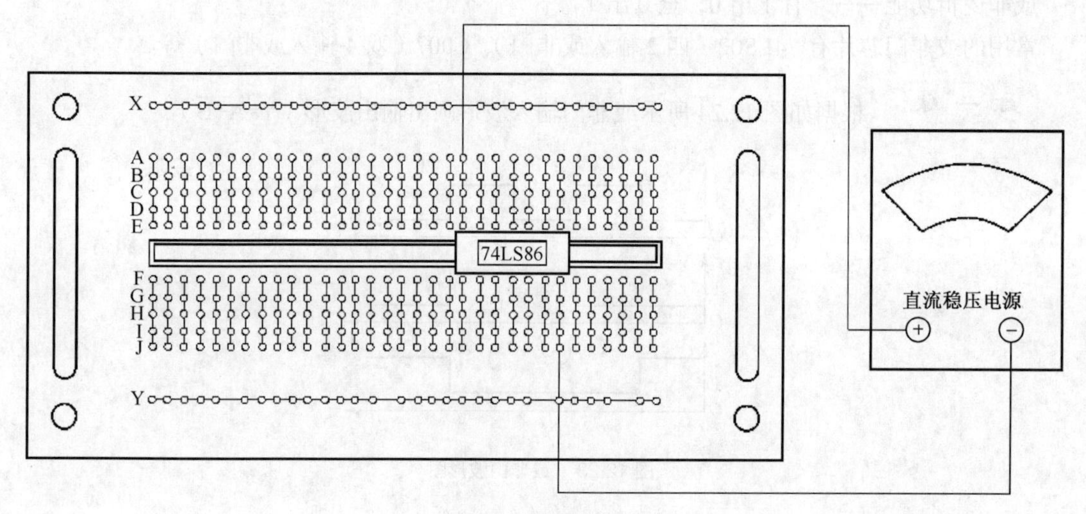

图 12.26　实验电路

表 12.9　　74LS86 真值表

1A	1B	1Y	2A	2B	2Y	3A	3B	3Y	4A	4B	4Y
0	0		0	0		0	0		0	0	
0	1		0	1		0	1		0	1	
1	0		1	0		1	0		1	0	
1	1		1	1		1	1		1	1	

议 一 议　根据上述测量结果，分析芯片的逻辑功能。

读 一 读　异或门电路和异或逻辑关系。

异或门图形符号如图 12.27 所示，其逻辑关系如下。

（1）表达式：Y=A⊕B，读做 Y 等于 A 异或 B。

（2）真值表（见表 12.10）。

图 12.27　异或门图形符号

表 12.10　　　异或门真值表

B	A	Y
0	0	0
0	1	1
1	0	1
1	1	0

（3）波形图（见图 12.28）。

异或逻辑功能——输入相同时输出 0，输入不同时输出 1。

常用的异或门芯片为 74LS86（四 2 输入异或门）。

练一练　根据如图 12.29 所示异或门输入波形画出输出波形（Y=A ⊕ B）。

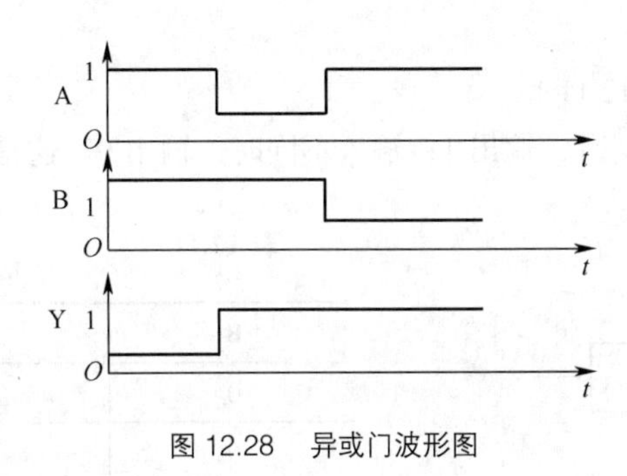

图 12.28　异或门波形图

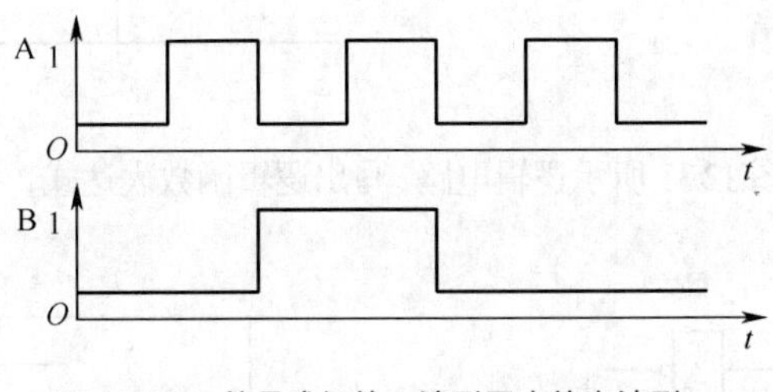

图 12.29　从异或门输入波形画出输出波形

拓展与延伸　组合逻辑电路的分析

在实际应用中，大多不是单一的逻辑门电路，而是多种逻辑门的组合形式，称为组合逻辑电路。有些较为复杂的组合逻辑电路具有专门的功能，已制成专门的芯片，如计算机系统中使用的编码器、译码器、数据分配器等。

无论是简单的组合逻辑电路，还是复杂的组合逻辑电路，都遵循组合门电路的逻辑关系，并且具有如下共同特点：任何时刻的输出状态，直接由当时的输入状态决定，即不具有记忆功能。输出状态与输入信号作用前的电路状态无关。

组合逻辑电路的分析方法如下。

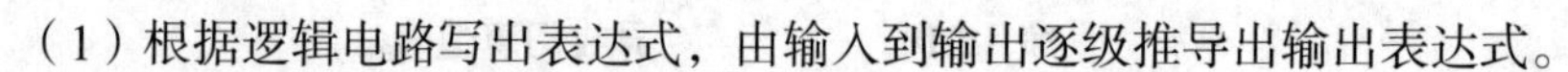

（1）根据逻辑电路写出表达式，由输入到输出逐级推导出输出表达式。

（2）化简表达式。

（3）根据表达式，写出真值表。

（4）根据真值表，分析电路逻辑功能。

【例 12.1】 写出如图 12.30 所示逻辑电路的表达式，列出真值表，并分析其逻辑功能。

【解】（1）逐级写出输出表达式：

$Y_1=\overline{A}$

$Y_2=\overline{B}$

$Y_3=A\overline{B}$

$Y_4=\overline{A}B$

$Y=\overline{Y_3+Y_4}=\overline{A\overline{B}+\overline{A}B}$

（2）列出真值表（见表 12.11）。

（3）逻辑功能：输入相同时，输出 1；输入不同时，输出 0。这是同或门电路。

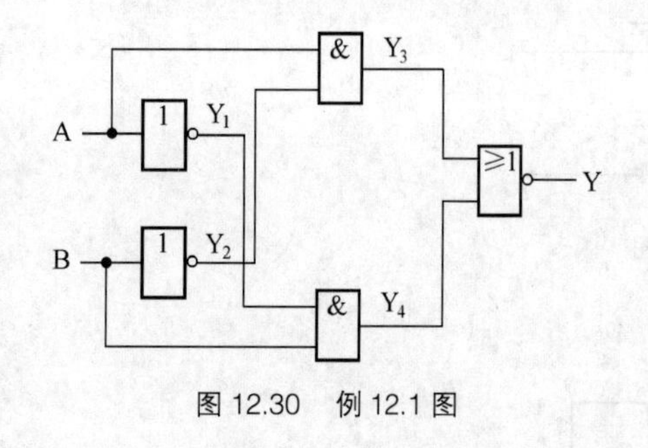

图 12.30 例 12.1 图

表 12.11 真值表

B	A	Y
0	0	1
0	1	0
1	0	0
1	1	1

练一练 根据如图 12.31 所示逻辑电路，写出逻辑函数表达式，列出真值表并分析其逻辑功能。

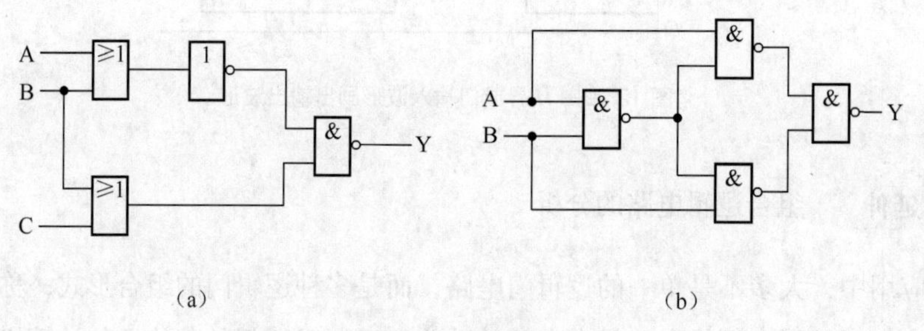

图 12.31 逻辑电路

拓展与延伸 编码器与译码器

在数字系统中，经常需要把具有某种特定含义的输入信号（例如十进制数、文字、某种状态等）变换成二进制代码或二—十进制代码，这种用二进制代码的各种组合来表示某种特定含义的输入信号的过程称编码。能够实现编码功能的数字电路称为编码器。

如图 12.32 所示是两种编码器芯片引脚排列图。

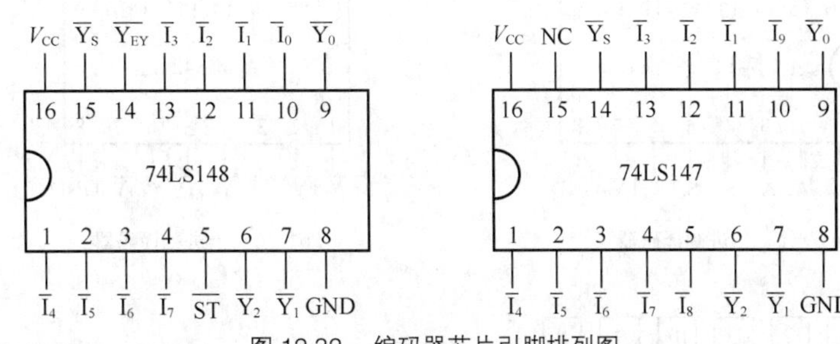

图 12.32　编码器芯片引脚排列图

编码器按照被编信号的不同特点和要求，有各种不同的类型，最常见的有二进制编码器、二—十进制编码器和优先编码器。下面以二—十进制编码器为例来做说明。

二—十进制编码器是把十进制数 0 ～ 9 转换成二进制代码的电路。如图 12.33 所示为 8421BCD 编码器功能示意图，由 10 个输入端代表 10 个十进制数，4 个输出端代表相应 BCD 代码。表 12.12 所示是 8421BCD 编码器的功能表。

当任何一个输入端有信号，则可输出相对应的代码。

译码是编码的逆过程，即把代码的特定含义“翻译”出来的过程。实现译码功能的电路称为译码器。

如图 12.34 所示为几种译码器芯片引脚接线图。

译码器主要有通用译码器和译码显示器两大类，通用译码器又分为二进制译码器和二—十进制译码器。

二进制译码器：将二进制码按原意翻译成相应输出信号的电路。

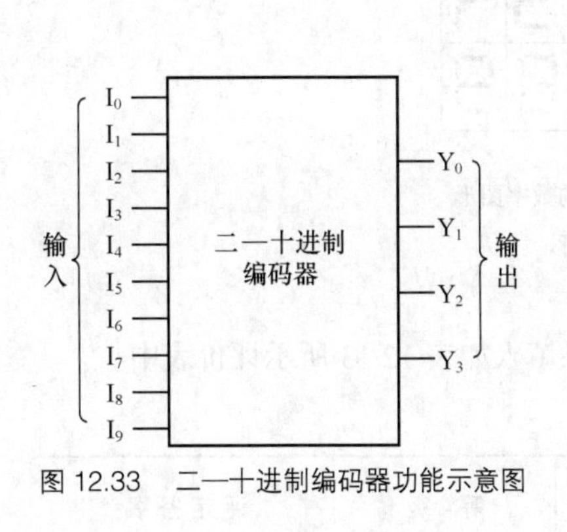

图 12.33　二—十进制编码器功能示意图

表 12.12　　8421BCD 编码器功能表

十进制数	输入变量	8421BCD 码			
		A	B	C	D
0	I_0	0	0	0	0
1	I_1	0	0	0	1
2	I_2	0	0	1	0
3	I_3	0	0	1	1
4	I_4	0	1	0	0
5	I_5	0	1	0	1
6	I_6	0	1	1	0
7	I_7	0	1	1	1
8	I_8	1	0	0	0
9	I_9	1	0	0	1

（a）二进制译码器

（b）二—十进制译码器

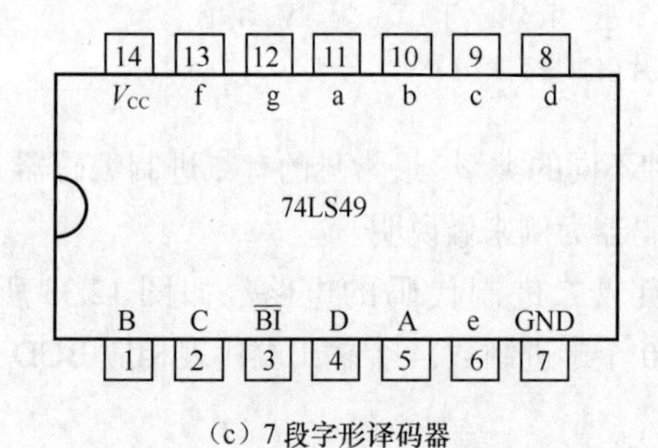

（c）7 段字形译码器

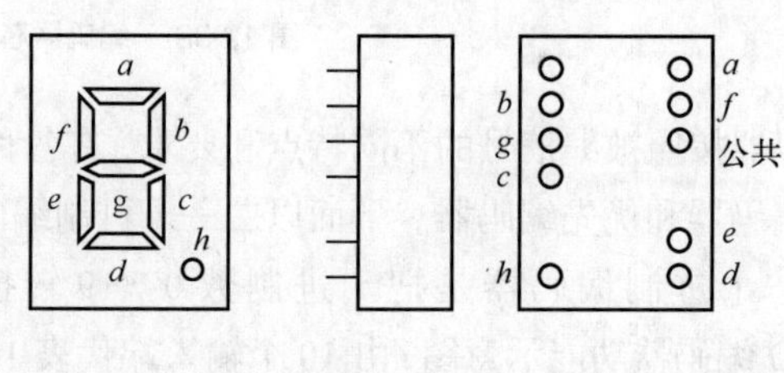

（d）BS205 7 段数码显示器

图 12.34　几种译码器芯片引脚排列图

二—十进制译码器：将 BCD 码翻译成对应的 10 个十进制数的电路。

译码显示器：将输入的 BCD 码翻译成能用于显示器件的十进制数的信号，并驱动显示器显示数字。译码显示器由译码器、驱动器和显示器构成。当前广泛使用的显示器为 7 段数码显示器，它是由 7 根能够独立发光的线段（常用发光二极管）布置成“日”字形状，如图 12.35 所示是 7 段数码显示器发光线段的排列，通常用 a、b、c、d、e、f、g 7 个小写字母表示，不同的发光段组合就能显示相应的十进制数字。

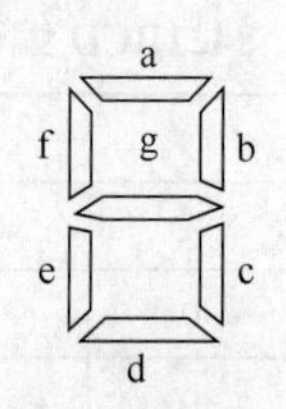

（a）分段图

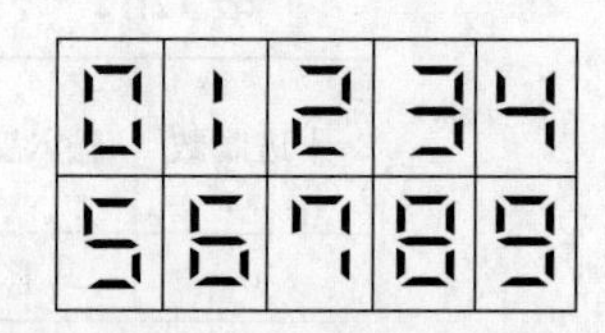

（b）发光线段组成的数字图形

图 12.35　7 段数码显示器的字形

评一评　根据本任务完成情况进行评价，并将结果填入如表 12.13 所示评价表中。

表 12.13　　教学过程评价表

项目 评价人	任务完成情况评价	等级	评定签名
自己评			
同学评			
老师评			
综合评定			

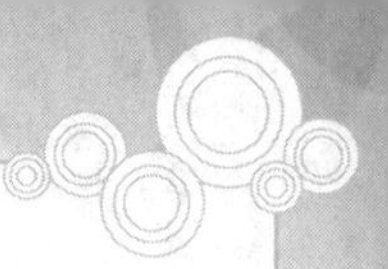

知识能力训练

（1）输入信号A、B波形如图12.36所示，试分别画出图中各种电路的输出波形。

（2）输入信号A、B及对应的输出信号Y的波形如图12.37所示，其对应的逻辑关系为________。

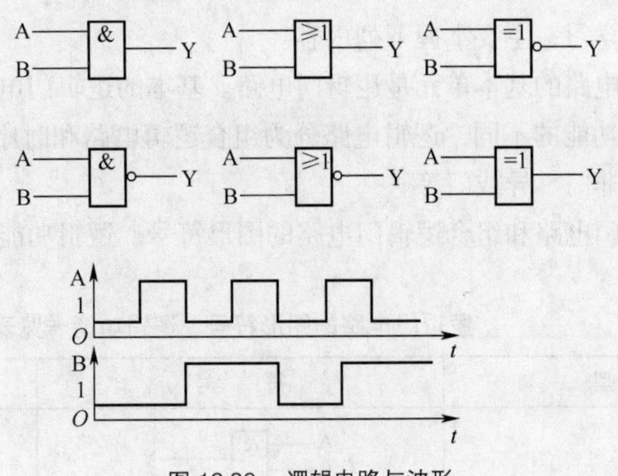

图12.36　逻辑电路与波形

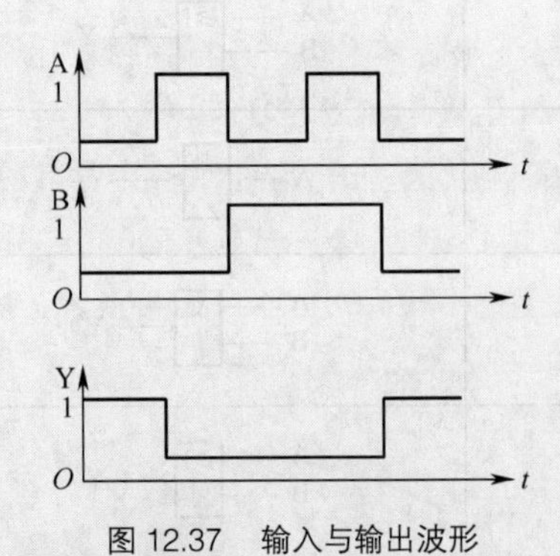

图12.37　输入与输出波形

（3）根据如图12.38所示逻辑电路，写出逻辑函数表达式，列出真值表并分析其逻辑功能。

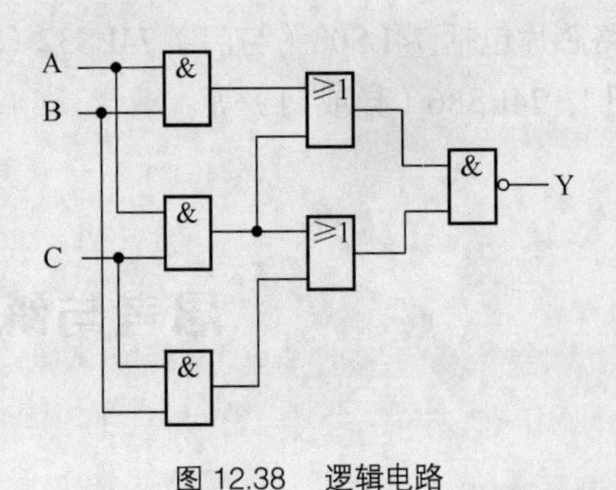

图12.38　逻辑电路

通过本单元的学习，主要掌握下列内容。

（1）构成数字电路的基本单元是逻辑门电路。基本的逻辑门电路包括与门、或门以及非门。

（2）根据逻辑功能的不同，逻辑电路分为组合逻辑电路和时序逻辑电路，常用的组合逻辑电路包括与非门、或非门、异或门等。

（3）基本逻辑门电路和组合逻辑门电路的图形符号、逻辑功能如表12.14所示。

表12.14　　　　逻辑门电路的图形符号、逻辑功能一览表

门电路类型	符　号	逻辑功能
与门	A, B → [&] → Y	有0出0，全1出1
或门	A, B → [≥1] → Y	有1出1，全0出0
非门	A → [1]○ → Y	输入与输出相反
与非门	A, B → [&]○ → Y	有0出1，全1出0
或非门	A, B → [≥1]○ → Y	有1出0，全0出1
异或门	A, B → [=1] → Y	输入相同时输出0，输入不同时输出1

（4）常用逻辑门电路芯片包括74LS08（与门）、74LS32（或门）、74LS04（非门）、74LS00（与非门）、74LS02（或非门）、74LS86（异或门）等。

一、选择题

1. 与逻辑是指当决定一件事情的 n 个条件（　　）满足，这件事情（　　）会发生。

A. 全部……才　　　　B. 至少有一个……才

C. 全不……才不　　　　D. 只要有一个……就

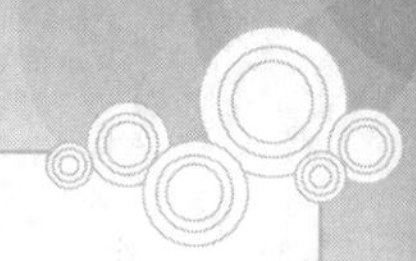

2. 与如图 12.39 所示逻辑电路对应的逻辑关系为（　　）。

A. $Y=\overline{A}B+A\overline{B}$　　B. $Y=AB+\overline{AB}$

C. $Y=\overline{A+B}$　　D. $Y=\overline{AB}$

3. 与如表 12.15 所示真值表功能相同的逻辑表达式为（　　）。

A. $Y=\overline{AB}$　　B. $Y=\overline{A}+\overline{B}$

C. $Y=\overline{A}\cdot\overline{B}$　　D. $Y=A\overline{B}+\overline{A}B$

4. 或非门的逻辑功能是（　　）。

A. 有 0 出 1，全 1 出 0　　B. 有 0 出 0，全 1 出 1

C. 有 1 出 1，全 1 出 0　　D. 有 1 出 0，全 0 出 1

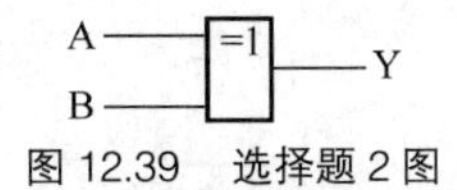

图 12.39　选择题 2 图

表 12.15　　真值表

A	B	Y
0	0	1
0	1	0
1	0	0
1	1	0

二、填空题

1. 异或门的逻辑功能为：当输入信号________时，输出为 0；反之，输出为 1。

2. 与异或门相反的逻辑门电路是同或门电路，其输出 Y 与输入 A、B 的逻辑关系式为________。

3. 门电路中最基本的逻辑门是________、________和________。

4. 常用的与非门电路芯片有________，常用的或非门电路芯片有________。

5. 74 系列逻辑门电路芯片通常有________个引脚，其中左上角第一个引脚编号为________，右下角第一个引脚是________端。

三、判断题

1. 与门的逻辑功能可以理解为输入端有“0”，则输出端必为“0”；只有当输入端全为“1”时，输出端为“1”。（　　）

2. 或非门的逻辑功能是：输入端全是低电平时，输出端是高电平；只要输入端有一个是高电平，输出端即为低电平。（　　）

3. 组合逻辑门电路是一种具有记忆能力的电路，即输入状态消失后相应的输出状态不会随之消失。（　　）

4. 非门通常有多个输入端，一个输出端。（　　）

四、分析题

1. 写出如图 12.40 所示电路的逻辑关系式，列出其真值表，并说明它的逻辑功能。

2. 根据图 12.41 所示输入信号 A、B、C 的波形，画出各门电路的输出信号 Y_1、Y_2、Y_3 的波形。

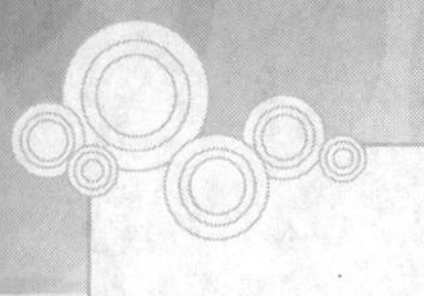

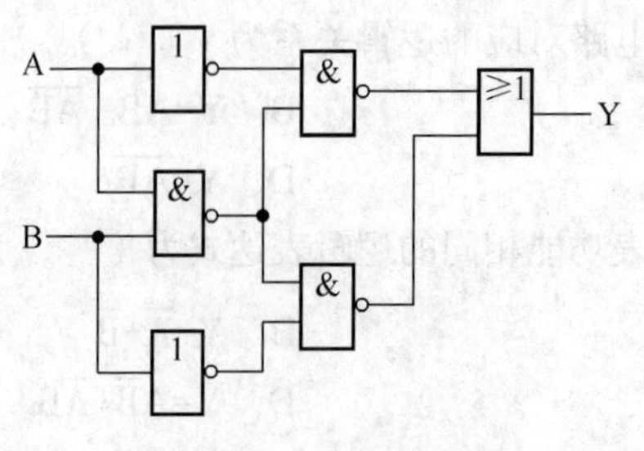

图 12.40　分析题 1 图

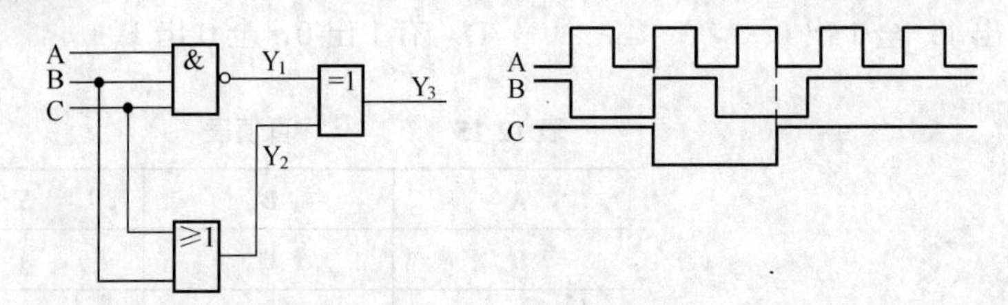

图 12.41　分析题 2 图

第 13 单元

认识时序逻辑电路

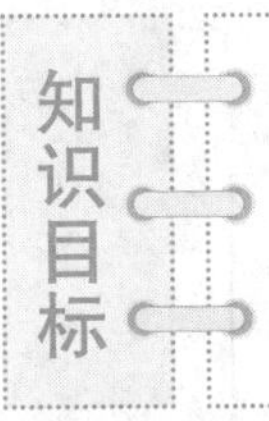

知识目标

- 熟悉常用触发器的符号及逻辑功能
- 了解计数器、寄存器的功能、类型和应用

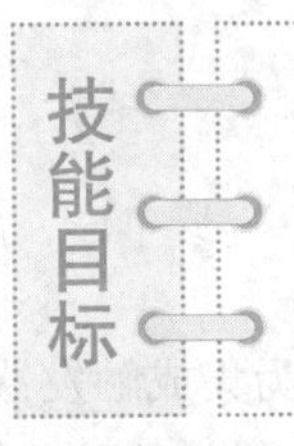

技能目标

- 识读常用触发器的芯片，了解其引脚的排列及使用方法

情景导入

灯光的闪烁和流动可以用于各种各样的装饰，如电子门标、广告装饰等。在夜晚，城市街头广告牌上流动的灯光总是特别吸引人们的眼球。而这些控制都来自于一块小小的逻辑电路芯片。如图 13.1 所示为用数字电路制作的点阵流水彩灯图。

图 13.1　流水彩灯图

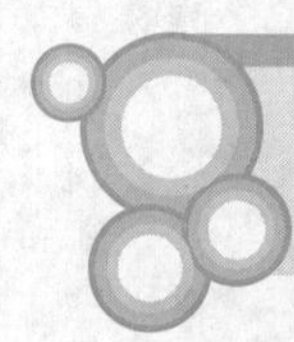

任务1　认识常用触发器

根据是否具有记忆功能，数字电路分成组合逻辑电路和时序逻辑电路。时序逻辑电路是一种具有记忆功能的电路，它主要由组合逻辑门电路与记忆存储电路组成，最基本的记忆存储单元电路为触发器。

一、识读触发器芯片

做一做　观察集成触发器芯片及引脚排列图（见图13.2），注意观察芯片外引线的个数、名称、符号等。

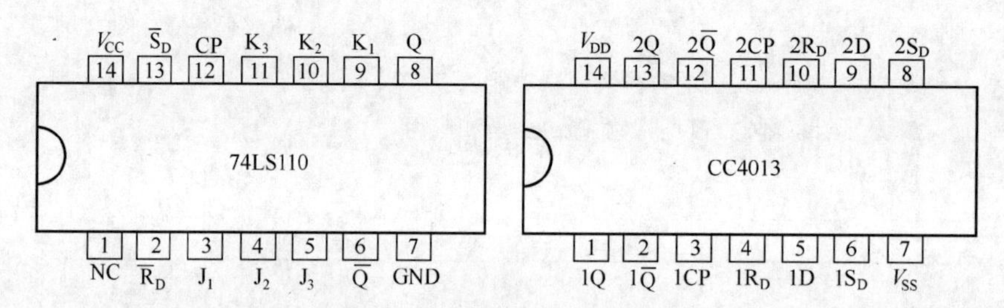

图13.2　触发器芯片及引脚排列图

读一读　触发器的基本知识。

触发器是数字电路中的一类基本单元电路，目前主要采用集成电路形式，称为集成触发器。触发器有两个稳定状态，分别输出高电平1和低电平0。在没有外界信号触发时，触发器的状态保持稳定。当有合适的外部触发信号触发时，触发器可以由一个稳态转换为另一个稳态。触发器如何转换，由两个条件决定：一是外部触发信号（输入信号），二是触发器原状态（初态）。所以触发器的状态包含了初态的信息，故触发器具有记忆功能。

触发器的种类很多，目前使用最多的是JK触发器和D触发器。在触发器的发展过程中，曾出现过基本RS触发器、同步RS触发器、主从RS触发器等。每一个新触发器都是在克服原有触发器缺点的基础上改进而来的。

触发器有两个输出端，分别称为Q端和$\overline{Q}$端，二者互为反相信号。触发器的输入端依据不同类型而不同。

触发器的主要逻辑功能如下。

置0——触发器状态Q变为0态，$\overline{Q}$变为1态。

置1——触发器状态Q变为1态，$\overline{Q}$变为0态。

维持——触发器状态Q不变，维持原有状态：$Q_{n+1}=Q_n$（初态）

翻转——触发器状态Q发生改变，即由一个稳态转向另一个稳态：$Q_{n+1}=\overline{Q_n}$

不同类型的触发器实现上述功能的条件不一样，也不是所有触发器均具有上述逻辑功能。4种触发器的逻辑功能如表13.1所示。

几种常见触发器的电路符号如下。

（1）基本 RS 触发器（见图 13.3）。

（2）同步 RS 触发器（见图 13.4）。

*（3）JK 触发器（见图 13.5）。

表 13.1　　　4 种触发器的逻辑功能

逻 辑 功 能	RS 触发器	JK 触发器	D 触 发 器	T 触 发 器
置 0	√	√	√	×
置 1	√	√	√	×
维持	√	√	×	√
翻转	×	√	×	√

注：√——表示具有该功能；×——表示没有该功能。

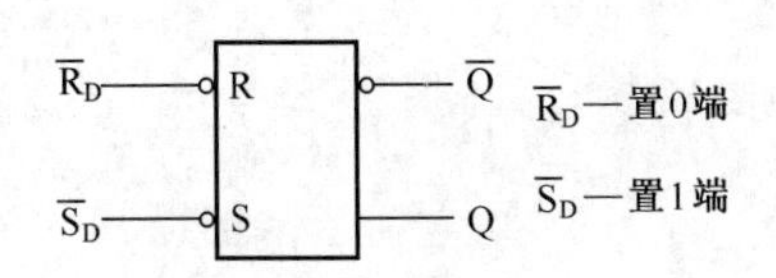

图 13.3　基本 RS 触发器

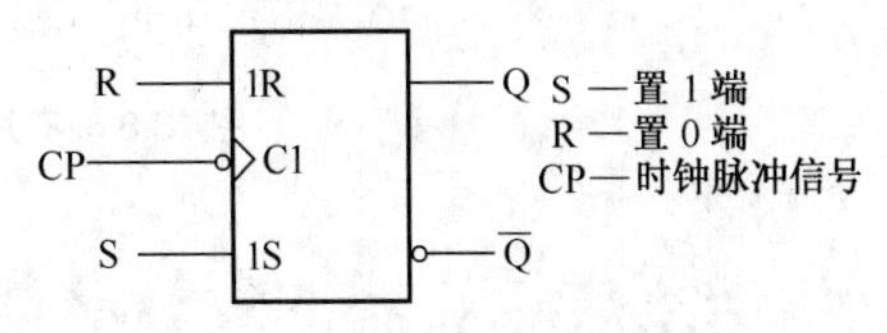

图 13.4　同步 RS 触发器

*（4）D 触发器（见图 13.6）。

*（5）T 触发器（见图 13.7）。

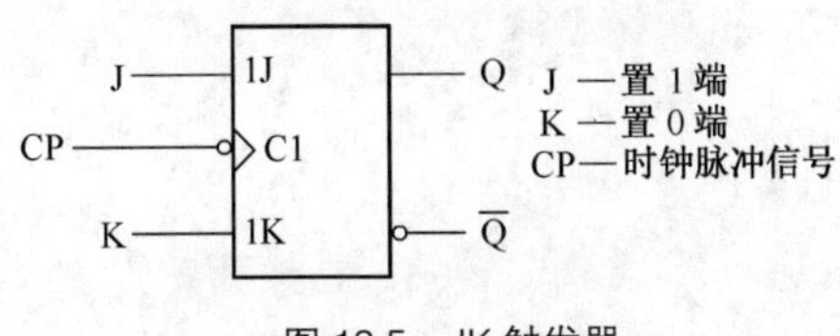

图 13.5　JK 触发器

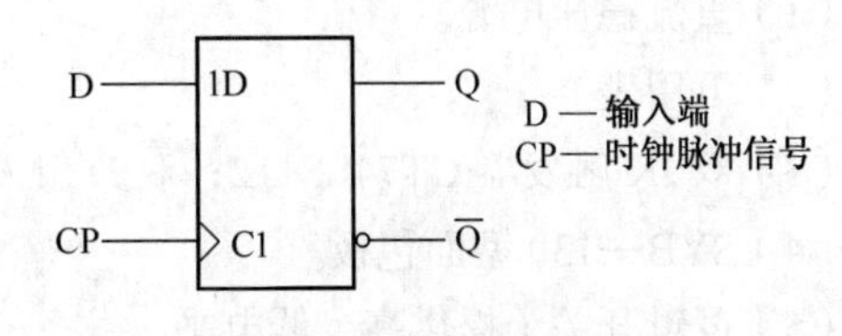

图 13.6　D 触发器

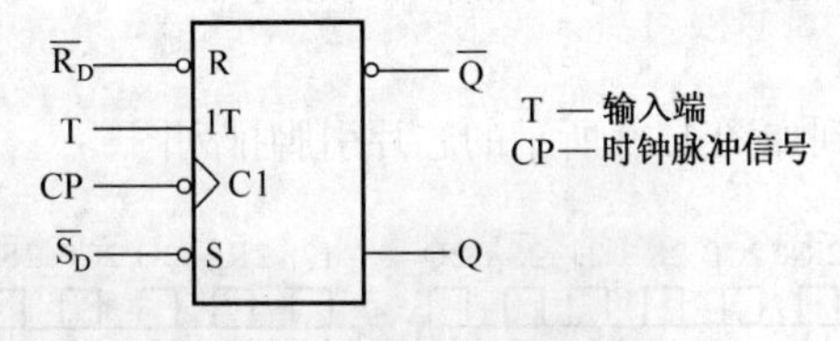

图 13.7　T 触发器

关于触发器符号说明如下。

（1）字母上方加横线的，表示加入低电平信号有效，如 $\overline{R}_D$=0，RS 触发器置 0，$\overline{S}_D$=0，RS 触发器置 1。字母上方不加横线，则表示高电平有效。

（2）电路符号中"。"表示的含义与字母上方加横线的含义一致。对于输入端而言，表示低电平有效；对输出端而言，则表示为 $\overline{Q}$ 输出端；对于时钟脉冲 CP 而言，则表示在 CP 由"1"→"0"时（下降沿），触发器状态才发生变化。

（3）含有双触发器以上国产触发器中，在它的输入、输出符号前加同一数字，如 1R、1S、1Q、1$\overline{Q}$、1CP 等表示属于同一触发器的引出端。

（4）GND——接地端；NC——空脚；$\overline{CR}$（或 CR）——总清零（置零）端，加上低电平（或

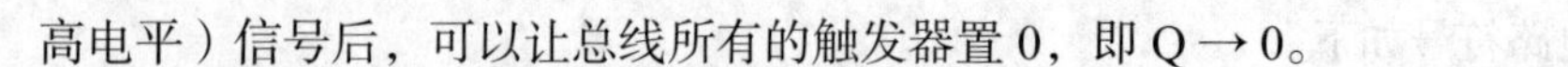

高电平）信号后，可以让总线所有的触发器置0，即 Q → 0。

（5）依据基本组成器件的不同，集成触发器分成TTL和CMOS两大类。前者电源电压 V_{CC} 为+5V，后者的电源电压 V_{DD}= 3 ～ 18V，V_{SS} 接电源负极。

练一练 根据如图13.8所示芯片引脚排列图，画出芯片内部组成图。

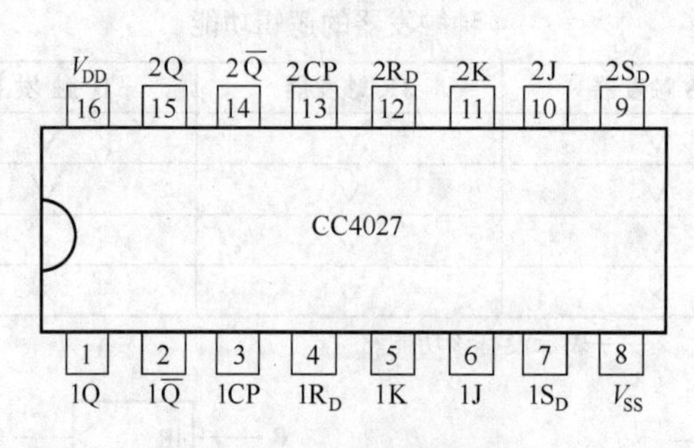

图13.8 芯片引脚排列图

二、认识集成触发器的逻辑功能及应用

*** 做一做** 认识 $\overline{R}_D$、$\overline{S}_D$ 的功能。

器材准备如下。

（1）直流稳压电源。

（2）万用表。

（3）双JK触发器CT74LS112；双D触发器CT74LS74。

（4）SYB—130型面包板。

（5）逻辑开关（提供高、低电平）。

（6）0—1显示器（显示输出逻辑电平，或采用逻辑电平笔）。

（7）0—1按钮（提供CP脉冲，或采用低频信号发生器）。

（8）集成电路起拔器。

查阅集成电路手册，得到如图13.9所示的芯片引脚排列图。

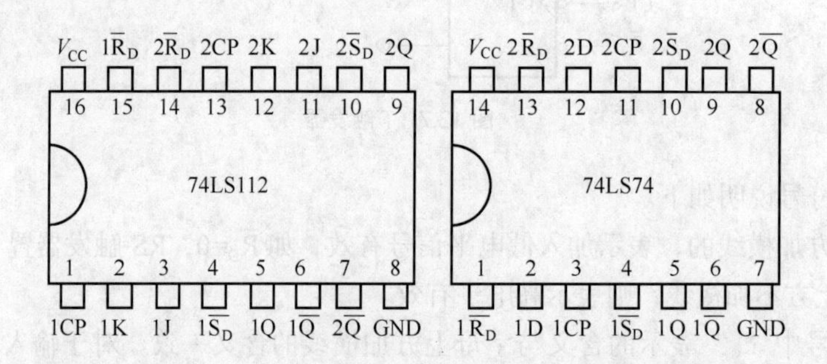

图13.9 74LS112和74LS74芯片引脚排列图

按如图13.10所示连接电路，调节直流稳压电源，使输出电压为+5V。接通电路，按表13.2所示分别给 $\overline{R}_D$、$\overline{S}_D$ 输入信号。CP、J、K等端处于任意状态，测量并记录Q、$\overline{Q}$ 状态，记入表13.2中。

将芯片换成74LS74，完成上述相同测试，将测试状态记入表13.3中。

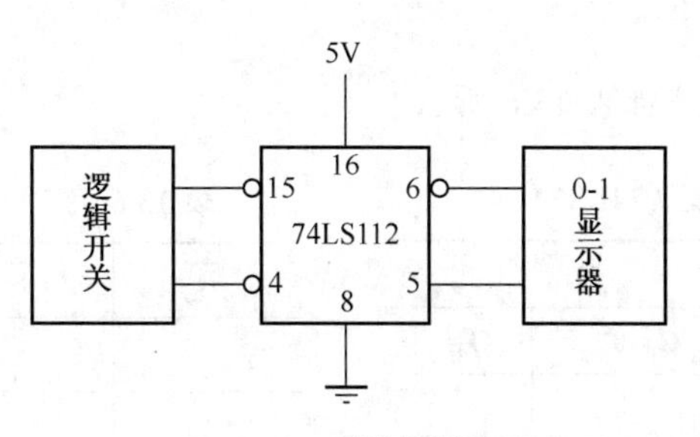

图 13.10　触发器测试图

读一读　$\overline{R}_D$、$\overline{S}_D$ 分别称为直接置 0 端和直接置 1 端，二者为低电平有效。$\overline{R}_D$、$\overline{S}_D$ 可以不受其他输入信号影响，使触发器直接（强制）置 0 或置 1，常用于触发器初始状态清零。

表 13.2　测试记录表（74LS112）

CP	J	K	$\overline{R}_D$	$\overline{S}_D$	Q	$\overline{Q}$
×	×	×	0	1		
×	×	×	1	0		

表 13.3　测试记录表（74LS74）

CP	D	$\overline{R}_D$	$\overline{S}_D$	Q	$\overline{Q}$
×	×	0	1		
×	×	1	0		

议一议　如何对触发器清零？

* 做一做　认识触发器逻辑功能。

按如图 13.11 所示连接电路，使 $\overline{R}_D$=$\overline{S}_D$=1（悬空），J、K 端的逻辑电平按表 13.4 所示由逻辑开关提供，CP 脉冲由 0～1 按钮提供（0→1 表示 CP 脉冲的上升沿；1→0 表示 CP 脉冲的下降沿）。

将测试结果填入表 13.4 中。

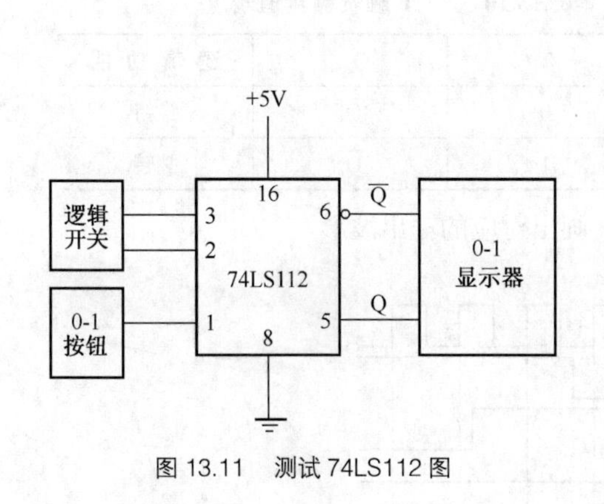

图 13.11　测试 74LS112 图

表 13.4　测试记录表（74LS112）

J	K	CP	Q_{n+1}	
			Q_n=0	Q_n=1
0	0	0→1		
		1→0		
0	1	0→1		
		1→0		
1	0	0→1		
		1→0		
1	1	0→1		
		1→0		

将芯片换成 74LS74（见图 13.12），重复上述测试，将测试结果填入表 13.5 中。

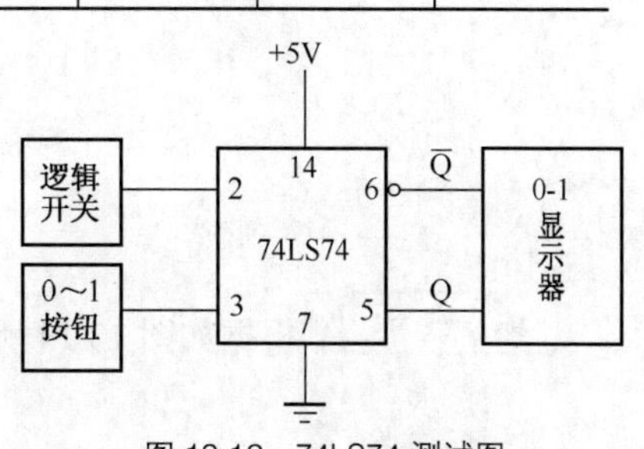

图 13.12　74LS74 测试图

议一议　JK 触发器和 D 触发器分别有怎样的逻辑功能，其条件如何？

读一读　各触发器的逻辑功能真值表。

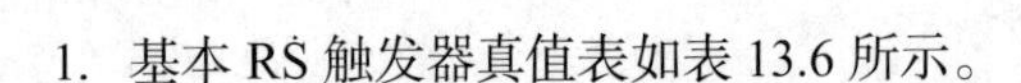

1. 基本 RS 触发器真值表如表 13.6 所示。

表 13.5　　测试记录表（74LS74）

D	CP	Q_{n+1}	
		Q_n=0	Q_n=1
0	0→1		
	1→0		
1	0→1		
	1→0		

表 13.6　　基本 RS 触发器真值表

$\overline{R}$	$\overline{S}$	Q_{n+1}	逻辑功能
0	1	0	置 0
1	0	1	置 1
1	1	Q_n	维持
0	0	不定	

2. 同步 RS 触发器真值表如表 13.7 所示。

*3. JK 触发器真值表如表 13.8 所示。

表 13.7　　同步 RS 触发器真值表

R	S	Q_{n+1}	逻辑功能
0	0	Q_n	维持
0	1	1	置 1
1	0	0	置 0
1	1	不定	

表 13.8　　JK 触发器真值表

J	K	Q_{n+1}	逻辑功能
0	0	Q_n	维持
0	1	0	置 0
1	0	1	置 1
1	1	$\overline{Q}_n$	翻转

*4. D 触发器真值表如表 13.9 所示。

*5. T 触发器真值表如表 13.10 所示。

表 13.9　　D 触发器真值表

D	Q_{n+1}	逻辑功能
0	0	置 0
1	1	置 1

表 13.10　　T 触发器真值表

T	Q_{n+1}	逻辑功能
0	Q_n	维持
1	$\overline{Q}_n$	翻转

【例 13.1】 根据如图 13.13 所示触发器输入波形，画出对应的输出波形。

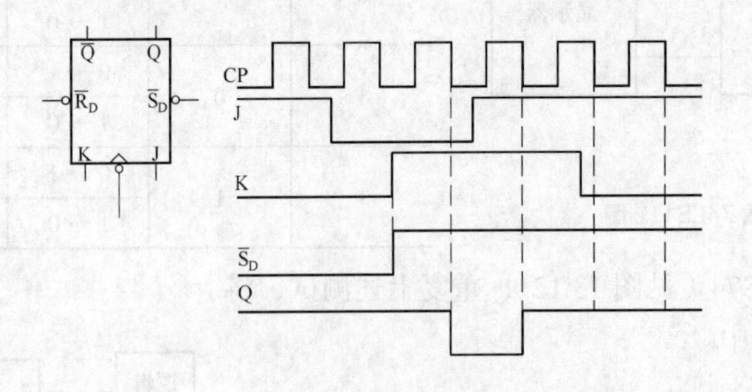

图 13.13　例 13.1 图

练一练　根据如图 13.14 所示触发器输入波形，画出对应的输出波形。

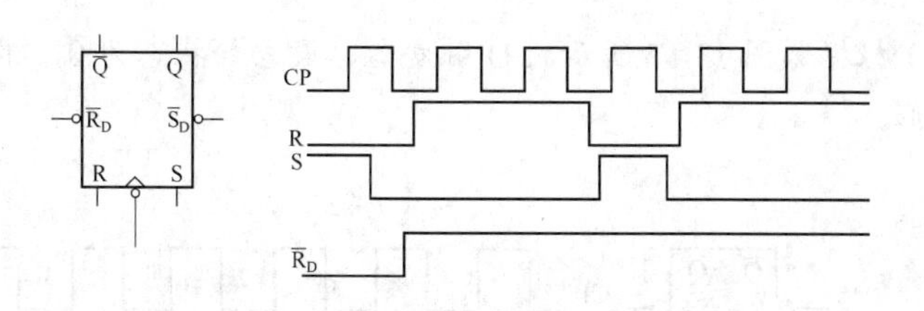

图 13.14 根据输入波形画出输出波形

* 触发器的应用实例——分频器。

用一片 CC4027 双 JK 触发器中的一个单元电路，构成二分频器如图 13.15 所示，用示波器观察输入 / 输出波形，并作比较。

在图 13.15 中，J、K 接正电源 V_{DD}，即 J=K=1，触发器处于翻转状态，每来一个时钟脉冲（上升沿触发），触发器状态翻转一次。由波形可知，在 1CP 端输入两个时钟脉冲，则在 1Q 端只输出一个脉冲，即 $f_o=f_i/2$，输出信号频率是输入信号频率的一半，故称二分频器。

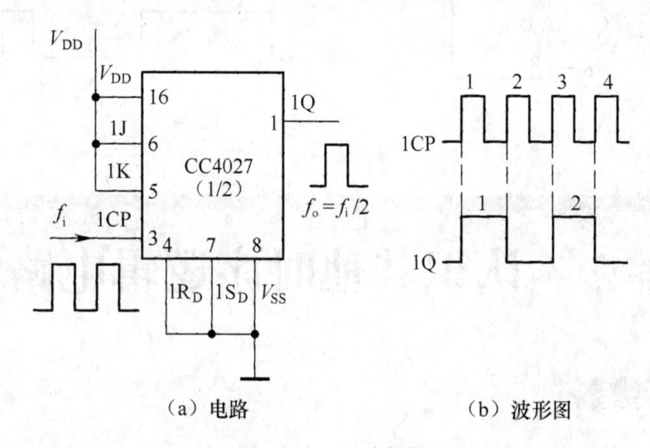

（a）电路　　（b）波形图

图 13.15 二分频器

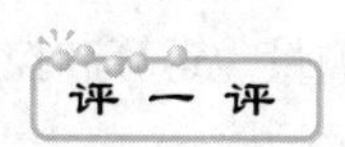

根据本任务完成情况进行评价，并将结果填入如表 13.11 所示评价表中。

表 13.11 教学过程评价表

项目 / 评价人	任务完成情况评价	等级	评定签名
自己评			
同学评			
老师评			
综合评定			

知识能力训练

（1）JK 触发器具有________、________、________和________的功能。

（2）在 JK 触发器逻辑符号中，时钟脉冲 CP 端有“。”，表示采用________触发，如果没有“。”，表示________触发。

（3） 根据如图 13.16 所示的 JK 触发器，设初始状态为 0，根据输入波形，画出输出波形。

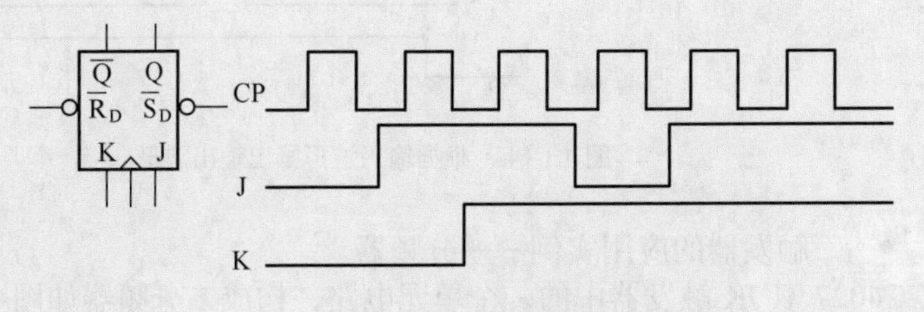

图 13.16　第 3 题图

（4）根据如图 13.17 所示的 D 触发器，设初始状态为 0，根据输入波形，画出输出波形。

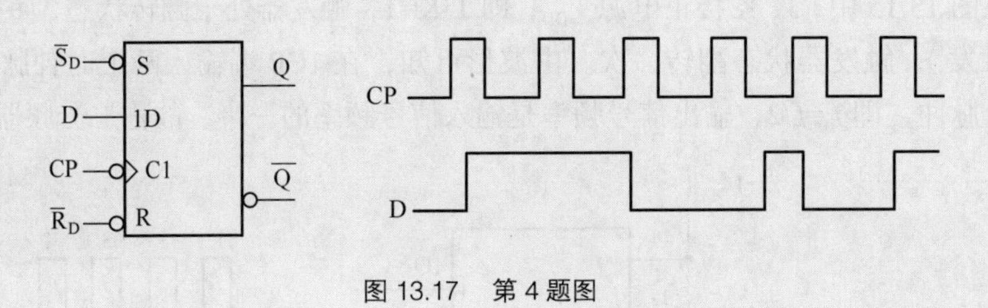

图 13.17　第 4 题图

任务 2　认识其他时序逻辑电路

一、认识计数器

读一读　在数字系统中，往往需要对脉冲的个数进行计数，以实现测量、运算和控制。具有计数功能的电路，称为计数器。

计数器的种类很多，按计数的进制不同，可分为二进制计数器、十进制计数器和 N 进制计数器。按计数增减可分为加法计数器和减法计数器，按计数器中各触发器状态翻转是否与触发信号同步可分为同步计数器和异步计数器。下面以二进制计数器为例介绍计数器。

做一做　阅读 74LS161、74LS160 芯片图（见图 13.18），观察其引脚排列图。

(a) 74LS161

引脚	16	15	14	13	12	11	10	9
名称	V_{CC}	RCO	Q_A	Q_B	Q_C	Q_D	ET	$\overline{LD}$

引脚	1	2	3	4	5	6	7	8
名称	$\overline{R}_D$	CP	A	B	C	D	EP	GND

(b) 74LS160

引脚	16							9
名称	V_{CC}	RCO	Q_0	Q_1	Q_2	Q_3	CT_T	$\overline{LD}$

引脚	1							8
名称	$\overline{CR}$	CP	D_0	D_1	D_2	D_3	CT_P	GND

图 13.18　计数器芯片引脚排列图

74LS161 芯片是 4 位二进制集成计数器，74LS160 芯片是十进制集成计数器。

读一读 二进制计数器是各种类型计数器的基础。根据二进制递增计数规律，4 位二进制加法计数器的状态表如表 13.12 所示。根据二进制递减计数规律，4 位二进制减法计数器的状态表如表 13.13 所示。

实用的二进制计数器已广泛采用现成的中规模集成计数器，常用的有 74LS161、74LS163、74LS193、74LS293 等。下面以同步 4 位二进制集成计数器 74LS161 为例说明其功能。如图 13.18 所示为其引脚排列图，如表 13.14 所示为其功能表。

表 13.12　4 位二进制加法计数器状态表

计数顺序	计数器状态			
	Q_3	Q_2	Q_1	Q_0
0	0	0	0	0
1	0	0	0	1
2	0	0	1	0
3	0	0	1	1
4	0	1	0	0
5	0	1	0	1
6	0	1	1	0
7	0	1	1	1
8	1	0	0	0
9	1	0	0	1
10	1	0	1	0
11	1	0	1	1
12	1	1	0	0
13	1	1	0	1
14	1	1	1	0
15	1	1	1	1
16	0	0	0	0

表 13.13　4 位二进制减法计数器状态表

计数顺序	计数器状态			
	Q_3	Q_2	Q_1	Q_0
0	0	0	0	0
1	1	1	1	1
2	1	1	1	0
3	1	1	0	1
4	1	1	0	0
5	1	0	1	1
6	1	0	1	0
7	1	0	0	1
8	1	0	0	0
9	0	1	1	1
10	0	1	1	0
11	0	1	0	1
12	0	1	0	0
13	0	0	1	1
14	0	0	1	0
15	0	0	0	1
16	0	0	0	0

表 13.14　74LS161 功能表

EP	ET	$\overline{LD}$	$\overline{R}_D$	CP	功　能
×	×	×	0	×	清零
×	×	0	1	↑	预置数码
0	×	1	1	×	保持
×	0	1	1	×	保持（RCO=0）
1	1	1	1	↑	计数

由功能表可知：

当 $\overline{R}_D$=0 时，计数器清 0，即 $Q_D\ Q_C\ Q_B\ Q_A$=0000；

当 $\overline{R}_D$=1 时，计数器输出状态与 $\overline{LD}$、EP 及 ET 有关：

（1）当 $\overline{LD}$=0 时，Q_A、Q_B、Q_C、Q_D 由输入数据 A、B、C、D 直接控制，实现预置数码的目的。

（2）当 $\overline{LD}$=1，ET=0 或 EP=0 时，计数器保持原状态。

（3）当 $\overline{LD}$=1，ET=1 且 EP=1 时，计数器进行加法计数。

表 13.14 中 × 号表示信号可取任何值（0 或 1），↑表示由低电平向高电平变化时（上升沿）触发有效。

* **做一做** 用 74LS161 构成六进制计数器，如图 13.19 所示。

* **议一议** 74LS161 构成的六进制计数器是如何实现六进制计数的呢？

* **读一读** 计数过程：$\overline{LD}$=1，ET=1 且 EP=1，计数器处于计数功能。假设从 0000 开始计数（见图 13.20），每输入一个时钟脉冲 CP，计数器计数一次。当 74LS161 计数到 $Q_DQ_CQ_BQ_A$=0110 时，与非门输出为 0，即计数器 1 引脚清零端为零，使计数器清零，$Q_DQ_CQ_BQ_A$=0000，计数器再循环计数。由此可见，每输入 6 个 CP 脉冲，Q 端进位一次，故称六进制计数器。

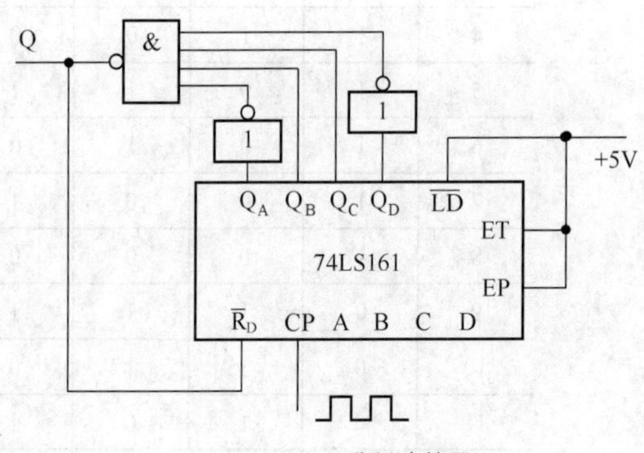

图 13.19　六进制计数器

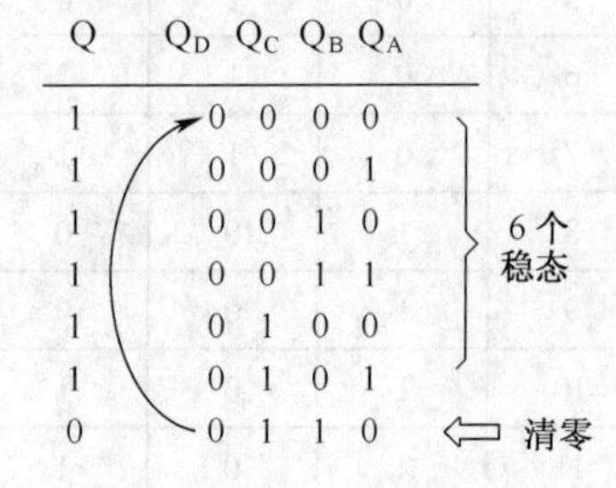

图 13.20　六进制计数器状态图

注意 0110 状态非常短暂，不能算在计数循环中。

二、认识寄存器

寄存器是一种重要的数字逻辑部件，常用来存放数据、指令等。

做一做 观察寄存器 74LS194 芯片（见图 13.21），了解芯片引脚排列情况。

读一读 寄存器的功能是存储二进制代码，它由具有存储功能的触发器和具有执行数据接收和清除命令的控制电路构成。一个触发器只能存储 1 位二进制数，所以 *N* 个触发器构成的寄存器能存储 *N* 位二进制数。控制电路一般是由门电路构成的。

寄存器按它具备的功能可分为数码寄存器和移位寄存器两大类。

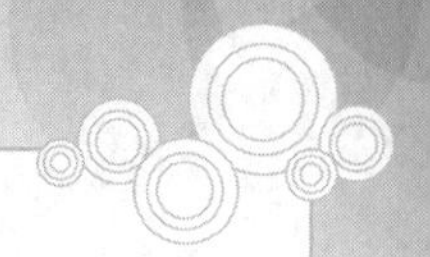

数码寄存器：用来暂存数码和信息的寄存器。

移位寄存器：具有暂存数码和使数码逐位左移或右移的寄存器。

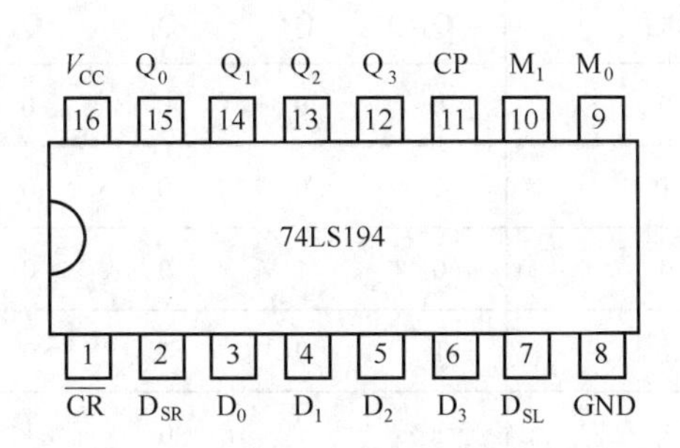

图 13.21　74LS194 芯片引脚排列图

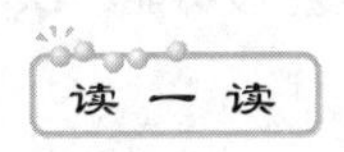

74LS194 是 4 位双向移位寄存器，它的逻辑功能如表 13.15 所示。

表 13.15　　**74LS194 功能表**

输入										输出				说明
$\overline{CR}$	M1	M0	CP	D_{SL}	D_{SR}	D_0	D_1	D_2	D_3	Q_0	Q_1	Q_2	Q_3	
0	×	×	×	×	×	×	×	×	×	0	0	0	0	置 0
1	×	×	0	×	×	×	×	×	×	保持				
1	1	1	↑	×	×	d_0	d_1	d_2	d_3	d_0	d_1	d_2	d_3	并行置数
1	0	1	↑	×	1	×	×	×	×	1	Q_0	Q_1	Q_2	右移输入 1
1	0	1	↑	×	0	×	×	×	×	0	Q_0	Q_1	Q_2	右移输入 0
1	1	0	↑	1	×	×	×	×	×	Q_1	Q_2	Q_3	1	左移输入 1
1	1	0	↑	0	×	×	×	×	×	Q_1	Q_2	Q_3	0	左移输入 0
1	0	0	×	×	×	×	×	×	×	保持				

分析：（1）置 0 功能：$\overline{CR}$=0 时，寄存器置 0，即 $Q_0Q_1Q_2Q_3$=0000。

（2）保持功能：$\overline{CR}$=1 时，CP=0 或 $\overline{CR}$=1，M_1M_0=00，寄存器保持原来状态不变。

（3）并行送数功能：$\overline{CR}$=1，M_1M_0=11 时，在 CP 上升沿作用下，使 D_0 ～ D_3 端输入的数码 d_0 ～ d_3 并行送入寄存器，使 $Q_0Q_1Q_2Q_3$=$d_0d_1d_2d_3$。

（4）右移串行送数功能：$\overline{CR}$=1，M_1M_0=01 时，在 CP 上升沿作用下，执行右移功能，D_{SR} 输入的数码依次输入寄存器，如表 13.16 所示。

表 13.16　　4 位右移寄存器状态表

CP 的顺序	输　入	输　出				移 位 过 程
	D_{SR}	Q_3	Q_2	Q_1	Q_0	
0	0	0	0	0	0	清零
1	1	1	0	0	0	右移一位
2	0	0	1	0	0	右移二位
3	1	1	0	1	0	右移三位
4	1	1	1	0	1	右移四位

（5）左移串行送数功能：$\overline{CR}$=1，M_1M_0=10 时，在 CP 上升沿作用下，执行左移功能，D_{SL} 输入的数码依次输入寄存器，左移原理与右移原理相同，不再重复。

* 练一练　如图 13.22 所示为由 74LS194 构成的环形脉冲分配器，它可以使一个矩形脉冲按一定的顺序在输出端之间轮流分配反复循环输出，如果在其中每个输出端连接彩灯，则 4 组彩灯就按脉冲分配的顺序闪烁发光，给节日带来喜庆的气氛。

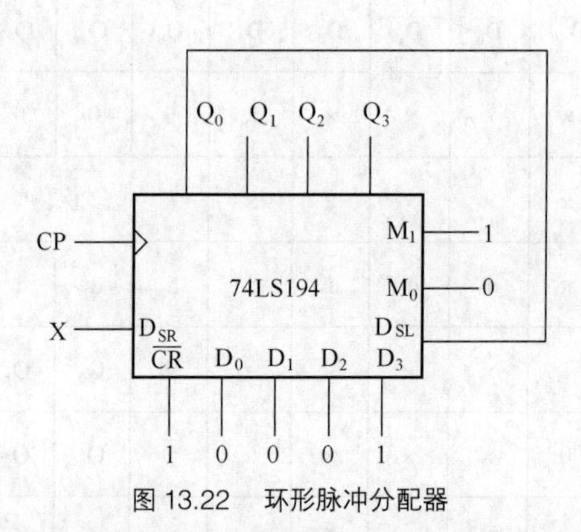

图 13.22　环形脉冲分配器

评一评　根据本任务完成情况进行评价，并将结果填入如表 13.17 所示评价表中。

表 13.17　　教学过程评价表

项目 / 评价人	任务完成情况评价	等　级	评 定 签 名
自己评			
同学评			
老师评			
综合评定			

知识能力训练

（1）计数器按计数的进制不同，可分为________计数器、________计数器和________计数器，按计数增减可分________计数器和________计数器，按计数器中各触发器状态翻转是否与触发器信号同步可分为________计数器和________计数器。

（2）寄存器的主要功能是________。

（3）由3个触发器构成的寄存器可以存储________位二进制数码。

拓展与延伸　其他数字功能电路

1. 555集成定时器

555集成定时器，也称555时基电路，是一种中规模集成电路，它具有功能强、使用灵活、适用范围宽的特点。通常只需几个阻容元件，就可以组成各种不同用途的脉冲电路。555定时器不仅用于定时控制电路，还用于调光、调温、调压、调速等多种控制电路中，并可构成单稳态触发器、多谐振荡器、施密特触发器、斜波发生器等电路。

2. 数模转换

数模与模数转换器是计算机与外部设备的重要接口，也是数字测量与数字控制系统的重要部件，如图13.23所示。

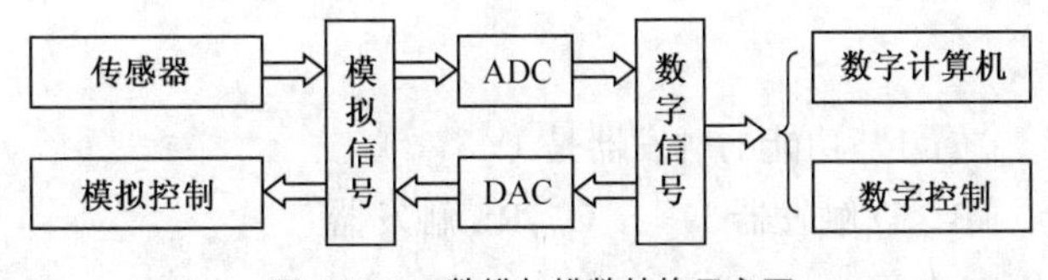

图13.23　数模与模数转换示意图

数模转换器，又称D/A转换器，简称DAC，它把二进制数字量转变成模拟量，以电压或电流的形式输出。

3. 模数转换

模数转换器，又称A/D转换器，简称ADC，它将模拟信号转换成可在计算机中处理和存储的数字信号。A/D转换通过采样、保持、量化和编程4个过程，如图13.24所示。

模拟量输入→采样→保持→量化→编码→数字量输出

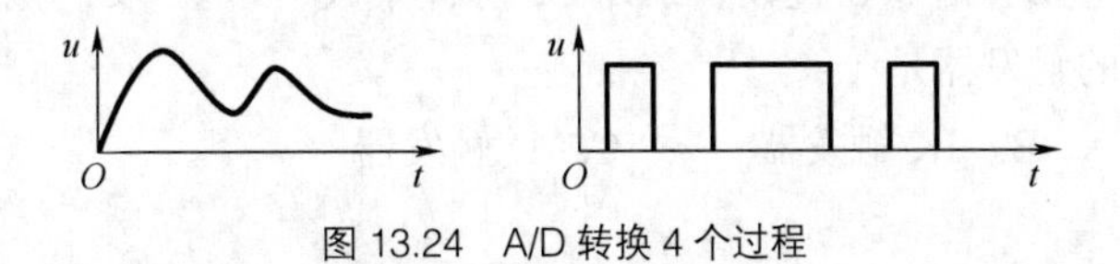

图13.24　A/D转换4个过程

通过本单元的学习，主要掌握下列内容。

（1）触发器是一种具有记忆功能而且在触发脉冲作用下状态会翻转的电路。触发器具有两种可能的稳态：0 态（Q=0）或 1 态（Q=1）。

（2）各触发器的逻辑功能。RS 触发器：置 0、置 1 和保持功能；JK 触发器：置 0、置 1、保持和翻转功能；D 触发器：置 0、置 1 的功能；T 触发器：保持和翻转功能。

（3）识读集成触发器引脚排列图，掌握具体应用电路连接。

（4）由各种触发器组成的计数器和寄存器电路在任意时刻输出信号不仅与当时的输入信号有关，还与电路原来所处的状态有关。

计数器具有计数功能，即对输入的时钟脉冲进行计数；寄存器具有接收、寄存和输出数码的功能。

一、选择题

1. 仅具有“置 0”、“置 1”功能的触发器是（　　）。

A. JK 触发器　　B. D 触发器　　C. RS 触发器

2. 寄存器输出状态的改变（　　）。

A. 仅与该时刻输入信号的状态有关

B. 仅与寄存器的原状态有关

C. 与二者都有关

3. 输出状态具有不定现象的触发器是（　　）。

A. JK 触发器　　B. D 触发器　　C. RS 触发器

4. 通常寄存器应具有（　　）功能。

A. 存数和取数　　B. 清零和置数　　C. 两者都有

5. 通常计数器应具有（　　）功能

A. 存取数码　　B. 清零、置数、累计 CP 脉冲个数　　C. 两者都有

6. 逻辑功能最全的触发器是（　　）

A. RS 触发器　　B. JK 触发器　　C. D 触发器

二、填空题

1. 一个触发器可以记录________个二进制数，N 个触发器以适当方式连接，可以记录______个二进制数。

2. 触发器用 Q_n 表示________，是指触发器输入信号________的状态；用 Q_{n+1} 表示________，是指触发器输入信号________的状态。

3. 一个4位二进制减法计数器其状态为________时，再输入一个计数脉冲，计数状态变为1111。

三、分析题

1. 如图13.25所示为JK触发器，设初始状态为0态，试根据CP、J、K端的波形，画出输出端Q、$\overline{Q}$的波形。

2. 如图13.26所示，设初始状态为0态，画出对应于4个CP脉冲作用下的D触发器的输出波形。

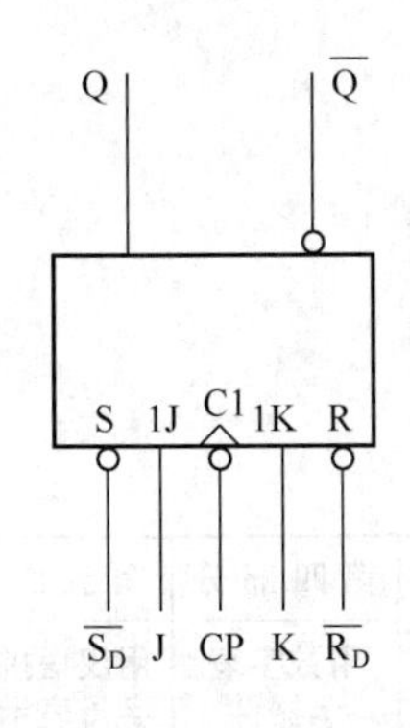

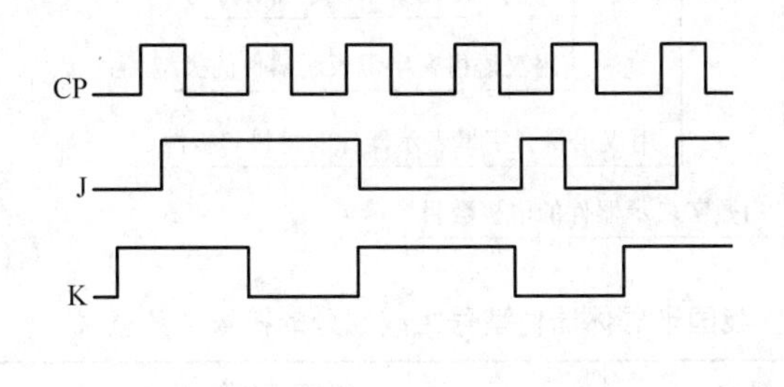

图13.25　分析题1图

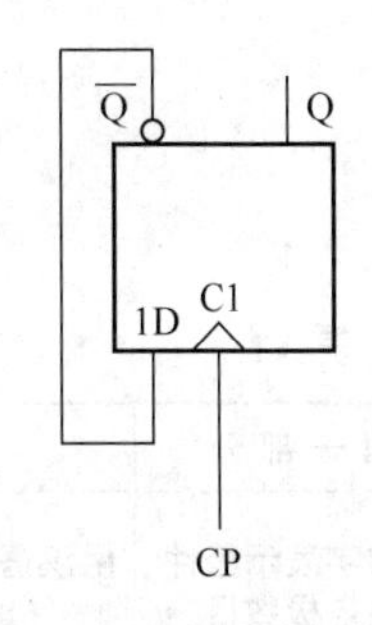

图13.26　分析题2图

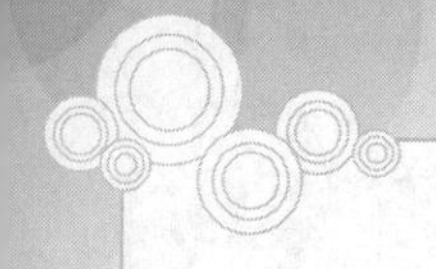

附录A　半导体器件型号命名方法

根据中华人民共和国国家标准（GB249—89）规定，我国半导体器件的型号是按照它的材料、性能、类别来命名。一般半导体器件的型号由5部分组成，如表A1所示。

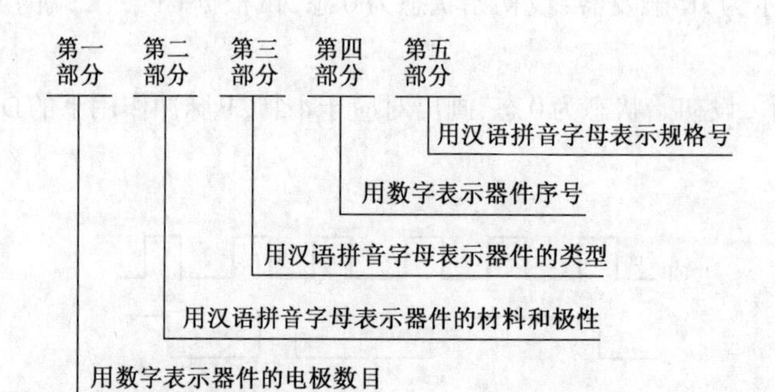

表A1　　我国半导体器件型号组成部分的符号及其意义

第一部分		第二部分		第三部分				第四部分	第五部分
用数字表示器件的电极数目		用汉语拼音字母表示器件的材料和极性		用汉语拼音字母表示器件的类型				用数字表示器件序号	用汉语拼音字母表示规格号
符号	意义	符号	意义	符号	意义	符号	意义		
2	二极管	A	N型，锗材料	P	普通管	D	低频大功率管		
		B	P型，锗材料	V	微波管	A	高频大功率管		
		C	N型，硅材料	W	稳压管	T	半导体闸流管（可控整流器）		
		D	P型，硅材料	C	参量管				
3	三极管			Z	整流管	Y	体效应器件		
				L	整流堆	B	雪崩管		
		A	PNP型，锗材料	S	隧道管	J	阶跃恢复管		
		B	NPN型，锗材料	N	阻尼管	CS	场效应器件		
		C	PNP型，硅材料	U	光电器件	BT	半导体特殊器件		
		D	NPN型，硅材料	K	开关管	FH	复合管		
		E	化合物材料	X	低频小功率管	PIN	PIN管		
				G	高频小功率管	JG	激光器件		

注：场效应管、半导体特殊器件、复合管、PIN型管和激光器件等型号只由第三、四、五部分组成。

示例：

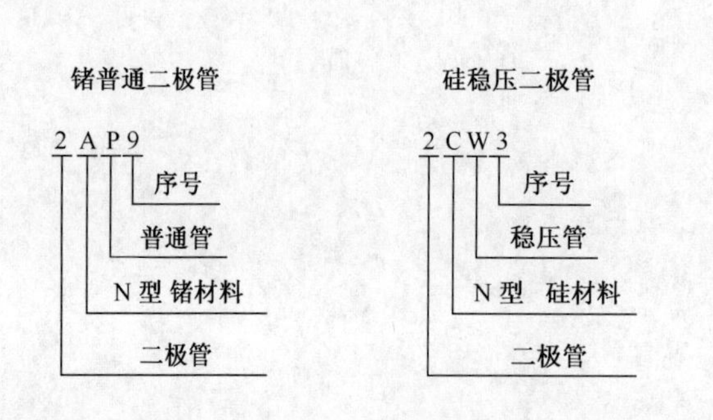

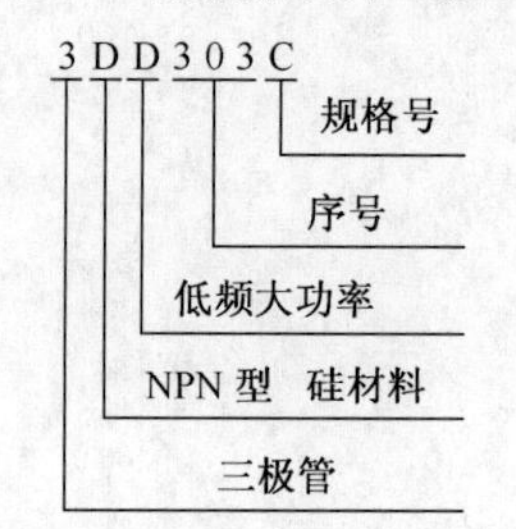

附录 B　集成电路型号命名方法

1982 年国家标准局颁布了国家标准《半导体集成电路型号命名方法》，在 GB3430—82 规定的 CT1000 ～ CT4000 等系列的基础上，为了适应国内外集成电路发展的需要，在 1989 年又进行了修改，完全采用了国际通用的器件系列和品种代号。现行的集成电路就是以新国标 GB3430—89 规定命名，器件的型号由 5 大部分组成，各部分的符号及含义如表 B1 所示。

表 B1　　我国集成电路现行国家标准命名规定

第 0 部 分	第 一 部 分	第 二 部 分	第 三 部 分	第 四 部 分
C	×	××…	×	×
中国国标产品	器件类型	器件系列品种代号	工作温度范围	封装形式
	T：TTL	其中 TTL 分为	C：0 ～ 70℃	F：多层陶瓷扁平
	H：HTL	54/74×××	G：–25 ～ 70℃	B：塑料扁平
	E：ECL	54/74H×××	L：–25 ～ 85℃	H：黑瓷扁平
	C：CMOS	54/74L×××	E：–40 ～ 85℃	D：多层陶瓷双列直插
	F：线性放大器	54/74S×××	R：–55 ～ 85℃	
	D：音响电视电路	54/74LS×××	M：–55 ～ 125℃	J：黑瓷双列直插
	W：稳压器	54/74AS×××		P：塑料双列直插
	J：接口电路	54/74AL×××		S：塑料单列直插
	B：非线性电路	54/74F×××		T：金属圆壳
	M：存储器			K：金属菱形
	μ：微型机电路	CMOS 分为：		C：陶瓷芯片载体
	AD：A/D 转换器	4000 系列		K：塑料芯片载体
	DA：D/A 转换器	54/74HC×××		G：网络针栅阵列
	SC：通信专用电路	54/74HCT×××		

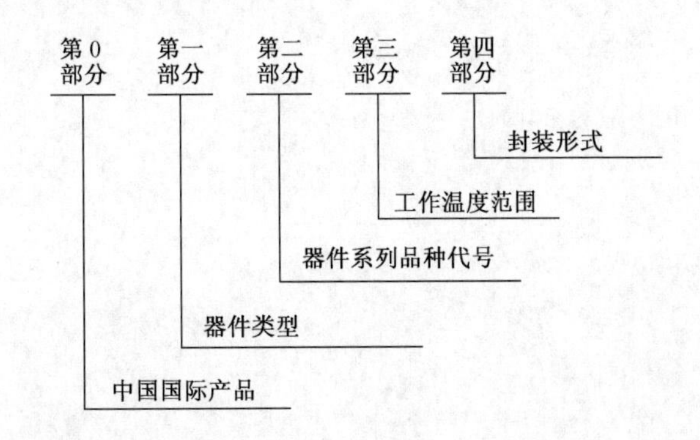

示例：

1. 肖特基TTL四2输入与非门

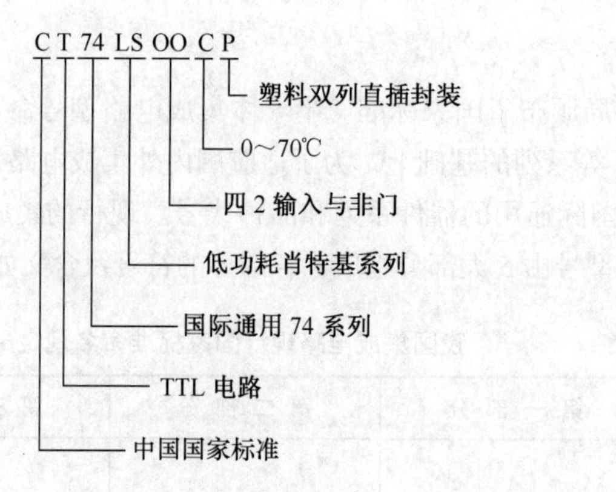

2. CMOS四2输入或非门

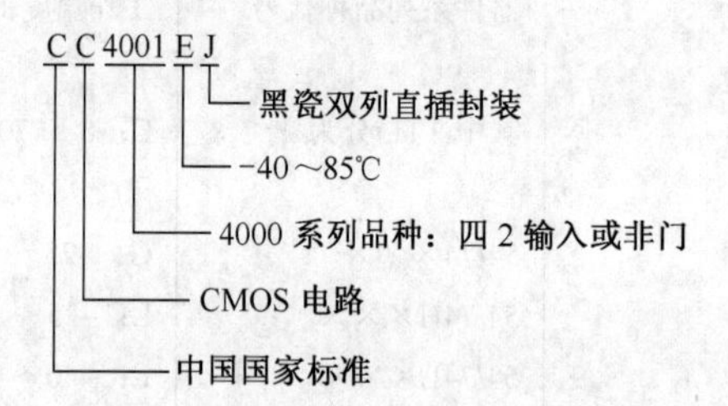

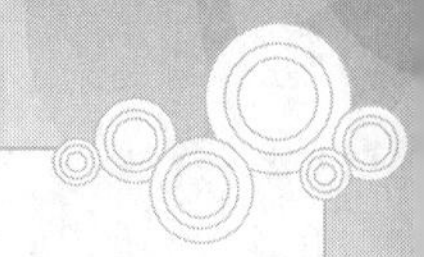

参考文献

[1] 陈振源，褚丽歆. 电子技术基础. 北京：人民邮电出版社，2006.

[2] 俞艳. 电工基础. 北京：人民邮电出版社，2006.

[3] 谭克清. 电子技能实训——初级篇. 北京：人民邮电出版社，2006.

[4] 陈其纯. 电子线路. 北京：高等教育出版社，2001.

[5] 金国砥. 维修电工与实训——初级篇. 北京：人民邮电出版社，2006.

[6] 周绍敏. 电工基础. 北京：高等教育出版社，2001.

[7] 何焕山. 工厂电气控制设备. 北京：高等教育出版社，1999.

[8] 劳动和社会保障部教材办公室. 维修电工技能训练. 北京：中国劳动社会保障出版社，2001.

[9] 黄净. 电器与PLC控制技术. 北京：机械工业出版社，2005.

[10] 文春帆，邓金强. 电工与电子技术. 北京：高等教育出版社，2001.

[11] 周德仁. 维修电工与实训——中级篇. 北京：人民邮电出版社，2006.